教育部人文社科重点研究基地重大招标课题资助

选择性注意机制探微

张　明　著

苏州大学出版社

图书在版编目(CIP)数据

选择性注意机制探微 / 张明著. —苏州：苏州大学出版社，2014.4

教育部人文社科重点研究基地重大招标课题资助

ISBN 978-7-5672-0847-6

Ⅰ.①选… Ⅱ.①张… Ⅲ.①选择性注意—研究 Ⅳ.①B842.3

中国版本图书馆 CIP 数据核字(2014)第 072509 号

选择性注意机制探微

张　明　著

责任编辑　施　放

苏州大学出版社出版发行

(地址：苏州市十梓街 1 号　邮编：215006)

南通印刷总厂有限公司印装

(地址：南通市通州经济开发区朝霞路 180 号　邮编：226300)

开本 700 mm×1 000 mm　1/16　印张 22.5　插页 2　字数 365 千

2014 年 4 月第 1 版　2014 年 4 月第 1 次印刷

ISBN 978-7-5672-0847-6　定价：48.00 元

序　言

我和张明相识在十多年前，那时我是中国心理学会普通心理与实验心理专业委员会主任，他是委员。他热心参加专业委员会的学术活动，还在东北师范大学主持过专业委员会的学术大会。这次他请我为他的著作作序，我高兴地答应了。

这本书是张明一项教育部人文社会科学重点研究基地重大项目基金的学术成果，是他对其近年来所进行的选择性注意研究做的一个总结和展望，包含了他课题组的一些研究成果(例如 Vision Research、Psychophysiology、《心理学报》以及《心理科学进展》主编特邀论文等)。

在日常生活中，我们常常会将注意力集中于一些事物而忽略其他事物。例如看足球比赛时，我们只注意带球的队员而忽略其他队员。这就涉及选择性注意的问题，它无疑是注意的基本问题之一；许多注意理论都涉及两个有争议的问题：(1) 意识问题；(2) 阈下知觉。在选择性注意中信息的选择发生在何处，即哪些事物是你有意识体验到的。与此相对的是，我们也可能感知低于心理阈限的信号，因为阈下刺激能够影响对后续刺激的识别；对选择性注意的研究起始于听觉通道，并且很多理论假设都是基于对听觉的选择性注意的研究的。例如，著名的鸡尾酒效应。但现在的研究范围已扩展到跨视听通道的选择性注意。基于上述考虑，本书包括三部分内容：一、选择性注意与工作记忆；二、选择性注意与无意识的信息加工；三、选择性注意的多感觉通道研究。在视觉加工中，选择性注意有两种机制，一种是选择客体的空间位置表征，另一种是选择空间不变的客体表征。总体而言，张明利用工作记忆中信息的维持和刷新功能以及返回抑制的功能对选择性注意进行研究。这样的研究思路抓住了问题的要害,因为返回抑制被认为在优化视觉搜索效率中起着至关重要的作用(通过阻止注意返回到已经搜索过的位置来优化人类的空间搜索效率),而如何优化视觉搜索效率是视觉选择性注意研究领域的一个核心问题。

张明的研究获得了一些很有意义的成果。例如,关于动态范式中"基于客体的返回抑制"的本质,长期以来都存在着究竟是客体抑制还是动态更新的争论。他通过对三种工作记忆负载对动态范式中返回抑制影响的考察来解决这一争论。如动态范式中的返回抑制效应反映了对客体表征的抑制,则视觉工作记忆的负载会损害动态范式中的返回抑制;相反,如动态范式中的返回抑制效应是一种空间信息抑制的结果,则空间工作记忆负载会损害动态范式中的返回抑制。结果表明,在空间工作记忆负载条件下,动态范式中的返回抑制量急剧减小,这表明,在动态范式中基于客体的返回抑制更有可能是一种空间位置抑制的动态更新过程,而不是一种基于客体的抑制过程;他还采用 ERPs 技术,通过减法逻辑分离出对反应冲突高度敏感的 N450 成分,并进一步考察该成分在不同注意提示条件下的变化。研究结果为注意的抑制标签模型提供了首个直接的、强有力的证据。

读了这本书,我感到很欣慰,因为书中没有泛泛空谈,而是作者在自己研究的基础上进行论述,读后让人感到充实,从中了解到新的观点与科研事实,以及未来可能的研究问题。当然,书中也有不足,我觉得写作不够简练,述说问题不必面面俱到。

朱 滢

二零一四年三月于北京大学燕北园

目　录
Contents

专题一 选择性注意与工作记忆

选择性注意是对外界丰富的信息进行筛选，以确保有限的认知资源得以高效运行的认知系统[1]。工作记忆(working memory, WM)和选择性注意是在知觉、思维和行为间的动态交互作用中两个重要认知系统(Jha, 2002)。工作记忆是在执行任务过程中，用于信息暂时存储和加工的资源有限系统(Baddeley, 1992)。一直以来它们都是心理学研究领域中备受关注的两大课题，各自得到了广泛、深入的研究，形成了许多成熟的理论模型和实验范式。与这两个认知系统分别得到的大量研究相比，对这两个系统的交互关系的研究起步较晚，直到近年来才得到了研究者们的高度关注，并进行了许多研究(Anderson et al., 2010; Awh et al., 2006; Mayer et al., 2007)。注意和视觉工作记忆是密切相关的认知过程，它们在结构和功能上都表现出高度的一致性。一方面，两种加工都会诱发右侧额顶叶皮层，双侧脑岛，右侧枕叶皮层等脑区的神经激活；另一方面，同一时刻两者能保持的最大项目数均为4个左右(每个项目可包括多个特征)(Cowan, 2001; Luck & Vogel, 1997; Yantis & Johnson, 1990)，并且视觉工作记忆的编码和保持等过程也需要注意的参与(Awh et al., 2006)。

视觉系统是一个资源有限的信息加工系统。面对着周围大量的复杂信息，视觉注意只能选择有限的信息进行加工。这一过程中，个体有选择地对视觉信息进行知觉和反应，通过选择与当前任务相关的特定目标并成功地忽略其他的无关信息(即干扰项)，以保证行为的正确性和有效性。工作记忆是指在执行认知任务过程中，用于信息的暂时储存与加工的资源有限的

---

[1] Downing, P.E. (2000). Interactions between visual working memory and selective attention. *Psychological Science*, 11(6), 467－473.

系统,在学习、记忆、思维及问题解决等高级认知活动中具有重要作用[1]。目前针对工作记忆的机制,国际上提出了十几个有影响的理论模型,其中最著名的是 Baddeley 的多成分模型,该模型认为工作记忆由语音环、视觉空间模板和中央执行系统组成。工作记忆并不是单一的系统,而是多个,它们分别用于加工处理不同种类的信息(Baddeley & Hitch,1974)。研究进一步发现,视觉空间系统又可分为空间工作记忆(spatial working memory)和客体工作记忆(object working memory)。所谓客体,指的是一些熟悉或不熟悉的物体图形,如几何图形、面孔等,其本质是一些不含词语信息和空间信息的视觉信息(Duncan,1998; Duncan & Humphreys,1989)。

工作记忆和选择性注意是在知觉、思维和行为间的动态交互作用中两个重要认知系统。工作记忆是在执行任务过程中,用于信息暂时存储和加工的资源有限系统,选择性注意是对外界丰富的信息进行筛选以确保有限的认知资源得以高效运行的认知系统(张明,张阳,2007)。

近年来,工作记忆与视觉选择性注意之间的研究越来越受到关注。许多研究发现,两者之间存在交互作用,工作记忆的内容会影响视觉注意的导向,即视觉注意选择工作记忆中保持的空间或物体。在工作记忆内容对视觉注意的影响过程中,工作记忆主要参与外界信息的加工、暂时性存储和执行控制等认知过程。注意则控制了外界信息进入信息加工系统的通道,两者结合在一起构成了信息加工系统的中心环节(白学军,尹莎莎,杨海波,吕勇,胡伟,罗跃嘉,2011)。简言之,注意是对有关信息的选择,对无关信息的抑制,工作记忆是对有关信息的保持以及对无关信息的抑制,两者在一定程度上都体现了选择性地指向与当前任务有关的刺激表征并同时抑制无关刺激(Olivers,2008[2]; Olivers et al.,2006)。此外,工作记忆与视觉注意所涉及的脑区也具有相当大的重叠(Awh & Jonides,2001[3]; Labar et al.,1999)。许多实验的结果表明,当视觉工作记忆中的内容与视觉注意指向的

---

〔1〕 West,R.(1999). Visual distraction, working memory, and aging. *Memory & Cognition*, 27(6),1064—1072.

〔2〕 Olivers,C. N. et al.(2006). Feature-based memory-driven attentional capture: Visual working memory content affects visual attention. *Journal of Experimental Psychology: Human Perception and Performance*,32(5),1243.

〔3〕 Awh,E. & Jonides,J.(2001). Overlapping mechanisms of attention and spatial working memory. *Trends in Cognitive Sciences*, 5(3),119—126.

对象具有某些共同的特征时，保持在工作记忆中的内容会对视觉选择性注意产生一定影响，即视觉注意会优先选择视场中与工作记忆中保持的内容具有相同或相似的刺激表征。

在工作记忆和选择性注意两者间的交互关系的研究中，早期研究者认为，选择性注意起到选择部分感觉信息进入短时记忆的作用。但近年来研究者们开始关注相反方向的联系，即工作记忆对选择性注意的影响。针对新的研究方向，本专题的系列研究包括以下三个方面：(1) 工作记忆的内容对选择性注意定向的影响；(2) 工作记忆在视觉搜索中的作用；(3) 工作记忆在返回抑制中的作用。

第一节　基于工作记忆内容的注意捕获与抑制

视觉工作记忆与视觉选择性注意之间的关系还存在一定的争议。一方面观点认为，工作记忆的内容会对选择性注意产生捕获效应(Carlisle & Woodman, 2011; Downing, 2000; Kumar et al., 2009; Olivers et al., 2006; Soto et al., 2005)。另一方面的观点认为，工作记忆的内容对选择性注意并不总是产生捕获效应，甚至会产生抑制效应(Downing & Dodds, 2004; Houtkamp & Roelfsema, 2006; Woodman & Luck, 2007; Han & Kim, 2009; Theeuwes et al., 2009; Sawaki & Luck, 2011)。本节在以往研究的基础上结合最新的研究成果，系统地回顾了视觉搜索过程中工作记忆内容对视觉选择性注意影响的相关文献，对基于工作记忆内容的视觉选择过程形成注意捕获和注意抑制两方面进行了论述与研究。

Desimone 和 Duncan (1995)指出，不仅选择性注意对工作记忆有影响，工作记忆的内容也同样对选择性注意的分配有影响。他们的偏差竞争假说认为，视野中呈现的客体之间相互竞争以获得进一步的加工和反应，受不同因素的影响，竞争最终偏向于一些刺激。主要有两类影响因素，一类是自下而上的影响，如刺激的亮度等；另一类是自上而下的回馈机制，如工作记忆的内容通过自上而下的通道(可能是经由额叶皮层)维持了刺激在皮层表征中的激活，这种激活反过来又能引导对这些信息的反应。与偏差竞争模型相类似，Duncan 和 Humphreys (1989)也认为在视觉搜索中，储存在工作记忆中的“视觉搜索模板”激活了客体在长时记忆中的表征，反过来为目标客体提供了一个竞争优势，从而有助于选择相关的客体同时抑制其他无关的客体。

Chelazzi 等(1993,1998)[1]利用单细胞记录技术进行的一系列研究为偏差竞争理论提供了重要的证据。在他们的研究中，先呈现线索刺激，经过一段时间后同时呈现两个或多个刺激(反应刺激组)，其中一个是先前呈现的线索刺激，要求猴子对这一刺激做眼动反应。刺激分为两种，一种是单独呈现时能有效激活记录神经元的刺激，另一种是单独呈现不能有效地激活记录神经元的刺激。结果发现在线索刺激呈现到反应刺激组呈现之间，对有效刺激的反应大于对无效刺激的反应；但反应刺激组呈现约 175ms 后，神经元的反应开始受到线索刺激(目标刺激)的调节：当线索刺激是有效刺激时，神经元的反应和有效刺激单独呈现一样；当线索刺激是无效刺激时，神经元的反应就与无效刺激单独呈现时的反应一样。这表明神经元的反应依赖于工作记忆中储存的信息，即工作记忆的内容改变了神经元的反应模式，说明了工作记忆的内容在引导注意的分配上有着重要的作用。

Downing (2000)的研究则为人类的认知过程中记忆内容对注意分配的影响提供了直接的证据[2]，使用双任务实验范式，要求被试在工作记忆保持阶段完成一个探测区分任务，每一次试验开始时呈现一张人脸图片，并要求被试记住该人脸，然后在工作记忆保持阶段呈现一个注意探测目标，要求被试快速判断目标的开口方向，在探测目标呈现之前有两个无关人脸快速闪现，其中一个人脸与记忆项相同(记忆匹配项)，而另一个是新人脸(非记忆匹配项)。结果发现，当缺口方形出现在与记忆脸谱相同的脸谱位置上时有更快的反应，更重要的是当没有记忆作业的时候这一效应则相反。Soto等(2005)采用眼动技术进一步探讨了上述影响产生的阶段，要求被试在若干直线条中搜寻倾斜 4.8°的线条，并根据线条倾斜的方向做出反应。在实验中每条线段都呈现在一个带颜色图形的中央，任务之前需要被试记住一呈现的图形(包括颜色和形状)。结果发现当目标线段出现在与记忆图形相匹配的图形上时，首次眼动扫描该位置的概率更大，并且在颜色和颜

---

〔1〕 Chelazzi,L. et al.(1998). Responses of neurons in inferior temporal cortex during memory-guided visual search. *Journal of Neurophysiology*,80(6),2918－2940.

〔2〕 Downing,P. E.(2000). Interactions between visual working memory and selective attention. *Psychological Science*, 11(6),467－473.

色、形状都匹配的情况下有相同的调节作用。这表明工作记忆信息能以自动化的方式作用于选择性注意的早期阶段。Soto 等(2006)的研究表明,工作记忆信息不但可以在较困难的搜索作业中引导注意选择,在高度自动化的"pop-out"搜索作业中也存在同样的作用。

上述研究表明,工作记忆中与当前作业相关的信息能影响注意资源的分配,但工作记忆中的信息除与当前作业有关的信息外,还可能有一些与当前作业无关的信息(如工作记忆中的信息可能是干扰作业中的干扰刺激)。那么,这些信息对注意选择是否存在影响呢? Downing 等(2004)对这一问题进行了细致的探讨,但结果却发现保存在工作记忆中的信息对视觉搜索的效率没有影响。这种结果与偏差竞争的预期是不一致的,根据 Desimone 等(1995)的理论,工作记忆中的信息会以一种自动的方式对注意的分配产生影响,因而会预测,当工作记忆中的信息与搜索作业中的干扰刺激相匹配时,会增大对目标刺激反应的干扰。Downing 等采用同心圆的记忆模型来为偏差竞争假说附加了一些限定条件。同心圆记忆模型认为,在视觉工作记忆中只有很少的部分信息处于注意的中心(focus of attention),其余的则是处于相对静息的状态中。Downing 等假设,只有位于注意中心的工作记忆信息才能对注意的分配产生影响,位于相对静息状态的工作记忆信息是不会影响注意分配的,从而解释了他们的实验结果。

但是,Woodman 和 Luck (2007)指出,视觉工作记忆信息对注意分配的影响可能仅仅反映了被试的反应策略和任务本身的特性,如在实验过程中被试可能会发现,将注意集中于同工作记忆信息相匹配的靶刺激时,有助于他们建立和维持靶刺激的心理表征,因而被试可能会采用知觉再取样(Perceptual resampling)策略来易化反应,进而表现出工作记忆信息对注意选择的引导作用。在 Woodman 和 Luck 的研究中,工作记忆信息只与视觉搜索作业中的无关刺激有联系,结果发现,视觉搜索的效率不但没有如偏差竞争假说所推测的结果一样受到损害,反而得到了优化。因此,Woodman 和 Luck 提出,视觉工作记忆信息对选择性注意的影响,并不是自动的偏向于与工作记忆信息相匹配的客体,也非 Downing 等(2004)所假设的那样,只有位于注意焦点中的工作记忆信息才能自动地引导注意的选择,而是有着更复杂的机制。

综上所述,虽然"视觉工作记忆信息能对选择性注意产生影响"的观点得到了众多研究的支持,但关于这种影响究竟是如何发挥作用的,是以自动的方式还是以更复杂的方式起作用,这些仍然处于激烈的争论中。鉴于这一问题在探讨工作记忆对选择性注意影响中的重要性,该方向的研究无疑会成为工作记忆和选择性注意交互关系研究领域内新的热点之一。

一、工作记忆内容引导视觉注意的影响因素

在视觉搜索的过程中,保持在工作记忆中的内容既可以主动地引导视觉注意选择与之匹配的项目,也能够自动地选择与之匹配的项目。甚至在某些情况下,保持在工作记忆中的内容不能完全地对视觉注意产生捕获效应,有可能还会出现抑制效应。利用事件相关电位(ERP)技术的高时间分辨率特性的优势,通过对一些特定的成分分析发现,与工作记忆内容匹配的刺激在一定程度上都能对视觉选择性注意产生影响,但这种影响还存在一定的争议。Kumar,Soto 和 Humphreys(2009)研究发现,搜索目标与工作记忆匹配的刺激出现在搜索矩阵的同侧时诱发了更大的 N2pc 的振幅,这为与工作记忆内容匹配的刺激能够捕获注意提供了一个强有力的证据。而 Sawaki 和 Luck(2011)却发现,搜索目标与工作记忆匹配的刺激出现在搜索矩阵的同侧时诱发了更大的 Pd 振幅,表明了在工作记忆内容与当前的任务无关的情况下,视觉选择会抑制与工作记忆内容相匹配的项目。那么一个重要问题是,在视觉搜索中保持在工作记忆中的内容是形成注意捕获还是受到抑制的条件是什么?也就是说,工作记忆内容在注意捕获和注意抑制之间是怎样进行权衡的?

(一) 知觉负载

按照选择性注意的负载理论(Lavie et al.,2004),高级认知功能负载过高会消耗掉用以进行认知控制的心理资源,视场中的其他干扰刺激就会由于得不到足够的注意资源而不被选择[1]。Han 和 Kim (2007)通过增加搜索目标与干扰刺激之间的相似性来提高知觉负载的水平,结果发现,在低知觉负载条件下作为干扰刺激的记忆匹配项能够自动捕获注意,但在高知觉负载条件下这种基于工作记忆内容的视觉注意捕获现象消失了,甚至有可能会出现抑制效应。虽然这一理论对此的解释有一定的局限性,但是在一

---

〔1〕 Lavie,N. et al. (2004). Load theory of selective attention and cognitive control. *Journal of Experimental Psychology: General*, 133(3),339－354.

定程度上支持了选择性注意的负载理论。然而，一些研究却发现知觉负载并不影响视场中与工作记忆内容有着语义联系的干扰刺激捕获视觉注意，而相应的认知负载(工作记忆负载)会影响视场中与工作记忆内容有着语义联系的干扰刺激捕获注意，并且相对于低认知负载条件，在高认知负载条件下视场中与工作记忆内容匹配的无关刺激更容易干扰视觉搜索，产生明显的捕获效应(Belke et al.,2008)。上述研究结果的差异可能是因为相对于知觉负载对具体特征值匹配的视觉注意捕获的影响来说，基于抽象语义匹配的视觉注意捕获并不受知觉负载的影响(潘毅，2010)。也可能是由于Han 和 Kim(2007)的研究中搜索目标具有稳定性，在整个实验过程中保持不变，而 Belke 和 Humphreys 等人(2008)的研究中目标在一直不断地变化，且无法预测是否出现。因此可以说自上而下的认知控制是否存在也对此产生了一定的作用。

(二) 认知控制时程

为了抑制与当前任务目标无关的低优先权刺激对行为的影响，个体需要利用一些高级认知功能(如工作记忆)来积极保持当前任务目标的高优先权以保证行为处于当前任务目标的控制之下。Han 和 Kim(2009) 系统地操作了目标与分心物的相似性，并且延迟视觉搜索序列的出现时间，使得来自自上而下的认知控制有足够的时间进入。研究发现在无效线索条件下，当记忆项与视觉搜索的时间间隔(ISI)比较短时，自上而下的认知控制没有足够的时间得以进入，保持在工作记忆中的内容自动地捕获注意，工作记忆内容显著地损害了视觉搜索绩效。而当这个时间间隔足够长，被试在视觉搜索任务呈现前就会有充足的时间执行认知控制功能以分离目标模板和无关记忆表征，这时，工作记忆中的无关表征对视觉搜索的影响消失，来自自上而下的认知控制有足够的时间得以进入，保持在工作记忆中的内容就不会自动地捕获注意，甚至在一定的程度上也可能受到抑制。

(三) 搜索策略

被试采取的搜索策略决定了工作记忆内容在视觉搜索中的作用，并且认为保持在工作记忆中的内容是否引导视觉注意一定程度上取决于被试是否能够有效地采取搜索策略。当记忆匹配项有可能成为目标或者未明确告知被试记忆匹配项永远不是目标时，被试没有形成一定的搜索策略来优化搜索的绩效。但当被试知道记忆匹配项不可能是目标时，被试会采取主动抑制与记忆项目匹配的干扰项目以提高搜索绩效(Woodman & Luck, 2007)。一些研究也指出被试会根据实验中给予的不同指导语来采取策略性和自动化的反应(Carlisle & Woodman, 2011)。

(四) 注意焦点

Pan 和 Soto (2010)研究发现,工作记忆内容对视觉注意的影响依赖于空间注意的焦点。实验中要求被试在工作记忆的保持阶段完成视觉搜索任务,与之前的实验不同的是,当在快速闪现的刺激出现之前呈现一个内源性的线索,并且告知被试线索的有效性为100%时,发现被试会根据内源性的箭头线索的提示来转换和分配自己的注意焦点,此时与工作记忆匹配的刺激捕获注意效应的较强自动性现象便会消失(Pan & Soto, 2010)。此外也有研究表明,基于工作记忆的注意捕获是通过视觉选择过程中目标即将出现的空间位置的内源性和外源性线索来调节的(Botta et al., 2010)。Downing 和 Dodds (2004)要求被试同时记住两个物体,其中一个物体为视觉搜索的目标,实验结果并没有发现工作记忆内容对视觉注意的自动引导作用。研究者认为目标模板和其他无关表征在工作记忆中可能是分开存储的,只有处于注意焦点(focus of attention)的目标模板才能够引导视觉注意。Houtkamp 和 Roelfsema(2006)也认为目标模板在工作记忆中具有特殊地位以优先引导视觉注意,而同时保持在工作记忆中的其他物体表征对注意的引导作用非常薄弱,并且只有在搜索目标不呈现在视场的情况下才可能被观察到。

(五) 刺激属性

Lee 和 Kim (2002)探讨了工作记忆中刺激的熟悉性对注意分配的作用,通过重复出现刺激来控制刺激的新异性。结果发现,当被试记忆新项目时,对出现在新项目位置上的探测反应更快;但当被试记忆熟悉的项目时,工作记忆的内容对注意分配没有导向作用。Olivers (2009)认为刺激的物理属性和表征地图等因素均影响着记忆驱动的视觉搜索过程。也有研究发现,当刺激的有效属性被利用时,与任务无关的刺激即使不在注意焦点内也仍然能够引导视觉注意(Zhang et al., 2010)。Oh 和 Kim (2003)发现,目标的明确程度是影响工作记忆内容与选择性注意关系的一个重要因素,他们发现,在目标模糊条件下,出现了工作记忆的导向作用,而在目标明确条件下,没有出现工作记忆内容的导向作用。

（六）时间间隔

记忆项目与搜索序列之间的时间间隔(ISI)的不同也会产生不同的实验结果。例如,Soto 等人(2006)的研究中,记忆项目与搜索序列之间的时间间隔只有 317ms,Woodman 等人(2007)的研究中,两者之间的时间间隔为 1000ms,而 Downing (2000)的研究中,两者间的间隔为 2506ms。记忆项目与搜索序列之间的时间间隔不同,记忆项目的加工水平就不同。时间越长,记忆项目的编码就越精细,从而也会影响搜索效率。Dombrowe, Olivers和 Donk 发现,通过在视觉工作记忆的保持阶段呈现一个额外的视觉任务(RSVP)或者缩短视觉工作记忆刺激的呈现时间来限制对视觉工作记忆内容的加工时间,视觉工作记忆对视觉搜索的影响则会消失。结果说明了工作记忆的内容能够根据其呈现时间的长短对视觉注意进行不同程度的干扰,并且这一过程取决于工作记忆内容的类型和视觉加工过程的持续时间(Dombrowe et al.,2010)[1]。

（七）综合评价

视觉搜索过程中,工作记忆内容能否对选择性注意产生作用,取决于很多因素,涉及知觉负载、认知控制时程、搜索策略、注意焦点、刺激属性以及时间间隔等。不同的研究者根据实验要求采取了不同的研究设计,操控了不同的变量,因此也存在不同的实验结果,其中一些研究者认为与工作记忆内容相同或相似的刺激能够捕获注意,另一些研究者却认为与工作记忆内容相同或相似的刺激能够抑制注意。然而近些年来许多研究者更多地认为,在视觉搜索的过程中,与工作记忆内容相同或相似的刺激既能够捕获注意,也能够抑制注意。

利用事件相关电位(ERP)技术的高时间分辨率特性的优势,通过对一些特定的成分(P1、N1 以及 N2pc 等)分析发现,无论是在视觉选择的早期阶段还是晚期阶段,与工作记忆内容匹配的刺激在一定程度上都能对视觉选择性注意产生影响。陈彩琦(2004)的研究指出,当探测刺激出现在与记忆内容相同的搜索刺激所在的位置时所引发 ERP 的 Pl 和 N1 成分的波幅显著大于探测刺激出现在另一个位置时所引发的波幅。而 Kumar et al.

---

〔1〕 Dombrowe, I. et al. (2010). The time course of working memory effects on visual attention. *Visual Cognition*, 18(8), 1089－1112.

(2009)研究却发现,N1 和 P1 的波幅在不同视觉工作记忆条件下没有显著差异,说明储存在视觉工作记忆中的客体表征并没有对目标的早期加工产生影响。因此可以说明工作记忆对早期的视觉选择过程影响的机制还不能确定。同样的,对于相对较晚的成分来说,Kumar et al. (2009)研究发现,搜索目标与工作记忆匹配的刺激出现在搜索矩阵的同侧时诱发了更大的 N2pc 的振幅,这为与工作记忆内容匹配的刺激能够捕获注意提供了一个强有力的证据。而 Sawaki 和 Luck (2011)却发现,搜索目标与工作记忆匹配的刺激出现在搜索矩阵的同侧时诱发了更大的 Pd 的振幅,表明了当工作记忆内容与当前的任务无关的情况下,视觉选择会抑制与工作记忆内容相匹配的项目,从而也说明了工作记忆对晚期视觉选择过程影响的机制还不能确定。这也从一个角度体现了无论保持在工作记忆中的内容是捕获注意还是受到抑制,都可能存在着自上而下和自下而上两种加工机制,并且这个过程中的两种加工机制的权重受知觉负载、认知控制时程、搜索策略、注意焦点、刺激属性以及时间间隔等多种因素的影响。

由于视觉系统的资源有限,来自外界的大量信息不能全部进入人的视野,因而会根据需要选择少量的信息进行加工。根据视觉选择注意过程中的两阶段模型理论,视觉选择的过程可以分为早期视觉选择阶段和晚期视觉选择阶段。在早期阶段,外界大量的信息出现在视野中时,视觉选择主要依赖于信息本身的特殊性以一种自下而上的方式进行视觉选择;而在晚期阶段,视觉选择则根据自上而下的认知控制来调节哪些信息会最终得以被选择从而做出行为反应。在这个过程中自上而下和自下而上两种加工过程都起到了不同程度的作用(Theeuwes,2010)。

工作记忆对视觉选择性注意的影响中,当视觉搜索的过程中有突显刺激时,该突显刺激便会以自下而上的方式捕获视觉注意。而当其又与工作记忆内容匹配时,那么来自自上而下的工作记忆表征又会进一步促进其形成视觉捕获,从而导致该突显刺激在捕获视觉注意的过程中会同时受到自下而上和自上而下两种加工机制的作用(Olivers et al.,2006)。当视觉搜索过程中分心物与工作记忆内容匹配的情况下,告知被试与工作记忆内容匹配的刺激永远不会是目标,这样被试便没有明显的动机去注意该刺激,因为该刺激的出现会干扰对目标刺激的选择。但与工作记忆内容匹配的刺激由于其“独特性”仍旧会以自下而上的方式捕获注意,只是这种自下而上的捕获是基于工作记忆基础之上的(Soto et al., 2006; Woodman & Luck, 2007)[1][2]。当搜索任务较简单或者刺激呈现时间较短的情况下,来自自上而下的认知控制没有足够的时间进入,导致与工作记忆内容匹配的刺激会以自下而上的方式捕获注意。但当搜索任务较难或者刺激呈现时间较长的情况下,来自自上而下的认知控制有足够的时间介入对与当前任务无关的干扰刺激进行抑制,从而使得视场中与工作记忆内容相同或相似的物体抑制注意(Han & Kim,2009)。

二、基于工作记忆内容的注意捕获

(一)理论综述

视觉工作记忆分为空间工作记忆和客体工作记忆两个子系统,分别负责对空间方位信息和客体信息的加工(Baddeley,2003)。在信息保持过程中,我们对于空间工作记忆内容的复述是在注意的基础上实现的(Awh et al.,2006)[3],即通过对某位置的持续注意来维持对该位置的记忆。此时,注意的内容即是空间工作记忆内容,两种认知系统功能一致。因此,出现在记忆位置上的刺激会得到更快更好的加工(Awh et al.,1998; Postle et al., 2004)。

在我们的平时生活中常常会经历这样的场景:周末上午你在家里做家务,当你拿着笤帚在扫地的过程中会想到,一会儿扫完地后就要用墩布去擦地,并在头脑中勾勒出要仔细地把屋内的某些角落也要清理干净。当你扫完地走进卫生间拿簸箕装垃圾时,你却不经意地拿起了墩布而非簸箕。这个例子说明了个体当前工作记忆中的内容会引导视觉注意。如果视觉工作记忆与注意在功能上始终保持一致,则客体工作记忆的复述机制也应是基于注意的。即对客体的保持依赖于对客体的注意。此时,注意和客体工作记忆内容一致,注意与客体工作记忆功能一致。因此在信息加工过程中,注意将指向与客体工作记忆内容相同的刺激——即保持在客体工作记忆中的

---

〔1〕 Soto,D. et al. (2006). Working memory can guide pop-out search. *Vision Research*, 46(6),1010－1018.

〔2〕 Woodman,G.F. & Luck,S.J.(2007). Do the contents of visual working memory automatically influence attentional selection during visual search? *Journal of Experimental Psychology: Human Perception and Performance*, 33(2),363－377.

〔3〕 Awh,E. et al. (2006). Interactions between attention and working memory. *Neuroscience*, 139(1),201－208.

内容会捕获注意(Carlisle & Woodman,2011a; Downing,2000; Olivers et al.,2006; Pan & Soto,2010; Soto et al.,2005; Soto et al.,2011; Soto et al.,2010;张明 & 张阳,2007)。

许多认知神经科学的实验结果也表明,当视觉工作记忆与视觉注意共同具有某些特征时,保持在工作记忆中的内容会对视觉选择性注意产生一定影响。Soto等人的研究发现,相对于中性线索条件而言,当保持在工作记忆中的刺激再次出现在搜索序列中时,左中颞回、前上颞回、右侧脑岛、中央前回和后回以及枕叶等区域的活动性增强(Soto et al.,2011)〔1〕。同时,Soto等人和Grecucci等人的研究也指出,当保持在工作记忆中的线索再次出现在搜索序列中时能够诱发早期视觉皮层、中颞叶以及前额叶区域的神经活动或者缩短中颞叶和前额叶区域在此条件下的反应时间(Grecucci et al.,2010; Soto et al.,2007)。

Olivers等(2006)首先给被试呈现一个记忆项目,然后要求被试在保持该记忆项目的同时完成一项搜索任务,最后对被试进行记忆探测。总体上,实验包括三种条件:(1) 搜索任务中没有单例分心物(Singleton Distractor)(无单例条件);(2) 搜索任务中有一个单例分心物,但该项目与客体工作记忆内容不同(无关条件);(3) 搜索任务中有一个单例分心物,且该项目与客体工作记忆内容相同(相关条件)。结果发现,后两种条件下搜索速度均慢于第一种条件。更重要的是:与无关条件相比,相关条件下搜索速度更慢。相关条件下,单例分心物的凸显性不仅源于其物理特征的独特性,更源于其与客体工作记忆内容的一致性。因此,这类单例分心物会更显著地捕获注意,进而在更大程度上降低搜索效率。由于这种注意捕获效应是与客体工作记忆过程密不可分的——与客体工作记忆内容一致是刺激捕获注意的原因,因此Olivers等(2006)将之称为"由记忆导向的注意捕获(Memory-Driven Attention Capture)"〔2〕。与此类似的,Soto等(2005)也发现注意会不随意地指向与客体工作记忆内容匹配的刺激,并且这是一种自上而下

〔1〕 Soto,D. et al. (2005). Early, involuntary top-down guidance of attention from working memory. *Journal of Experimental Psychology: Human Perception and Performance*, 31(2),248—261.

〔2〕 Olivers,C.N.L. et al. (2006). Feature-based memory-driven attentional capture: Visual working memory content affects visual attention. *Journal of Experimental Psychology: Human Perception and Performance*, 32,1243—1265.

的加工过程，他们同样要求被试在保持一个记忆项目的同时完成一项搜索任务。有效条件下，记忆项目特征与搜索目标相同；无效条件下，记忆项目特征与搜索分心物相同；控制条件下，没有任何搜索项目与记忆项目相同。结果发现有效条件下搜索反应快于控制条件，而无效条件下搜索反应慢于控制条件。即与客体工作记忆内容匹配的搜索项目捕获了注意。Soto 等(2005)进一步排除了启动等知觉加工过程对实验结果的干扰。在搜索任务前，如果仅向被试呈现一个刺激但不要求记忆，那么在搜索任务中与该刺激匹配的项目将不会捕获注意。Kumar et al. (2009)发现搜索任务中与客体工作记忆项目匹配的分心物会诱发显著的 N2pc 成分。N2pc 反映了个体对某个刺激的注意过程——当注意指向某个刺激时，将在刺激出现的对侧脑区(与同侧脑区相比)诱发更大的负电位(Woodman & Luck, 2003; Woodman, 2010)[1][2]。

1. 工作记忆作为"目标模板"捕获视觉注意

陈彩琦(2004)的研究采用 Downing (2000)的实验范式考察工作记忆对视觉选择性注意的影响。研究中先呈现一个记忆项目，随后快速闪现两个几何图形，其中一个为先前记忆过的。之后在注视点的两侧随机出现目标，要求判断目标是否出现。结果发现，当探测刺激出现在与记忆内容相同的搜索刺激所在的位置时所引发 ERP 的 P1 和 N1 成分波幅显著大于探测刺激出现在另一个位置时所引发 ERP 成分波幅(P1、N1 成分的波幅变化模式被认为是空间选择性注意的特殊标志)。也就是说虽然快速闪现的刺激与当前任务无关，但是由于记忆匹配项在每个试次中都会呈现，并且在50%试次中记忆匹配项与接下来呈现的探测目标所在空间位置是相同的，因此被试会采取主动注意记忆匹配项的策略以更好地完成视觉搜索任务和工作记忆探测任务，即视觉工作记忆内容引发了指向该内容所在位置的选择性注意定向。Carlisle 和 Woodman (2011b)发现，当记忆项目与搜索分心物匹配时不能诱发 N2pc 成分(N2pc 成分反映了对某个刺激的注意过程，在脑电活动上体现为：在刺激出现位置的对侧脑区产生一个比同侧脑区

---

〔1〕 Woodman, G. F. & Luck, S. J. (2003). Serial deployment of attention during visual search. *Journal of Experimental Psychology: Human Perception and Performance*, 29, 121－138.

〔2〕 Woodman, G. F. (2010). A brief introduction to the use of event-related potentials in studies of perception and attention. *Attention, Perception & Psychophysics*, 72(8), 2031－2046.

更大的负成分(Luck et al.,1997; Luck & Hillyard,1994; Woodman & Luck,2003),而当记忆项目与搜索目标匹配时能够诱发显著的 N2pc 成分。从而证明了仅仅是工作记忆表征并不能有效地引导视觉注意,而是目标驱动的执行控制能够调节工作记忆表征和视觉注意之间的交互,也就是说当记忆匹配项与当前视觉注意任务的目标具有某种共同特征时,被试可能会采取主动注意记忆匹配项的策略以更好地完成注意任务(Carlisle & Woodman,2011a)[1]。在这种情况下,工作记忆内容可以被用来主动引导注意选择视场中与之匹配的刺激。同时,一些脑成像研究也指出,当保持在工作记忆中的内容与搜索目标匹配时丘脑后结节的活动性增强,当保持在工作记忆中的内容与搜索序列中的分心物匹配时丘脑后结节的活动性减弱。

根据 Desimone 和 Duncan 提出的偏向竞争模型(biased competition model),当前保持在工作记忆中的表征会以自上而下的方式增强视觉皮层中与之相似的知觉表征的激活程度,从而使得视场中与工作记忆内容相似的物体取得竞争优势并最终获得注意(Desimone & Duncan,1995)[2]。因此,当视觉搜索中的目标项目与工作记忆中保持的项目匹配时,目标项目的搜索速度将会较快。对灵长类动物的单细胞神经生理学研究为偏向竞争模型提供了重要的证据(Chelazzi et al.,1998; Chelazzi et al.,1993,2001)。例如,Chelazzi 等人(1993)在一个简单的视觉搜索任务中记录短尾猿下颞叶细胞的神经活动,结果发现,在搜索刺激呈现之前的延迟阶段,下颞叶细胞持续对搜索目标表现出选择性反应,表明搜索目标消失后目标模板仍然积极保持在工作记忆中。研究者认为,工作记忆中积极保持的目标模板能够以自上而下的方式调节早期视觉皮层的神经活动,从而使得视场中具有目标特征的物体优先获得注意偏向。

一些以人类为被试的行为学研究认为,保持在工作记忆中的目标模板使视野中具有目标特征的刺激自动优先获取注意,此结果支持偏向竞争模型(Carlisle & Woodman,2011b; Downing,2000; Varakin &Alexander,

---

〔1〕 Carlisle,N.B. & Woodman,G.F.(2011a). Automatic and strategic effects in the guidance of attention by working memory representations. *Acta Psychologica*, 137(2),217—225.

〔2〕 Desimone,R. & Duncan,J.(1995). Neural mechanism of selective visual attention. *Annual Review of Neuroscience*, 18,193—222.

2006)。Downing (2000)使用双任务实验范式,利用人脸图片及几何图形作为实验材料,要求被试在工作记忆保持阶段完成一个探测区分任务,结果发现探测刺激出现在线索化面孔位置时的辨别时间更短。这说明了视觉工作记忆中的内容即便与当前任务目的无关,也会捕获个体的注意,即被试利用工作记忆内容主动引导视觉注意选择记忆匹配项。Varakin 等人(2006)的研究发现,只有当被试采取主动注意和工作记忆内容匹配项的策略时,工作记忆内容才能够引导视觉注意,而那些报告没有采取这种策略的被试的搜索绩效并没有受到工作记忆内容的影响,这表明工作记忆内容引导视觉注意是一个主动过程。

通过对灵长类动物的单细胞神经生理学实验、人类为被试的行为学实验以及脑神经科学实验的研究发现,保持在工作记忆中的内容再次出现时能够对视觉选择的过程给予一个主动引导。在这个过程中相对于目标模板而言,视场中没有明显的突显刺激或其他外源性刺激,可以说视觉搜索过程中来自自下而上的刺激驱动引起的注意较弱或者基本不存在刺激驱动的注意,而在较大程度上依赖于保持在工作记忆中的目标模板会以自上而下的方式引导视觉注意优先选择视场中与之匹配的物体,这种优势效应即使在较早期阶段(P1、N1 的潜伏期内)也体现出来了。

2. 工作记忆作为"匹配刺激"捕获视觉注意

研究也发现,目标刺激要比非目标刺激产生更大的 P300 波幅,且 P300 波幅与所投入的心理资源和任务难度成正相关(Kok,2001)。当先前记忆的客体作为分心物出现在随后搜索的序列中时 P300 波幅增大,这是因为在搜索序列中,重复出现的客体与需要反应的目标间出现冲突,使得对目标的选择更加困难。Phillips 和 Takeda (2009)采用事件相关电位(ERP)技术探讨了有效和无效条件下视觉工作记忆对视觉搜索的影响,要求被试在搜索序列中寻找与记忆项目相同的客体,并对它的位置做出反应。结果发现,当与记忆项目有相同特征的分心物出现时,P300 的波幅较小。Kumar, Soto 和 Humphreys (2009)要求被试在工作记忆保持阶段完成一个视觉搜索任务。每个试次开始的时候呈现给被试一个彩色的几何图形,要求被试对其记忆。在工作记忆保持的阶段要求被试在搜索序列中搜索一个被彩色几何图形包围着的倾斜线段,并判断其方向。实验分为三种条件:(1) 视觉搜索序列中与记忆匹配的刺激与搜索目标出现在同一侧;(2) 视觉搜索序列中与记忆匹配的刺激出现在搜索目标的对侧；(3) 搜索序列中不出现与记忆匹配的刺激。结果发现，相对于目标出现在搜索序列中与工作记忆匹配的刺激的对侧或者与工作记忆匹配刺激不出现在搜索序列中的条件，搜索目标与工作记忆匹配的刺激出现在搜索矩阵的同侧时诱发了更大的N2pc的振幅[1]。这为与工作记忆内容匹配的刺激能够捕获注意提供了一个强有力的证据。Rotshtein等人采用功能性磁共振成像技术研究了丘脑后结节在解决无效线索条件下保持在工作记忆中的项目和搜索目标之间竞争中的作用。关联性分析(connectivity analyses)指出，在无效线索条件下，丘脑枕和对侧颞顶联合区(TPJ)以及丘脑枕和视觉皮层在相对的脑半球的连通性增强。与此同时，在无效线索条件下，丘脑枕活动的减弱表明了丘脑后结节对搜索目标进行反应的一些区域的抑制(Rotshtein et al., 2011)。

Soto等人使用双任务实验范式考察了工作记忆内容对早期视觉加工过程的自上而下认知控制作用。实验结果表明，即使保持在工作记忆中的内容与当前的任务无关，并且视觉搜索目标是一个具有显著特征的突显刺激，与控制条件相比，当搜索序列中有分心物匹配记忆项时，保持在工作记忆中的内容能够捕获注意，从而使得对目标的搜索反应变慢，因此证明了这种自上而下的控制过程具有自动化性质(Soto et al., 2006; Soto & Humphreys, 2009)。Soto等人采用信号探测分析(signal detection analysis)探讨了保持在工作记忆中的刺激对视知觉的影响。结果表明，尽管记忆中保持的刺激是无效线索，但当这个无效线索再次出现在搜索序列中时，相对于搜索序列中的其他刺激会在知觉加工的早期阶段产生更大的影响，从而提高了视知觉的加工绩效(Soto et al., 2010)。

当记忆匹配项作为干扰刺激出现在视场中时，由于记忆匹配项不是与视觉搜索任务的目标模板匹配，而是与保持在工作记忆中的其他无关记忆表征相匹配，这种情况下主动注意作为干扰刺激的记忆匹配项将会不利于完成搜索任务，所以被试将不会有明显的动机去主动选择记忆匹配项。但由于该刺激与工作记忆内容匹配，表现出了相对于其他刺激而言仍然具有

[1] Kumar, S. et al. (2009). Electrophysiological evidence for attentional guidance by the contents of working memory. *European Journal of Neuroscience*, 30(2), 307－317.

"独特性",所以会以自下而上的方式捕获注意,只是这种自下而上的捕获是基于来自自上而下的工作记忆基础之上的。结果表现为在行为反应时上,对工作记忆内容匹配的刺激反应时较长,在脑电活动上表现为会出现视觉选择与工作记忆内容相匹配的项目的脑电成分(N2pc)。这说明了保持在工作记忆中的内容能够自动引导视觉注意选择视场中与之匹配的物体。

（二）实验研究

Downing (2000)的实验结果发现,被试对呈现在记忆匹配项所在空间位置的注意探测目标的反应时要明显快于对呈现在非记忆匹配项所在空间位置的探测目标的反应时,从而说明了与工作记忆内容匹配的刺激捕获了视觉注意。近年来许多认知神经科学的研究也表明,当视觉工作记忆与视觉注意共同具有某些特征时,保持在工作记忆中的内容会对视觉选择性注意产生一定影响。Soto 等人的研究发现,相对于中性条件的刺激而言,当与工作记忆匹配的刺激出现在搜索序列中时,左中颞回、前上颞回、右侧脑岛、中央前回和后回以及枕叶等区域的活动性增强(Soto et al.,2011)。同样,Grecucci 等的研究也指出,与工作记忆内容匹配的刺激出现在搜索序列中时,能够诱发早期视觉皮层、中颞叶以及前额叶区域的神经活动或者缩短中颞叶和前额叶区域对此条件下的反应时间(Grecucci et al.,2010)[1]。

以往的研究对工作记忆内容是否能够自动地引导视觉注意还存在一些争议。一方面观点认为,工作记忆内容能捕获注意(Carlisle & Woodman, 2011; Downing,2000; Kumar et al.,2009)。Soto 等(2005)要求被试在保持一个记忆项目的同时完成一项搜索任务。有效条件下,记忆项目特征与搜索目标相同;无效条件下,记忆项目特征与分心物相同;控制条件下,搜索目标和分心物均与记忆项目不同。结果发现有效条件下搜索反应快于控制条件,而无效条件下搜索反应慢于控制条件,即与工作记忆内容匹配的内容捕获了注意。Kumar 等(2009)发现,搜索任务中与工作记忆项目匹配的分心物会诱发显著 N2pc 成分。N2pc 成分反映了对某个刺激的注意过程,在脑电活动上体现为:在刺激出现位置的同侧脑区产生一个比对侧脑区更大的负成分(Luck et al.,1997; Luck & Hillyard,1994; Woodman & Luck,

〔1〕 Grecucci, A. et al. (2010). The interrelations between verbal working memory and visual selection of emotional faces. *Journal of Cognitive Neuroscience*, 22(6), 1189—1200.

2003)。另一方面的观点认为,工作记忆内容对注意的导向作用是灵活可控的,与工作记忆匹配的刺激并不总是产生捕获效应(Downing & Dodds, 2004; Han & Kim, 2009; Sawaki & Luck, 2011; Theeuwes et al., 2009; Woodman & Luck, 2007)。Woodman 和 Luck (2007)的研究采用双任务实验范式,要求被试在保持一个或多个记忆项目的同时完成一项视觉搜索任务。他们在实验指导语中明确告知被试记忆项目永远与搜索目标不同。在这种情况下被试没有理由在搜索任务中主动注意与工作记忆内容有关的项目。结果发现,与控制条件(没有任何搜索项目与记忆项目匹配)相比,当搜索序列中出现匹配分心物时搜索速度更快,即搜索过程中匹配分心物不但没有捕获注意,反而被抑制了(Woodman & Luck, 2007)。Carlisle 和 Woodman (2011)利用事件相关电位(ERP)技术,以 N2pc 为指标研究工作记忆内容对注意选择的影响,结果发现当记忆项目仅与搜索分心物匹配时,它们不会诱发 N2pc 成分,由此得出工作记忆内容不一定总能捕获注意。

对于这些矛盾的结果,研究者们探索了诸多因素的作用。从外部因素上来看,任务类型是一个重要的因素(Peters et al., 2008)。Olivers (2009)发现"记忆导向的注意捕获"仅发生在搜索目标固定的搜索任务中,而不出现在目标不断变化的搜索任务中。当搜索目标固定时,对目标的保持较为容易,有多余的资源加工工作记忆内容,匹配分心物能够捕获注意;当搜索目标在试次间不断变化时,注意资源全部集中在对目标的保持过程中,没有资源加工其他项目,匹配分心物无法捕获注意。也有研究者考察刺激类型的影响,Zhang 等(2010)指出当搜索项目为复杂客体(如不规则图形)时,完成搜索任务将消耗大量资源,与任务无关的项目(如匹配分心物)不会捕获注意;而当搜索项目为简单客体(如彩色方框)时,除完成搜索任务外还有多余资源加工其他项目,匹配分心物将捕获注意[1]。此外,刺激强度、知觉负载、匹配分心物数量等外部因素也被认为是导致现有矛盾结果的原因(Hu et al., 2011; Han & Kim, 2009; Olivers, 2009)。

注意和视觉工作记忆是密切相关的认知过程,它们在结构和功能上都表现出高度的一致性。与工作记忆内容匹配的刺激能够捕获注意还是受到

---

〔1〕 Zhang, B. et al. (2010). Guidance of visual attention from working memory contents depends on stimulus attributes. *Neuroscience Letters*, 486(3), 202—206.

抑制是可以受到多种因素制约，这些因素既包括外部的也包括内部的。对于外部因素来说，刺激的凸显性是影响视觉搜索的一个重要因素，其中颜色凸显是较为常见的一种凸显方式。颜色凸显是在与视觉搜索任务有关的视觉显示中，采用颜色突出显示多个项目中的若干个项目，从而提高视觉搜索效率的一种方法或技术。李宏汀等(2011)发现，彩色背景下颜色凸显条件的视觉搜索绩效显著优于非凸显条件；在浅蓝或浅绿的单彩色背景下，互补色红色凸显绩效最好。

本研究从刺激颜色凸显这一角度出发，实验1使用与Woodman和Luck (2007)研究类似的指导语，明确告知被试与工作记忆内容匹配的项目不会成为目标。在Woodman和Luck (2007)的研究结果中，搜索过程中匹配分心物被抑制了，并没有捕获注意。然而在实验1中，通过操纵背景与记忆项目的颜色来实现对匹配分心物的凸显，其目的是考察当被试存在抑制匹配分心物动机时，具有凸显匹配分心物的背景颜色是否能改变抑制过程，重新捕获视觉注意。凸显匹配分心物重新捕获注意说明工作记忆内容对注意的导向作用并不是那么灵活可控，而是较为自动地注意捕获过程。为了更进一步地考察与工作记忆内容匹配分心物对视觉注意引导的自动性，实验2在明确告知被试与工作记忆内容匹配分心物不会成为目标的同时，操作搜索序列中背景颜色与搜索目标的颜色的关系来凸显搜索目标色。在这种情况下，如果匹配分心物仍能捕获视觉注意，那将证实与工作记忆内容匹配分心物对视觉注意引导的自动性，自上而下的抑制动机与自下而上的搜索目标凸显都将无法成功抑制与工作记忆内容匹配的分心物。

1. 被试

实验1选取在校大学生12人，年龄在19－24岁($M=20.68$，$SD=1.26$)。被试均为右利手，视力或者矫正视力正常，完成实验后获得相应报酬。

实验2选取在校大学生17人，年龄在18－24岁($M=22.15$，$SD=1.8$)，被试均为右利手，视力或者矫正视力正常，完成实验后获得相应报酬。

2. 实验仪器与材料

主机型号DELL OPTIPLEX 755，显视器iiyama MA203DT Vision Master Pro 513，屏幕分辨率为1024×768像素，刷新率为100Hz。实验在灰色背景和微亮的环境下进行，被试眼睛距离屏幕中心80cm。记忆项目和记忆探测项目都是一个彩色的实心正方形(视角为 0.5°),呈现在屏幕中央(见彩图 1 所示)。该图形的备选颜色包括红色、绿色、蓝色、青色、品红色和黄色(RGB 值分别为 255/0/0;0/255/0;0/0/255;0/255/255;207/0/112;255/255/0),六种颜色之间为两两互补,其中红色与青色互为补色,绿色与黄色互为补色,蓝色与品红色互为补色。搜索序列由有开口方向的彩色方块(彩色方块视角为 0.5°)组成,包括五个分心物和一个搜索目标。搜索目标的开口向上或者向下,分心物的开口向左或向右。搜索目标的颜色与某两个分心物的颜色相同,剩余三个分心物的颜色相同。所有搜索项目距离屏幕中央至少 1°,且两两之间的距离至少 1°。背景颜色(整个背景视角为 6°×6°)从六种颜色中随机选取。

在实验 1 中背景颜色与记忆项目颜色互为补色,而实验 2 中背景颜色与搜索目标颜色互为补色。为防止视觉后效,采用带有颜色的小正方形随机分布构成了后掩蔽(视角为 6°)。

3. 实验设计

实验 1 和实验 2 均采用单因素双水平的被试内设计。自变量为记忆项目是否匹配分心物(匹配条件 vs. 不匹配条件),匹配条件被定义为视觉搜索序列中与记忆项目在颜色上匹配的分心物。匹配试验中,有三个分心物的颜色与记忆项目的颜色相同。其余分心物颜色不同于记忆项目。不匹配试验中,分心物和搜索目标均与记忆项目不同。为了避免策略性注意转移对实验结果的影响,在实验中有 50%的试次记忆项目匹配分心物,有 50%的试次记忆项目不匹配分心物。在实验中为了消除被试主动注意与记忆匹配项的动机,我们明确告知被试与记忆项目匹配的项目将永远不会是搜索目标,可以对其进行忽略。因变量为搜索目标的反应时、搜索目标的错误率、记忆探测项目的错误率。

4. 实验程序

实验 1 和实验 2 的程序相同。首先屏幕中央呈现 500ms 的"+"作为注视点,随后屏幕中将出现两个黑色数字(随机选自 10 以下的阿拉伯数字,每个数字的视角为 1.70°×0.85°,其中心点分别向左和向右偏离屏幕中心 0.65°),呈现时间为 1000ms。要求被试在整个试次中以每秒 3～4 个数字的速度连续不断地出声复述它们(发声抑制任务,可以强迫被试进行视觉编码,从而排除语音编码干扰)。数字消失后间隔 1500ms 在注意点上方将出现记忆项目，持续时间为500ms，被试需要记住。500ms的空屏后出现持续时间为3000ms的搜索序列。被试的任务是又快又准确地找到搜索目标，并判断目标刺激的开口方向是向上还是向下（向上按“A”键，向下按“Z”键）。500ms空屏后，屏幕出现记忆探测项目，与记忆项目的颜色相同按“1”键，不同则按“2”键。整个实验中，匹配条件和不匹配条件各占一半。为防止被试存在视觉后效，500ms空屏后呈现后掩蔽，时间为500ms。正式实验分为三组，每组各有48试次，正式实验之前被试先练习16个试次。具体程序见彩图1所示。

5. 实验结果

表1.1显示了实验1中匹配和不匹配条件下被试搜索目标的平均反应时和错误率。对搜索任务的错误率和记忆任务的错误率分别进行配对样本t检验发现，搜索任务的错误率在匹配条件和不匹配条件下无显著差异，$t(11)=0.71, p>0.1$；而记忆任务的错误率在匹配条件和不匹配条件下达到了统计上的显著性，$t(11)=2.72, p<0.05$，表现为不匹配条件下的错误率（9.58%）高于匹配条件下的错误率（6.92%）。

表1.1　实验1两种处理条件下搜索任务与记忆任务的反应时(ms)和错误率(%)

不同条件	搜索反应时	搜索错误率	记忆错误率
匹配条件	1202.40	1.83	6.92
不匹配条件	1159.10	1.33	9.58

剔除被试的极端反应数值后，仅对搜索任务与记忆任务都正确反应的试次进行分析。对搜索任务中两种条件下的反应时进行配对样本t检验发现，搜索任务的反应时在匹配条件和不匹配条件下达到了统计上的显著性，$t(11)=3.19, p<0.01$，表现为在被试搜索目标的时候，对于匹配条件下的反应（1202.4ms）显著的慢于不匹配条件下的反应（1159.1ms）。

表1.2显示了实验2中各条件下被试搜索任务的平均反应时和错误率。对搜索任务错误率和记忆任务错误率下的两种条件分别进行配对样本t检验发现，搜索任务的错误率在匹配条件和不匹配条件下无显著差异，$t(16)=0.46, p=0.65$；而记忆任务的错误率在匹配条件和不匹配条件下达到了统计上的显著性，$t(16)=4.08, p=0.001$，匹配条件下的错误率（7.94%）低于不匹配条件下的错误率（13.47%）。

表 1.2 实验 2 两种条件下搜索任务与记忆任务的反应时(ms)和错误率(%)

不同条件	搜索反应时	搜索错误率	记忆错误率
匹配条件	1068.94	1.00	7.94
不匹配条件	1024.43	0.90	13.47

剔除被试的极端反应数值后，仅对搜索任务与记忆任务都正确反应的试次进行分析。对搜索任务两种条件下的反应时进行配对样本 t 检验发现，搜索任务的反应时在匹配条件和不匹配条件下达到统计上的显著性，$t(16)=2.84, p<0.05$。表现为在被试搜索目标的时候，对于匹配条件下的反应(1068.94ms)显著的慢于不匹配条件下的反应(1024.43ms)，两种条件下的平均反应时见图 1.3(b)所示。

(三) 综合讨论

本研究通过两个实验证明了工作记忆内容能够有效地捕获视觉注意，实验 1 在被试知道工作记忆内容永远不可能成为搜索目标的前提下，凸显记忆项目，使得被试增强了与工作记忆内容匹配分心物的表征，这种情况下被试的抑制动机将呈现减弱趋势，从而难以抑制匹配分心物，因此会阻碍搜索任务的进行，表现为匹配试验搜索反应时更慢。为了更进一步的验证与工作记忆内容匹配的刺激能够较强地捕获视觉注意，在实验 2 中，在诱发被试对匹配分心物抑制动机的同时，凸显了搜索序列中的目标项目，使得来自上而下的目标凸显性增强。一方面被试存在抑制匹配分心物的动机，另一方面目标项目具有凸显性，这种情况下被试便没有理由去注意与工作记忆内容匹配的分心物，从而会优化视觉搜索效率。但结果相反，与工作记忆内容匹配的分心物仍能够产生较强的捕获作用。综上，本研究发现，工作记忆内容对视觉注意存在引导性，即使在工作记忆内容匹配分心物的情况下，这种捕获作用仍然存在。该发现从刺激凸显性的角度入手，对已有研究的争议进行了考察，为工作记忆内容能够捕获视觉注意这一观点提供了新的证据。

与工作记忆内容匹配的刺激作为分心物出现在视觉搜索场景中时，由于记忆匹配项与搜索目标模板不匹配，这种情况下主动注意作为与工作记忆匹配的分心物将会不利于完成搜索任务，所以被试不会有明显的动机主动选择记忆匹配项。换句话说，被试将存在一定的抑制匹配分心物的动机，所以在反应时上应表现为匹配条件下的反应快于不匹配条件下的反应。但实验1结果却体现为，被试在匹配条件下的反应显著的慢于不匹配条件下的反应。由此我们可以推测，即使告知了被试与工作记忆匹配分心物永远不会成为目标，但我们通过操作背景颜色与记忆项目颜色的关系凸显了记忆项目，这样的操作便增强了自上而下的工作记忆内容的表征，进而表现与工作记忆内容匹配分心物将捕获注意。实验2发现了与实验1类似的结果，在视觉搜索的过程中，匹配条件下的反应时显著的慢于不匹配条件下的反应时，验证了第二个假设，即在视觉搜索的过程中，即使在诱发被试的抑制动机的同时，增大来自自下而上的目标凸显的情况下，与工作记忆内容匹配的分心物仍然表现出对视觉选择性注意具有较强的导向作用。

如前所述，工作记忆内容对视觉注意的引导作用得到了大量实验的支持(Kumar et al.,2009; Soto et al.,2006; Soto & Humphreys,2009; Soto et al.,2010)。根据偏向竞争模型(biased competition model)，当前保持在工作记忆中的表征会以自上而下的方式增强视觉皮层中与之相似的知觉表征的激活程度，从而使得视觉搜索场景中与工作记忆内容相似的物体取得竞争优势并最终获得注意(Desimone & Duncan,1995)。实验1采用经典双任务范式，要求被试在工作记忆的保持阶段完成一个视觉搜索任务，通过操纵背景颜色与记忆项目颜色的关系来凸显记忆项目。结果发现当记忆项目再次出现在搜索序列中时(匹配条件)，注意任务的反应时要慢于记忆项目未出现在搜索序列中(不匹配条件)。表明了保持在工作记忆中的内容能够自动地引导视觉注意选择视觉搜索场景中与之匹配的物体[1][2]。由此我们认为，当记忆匹配项作为干扰刺激出现在视场中时，由于记忆匹配项与视觉搜索任务的目标模板不匹配，而与保持在工作记忆中的其他无关记忆表征相匹配，这种情况下主动注意作为干扰刺激的记忆匹配项将会不利于完成搜索任务，所以被试将不会有明显的动机去主动选择记忆匹配项。当明确知道工作记忆内容永远不同于搜索目标时，被试可以通过抑制匹配

〔1〕 Pan,Y. & Soto,D. (2010). The modulation of perceptual selection by working memory is dependent on the focus of spatial attention. *Vision Research*,50(15),1437－1444.

〔2〕 Soto,D. et al. (2005). Early,involuntary top-down guidance of attention from working memory. *Journal of Experimental Psychology: Human Perception and Performance*,31(2),248－261.

分心物来促进搜索任务表现。对于这种灵活可控的机制，工作记忆内容提供了一种“需要抑制的刺激”模板。Woodman 和 Luck (2007)指出，当被试明确知道工作记忆内容永远不可能与搜索目标相同时，工作记忆内容将被当作“抑制的刺激”模板。此时，所有与工作记忆内容在客体或特征上匹配的刺激都是需要抑制的(Carlisle et al.,2011)。但由于该刺激与工作记忆内容匹配，表现出了相对于其他刺激而言仍然具有“独特性”，所以会以自下而上的方式捕获注意，只是这种自下而上的捕获是基于自上而下的工作记忆基础之上的(张明，王爱君，2012)。针对实验 1 的结果来看，匹配条件下反应时显著地高于不匹配条件下反应时，一方面可能是由于工作记忆中的内容能够引导注意外，还有可能是因为当前的分心物具有较高的凸显性。因此，为了排除分心物具有较高凸显性而捕获注意这种解释，我们通过实验 2 操纵背景颜色与目标颜色的关系凸显目标项。一方面被试本身的任务就是寻找目标，即被试有明显的动机去注意目标；另一方面目标项得到了凸显，所以被试更为可能的是去主动抑制与工作记忆内容匹配的分心物，从而优化视觉搜索的效率，在结果上应表现为匹配条件与不匹配条件下的反应时无差异或者匹配条件下的反应时快于不匹配条件。但是结果却表明，即使保持在工作记忆的内容与当前的任务无关，并且视觉搜索目标是一个具有显著特征的突显刺激，与不匹配条件相比，匹配条件仍然能够捕获注意，从而使得对目标的搜索反应变慢。综合以上实验 1 和实验 2 的结果，说明了保持在工作记忆中的内容能够强自动地引导视觉注意选择视觉搜索场景中与之匹配的物体。

三、基于工作记忆内容的注意抑制

(一) 理论综述

1. 与任务需求有关的注意抑制

研究者发现，视觉工作记忆内容引导注意控制的方式是比较灵活的，可根据任务的不同需要采取策略性的抑制(Downing & Dodds,2004; Han & Kim,2009; Houtkamp & Roelfsema,2006; Sawaki & Luck,2011; Theeuwes et al.,2009; Woodman & Luck,2007)。

Kumar et al. (2009)研究发现，N1 和 P1 的波幅在不同视觉工作记忆条件下没有显著差异，说明储存在视觉工作记忆中的客体表征并没有对目标的早期加工产生影响[1]。Luck 和 Hillyard 认为,视觉搜索中的 Pl 成分反映对非目标位置的抑制,而 N1 成分则反映了对目标位置的注意(Luck & Hillyard,1995)[2]。Telling 和 Kumar 等人也发现,分心物存在、目标存在和目标缺失三种条件下的 P1 和 N1 均无显著差异,说明目标和分心物的差异不足以影响早期的视觉加工(Telling et al., 2010)。Sawaki 和 Luck (2011)采用 Pd 这一事件相关电位成分作为视觉选择过程中出现注意抑制的指标,结果发现,与记忆颜色匹配的探测项目诱发了一个 Pd 成分。Pd 成分反映了注意对某个刺激的偏离,在脑电活动上体现为:在该刺激出现位置的对侧脑区诱发一个比同侧脑区更大的正成分(Hickey et al.,2009)[3]。表明了与当前任务无关的工作记忆内容会受到抑制,从而说明当工作记忆内容与当前的任务无关的情况下,视觉选择会抑制与工作记忆内容相匹配的项目。

Houtkamp et al. (2002)采用视觉搜索范式,通过眼动指标(注视点的滞留时间,注视次数)探讨了工作记忆内容对注意的导向作用。结果发现,与工作记忆内容相匹配的项目与其他分心物没有差别。研究者由此认为,工作记忆内容匹配项目不会总是对选择性注意起导向作用,有时工作记忆内容对选择性注意不起导向作用,在工作记忆中搜索目标与其他项目是分别存储的,互不干扰。Downing 和 Dodds (2004)采用双任务实验范式研究了视觉工作记忆对视觉搜索过程中注意导向的作用。结果发现,视觉工作记忆中保持的项目对视觉搜索没有起到干扰的作用,说明了注意没有自动地选择与工作记忆内容相匹配的分心物。对此,研究者提出了两种解释:一种观点认为,相对于其他记忆表征,与当前任务相关的目标表征在作为一个整体的视觉工作记忆中取得竞争偏向;另一种解释认为,视觉工作记忆分别存储目标表征和其他与当前任务无关的记忆表征。Houtkamp 和 Roelfsema (2006)认为,当目标出现在搜索系列中时,与工作记忆匹配的项目不会

---

〔1〕 Kumar,S. et al. (2009). Electrophysiological evidence for attentional guidance by the contents of working memory. *European Journal of Neuroscience*, 30(2),307－317.

〔2〕 Luck,S.J. & Yard,S. A. H. (1995). The role of attention in feature detection and conjunction discrimination:An electrophysiological analysis. *International Journal of Neuroscience*, 80(1－4),281－297.

〔3〕 Hickey,C. et al. (2009). Electrophysiological indices of target and distractor processing in visual search. *Journal of Cognitive Neuroscience*,21(4),760－775.

被选择为眼睛运动的目标,即使眼睛注视点落在记忆项目上,时间也很短,即工作记忆匹配项目对搜索反应不会产生影响。也就是说目标模板在工作记忆中具有特殊地位以优先引导视觉注意,而同时保持在工作记忆中的其他物体表征对注意的引导作用非常薄弱,并且只有在搜索目标不呈现在视场的情况下才可能被观察到[1]。Woodman 和 Luck (2007)发现,当告知被试记忆项目永远都不会成为搜索目标时,匹配分心物的条件下比不匹配分心物的条件下搜索速度更快。说明视觉工作记忆并不是自动的引导注意选择与记忆表征类似的项目。实验结果支持注意的策略性抑制假设,即被试可以根据任务要求的不同,既可以将视觉工作记忆的内容作为需要选择注意的模板,也可以将其作为需要抑制注意的模板。Han 和 Kim (2009)的研究结果发现,对匹配分心物的抑制只发生在相对较慢的信息加工过程中。具体而言,简单搜索任务中信息加工速度很快,认知控制没有时间介入,因此匹配分心物将捕获注意;而复杂搜索任务中信息加工速度相对缓慢,认知控制有充分的时间介入,因此匹配分心物将受到抑制。也即当有足够的时间供认知控制介入时,自上而下的抑制过程可以逆转匹配分心物自下而上的注意捕获效应。

当工作记忆内容与当前视觉搜索任务无关时,由于受到目标模板的抑制作用,无关记忆表征很难自动引导视觉注意。但由于与工作记忆内容匹配的刺激具有"独特性",导致了其可以在早期视觉选择阶段内以自下而上的方式捕获视觉注意,但在晚期选择阶段来自自上而下的认知控制得以进入,即目标模板起到了作用,因此抑制了与工作记忆内容匹配的刺激。在行为学实验上表现为匹配记忆项出现的情况下反应时并未增加,在脑电实验上表现为会出现视觉选择抑制与工作记忆内容相匹配的项目的脑电成分(Pd)。

2. 与动机有关的抑制性认知控制

基于工作记忆内容的注意捕获方面的研究均表明客体工作记忆内容与注意内容一致,可以捕获注意。但这并不意味着客体工作记忆内容必然会成为注意的内容,或者说两种认知系统在功能上始终保持一致。越来越多

---

[1] Houtkamp, R. & Roelfsema, P. R. (2006). The effect of items in working memory on the deployment of attention and the eyes during visual search. *Journal of Experimental Psychology: Human Perception and Performance*, 32(2), 423-442.

的研究发现,客体工作记忆对注意的导向作用是灵活可控的;与客体工作记忆内容匹配的刺激并不总能捕获注意——即对客体工作记忆内容的复述并非必须依赖注意,两种认知系统在功能上存在差异(Downing & Dodds, 2004; Han & Kim, 2009; Houtkamp & Roelfsema, 2006; Olivers, 2009; Sawaki & Luck, 2011; Woodman & Luck, 2007)。Houtkamp 和 Roelfsema (2006)采用眼动技术研究客体工作记忆内容对注意的导向作用。他们首先向被试同时呈现两个客体,并明确告知被试这两个客体分别是随后将继时呈现的两个搜索任务的目标。例如,同时向被试呈现一张"椅子"和一个"篮子",并要求被试在随后出现的第一个搜索任务(搜索任务 1)中判断"椅子"(目标 1)是否出现,而在第二个搜索任务(搜索任务 2)中判断"篮子"(目标 2)是否出现。为了顺利完成实验任务,被试在完成搜索任务 1 的同时还要保持目标 2。结果发现,当两个目标项目同时出现在搜索任务 1 中时,作为分心物的目标 2 不会获得更多的扫视。任务 1 的搜索反应时也没有因为目标 2 的出现而增长。可见,虽然目标 2 被保持在客体工作记忆中,但由于它与当前任务(搜索目标 1)无关,因而没有捕获注意。这符合注意选择的原则——选择与当前任务相关的刺激,拒绝与当前任务无关的刺激。实际上,如果对当前任务而言客体工作记忆内容只是某种干扰信息,那么被试还将会抑制与客体工作记忆内容匹配的刺激。Woodman 和 Luck (2007)的研究有力地证明了上述观点[1]。他们采用与前人类似的双任务实验范式(e. g., Downing & Dodds, 2004; Olivers et al., 2006),要求被试在保持一个或多个记忆项目的同时完成一项搜索任务。不同的是,他们在实验指导语中明确告知被试"记忆项目永远不同于搜索目标"。因此被试没有理由在搜索任务中主动注意客体工作记忆内容。如果客体工作记忆内容对注意的捕获是不可控的(即记忆的内容必然是注意的内容),那么与记忆内容匹配的分心物(下文中简称"匹配分心物")必将捕获注意;反之,匹配分心物不会捕获注意。结果发现,与控制条件(没有任何搜索项目与记忆项目匹配)相比,当搜索序列中出现匹配分心物时搜索速度更快——即搜索过程中

---

〔1〕 Woodman, G. F. & Luck, S. J. (2007). Do the contents of visual working memory automatically influence attentional selection during visual search? *Journal of Experimental Psychology: Human Perception and Performance*, 33(2), 363－377.

匹配分心物不但没有捕获注意，反而被抑制了(Woodman & Luck，2007，实验 3 和 4)。更重要的是，Carlisle 和 Woodman(2011b)利用事件相关电位(ERP)技术，以 N2pc 为指标研究客体工作记忆内容对注意选择的影响。结果发现当记忆项目仅与搜索分心物匹配时，它们不会诱发 N2pc 成分。Hu et al. (2011)也发现当被试明确知道记忆项目只与搜索分心物匹配后，他们可以通过抑制对匹配分心物的注意来促进搜索任务表现。但这种抑制作用的有效性受到匹配分心物数量和记忆项目呈现时间的影响。仅当匹配分心物足够多(匹配力度大)并且记忆项目呈现时间足够长(认知控制准备时间长)时，匹配分心物才能得到有效抑制(Han & Kim，2009)。可见，客体工作记忆与注意在内容上并非总是保持一致；客体工作记忆内容不一定总能捕获注意。当客体工作记忆内容与当前任务无关，甚至可能会干扰当前任务的顺利进行时，与其匹配的项目将受到抑制。此时，对客体工作记忆内容的复述并非是基于注意的。

如果客体工作记忆对注意的导向作用的确会受到上述自上而下加工的调节，那么这种抑制性认知控制的效用应该受到抑制动机的影响。抑制动机主要指个体主动进行抑制性操作的倾向水平，而与其抑制能力无关。一方面，当被试确认在当前任务中客体工作记忆内容只是一种干扰信息时(如告知被试"记忆项目永远不同于搜索目标")，通过抑制匹配分心物可以更快更好地完成任务。另一方面，由于对匹配分心物的抑制是一个需要付出巨大认知努力的过程，因此个体抑制动机水平的高低会影响抑制作用的有效性。例如，Olivers 等(2006)之所以没有发现对匹配分心物的抑制作用，可能就是因为未能有效地激发被试的抑制动机。在他们的实验中匹配分心物是以单例形式出现的。这种匹配分心物不仅与客体工作记忆内容相同，还在特征上与其他搜索项目不同。关于注意捕获的研究表明，由于刺激特征上的与众不同，单例分心物能极大地捕获注意(Theeuwes，2010； Stigchel，et al.，2009)[1][2]。并且认知控制对这种注意捕获的调节能力有限，即便是通过大量练习，单例分心物的干扰作用也只能在一定程度上被减弱，而难

〔1〕 Theeuwes，J. (2010). Top-down and bottom-up control of visual selection. *Acta Psychologica*，135(2)，77－99.

〔2〕 Stigchel，S. V. D. et al. (2009). The limits of top-down control of visual attention. *Acta Psychologica*，132(3)，201－212.

以被克服(Müller et al.,2009)[1]。因此,在 Olivers 等(2006)的实验条件下,抑制单例分心物的困难很大。当认知控制的努力很难收获效果时,被试的抑制动机水平将变得极低甚至为零。这种情况下,匹配分心物能捕获注意并不奇怪。

(二) 实验研究

根据上述解释,客体工作记忆内容是否能被抑制取决于两点:(1) 个体抑制动机是否被激活;(2) 个体抑制动机水平的高低。当客体工作记忆内容与当前任务相关时,个体抑制动机不会被激活,与客体工作记忆内容匹配的刺激会捕获注意(如 Soto et al.,2005);当客体工作记忆内容与当前任务无关时,为了促进任务表现个体倾向于抑制与工作记忆内容匹配的刺激。并且,这种抑制作用的有效性还受到抑制动机水平高低的影响。抑制动机水平只有达到一定程度,匹配分心物才能被有效抑制,否则认知控制将难以克服匹配分心物的干扰作用,从而在结果中出现匹配分心物对注意的捕获效应。本研究将通过两个实验验证上述观点。为了激发被试的抑制动机,我们在指导语中明确指出"记忆项目永远不同于搜索目标"(见 Hu et al.,2011; Woodman & Luck,2007)。实验 1 通过改变匹配试验在实验中出现的概率来诱发被试不同水平的抑制动机。Müller 等(2009)在研究认知控制对(刺激驱动的)注意捕获的作用时,通过调节凸显分心物(salient)的出现概率来调控个体的控制动机水平。这种概率的调节主要操控的是个体的动机水平,而非其认知控制能力。匹配试验里,搜索序列中将有三个分心物与记忆项目完全相同。我们期望,随着匹配试验概率的增加,被试抑制匹配分心物的动机水平也将提高,从而产生更大的抑制效应。实验 2 排除了练习的干扰——在保持匹配试验概率不变的条件下(始终为 50%),仅通过改变指导语来诱发不同程度的抑制性动机水平。预期实验 2 结果将与实验 1 一致。

1. 被试

实验 1 包括 30 名(14 男,16 女)大学本科生被试,被试随机分为 3 组参

[1] Müller,H. J. et al. (2009). Attentional capture by salient color singleton distractors is modulated by top-down dimensional set. *Journal of Experimental Psychology: Human Perception and Performance*,35(1),1—16.

加实验,每组 10 人。年龄 19—22 岁,平均年龄 20.43 岁,标准差 1.14。所有被试的视力或矫正视力正常。实验后,被试获得相应报酬。

实验 2 一共有 22 名(10 男,12 女)大学本科生被试,被试随机分为 2 组参加实验。年龄 19—22 岁,平均年龄 20.32 岁,标准差 1.09。所有被试的视力或矫正视力正常。实验后,被试获得相应报酬。其中有 2 名被试表示"实验中匹配试验实际出现的概率与指导语信息不一致"。他们的数据未纳入统计分析。因此,实际统计分析中每组 10 人。

2. 实验仪器和材料

实验程序在 17 寸 PC 机上呈现,屏幕背景为灰色(RGB 值为 128/128/128),被试距离屏幕约 70 cm。记忆项目和记忆探测项目都是一个彩色图形(视角为 1.35°×1.35°),呈现在屏幕中央(见图 1.1 所示)。该图形的备选颜色包括红色,黄色,蓝色或绿色(RGB 值分别为 255/0/0,255/255/0,0/0/255,0/255/0);备选形状包括圆形、十字形、平行四边形或漏斗形。这些颜色和形状特征共组成 16 种备选图形。单次试验里呈现的记忆项目从上述 16 种图形中随机抽取。搜索项目是内嵌有黑色开口方框的彩色图形(图形视角为 1.35°×1.35°,选自与记忆项目相同的图集;开口方框视角为 0.45°×0.45°,方框线条粗 0.08°,开口宽 0.12°),包括五个分心物和一个搜索目标。搜索目标中的方框向上或向下开口,分心物中的方框向左或向右开口。搜索目标的图形与某两个分心物相同(但图形内开口方框朝向不同);剩余三个分心物的图形相同(但图形内开口方框朝向不同)。所有搜索项目随机排列在圆的 12 等分点上(每个点距离屏幕中心 3.3°左右)。每两

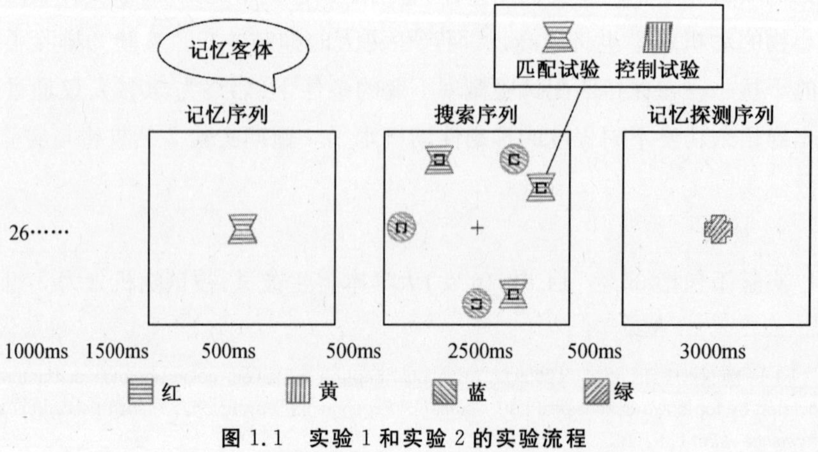

图 1.1 实验 1 和实验 2 的实验流程

个项目的中心点之间至少相距 1.7°。实验 1 和实验 2 的实验仪器和材料相同。

3. 实验设计

实验 1 和实验 2 均为 2×3 混合设计。被试内变量为搜索序列中是否有分心物与记忆项目匹配(试验类型)。匹配试验中,有三个分心物的图形与记忆项目完全相同(颜色形状都相同)。其余搜索项目均不同于记忆项目。控制试验中,没有任何搜索项目与记忆项目相同。被试间变量为匹配试验在实验中出现的概率(匹配试验概率)。80%概率条件下,匹配试验占总试验次数的 80%;50%概率条件下,匹配试验占总试验次数的 50%;20%概率条件下,匹配试验占总试验次数的 20%。

4. 实验程序

实验过程中首先向被试呈现两个数字(随机选自 10 以下的阿拉伯数字(1 和 0 除外),以黑色(RGB 值为 0/0/0)呈现;每个数字的视角为 1.70°×0.85°,其中心点分别向左和向右偏离屏幕中心 0.65°),呈现时间为 1000ms。要求被试在整个试验中以每秒 3～4 个数字的速度连续不断地出声复述它们(该过程受到主试的监督)。这种发声抑制程序可以强迫被试进行视觉编码,从而排除语音编码干扰(Baddeley,2002)[1]。数字消失后间隔 1500ms 向被试呈现记忆项目,呈现时间为 500ms。要求被试记住该项目的颜色和形状。记忆序列结束后间隔 500ms 呈现搜索序列。要求被试尽快找到搜索目标,并指出其内部开口方框的具体朝向。开口向上按键"A",向下按键"Z"。被试做出反应后搜索序列不会即时消失,而是固定呈现 2500ms。如果被试在 2500ms 内没有按键,则计为错误反应。搜索序列结束后再间隔 500ms 呈现记忆探测序列。要求被试判断记忆探测项目与记忆项目是否完全相同。完全相同(颜色形状均相同)按键"K",不同(颜色相同而形状不同或形状相同而颜色不同)按键"L"。实验中,将通过指导语明确告知被试"记忆项目的颜色和形状永远不同于搜索目标",以及匹配试验出现的概率。同时,要求被试在搜索任务中又快又准地反应,而在记忆任务中尽量保证正确反应。

---

〔1〕 Baddeley, A. D. (2002). Is working memory still working? *European Psychologist*, 7(2), 85－97.

每个被试完成 120 次试验，匹配试验和控制试验的次数取决于匹配试验概率，随机交替呈现。正式实验前被试首先完成 16 次练习试验以熟悉实验任务(各组条件下，练习中的匹配试验概率均为 50%)。正式实验中，完成 60 次试验后休息 2min。

实验 2 中匹配试验概率条件分为 20%和 80%两种。两种条件下匹配试验出现的概率相同，均占总试验次数的 50%。但被试接收到的指导语信息不同。20%概率条件下，我们告诉被试实验中有 20%的试验是匹配试验；而 80%概率条件下，我们告诉被试实验中有 80%的试验是匹配试验。实验完成后，被试还将报告：(1) 指导语中告知的匹配试验概率；(2) 实验中匹配试验出现的概率是否符合指导语信息。问题(2)是为了确认指导语中对匹配试验概率的操作有效。如果被试认为“实验中匹配试验出现的概率符合指导语信息”(指导语为 20%概率条件下匹配试验很少；而指导语为 80%概率条件下匹配试验很多)，则表明被试相信指导语信息，据此调整动机水平来进行操作，并且在实验过程中没有体验到指导语信息与匹配试验实际出现概率有冲突。所有被试都正确地回答了第一个问题。但有 2 名被试认为实验中匹配试验实际出现的概率与指导语信息不一致，他们的数据未纳入统计分析。

5. 实验结果

表 1.3 显示了实验 1 中各条件下被试的平均任务表现。对因变量进行 2(试验类型：匹配试验，控制试验)×3(匹配试验概率：20%，50%，80%)混合设计重复测量方差分析。搜索正确率方面，没有发现任何显著的主效应或交互作用。搜索反应时方面，匹配试验概率主效应不显著，$F(1,27)<1$，$\eta^2=0.13$；但试验类型主效应显著，$F(1,27)=6.85$，$p<0.05$，$\eta^2=0.20$。匹配试验中搜索反应($M=1305.02$ms)快于控制试验($M=1353.10$ms)。更重要的是两者交互作用显著，$F(2,27)=13.94$，$p=0.001$，$\eta^2=0.51$。简单效应分析结果表明，20%概率条件下匹配试验搜索反应慢于控制试验，$F(1,9)=8.78$，$p<0.05$，$\eta^2=0.49$；而 50%[$F(1,9)=7.36$，$p<0.05$，$\eta^2=0.45$]和 80%[$F(1,9)=13.94$，$p<0.01$，$\eta^2=0.61$]概率条件下匹配试验搜索反应均快于控制试验。

为了进一步分析实验 1 中对匹配分心物的注意抑制过程，我们把控制试验和匹配试验的搜索反应时差值作为抑制作用的效应量。当匹配试验搜索反应显著快于控制试验时，该效应量为正值，表明匹配分心物在搜索过程中受到了抑制；当匹配试验搜索反应显著慢于控制试验时，该效应量为负值，表明匹配分心物不仅没有被抑制，反而捕获了注意。实验1中，20%，50%和80%三种概率条件下抑制作用的效应量分别为77.74ms[$t(9)=2.96, p<0.05$]，63.59ms[$t(9)=2.71, p<0.05$]，158.35ms[$t(9)=3.73, p<0.01$]。两两比较发现，50%概率条件下的效应量大于20%概率条件，$t(18)=4.02, p=0.001$；80%概率条件下的效应量大于50%概率条件[$t(18)=2.41, p<0.05$]和20%概率条件[$t(18)=4.73, p=0.001$]。即抑制作用的效应量随着匹配试验概率的提高而增大。

表1.3　实验1中被试的平均任务表现

匹配试验概率(%)	试验类型	搜索RT (ms)	搜索正确率 (%)	记忆正确率 (%)
20	匹配试验	1374.46	97.92	88.33
	控制试验	1296.72	96.98	84.06
50	匹配试验	1321.79	96.00	83.33
	控制试验	1385.38	94.50	78.83
80	匹配试验	1218.84	97.50	84.48
	控制试验	1377.19	96.25	80.83

用反应时分布等分法分别求出不同匹配试验概率条件下的搜索反应时累计概率分布情况(见图1.2所示)。它们描述了每个十分位点上被试在不同实验条件下的平均反应等分值。通过这一分析，我们可以观察上述抑制作用的时程特点。如果认知控制可以发生在短暂迅速的信息加工过程中，那么我们期望在反应极快的试验里(如反应时在前10%的试验)也能观察到对匹配分心物的抑制。对第一个十分位点上的反应时数据进行秩和检验发现，20%概率条件下匹配试验搜索反应时($M=854.00$ms)慢于控制试验($M=705.50$ms)，$Z=2.67, p<0.01$。50%概率条件下不同试验类型反应时差异与20%概率条件一致，$M_{匹配}=831.16$ms，$M_{控制}=768.60$ms，$Z=2.44, p<0.05$。但80%概率条件下匹配试验搜索反应($M=755.21$ms)快于控制试验($M=826.11$ms)，$Z=2.62, p<0.01$。即在80%概率条件下认知控制可以发生在快速的信息加工过程中。记忆正确率方面，试验类型主效应显著，匹配条件下记忆正确率显著高于控制条件，$F(1,27)=11.14, p<0.01, \eta^2=0.30$。匹配试验概率主效应和两变量间交互作用均不显著。

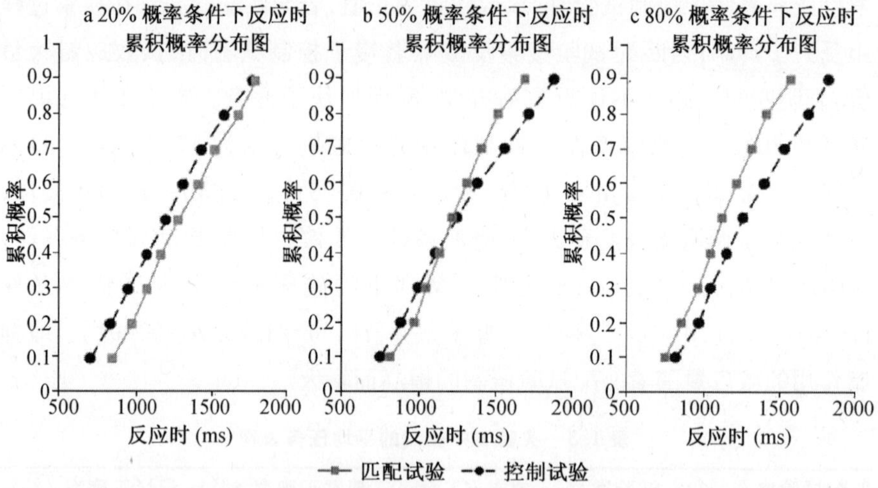

图 1.2 实验 1 各匹配概率条件下搜索反应时累积概率分布

表 1.4 显示了实验 2 中各条件下被试的平均任务表现。对因变量进行 2(试验类型:匹配试验、控制试验)×2(匹配试验概率:20%、80%)混合设计重复测量方差分析。搜索正确率方面,没有发现任何显著的主效应或交互作用。搜索反应时方面,匹配试验概率[$F(1,18)=0.01$]和试验类型主效应[$F(1,18)<1$]均不显著。但两者交互作用显著,$F(1,18)=26.02$,$p<0.001$,$\eta^2=0.59$。简单效应分析结果表明,20%概率条件下匹配试验搜索反应慢于控制试验,$F(1,9)=17.52$,$p<0.01$,$\eta^2=0.66$;而 80%概率条件下匹配试验搜索反应快于控制试验,$F(1,9)=11.83$,$p<0.01$,$\eta^2=0.57$。

表 1.4 实验 2 中被试的平均任务表现

匹配试验概率(%)	试验类型	搜索 RT (ms)	搜索正确率 (%)	记忆正确率 (%)
20	匹配试验	1343.61	95.50	82.33
	控制试验	1263.43	96.50	80.4
80	匹配试验	1242.07	97.00	88.83
	控制试验	1353.33	95.67	83.79

进一步比较不同条件下认知控制的效用发现,80%[111.26ms,$t(9)=3.45$,$p<0.01$]与 20%[80.18ms,$t(9)=4.19$,$p<0.01$]概率条件下抑制作用的效应量差异显著,$t(18)=5.10$,$p<0.001$。搜索反应时累计概率分布如图 1.3 所示。对第一个十分位点上的反应时数据进行秩和检验发现,20%概率

条件下匹配试验搜索反应(M=786.79ms)慢于控制试验(M=719.01ms)，$Z=-2.82$，$p<0.01$；80%概率条件下匹配试验搜索反应(M=784.01ms)快于控制试验(M=831.24ms)，$Z=-2.83$，$p<0.01$。记忆正确率方面，试验类型主效应显著，匹配条件下记忆正确率显著高于控制条件，$F(1,18)=9.37$，$p<0.01$，$\eta^2=0.34$。匹配试验概率主效应和两变量间交互作用均不显著。

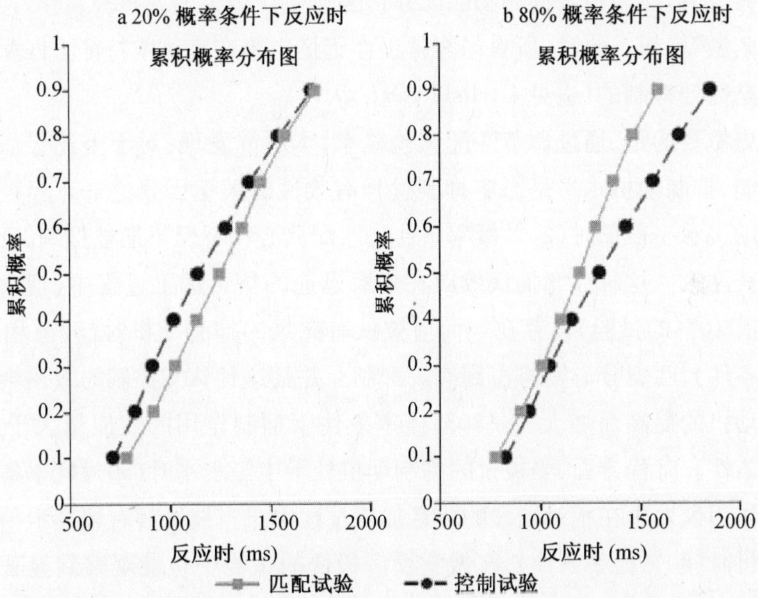

图 1.3　实验 2 各匹配概率条件下反应时累积概率分布

（三）综合讨论

本研究通过两个实验证明了客体工作记忆内容不一定总能捕获注意。在视觉搜索任务中，当被试知道客体工作记忆内容永远不可能成为搜索目标时，将倾向于抑制匹配分心物，从而促进搜索任务表现——匹配试验搜索反应更快。实验 1 通过操作匹配试验出现的概率来诱发不同水平的抑制动机。实验 2 则仅通过改变指导语来调节抑制动机水平，从而排除练习的干扰。两个实验结果均表明，当被试的抑制动机水平很低时(20%概率条件)，匹配分心物会捕获注意，从而减慢搜索速度；而当被试的抑制动机水平足够高时(50%和 80%概率条件)，匹配分心物会被抑制，从而加快搜索速度。并且该抑制作用的效应量会随着抑制动机水平的提高而增大。此外，抑制动机水平还会影响认知控制的时程。随着抑制动机水平的提高，认知控制介入的时间也将提前。

实验1结果表明，当明确知道客体工作记忆内容永远不同于搜索目标时，被试可以通过抑制匹配分心物来促进搜索任务表现。对于这种灵活可控的机制，客体工作记忆内容提供了一种“需要抑制的刺激”模板。Woodman和Luck(2007)指出，当被试明确知晓客体工作记忆内容永远不同于搜索目标(却可能与搜索分心物匹配)时，客体工作记忆内容将被当作“需要抑制的刺激”模板。此时，所有与客体工作记忆内容在客体或特征上匹配的刺激都是需要抑制的(也见 Carlisle et al.,2011)。

更重要的是，通过调节匹配试验概率，本研究发现：对于上述灵活可控的机制，抑制动机水平是影响抑制过程有效性的关键因素之一。当被试的抑制动机水平很低时(20%概率条件)，匹配分心物不但不能被抑制，反而还会捕获注意。这种注意捕获效应在短暂迅速的信息加工过程中(搜索反应时在前10%的试验)也存在。而当被试有充足的抑制动机时(50%和80%概率条件)，匹配分心物将得到有效抑制。并且这种认知控制的效用会随着抑制动机的提高而增大——80%概率条件下抑制作用的效应量大于50%概率条件。时程方面，当被试的抑制动机处于中等水平时(50%概率条件)，抑制作用仅发生在相对较慢的信息加工过程中。当被试具有较高水平的抑制动机时(80%概率条件)，在搜索反应极快的试验中也能观察到显著的抑制作用。因此，抑制动机的高低不仅可以调节抑制作用的效应量，还会影响抑制作用发生的时程。

此外，记忆正确率方面，我们发现不同概率条件下，匹配试验的记忆正确率始终高于控制试验。抑制效应量为正时(50%和80%概率条件)，个体通过有效地抑制与客体工作记忆内容匹配的分心物从而提高了搜索效率。但由于搜索序列呈现时间固定(2500ms)，被试在完成搜索任务后(匹配试验搜索任务平均反应时为1305.02ms)将有充分的时间将注意转回匹配分心物，以巩固记忆。从而在整体上表现为匹配试验记忆正确率更高。Bundesen (1990)的视觉注意理论(TVA)指出根据任务目标的需要，与工作记忆内容匹配的刺激可以被设置很高的注意权重以引导注意选择过程。反之，工作记忆内容也可以被设置极低的注意权重，以避免与之相同的刺激得到注意[1]。根据这一理论,本实验中当被试完成搜索任务时,为了更快地找到搜索目标,客体工作记忆内容的注意权重极低(甚至为零)。一旦搜索任务完成后,为了更好地完成随后的记忆探测任务,客体工作记忆内容的注意权重将显著提高——被试通过重新注意匹配分心物以巩固记忆。因此匹配试验记忆成绩更高。但这种巩固记忆的过程不是本研究的重点,且效应普遍较小(Woodman & Luck,2007; Han & Kim,2009)。抑制效应量为负时(20%概率条件),个体不能抑制对匹配分心物的注意——匹配分心物捕获了注意,从而降低了搜索效率。由于匹配分心物与客体工作记忆内容一致,因此匹配试验记忆正确率也随之提高。

为了诱发不同水平的抑制动机,我们在实验1中系统地操作了匹配试验概率。该操作可能会使实验结果受到练习的干扰。例如,当匹配试验概率从50%提高到80%时,实验中匹配试验的次数也随之增加了36次。这样在80%概率条件中,被试有更多的机会练习使用抑制策略,从而获得更大的认知控制效用。为了排除练习的干扰,我们将在实验2中保持各条件下匹配试验概率恒定50%,仅通过改变指导语来操作抑制动机水平。

实验2排除练习的干扰后发现了与实验1类似的结果。实验2中,当被试以为匹配试验概率为20%时,匹配试验搜索反应慢于控制试验,即匹配分心物捕获了注意;而当被试以为匹配试验概率为80%,匹配试验搜索反应快于控制试验,即匹配分心物受到了抑制。虽然两种条件下被试接收到的指导语信息不同,但匹配试验实际出现的次数却始终一样,均为总试验次数的50%。因此,实验2的结果不能用练习来解释,而是源于不同的指导语信息引发了被试不同水平的抑制动机。随后,我们将进一步讨论在客体工作记忆对注意的导向过程中抑制动机的作用。

Olivers等(2006)曾提出由于客体工作记忆和注意在结构和功能上的高度相似性,两者可能是同一个认知系统。客体工作记忆和注意在内容上应始终保持一致;客体工作记忆内容必然会捕获注意。本研究中,在20%(实验1和2)概率条件下发现了匹配分心物对注意的捕获效应。如果这种注意捕获的发生是必然的,那么可以推测客体工作记忆内容的保持是基于注意的。但事实却远非如此。本研究中,在50%(实验1)和80%(实验1和

---

[1] Bundesen,C. (1990). A theory of visual attention. *Psychological Review*, 97(4),523-547.

2)概率条件下发现匹配分心物不但没有捕获注意,反而受到了有效的抑制。并且随着匹配试验概率的提高,这种抑制作用的效应量也在增大。可见,客体工作记忆内容对注意的捕获是可以被克服的。Woodman 和 Luck(2007)也发现当被试明确知道客体工作记忆内容永远只和搜索分心物匹配(而不同于搜索目标)时,他们将把记忆内容当作一种"需要抑制的刺激"模板,并通过认知控制来使注意偏离匹配分心物。

综上,本研究发现:客体工作记忆内容对注意的导向过程是灵活可控的;与客体工作记忆内容匹配的刺激既可以捕获注意,也可以被抑制。当客体工作记忆内容与当前任务目标无关时,它将被当作"需要抑制的刺激"模板,使注意偏离与之匹配的刺激。因此,客体工作记忆内容不一定总是注意的内容。注意在客体工作记忆复述机制中的作用和地位还有待进一步明确。对于这种灵活可控的机制,抑制动机水平(本研究中通过调节匹配试验概率来操作)不仅会影响认知控制的有效性及其作用大小,还会影响认知控制介入的时间。该发现在一定程度上弥补了已有研究的不足,为已有研究的争议给出了新的解释。

如前所述,已有研究在客体工作记忆内容是否总能捕获注意这一问题上尚未达成一致。一些研究发现客体工作记忆内容对注意的捕获是不随意的;另一些研究却表明这种注意捕获受到认知控制的调节。为了解释这些互相矛盾的结果,研究者们考察了诸多外部因素的作用。首先是任务类型的影响(Olivers et al.,2011)[1]。当搜索目标固定时,对目标的保持较为容易,有多余的资源加工客体工作记忆内容,匹配分心物能够捕获注意;当搜索目标在试验间不断变化时,注意资源全部集中在对目标的保持过程中,没有资源加工其他项目,匹配分心物无法捕获注意。如 Olivers(2009)发现"由记忆导向的注意捕获"仅发生在搜索目标固定的搜索任务中,而不出现于目标不断变化的搜索任务中。但该解释却不符合我们的实验结果。本研究采用了目标固定的搜索任务,结果发现:除 20%概率条件外,其他条件中匹配分心物不仅没有捕获注意,反而受到了抑制。类似的,Woodman 和 Luck (2007)采用目标固定的搜索任务也发现了对匹配分心物的抑制作用

[1] Olivers, C. N. et al. (2011). Different states in visual working memory: When it guides attention and when it does not. *Trends in Cognitive Sciences*, 15(7), 327-334.

(也见 Han & Kim,2009)。其次,也有研究者考察刺激类型的影响。Zhang 等(2010)指出当搜索项目为复杂客体(如不规则图形)时,完成搜索任务将消耗大量资源,与任务无关的项目(如匹配分心物)不会捕获注意;而当搜索项目为简单客体(如彩色方框)时,除完成搜索任务外还有多余资源加工其他项目,匹配分心物将捕获注意。这种解释仍然不符合我们的发现。一方面,本研究使用的刺激是内嵌开口方框的彩色图形。其颜色标准,形状规则,可以归类于简单客体。另一方面,根据 Zhang 等(2010)的观点,注意捕获效应的消失是由于没有多余的资源加工客体工作记忆内容。而本研究却发现匹配分心物会受到抑制。即匹配分心物之所以不能捕获注意,是因为个体利用认知资源进行了自上而下控制,而非资源紧张。此外,刺激强度,任务知觉难度,匹配分心物数量等外部因素也被认为是导致现有矛盾结果的原因(Hu,et al.,2011; Han & Kim,2009; Olivers,2009)。

本研究关注内部因素的作用,认为抑制动机是客体工作记忆内容对注意的导向过程中影响认知控制加工的关键因素。抑制动机是指个体进行抑制性认知控制的倾向。抑制动机的影响分为两个层次:(1) 有无抑制动机;(2) 抑制动机水平的高低。我们首先明确告知被试客体工作记忆内容永远不同于搜索目标,使被试产生了抑制匹配分心物的动机,进而在实验中观察到了对匹配分心物的抑制作用。Woodman 和 Luck (2007)使用相同的指导语操作,也发现了上述抑制作用。可见,当客体工作记忆内容与当前任务无关时,与之匹配的项目会受到抑制。反之,当客体工作记忆内容与目标相关时,与之匹配的项目将自上而下地捕获注意。例如,在 Soto 等(2005)的实验中工作记忆内容可能会与搜索目标匹配。此时,为了更快地找到搜索目标,被试将主动注意与记忆内容匹配的项目,而不存在抑制匹配项目的动机。Carlisle 和 Woodman (2011)采用类似的操作也发现,当记忆项目匹配搜索目标时搜索速度最快;而当记忆项目匹配搜索分心物时搜索速度最慢。即由于记忆项目可能与搜索目标相同,被试便不再抑制与记忆项目匹配的刺激了,而是主动注意它们(也见 Woodman & Luck,2007 实验 5)。

抑制动机的产生只是诱发抑制性认知控制的前提条件,匹配分心物是否能被有效抑制还取决于被试抑制动机水平的高低。本研究中仅当抑制动机处于中等(50%概率条件)或偏上(80%概率条件)水平时,才发现了显著的抑制作用——匹配试验搜索反应快于控制试验。而当抑制动机水平很低时(20%概率条件),匹配分心物捕获了注意——匹配试验搜索反应慢于控制试验。可见,即便被试具有抑制匹配分心物的倾向,当这种抑制动机较弱时,认知控制的作用仍然难以发挥。例如 Olivers (2009)的研究中,虽然也通过指导语明确告知被试记忆项目与搜索目标不同,但由于抑制匹配分心物的难度太大,无法激发较高水平的认知控制动机,因而在结果中观察到了"由记忆导向的注意捕获"效应。Olivers(2009)的实验中匹配分心物始终是一个具有独特颜色的单例刺激。前已述及,对这种匹配分心物的抑制不仅要克服客体工作记忆内容的干扰,还要克服其独特特征带来的干扰。两种干扰作用叠加在一起急剧地加大了认知控制的难度。此外,抑制动机水平不仅会决定认知控制的有效性,还会影响认知控制的效应量。实验 1 中 80%概率条件下抑制作用的效应量大于 50%概率条件——抑制作用的效应量随着抑制动机水平的提高而增大。

在时程方面,当自上而下加工的目的是使注意指向客体工作记忆内容时,已有研究发现认知控制可以迅速地介入信息加工过程(Carlisle & Woodman,2011a;Mannan et al.,2010)。在 Carlisle 和 Woodman (2011a)的实验中,记忆项目可能会与搜索目标匹配。前已述及,当客体工作记忆内容与任务目标相关时,为了更快找到目标,被试将主动注意与客体工作记忆内容匹配的刺激。Carlisle 和 Woodman(2011a)发现,即便在非常迅速的信息加工过程中,这种认知控制的作用依然显著。但当自上而下加工的目的是抑制客体工作记忆内容时,已有研究却发现认知控制需要一定的时间才能介入。如 Han 和 Kim (2009)要求被试在保持记忆项目的同时完成一项搜索任务。匹配条件下记忆项目仅与分心物匹配。结果发现对匹配分心物的抑制只发生在相对较慢的信息加工过程中。具体而言,简单搜索任务中信息加工速度很快,认知控制没有时间介入,因此匹配分心物将捕获注意;而复杂搜索任务中信息加工速度相对缓慢,认知控制有充分的时间介入,因此匹配分心物将受到抑制。Hu 等(2011)也发现这种抑制性的认知控制只在准备时间充足时有效。本研究 50%概率条件下的实验结果与上述研究一致。虽然整体上匹配试验搜索反应快于控制试验,但在反应极快的试验里匹配试验搜索反应慢于控制试验。即对匹配分心物的抑制没有发生在短暂迅速的信息加工过程中。不同的是,80%概率条件下,本研究在反应极快的试验里也发现了对匹配分心物的抑制作用。该结果表明抑制性认知控制并非只能发生在加工时间较长的认知过程中。当抑制动机足够强时,认知控制介入的时间可以被提前。这一结果与 Sawaki 和 Luck(2011)的研究一致。他们发现与当前任务无关的客体工作记忆内容会受到抑制,并诱发 Pd 成分[1]。Pd 反映了个体对某个刺激的抑制过程。当对某个刺激进行抑制时,将在刺激出现的对侧脑区(与同侧脑区相比)诱发更大的正电位,即 Pd 成分(Hickey et al.,2009)[2]。该成分一般出现在刺激呈现后 150ms 到 250ms。即对客体工作记忆内容的抑制是可以迅速发生的。但 Sawaki 和 Luck (2011)的研究并没有采用视觉搜索任务,而只是要求被试注视那些与任务无关的客体工作记忆内容。因此,在视觉搜索这类更复杂的任务中抑制性认知控制的时程特点还有待进一步明确。后续研究可以利用时间精度较高的研究手段(如 ERP 技术)来探讨这一问题。

关于上述抑制性认知控制的产生机制方面,Bundesen (1990)的视觉注意理论(TVA)提供了一种合理的解释[3]。Bundesen(1990)指出,工作记忆内容既可以被赋予较高的注意权重从而使与之匹配的刺激获得更多的注意,也可以被赋予极低(甚至为零)的注意权重从而防止与之匹配的刺激获取注意。本研究中,由于记忆项目只与搜索分心物匹配(而不同于目标),客体工作记忆内容将被赋予极低的注意权重。这一过程帮助被试抑制了对匹配分心物的注意,从而能够更快找到目标。当被试完成搜索任务后,刺激序列不会立即消失。此时,为了促进随后的记忆任务表现,客体工作记忆内容的注意权重会被迅速提高。这一过程帮助被试在完成搜索任务后主动注意匹配分心物以巩固记忆,进而提高记忆成绩。本研究 50%和 80%概率条件下的实验结果支持该假设——匹配试验中,不仅搜索反应快于控制试验,记忆正确率也高于控制试验。

四、工作记忆在注意的视觉搜索中的作用

(一) 理论综述

长期以来,众多注意模型都假设工作记忆在视觉搜索中起着重要的作

[1] Sawaki,R. & Luck,S. J. (2011). Active suppression of distractors that match the contents of visual working memory. *Visual Cognition*, 19(7),956—972.

[2] Hickey,C. et al. (2009). Electrophysiological indices of target and distractor processing in visual search. *Journal of Cognitive Neuroscience*, 21(4),760—775.

[3] Bundesen,C. (1990). A theory of visual attention. *Psychological Review*, 97,523—547.

用,如 Desimone 等(1995)认为视觉搜索中靶刺激的模板储存在视觉工作记忆中;Duncan 等(1980)指出当靶刺激得到识别后,必须进入工作记忆中,从而为随后的内部行为控制提供信息。但 Woodman 等(2001)和 Logan 等(1978)的系列研究却发现,即使在高视觉工作记忆条件下被试的视觉搜索效率仍然没有受到影响。Wolf 等(1998)甚至指出视觉搜索是一个无记忆的过程。Woodman 等(2004)和 Oh 等(2004)的研究表明,空间工作记忆在视觉搜索中有着重要的作用,在高空间工作记忆负载条件下视觉搜索的效率急剧降低。虽然视觉工作记忆在视觉搜索中是如何起作用的还有待进一步的研究,但无疑空间工作记忆与视觉搜索有着密切的联系。另外,Han 等(2004)的研究也表明工作记忆的执行功能在视觉搜索中起着重要的作用,当需要对工作记忆中的信息执行操作时(连续递减记忆的数字或对记忆集中信息进行重行排序)视觉搜索的效率急剧降低,而单独施加言语负载时(数字或字母)视觉搜索效率则没有受到影响。

前面所述的言语(数字)视觉(脸谱)工作记忆在选择性注意中目标维持的作用,似乎与视觉搜索中的研究结果相矛盾,为何视觉工作记忆负载对视觉搜索的效率没有影响呢?虽然视觉搜索作业中,空间工作记忆对视觉搜索也存在影响,但这种影响是涉及共同的加工过程[Awh 等的系列研究表明空间工作记忆的维持需要注意的转移,而 Woodman 和 Luck (1999)的研究表明视觉搜索也需要注意的转移],而并非高水平的认知控制机制起作用。Lavie 等(2004)指出由工作记忆负责的高水平认知控制,只有在高优先权的刺激与有低优先权却更显著(如亮度更亮等)的刺激间有竞争的视觉搜索作业中才发挥作用〔1〕。他们随后的一项研究证实了这种观点,研究发现完成形状搜索作业时,高工作记忆负载条件下由颜色引起的注意捕获效应更大。

虽然研究表明空间工作记忆负载能损害视觉搜索的效率,但究竟是如何产生影响的,是由于这两者都需要注意焦点的转移,还是由对返回抑制的影响实现的呢?另外,如何整合“视觉工作记忆对视觉搜索无影响”和“视觉工作记忆信息引导注意定向”两种不一致的研究结果,都还有待进一步的研

---

〔1〕 Lavie,N. et al. (2004). Load theory of selective attention and cognitive control. *Journal of Experimental Psychology: General*, 133(3),339.

究。近年来,人机界面的设计要求人们必须明确视觉工作记忆的加工存储机制,从而使视觉工作记忆的研究成了当前工作记忆研究的热点问题(Baddeley,2000)。

视觉客体工作记忆研究的关键问题是其表征问题。前人研究认为,由相同维度特征组成的客体难以被整合成一个客体进行记忆,只有由不同维度特征组成的客体在记忆时才可以被整合加工。目前对这种结果的解释,还有争论。Wheeler 和 Treisman 的研究结果发现,客体不同维度的特征平行地储存在各自维度特定区域,在特征内部各特征量(如不同颜色)争夺有限的空间容量。但特征之间很少或根本没有竞争(如颜色和位置),特征间联结的信息是可以被保持的,但有赖于注意资源,且对联结的信息的存储很少占用或根本不占用原有的特征容量[1]。

然而,传统研究在考察不同维度特征组成的客体的加工方式时,常常以带有颜色的形状、线条为实验材料,而在考察相同维度特征组成的客体时,则多以双色方框为材料。那么,形状、线条与颜色究竟能否被看作视觉客体工作记忆中基本的同级别的特征加工单元呢?特征捆绑的双阶段理论认为客体特征的捆绑分前后两个阶段:第一阶段客体的组成部分(即整体特征)先得到捆绑,从而使客体有一个整体形象;第二阶段对客体的细节特征进行捆绑。而形状、线条恰恰属于第一阶段要捆绑的客体组成部分,颜色则属于第二阶段要捆绑的客体细节(陈彩琦,刘志华,金志成,2003)。此外,视觉客体工作记忆中子系统理论的研究也发现,在视觉客体工作记忆中存在子系统优势,如 Wheeler 和 Treisman 的研究中就发现了颜色子特征的优势;刘晓平等(2003)的研究也发现单特征物体记忆时存在这种优势。由此可见,视觉客体工作记忆对于不同客体特征的加工存在时间差异,而当前视觉客体工作记忆的研究很少关心对不同特征进行捆绑的时程问题(禤宇明,傅小兰,2005)。

(二) 实验研究

本研究在传统研究范式(即双任务变化检测范式)基础上增加了时间变量,试图分离视觉客体工作记忆加工的不同阶段,来考察由形状和颜色两种

〔1〕 Mary,E. et al.(2002) Binding in short-term visual memory. *Journal oF Experimental Sychology: General*,131(1):48—64.

特征组成的客体在工作记忆中的表征方式、特征检测类型(明确特征检测类型和模糊特征检测类型)和初始刺激呈现时间对这些表征的影响。

1. 被试

实验1随机选取本科生21名,男生10名,女生11名。年龄19—23岁,视力或矫正视力正常,无色盲或色弱。实验2随机选取本科生21名,男生9名,女生12名。年龄19—23岁,视力或矫正视力正常,无色盲或色弱。

2. 实验仪器与材料

实验1的实验程序采用心理实验专用软件DMDX编写,在CPU主频为2.93GHz的电脑上运行,刺激呈现在17英寸显示器上。主要实验材料为带有颜色的图形,每个形状的视角约为0.8°。共有8种可能的形状:☾♡◇○□△♧♤,其中方框为颜色检测条件下的中性形状。可能的颜色也有8种:白、黑、红、黄、蓝、绿、青、紫,其中白色为形状检测任务中的中性颜色。在同一刺激显示中,颜色或形状以及颜色—形状的联合没有重复。实验2与实验1相同,但用于检测的材料只有带颜色的图形,即实验1中颜色—形状联合检测所用的材料。

3. 实验设计

实验1采用单探测的变化检测范式。为排除言语工作记忆的干扰,整个实验过程中要求被试不断重复出声说"abcd"。实验1是一个3×2×3被试内实验设计,自变量为初始刺激呈现时间(50ms、100ms和300ms)、刺激项目数(3个、4个项目)、特征检测类型(单一颜色检测,单一形状检测和颜色—形状联合检测)。在颜色检测条件下,刺激形状保持恒定,均为方框,每个方框从八种可能的颜色中随机选取一种,在50%的试验中,探测刺激的颜色与初始显示中的任何一个均不同;在形状检测条件下,刺激的颜色保持恒定,均为白色,每个刺激从八种可能的形状中选择一种,在50%的试验中,探测刺激的形状与初始显示中的任何一个均不同;在颜色—形状联结检测条件下,颜色与形状随机联结成客体,且在50%的试验中探测刺激与初始显示中的任何一个均不同。

实验2采用3×2×4被试内实验设计,自变量为初始刺激呈现时间、刺激项目数(同实验一)、特征检测类型(形状改变而颜色未改变、颜色改变而形状未改变、形状与颜色均改变、形状与颜色均未改变)。在形状改变而颜色未改变条件下,探测刺激的颜色为初始刺激中的一种,但形状在初始刺激中未出现过；在颜色改变而形状未改变条件下，探测刺激的形状为初始刺激中的一种，但颜色在初始刺激中未出现过；形状与颜色均改变条件下，探测刺激的形状与颜色在初始刺激中均未出现过；也就是说前三个水平探测刺激与初始刺激中的任何一个均不相同，而只有最后一个水平探测刺激；形状与颜色均未改变条件下，探测刺激是初始刺激中的一个。实验中，四种水平的探测刺激混合出现，并且第四个水平探测刺激出现的次数等于前三个水平探测刺激之和。在一半试验中，探测刺激不是初始刺激中的任一个，而另一半试验中，探测刺激为初始刺激中的一个。

4. 实验程序

实验 1 根据刺激项目数和特征检测类型，将测验分成 6 组，不同特征检测类型的指导语不同。在一次实验中，在屏幕中央呈现注视点 800ms，然后呈现初始刺激 50ms、100ms 或 300ms，延迟 1200ms 后呈现探测刺激。对于一半被试，若探测刺激在初始显示中出现过，则按"F"键，若未出现过，则按"J"键；另一半被试则相反。在每组正式实验前，先做练习，直到被试完全理解实验要求才进行正式实验。

实验 2 根据初始刺激呈现时间和刺激项目数将测验分成 6 组，指导语均是让被试判断探测刺激是否在初始刺激中出现过。每组特征检测类型的四个水平的测验，形状与颜色均未改变条件下的测验 60 次，其他二个水平各 20 次。

5. 实验结果

实验 1 各种实验条件下被试反应正确率的描述统计结果见表 1.5。

表 1.5　明确检测类型各实验条件下被试反应平均正确率及标准差($\bar{X}\pm SD$)

检测类型	3 个项目			4 个项目		
	50ms	100ms	300ms	50ms	100ms	300ms
单一颜色	0.870±0.10	0.834±0.12	0.871±0.08	0.772±0.11	0.763±0.10	0.792±0.11
单一形状	0.780±0.10	0.827±0.07	0.809±0.09	0.654±0.09	0.708±0.08	0.727±0.08
颜色形状联合	0.768±0.10	0.773±0.10	0.764±0.09	0.703±0.10	0.698±0.09	0.704±0.10

重复测量方差分析表明：特征检测类型与刺激项目数的主效应显著，分别为 $F(2,40)=10.42, p<0.001$；$F(1,20)=10.42, p<0.001$。初始刺激呈现时间的主效应未达到显著水平，$F(2,40)=2.51, p=0.094$；但特征检

测类型与初始刺激呈现时间的交互作用显著，$F(4,80)=3.21$，$p<0.05$。特征检测类型的主效应显著说明不同检测类型在正确率上存在差异，进一步的多重比较结果显示，单一形状检测与颜色—形状联合检测的差异不显著，但两者的正确率均显著低于单一颜色检测。这说明对于由颜色和形状两种特征组成的客体，人们对于其颜色的记忆要更好一些。

当初始刺激呈现时间为 50ms 时，单一颜色检测正确率显著高于单一形状检测和颜色—形状联合检测（$p<0.001$）；初始刺激呈现时间为 300ms 时，单一颜色检测的正确率显著高于单一形状检测（$p<0.001$）；其他比较结果不显著。说明对于由颜色和形状两种特征组成的客体，视觉工作记忆对于颜色的加工不受初始刺激呈现时间的影响，而对于形状和整个客体的记忆加工则需要一定的呈现时间来完成。

实验 2 各种实验条件下被试反应正确率的描述统计结果见表 1.6。

表 1.6 模糊检测类型各实验条件下被试反应平均正确率及标准差（$\overline{X}\pm SD$）

检测类型	3 个项目			4 个项目		
	50ms	100ms	300ms	50ms	100ms	300ms
形状改变颜色未改	0.904±0.07	0.859±0.10	0.902±0.08	0.863±0.10	0.850±0.11	0.832±0.09
颜色改变形状未改	0.933±0.07	0.943±0.08	0.943±0.07	0.943±0.07	0.928±0.06	0.945±0.07
形状颜色均改变	0.948±0.04	0.967±0.05	0.979±0.04	0.956±0.06	0.981±0.02	0.964±0.03
形状颜色均未变	0.696±0.11	0.714±0.14	0.737±0.17	0.566±0.13	0.589±0.11	0.619±0.13

重复测量方差分析表明：初始刺激呈现时间、刺激项目数及特征检测类型的主效应均显著，分别为 $F(2,40)=3.41$，$p<0.05$；$F(1,20)=15.91$，$p<0.001$；$F(3,60)=117.10$，$p<0.001$。初始刺激呈现时间与特征检测类型的交互作用显著 $F(4,80)=3.60$，$p<0.01$；刺激项目数与特征检测类型的交互作用显著，$F(4,80)=10.26$，$p<0.001$。初始刺激呈现时间与特征检测类型以及三者的交互作用不显著。

对初始刺激呈现时间的多重比较发现，初始刺激呈现时间为 50ms 的检测正确率显著低于呈现时间为 300ms（$p<0.05$），说明初始刺激呈现时间确实对视觉客体工作记忆有影响。

不同特征检测类型的多重比较发现，形状颜色均未变条件下的正确率显著低于其他三种条件(均是 $p<0.001$);形状颜色均改变条件下的检测正确率显著高于其他三种条件(分别为 $p<0.001$, $p<0.01$, $p<0.001$);而形状改变颜色未改变条件下的正确率又显著低于颜色改变形状未改变条件下($p<0.001$)。可见,视觉客体工作记忆对于整个客体全部改变的识别正确率最高,颜色改变的识别其次,形状改变的识别较差,而未做任何改变的识别最末。

(三)综合讨论

对于由颜色和形状两种特征组成的客体,视觉工作记忆的表征过程是复杂的。作为客体的两个基本特征,颜色与形状不仅单独被知觉和表征,它们之间的联结或捆绑关系也可以很容易被知觉和表征。

本研究结果发现,图形的颜色和形状特征在视觉工作记忆中是独立存储的。此外,研究结果还显示颜色特征检测正确率较高,形状检测正确率低,体现出颜色特征子系统的优势。颜色特征检测率较高,可能是由于颜色信息对物体的初始辨认具有重要的意义,正确的颜色会提高分类和识别速度,相反,不正确的颜色则会阻碍图形的分类与识别,这样颜色信息在物体或图形认知加工的早期就得到更多关注,因而在视觉工作记忆中要么是由于对颜色的熟悉性高,要么是由于对颜色的加工需要较少的认知资源,从而使颜色的记忆强度高一些,而形状与颜色相比则是物体或图形的较细致特征,认知加工对其开始关注的时间要比对颜色开始关注的时间要晚一些,在没有细致比较任务时,对形状的加工可能就弱一些。也有可能是由于视觉工作记忆中颜色特征的记忆强度确实高于形状特征的记忆强度。

更重要的是,本研究最早在视觉客体工作记忆时程研究上做了探索,并发现颜色特征的加工需时较短,形状的加工完成得较晚。这一结论验证了上述单纯从颜色特征检测正确率高,形状特征检测正确率低就推断颜色加工完成较早、形状加工完成较晚的结论。丁锦红等(2004)采用眼动追踪的方法对不同方向及距离上先后出现的特征组合不同的图形识别过程进行了研究,结果表明视觉系统对颜色和形状的加工存在显著差异,与颜色加工相比,视觉系统需要更多的时间才能完成形状识别[1]。本研究与其结论是

---

〔1〕 丁锦红,王丽燕,郭春彦,(2004).时-空整合影响图形识别的眼动研究.*心理科学*,*27*(2):477—479.

一致的。

本研究在两个实验中,被试接受的指导语不同,因而视觉工作记忆的加工也是不同的。实验1采用传统研究的方法,明确告知被试判断某个特征或整体是否有所改变。这一任务范式涉及选择性注意的参与,被试在对客体进行记忆时,往往会忽略一些与任务无关的特征。郝芳等认为,这种研究有视觉标记的参与,是一种与任务目标相关的自上而下的优先选择解释机制(郝芳,傅小兰,2006)。而实验2采用的是一种模糊特征检测类型的方法,被试需要完成的任务就是判断探测刺激客体是否在初始刺激中出现过,完成的是一种自下而上的加工任务,只有在这种实验条件下探讨视觉工作记忆的表征方式才更有意义。实验的结果也证明了此假设。Hanna等也指出,颜色和形状是分开表征的,但是如果提出要求的话,视觉系统也可以对颜色和形状信息进行整合,这种整合不是编码的自然结果,而是有意的和有策略的反应[1]。

本研究在对视觉客体工作记忆的表征研究中加入了时程问题,发现视觉工作记忆对于客体各特征及整个客体的加工是分时段进行的,验证了前人研究的一些猜测,也对工作记忆中不同时程的特征的加工与捆绑研究起到了一定的推动作用。

第二节 工作记忆在返回抑制中的作用

Klein等(1988)指出当注意离开某一先前注意的空间位置后,会在该位置上留下一个抑制标签(Inhibition Tag),使得随后的注意不再回到先前注意过的位置,从而优化了视觉搜索的效率[2],研究者们把这种效应称为返回抑制(Inhibition of Return,IOR)。多空间位置上返回抑制的研究发现,在系列线索化的位置上都出现了返回抑制,并且抑制量随着线索化的先后而变化,在最先线索化的位置上有最小的抑制量,在最后线索化的位置上有最大的抑制量;返回抑制的时程研究也发现返回抑制能持续到3s之久;

---

〔1〕 Hanna, A. & Remington, R. (1996). The representation of color and form in long-term memory. *Memory & Cognition*, *24*(3), 322—330.

〔2〕 Klein, R. (1988). Inhibitory tagging system facilitates visual search. *Nature*, *334*(6181), 430—431.

脑功能成像的研究也发现空间工作记忆和返回抑制有着共同的脑区激活，如顶叶皮层等。这些研究结果都表明，工作记忆在返回抑制中起着重要的作用。

Castel等(2003)的研究首次表明，空间工作记忆在返回抑制中有着关键性的作用。在空间工作记忆负载条件下的返回抑制量急剧减小甚至消失，但言语工作记忆负载却对返回抑制没有影响。张明、张阳和付佳(2006)的一项研究发现空间工作记忆对动态范式中的返回抑制中也有着重要的作用，在空间工作记忆负载条件下，动态范式中的返回抑制消失了，但在视觉和言语工作记忆条件下返回抑制不但没有消失反而有增大的趋势。他们推测后者可能反映了工作记忆在目标维持上的作用，即高记忆负载增大了对与作业无关的线索化刺激的加工，从而增大了返回抑制量。金志成等(2003)考察了言语和视觉工作记忆负载在检测和辨别任务中对返回抑制的影响，结果发现在检测任务中的返回抑制并没有受到影响，但在辨别任务中记忆负载的增加却导致了抑制量的急剧减小。这三项相关研究的结果并不一致，张明等(2006)发现在视觉和言语工作记忆负载下返回抑制量有增大的趋势，Castel等(2003)采用言语工作记忆负载和金志成等(2003)采用言语和视觉工作记忆负载都没有发现这种趋势。这种差别的原因可能在于张明等(2006)采用了动态范式的缘故，但这只是一个假设，还有待于做进一步的研究。

一、工作记忆对静态范式中客体返回抑制的影响

(一) 理论综述

1. 返回抑制的研究概述

(1) 返回抑制的提出

将空间的某一位置突然变亮或变暗，称为对该位置的线索化。这种线索化能够自动地引起注意定向，使得对出现在该位置上目标的反应加快与准确性提高[1]。这一现象被称为易化现象。Jonides(1981)认为，产生易化效应的原因是在较短时间间隔(Stimulus Onset Asynchrony, SOA)时，线索把被试注意引向目标出现位置，被试对其迅速做出反应，从而使反应时

---

〔1〕 Posner, M. I. et al. (1980). Attention and the detection of signals. *Journal of Experimental Psychology: General*, *109*(2), 160－174.

变短[1]。但是 Posner 和 Cohen(1984)发现,线索化位置的易化作用约在 300ms 后要被一种抑制作用取代,线索化位置上刺激的反应时长于非线索化位置上的,这被称为"返回抑制"。这种由外周刺激引起的反应倾向具有反射性和自主性,并用线索化位置与非线索化位置上刺激的反应时之差作为返回抑制大小的度量。Posner 和 Cohen 认为,当在较长 SOA 时,易化效应发生逆转,即注意被吸引到线索化位置,之后离开此位置,当提示位置的目标刺激出现时,被试对提示位置的注意返回被抑制了,从而产生返回抑制效应。他们认为,返回抑制通过阻止注意返回到已经搜索过的位置来优化人类的空间搜索效率[2]。

自从 Posner 和 Cohen (1984)发现返回抑制后,对它的研究已成为认知心理学的研究热点之一。基于空间位置的返回抑制作为一种改善注意空间搜索效率的机制,使人的注意离开已经被注意过的位置,而朝向新位置,对于提高人类注意搜索的效率及扩大视野范围起到了极其重要的调节作用。在许多不同的实验任务(检测任务、定位任务、辨别任务)中,都观察到了返回抑制效应。然而,对其内部机制问题一直存在争议。研究者们已将返回抑制作为人类信息加工过程中一种重要的认知抑制成分,并对其认知机制和脑机制进行了深入的研究。

(2) 返回抑制的典型研究范式

最初 Posner 和 Cohen (1984)所采用的实验范式被看作典型的实验范式,其实验安排如图 1.4 所示,要求被试眼睛盯住中间小框,首先,在屏幕的中央出现三个大小相同的小框,中间的小框内有注视点,让被试始终盯住注视点;随后,外侧某一小框迅速闪烁一下(通常是变亮)以引起注意,这就是外侧小框的线索化(即外周线索化,peripheral cuing);然后,以同样的方式对中央小框线索化(即中央线索化,central cuing),使注意脱离外周小框回到中央小框;最后,靶子出现在外侧某一小框,要求被试迅速做出反应,记录反应时。当靶子出现在线索化的小框时,为线索化条件,当靶子出现在非线索化的小框时,为非线索化条件,比较两种条件下反应时的长短可发现是否

---

[1] Jonides, J. (1981). Voluntary versus automatic control over the mind's eye's movement. *Attention and Performance* Ⅸ, *9*, 187－203.

[2] Posner, M. I. & Cohen, Y. (1984). Components of visual orienting. *Attention and Performance X: Control of Language Processes*, *32*, 531－556.

存在返回抑制。一般当 SOA 大于 300ms 时，线索化条件下的反应时大于非线索化条件下的反应时，表明存在返回抑制。该范式采用的是线索一靶子模式，在返回抑制的研究中常常使用此范式。

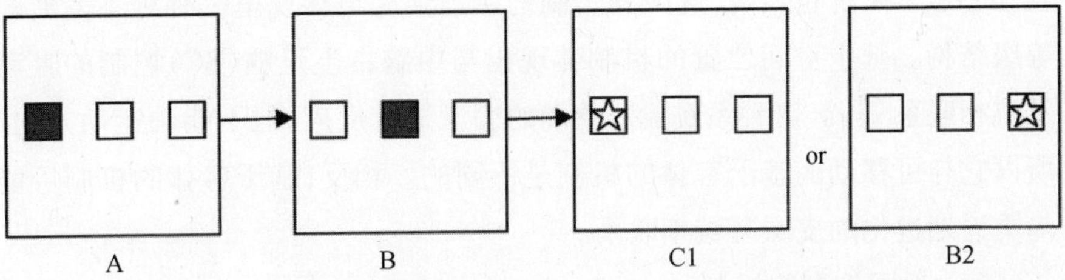

图 1.4　典型的返回抑制刺激画面(刺激画面从左向右依次呈现。在每个刺激画面的三个小框中，中间小框为注视点所在框，大框内褐色的小框代表小框变亮，即线索化；右边大框的两小框中的星号代表靶子，分别是靶子出现在线索化位置和出现在非线索化的位置)

(3) 返回抑制的类型

返回抑制可分为基于空间(location-based)的返回抑制和基于客体(object-based)的返回抑制。基于空间的返回抑制是指当靶子出现在先前线索化位置时，反应时较长。基于空间的返回抑制是指当靶子的客体与线索的客体在客体特征上相同时，反应时较长。目前大多数研究围绕的都是基于空间位置的返回抑制。

从 Posner 和 Cohen (1984)发现返回抑制现象至今，绝大多数都证明了返回抑制是基于位置的。一般而言，只要线索与靶子之间的 SOA 在 300ms 或者不少于 300ms 时，就出现了返回抑制，至少持续到 1300ms。

Tipper 等人的研究最早发现了基于客体的返回抑制。他们在检测任务中发现，返回抑制不仅可以通达基于空间位置的表征，而且它还倾向于保持在先前被注意过的客体上，甚至当这个客体离开被提示位置时，返回抑制也随之移动，这就是基于客体的返回抑制，在实验中表现为当靶客体与被提示客体相同时，反应时较长[1]。Tipper (1994)等人的进一步研究发现，基于空间位置的返回抑制与一个无特征的环境位置相联系，而基于客体的返回抑制则要求注意定向到一个可见的客体上。

---

〔1〕 Tipper, S. P. et al. (1994). Object-based and environment-based inhibition of return of visual attention. *Journal of Experimental Psychology: Human Perception and Performance*, 20(3), 478—499.

种系发展过程和生理心理学的研究结果也为确实存在基于空间位置和基于客体这两种抑制机制提供了大量的证据。基于空间位置的抑制，在种系上，有可能比基于客体的抑制更古老。利用脑损伤和单细胞记录技术的生理心理学研究也表明，这两种机制的生理结构也体现出一种种系发展的等级结构。基于空间位置的机制体现出与中脑古上丘脑(SC)控制的眼动系统相联系[1]。这种系统能对移动的刺激进行反应，但不编码运动方向，所以它与可移动的基于客体的机制是不同的。相反，基于客体的机制可能与更近期进化的皮层区域相联系。

(4) 返回抑制的机制

研究者采用不同的研究措施在许多不同的研究条件下都观察到了这种返回抑制效应，其中返回抑制的机制一直是学者争论不休的一个焦点问题。目前主要有"注意抑制说"、"反应抑制说"和"转换抑制说"。

注意抑制说认为返回抑制是由于注意再次回到先前线索化过的位置时受到了抑制，即将引起返回抑制的原因归结为注意对线索化位置的偏离。这个假说最早源于 Posner 和 Cohen。支持注意抑制说最直接的证据来自于 Reuter-Lorenz 等人(1996)的实验，采用影响注意效应的一些因素，如靶子强度、呈现靶子的通道等，系统地观察了他们在长 SOA 条件下对返回抑制的影响，研究发现这些因素对返回抑制的影响与对注意促进效应的影响一致，从而认为返回抑制也是一种注意现象。

研究发现，把返回抑制看成一种注意效应有两种可能的解释：一是返回抑制可能具有与注意损失和收益相同的调节功能，直接抑制对被线索提示位置上靶子的加工；二是返回抑制可能反映了一种影响注意如何被调控的过程，与返回抑制有关的作业变化可能是由于注意的分配造成的，而不是由于返回抑制对靶子的任何直接影响，这也一定程度上支持了返回抑制的注意说。

反应抑制说认为线索出现时，被试对线索的位置做好了反应准备，但是，线索消失后，靶子并没有及时出现在线索化的位置上，则此位置被标记了，随后对该位置的反应就慢了。反应抑制说主要得到基于知觉方法研究

---

[1] Posner, M. I. et al. (1985). Inhibition of return: Neural basis and function. *Cognitive Neuropsychology*, *2*(3), 211－228.

的支持。如 Mayler 采用的时序判断方法和 Schmidt 采用线段似动方法，结果发现存在线索化注意优先，并且这种优先要持续一段时间。因此持反应抑制说观点的学者认为在返回抑制中不存在线索化位置的注意或知觉上的偏离，而是线索化位置上被抑制。Berger (2005)[1]在中央注视点加入带有方向的箭头而经靶子即将出现的位置分为期望位置和非期望位置，采用检测任务、辨别任务和眼动任务，结果发现期望位置和非期望位置都出现了返回抑制，这些结论反对返回抑制的注意定向理论(Posner & Cohen, 1984)。Lupianez (2006)采用期望位置和非期望位置将内源性注意和外源性注意进行分离，研究发现，返回抑制可以发生在期望位置即内源线索位置，这与以往的结论发生矛盾，Lupianez 认为出现实验的结果不能用传统的注意定向理论来解释返回抑制，而采用认知加工的观点。认为返回抑制的出现不是抑制注意返回到线索化的位置，而是出现在"旧"位置的物体失去了优先性。

Fuentes 等人(1999,2001,2004)从 IOR 如何影响信息加工的角度，提出一个整合模型－抑制标签(IT)模型。该模型指出，两种不同的机制作用于先前线索化的位置导致了行为水平上的 IOR 效应。一方面，由注意定向网络负责的定向成分起着阻碍注意回到先前注意过的位置(线索化位置)，并进而影响从早期感知觉加工、中期语义加工或者晚期的反应选择等加工过程。另一方面，由前额叶负责的抑制标签机制也作用于线索化位置，起着暂时中断"刺激－反应"连接的作用。IT 的模型能很好解释上述关于 IOR 影响语义启动，Stroop 等很难为知觉/反应抑制理论解释的研究结果。在 Fuentes 等(1999)的研究中，当启动词呈现在线索化位置时，抑制标签抑制其通达反应的连接，由于靶子刺激同启动刺激存在语义关联，靶子刺激通道反应的连接也被中断了，因而表现出负性启动效应。但此时语义表征本身的活动并没有受到影响，随着启动－靶子词间隔时间的增加抑制标签发挥的效应很快消失，语义表征的影响开始凸显出来，表现出了正性启动效应。在 Vivas 等(2001,2007)的 Stroop 任务中，由于 IT 阻断了任务无关维度(字意)通达反应，因而降低了在冲突条件下字意对颜色命名的干扰，从而降

---

〔1〕 Berger, A. et al. (2005). Competition between endogenous and exogenous orienting of visual attention. *Journal of Experimental Psychology: General*, *134*(2), 207－221.

低了在线索化位置上的 Stroop 效应。

大量 ERPs 研究证实了 IT 模型中定向系统关于 IOR 影响信息加工的预测，如在线索化位置注意的缺失，以及该位置上刺激信息加工的减弱等。然而，IT 理论的关键性假设“暂时中断的抑制标签”却鲜有直接的 ERPs 证据。Zhang 等(2012)通过结合线索一靶子范式和 Stroop 任务，并利用对信息加工过程具有很好区分度的 ERPs 技术，对“暂时中断的抑制标签”这一机制进行考察。结果发现，在行为上 Stroop 冲突效应在线索化条件下有更小的效应量，同时在 ERP 结果上发现，冲突加工敏感的 N450 在线索化位置出现的更晚。这一结果表明，抑制标签起着一个暂时的作用，为 IT 理论的关键性假设——“暂时中断的抑制标签”，提供了直接的也是首个电生理学的证据。

2. 工作记忆对基于空间位置返回抑制的影响

(1) 工作记忆负载对基于空间位置返回抑制的影响

Lavie 等通过一系列实验证明了工作记忆在控制无关视觉分心物干扰方面的作用。他们认为，工作记忆有保持加工优先的作用，具体指定了哪个刺激是当前任务相关的，哪个是无关的，那么增加记忆负载会降低对相关刺激集中注意的效率，会被无关分心物较大地干扰。然而，Logan (1978)并没有发现言语工作记忆负载对搜索效率的影响，Woodman et al. (2001)也没有发现视觉工作记忆负载对搜索效率的影响，但 Woodman 和 Luck (2004)却发现了空间工作记忆负载对搜索效率的影响。

工作记忆是否通过对返回抑制发挥作用而对视觉搜索产生影响？Castel 等(2003)对工作记忆在返回抑制中的作用进行了直接考察[1]，见图1.5所示。在研究中他们把典型的工作记忆任务和线索—靶子范式结合起来，在外周线索化刺激呈现后中央位置呈现记忆材料，被试对出现的靶子刺激反应后再对记忆作业进行反应。结果发现，在空间工作记忆条件下，返回抑制量急剧减小甚至消失，言语工作记忆对返回抑制没有影响。张明等(2007)的一项研究发现空间工作记忆负载使动态范式中的返回抑制消失，但在视觉和言语工作记忆条件下返回抑制没有消失反而有增大的趋势，见彩图 2 所示。这些结果表明空间工作记忆在返回抑制信息的维持和更新中

---

〔1〕 Castel, A. D. et al. (2003). The role of spatial working memory in inhibition of return: Evidence from divided attention tasks. *Perception & Psychophysics*, 65(6), 970－981.

有着重要作用。可能如 Woodman 假设的，工作记忆正是通过对返回抑制发挥作用而影响视觉搜索效率。

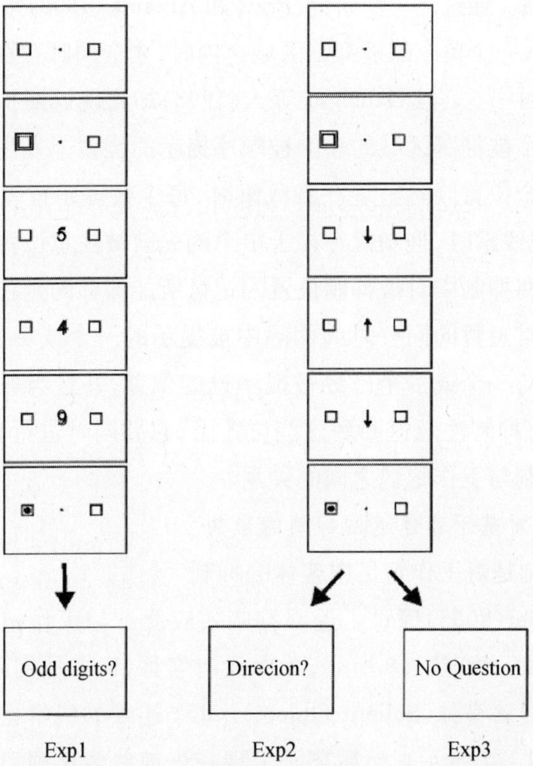

图 1.5　Castel 等(2003)研究中所用的实验流程

(2) 多个空间位置上的返回抑制

Posner 等(1984)和 Maylor 等(1985)在多个位置上同时呈现线索，结果所有先前被注意位置上都存在抑制；Wright 和 Richard(1999)也在 8 个可能位置中的 1 个、2 个、3 个和 4 个同时被提示位置上都发现了更慢的检测潜伏期。这些研究表明返回抑制能存在于多个先前被注意的位置上。Snyder 等人(2000)进一步研究发现，至少可以在 5 个位置上发现返回抑制，而返回抑制量在最近一个被搜索的位置上最大，并且返回抑制量从最近一次被搜索位置到最远一次被搜索位置呈线性减少[1]。

〔1〕 Snyder, J. J. & Kingstone, A. (2000). Inhibition of return and visual search: How many separate loci are inhibited? *Perception & Psychophysics*, *62*(3), 452－458.

但 Pratt 和 Abrams (1995)通过相继提示多个位置发现,返回抑制只存在于最近一次被注意的位置上,并且一个位置上的抑制量依赖于这个位置被提示之前的注意状态。通过进一步研究,Pratt 和 Abrams (1999)又提出,只有当多个位置能被纳入一个单个的被抑制区域之内时,才会同时存在对多个被相继提示位置的抑制[1]。但 Danziger 等人(1998)却发现返回抑制可以在没有被纳入一个单个被抑制区域的多个被顺序提示的位置上发生。

为什么在多个位置同时呈现注意线索时,每个被提示位置都存在返回抑制,而相继呈现线索时,抑制仅存在于单个的先前被注意位置上呢?一个可能的机制是返回抑制中对被抑制位置的记忆所能保存的是在一个单一时刻或者说一个非常短暂的同一时间间隔中被提示的一个或多个位置,这种记忆成分需要保持一个或多个已经被提示过的位置,并且当保持时间超过一定时间限制时,抑制注意返回到这些位置上,它要同时进行存储和加工,其实就是返回抑制与工作记忆之间的关系。

3. 工作记忆对基于客体返回抑制的影响

(1) 返回抑制是对工作记忆中客体的抑制

Paul 和 Tipper(2003)探讨了返回抑制效应能否与工作记忆中多于一个客体或位置相关。如图 1.6 所示,A 中没有客体,B 中是相同客体(灰色正方形),C 中是显著客体(Salient Object)。6 个连续的线索呈现在客体或某一位置上(见图 1.7 所示),然后靶子呈现在先前线索化项目中的一个或非线索化项目上,由此形成六种情况,1－6 back。

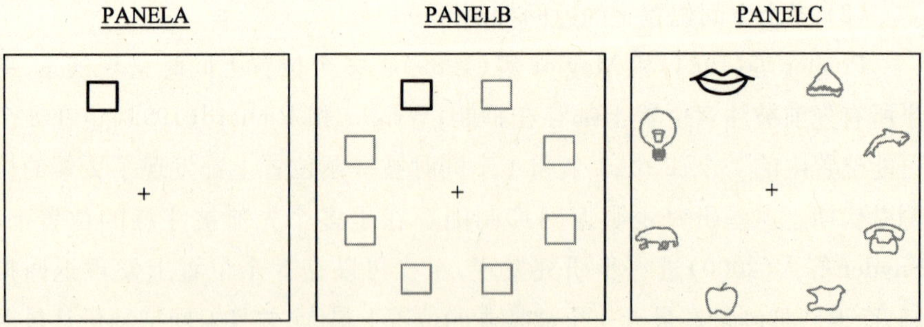

图 1.6　Paul 和 Tipper (2003)研究中所用的材料

〔1〕 Pratt, J. & Abrams, R. A. (1999). Inhibition of return in discrimination tasks. *Journal of Experimental Psychology: Human Perception and Performance*, *25*(1), 229－242.

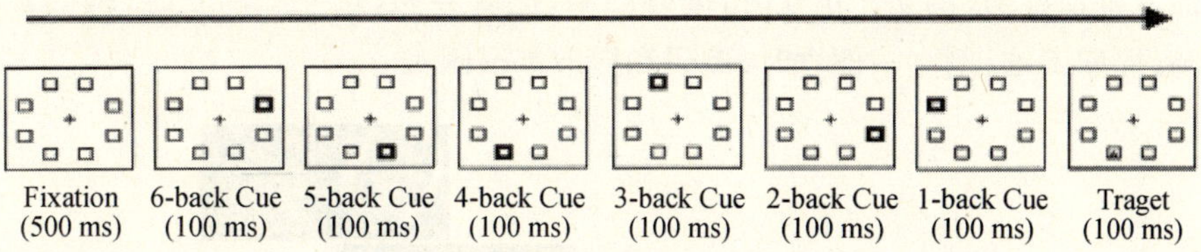

图 1.7 Paul 和 Tipper (2003)研究中所用的实验流程

如果抑制与客体相关,在相同客体和显著客体条件下的抑制效应该比没有客体条件下的大,并且如果线索化客体的区别在工作记忆中保持抑制,那么当线索化显著客体时,返回抑制应该更显著。实验结果为,在没有客体条件下,2-6 back 的返回抑制效应较小,为 3ms,2-back 和 3-back 条件下的返回抑制效应显著,分别为 9ms 和 7ms;在相同客体条件下,2-6 back 的返回抑制效应为 10ms,2-back、3-back 和 4-back 条件下的返回抑制效应显著,分别为 14ms、17ms 和 7ms;在显著客体条件下,2-6 back 的返回抑制效应为 13ms,与没有客体条件下的返回抑制效应有显著差异,2-back、3-back、4-back 和 6-back 条件下的返回抑制效应分别为 17ms、15ms、17ms 和 9ms。实验结果验证了假设。另外,在 3 个连续线索化无客体位置上发现了返回抑制,说明位置信息的抑制只在工作记忆中保持一小段时间;在 4 个连续线索化客体上发现了返回抑制,说明客体信息的抑制可在工作记忆中保持较长的一段时间,并且直到 6 个连续线索化显著客体上都可以发现返回抑制,说明对客体的抑制效应较长久并且很稳定,且这种抑制依赖于客体的区分性。

(2) 返回抑制是对工作记忆中客体识别的抑制

Grison 等(2005)的研究通过比较工作记忆任务中客体识别能计算与不能计算两种情况下返回抑制量的差异探讨了抑制与客体识别相关的可能性[1]。在工作记忆任务中插入自然的、带颜色的脸部刺激(见图 1.8 所示),因为对其加工是高效的并且倾向于自动保存在记忆中。根据线索与靶呈现时的脸部图片方向,实验中设定四种定向情况:正立—正立,正立—倒立,倒立—正立和倒立—倒立。定向情况为正立—正立时,脸部图像编码和

[1] Grison, S. et al. (2005). Inhibition of object identity in inhibition of return: Implications for encoding and retrieving inhibitory processes. *Psychonomic Bulletin & Review*, *12*(3), 553—558.

提取都很容易;倒立—正立时,编码困难,提取容易;正立—倒立时,编码容易,提取困难;倒立—倒立时,编码和提取都很困难。

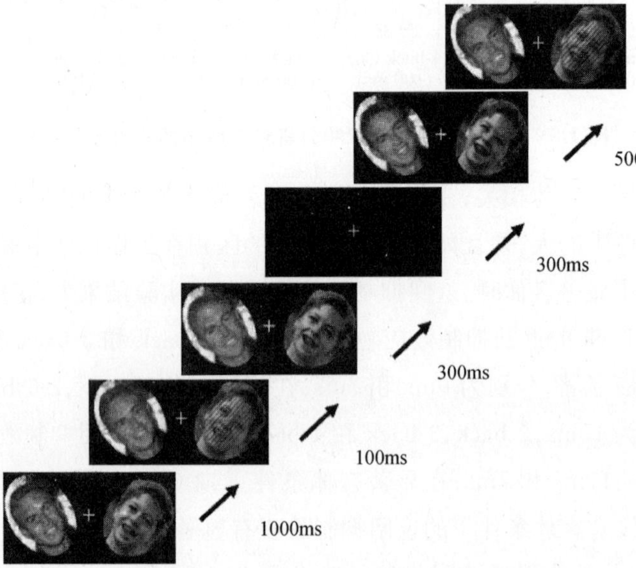

图 1.8 Grison et al. (2005)研究中所用的实验流程

如果抑制机制与客体识别有关,即使不要求做外显的脸部识别,四种情况下的返回抑制效应也不相同。当识别可以计算时,如在正立—正立条件下,脸部容易识别,由于客体识别抑制、低级的基于客体表征抑制和基于空间位置抑制的加法效应,此时的返回抑制量应该最大;当客体识别不能计算时,如在另外三种条件下,脸部识别很难,客体识别抑制不起作用,此时的返回抑制效应只是低级的基于客体表征抑制和基于空间位置抑制的和,因而应该减小。实验结果证明了以上假设,正立—正立时的返回抑制量最大,为41ms,正立—倒立时为 22ms,倒立—正立时为 23ms,倒立—倒立时为15ms。另外,这些效应还与编码、提取阶段客体能否易于识别有关。倒立—正立与正立—正立条件下的唯一区别在于编码阶段,前者脸部识别难,后者识别容易,前者的返回抑制量显著小于后者,说明客体识别的初始编码在抑制无关信息方面至关重要。同样的,正立—倒立与正立—正立条件下的唯一区别在于提取阶段,前者的返回抑制量显著小于后者,说明客体识别的晚期提取在抑制无关信息方面也非常重要。倒立—倒立条件下的返回抑制量最小,与正立—正立条件相比,编码与提取阶段的客体识别都不容易,进一步说明编码和提取阶段客体识别的抑制是很重要的。从而该实验可以得出以下结论:对客体识别的抑制可以保存在工作记忆中从而来引导正确的行为,并且在编码和提取阶段的抑制都是至关重要的。

(二) 实验研究

如上文所述,返回抑制的参照框架问题是研究的热点,近些年研究者一直在寻找基于客体的返回抑制。自 Tipper 等在动态范式中发现了基于客体的返回抑制后,研究者开始在动态范式中探索,但近来的研究不支持客体表征在动态范式的基于客体的返回抑制中起作用。研究者又转而从静态范式中寻找答案。Jordan 和 Tipper (1999)的研究即在静态范式中探讨基于客体的返回抑制,结果发现客体表征在产生返回抑制中起作用,从而认为用该静态发现了基于客体的返回抑制。然而 Vecera (1994)利用该范式研究基于客体的注意(易化)时,发现并不是客体表征而是组化的空间位置表征在基于客体的注意中起作用,从而认为用该范式并不能发现基于客体的注意[1]。

那么客体表征是否在静态范式的返回抑制中起作用?这正是本研究所要解决的问题。而对返回抑制信息的维持与更新研究为本研究提供了思路。

众多研究结果表明,工作记忆在返回抑制信息的维持与更新中起着重要作用。Castel 等(2003)对工作记忆在基于空间位置的返回抑制中的作用进行了直接的考察,结果发现,在空间工作记忆负载条件下,返回抑制量急剧减小甚至消失,但在言语工作记忆负载条件下,返回抑制量却没有受到影响,表明空间工作记忆在返回抑制信息的维持与更新中有着重要作用,即空间位置表征在其中起作用的返回抑制受空间工作记忆的影响。但尚未有研究对工作记忆在基于客体的返回抑制中的作用进行考察。而关于基于客体的注意(易化)研究表明,基于客体的注意只受客体工作记忆的干扰,而言语和空间工作记忆对基于客体的注意都没有干扰作用。

综上所述,可以做以下假设:如果客体表征在产生基于客体的返回抑制中起作用,可以预测客体工作记忆可对其产生干扰;如果客体表征不起作用,则可预测客体工作记忆不对其产生干扰。

---

[1] Vecera, S. P. (1994). Grouped locations and object-based attention: Comment on Egly, Driver, and Rafal. *Journal of Experimental Psychology: General*, 123(3), 316－320.

这一问题的探讨对认识基于客体返回抑制有重要作用。无论是在静态范式还是在动态范式中,许多研究者都报告了基于客体的返回抑制。而研究发现所谓的基于客体的返回抑制其本质是以客体导向的基于空间位置的返回抑制,客体表征并没有在其中起作用。如果本研究中客体表征在产生基于客体的返回抑制中起作用,则可认为 Jordan 和 Tipper 所用静态范式发现的返回抑制式基于客体的;如果客体表征不在其中发挥作用,研究者则需用另外的范式寻找基于客体的返回抑制。

同时对这个问题的探讨可进一步明确客体选择的加工机制。Vecera 从神经心理学角度提出了客体与其空间位置分离的通道模型(Pathway Information Account),认为存在两种不同的选择通道,并且两种选择所需的通道信息也不同。如果本研究发现了基于客体的返回抑制,则可从行为水平上为通道信息模型提供证据。

本研究包括两个实验:实验 1 通过改进 Jordan 和 Tipper (1999)所用的实验材料,考察能否出现基于客体的返回抑制效应;Jordan 和 Tipper (1999)的研究发现,对在线索化客体却不在线索化位置上的靶子的反应比对在非线索化客体上的靶子的反应慢,并且发现返回抑制受客体突出性影响,从而认为客体表征在发现的返回抑制中起重要作用,也就是基于客体的返回抑制。但傅世敏、陈霖(1999)认为应尽可能降低两个框之间基于颜色的形状的相似性、线段的平行性等知觉组织因素而形成一个知觉客体的可能性,因而在预实验中将 Jordan 和 Tipper (1999)的研究中的两个框的颜色做一下调整。实验 2 通过在客体工作记忆作业中穿插返回抑制作业,考察客体工作记忆对静态范式中基于客体的返回抑制的影响。在实验范式上采用工作记忆作业中穿插返回抑制作业的范式,而没有采用 Castel (2003)所采用的线索化后呈现工作记忆作业的范式,因为有大量的研究表明,线索化阶段和靶子呈现阶段的注意变化都对返回抑制存在影响,而 Castel 等所采用的范式不能考察线索化阶段工作记忆对返回抑制的影响。另外在实验中把有负载和无负载条件下的实验分开来做,而不是混合随机出现,因为混合随机呈现可能会增大监控任务转换的难度,从而间接地增大了无负载条件下的任务难度,带来新的混淆(张明,张阳,付佳,2007)。

1. 被试

实验 1 一共有 20 名东北师范大学本科生;其中男生 2 名,女生 18 名,年龄在 18－24 岁之间。实验 2 一共有东北师范大学本科生 19 名;其中男生 9 名,女生 10 名,年龄 17－20 岁。所有被试视力或矫正视力正常,无色盲或色弱,以前没有参加过同类实验。

2. 实验仪器和材料

实验在微暗的环境下个别进行,屏幕背景颜色为黑色。实验程序在联想微机上运行,显示器为 17 英寸联想屏幕,分辨率为 1024×768,刷新频率为 85Hz。实验程序用心理学实验专用软件 E-Prime (vision 1.1 sp3)编制而成,在 Windows XP 操作系统上运行,被试眼睛离屏幕 70cm。

3. 实验设计

实验 1 采用 3×2 被试内实验设计,自变量为线索化情况(线索化位置＋客体、线索化客体、未线索化)和靶子呈现的客体颜色(红、绿),因变量为检测反应的反应时。实验 2 采用 3×2 被试内实验设计,自变量为线索化情况(线索化位置＋客体,线索化客体,未线索化)和客体工作记忆负载水平(客体工作记忆负载,无负载),因变量为检测反应的反应时。

4. 实验程序

实验 1 中单个试次的实验流程如下,见图 1.9 所示。

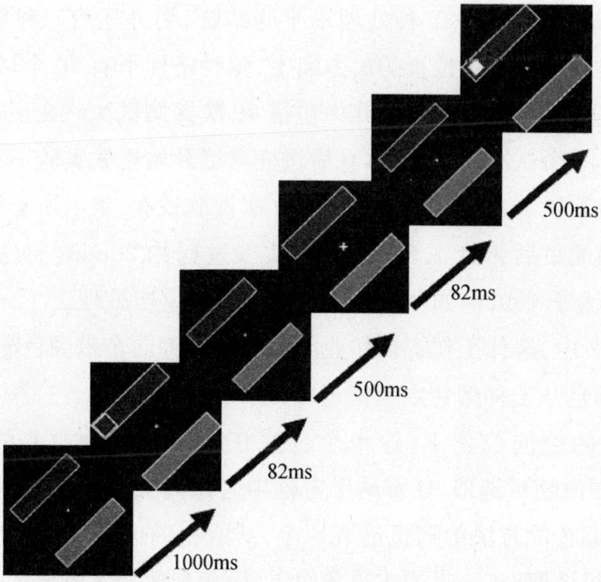

图 1.9 实验 1 实验流程

(1) 屏幕中央呈现一个“＋”号(视角为 0.33°)和两个长方形 1000ms。长方形视角为 6.22°×1.47°,两个长方形的填充颜色不同,一个为红色,一个为绿色,长方形两端与中央注视点的视角为 4.5°;

(2) 对随机选定的某外周位置(上、下、左、右)线索化 82ms(出现白色小框,视角为 1.31°);

(3) 线索化后恢复到初始状态 500ms;

(4) 中央线索化 82ms(视角为 0.65°),使注意回到“＋”号;

(5) 中央线索化后恢复到初始状态 500ms;

(6) 某随机选定的外周位置(上、下、左、右)呈现靶子(实心白色方块,视角为 0.82°),要求被试看到靶子后,在保证正确的前提下,尽可能快地按空格键反应。在实验中 20%的测试中不出现靶子,这种情况下要求被试不要做出任何反应(探测测试,检测被试是否有提前反应),对探测测试中被试的错误反应给予反馈;

(7) 靶子在被试按键反应或 1000ms 后消失。

完成一个试次后间隔 1000ms 开始下一次试次。在实验前告知被试靶子会随机出现在上、下、左、右四个位置,且与先前线索化刺激间没有任何联系。

每个被试都接受 3×2 种处理水平的结合,另外还有一种填充实验条件,即靶子出现在线索化位置的反方向上,每种条件下有 20 个试次,这样每个被试共接受 200 次正式试次,其中包括 40 次探测试次。在正式实验前每个被试接受 40 个试次的练习,休息后按任意键开始正式实验。正式实验分为 4 组,每组测试有 40 次有效试次和 10 次探测试次,组内所有测试混合随机呈现,每组测试后休息 1.5min,整个实验过程约 20min。实验结果中小于 200ms 或大于 700ms 的反应时数据当作错误反应处理。

在实验 2 中,客体工作记忆作业中记忆材料为四个带颜色的方块(视角为 0.74°),颜色从七种颜色中随机选取(红、绿、黄、蓝、青、白、灰),随机出现在十个可能的空间位置上,这十个位置在以注视点为中心的 7.8cm×7.8cm的范围内随机选取,任意两个方框中心距离大于 1.77cm。探测刺激是从七个带颜色的方块中随机选取一个,其所在的位置也从先前十个可能的位置中随机选取,在一半的实验条件下,探测刺激从先前记忆的四个颜色中选取,另一半实验条件下,从剩下的三个颜色中随机选取。

在实验1测试流程的基础上加入工作记忆任务。实验2中单个试次的实验流程如下，见图1.10所示。

在屏幕中央呈现"1.2.3.4"500ms，要求被试一看到就开始复述，一直复述到完成对记忆作业的反应，以防止被试在工作记忆作业中采用言语编码的方式进行记忆。随后在屏幕上呈现四个带颜色的方块，随机出现在选定的十个可能的空间位置，呈现时间1500ms，要求被试尽量记住方块的颜色，记忆刺激消失后进行返回抑制作业，在对靶子做出反应或1000ms(无反应)后，在屏幕上呈现一个方块，要求被试判断，该方块的颜色是否是先前所记忆的四个颜色中的一个，如果是按"z"键，不是按"。"键(另一半被试按相反的方式反应)，对被试在工作记忆作业中的反应进行反馈。实验前告知被试返回抑制和工作记忆作业同样重要，返回抑制作业要求在正确的前提下尽可能快地反应，工作记忆作业只要求尽可能正确。

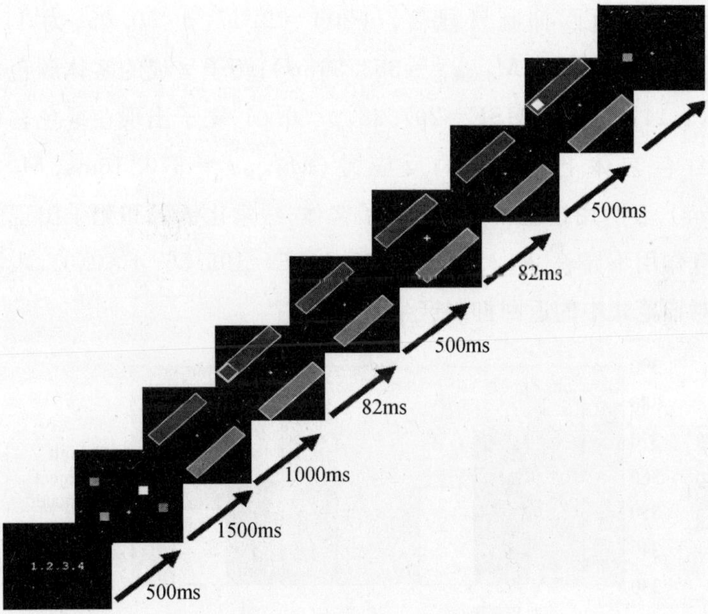

图1.10　实验2实验流程

完成一次试次后间隔1000ms开始下一次试次。无负载条件下的实验程序，除无工作记忆作业外，与有工作记忆负载条件下完全一致。实验中，一半的被试先完成有负载任务后完成无负载任务，另一半被试则相反。

每个被试接受3×2种处理水平的结合，如同实验1，仍有填充实验条件，每种条件下有 40 个试次，这样每个被试共接受 400 次正式试次，其中包括 80 次探测试次。在正式实验前每个被试接受 40 个试次的练习，休息后按任意键开始正式实验。正式实验中，有/无工作记忆负载条件下各有 4 组试次，每组测试有 40 次有效试次和 10 次探测试次，组内所有试次混合随机呈现，每组测试后休息 1.5min，整个实验过程约 40min。实验结果中小于 200ms 或大于 700ms 的反应时数据当作错误反应处理。

5. 实验结果

图 1.11 呈现了实验 1 的结果，即靶子出现在红、绿客体条件下，各种线索化情况条件下的反应时平均数。3×2 重复测量的方差分析显示：线索化情况主效应显著，$F(2,14)=27.39$，$MSE=270.44$，$P<0.01$，Fisher LSD t 检验表明，线索化位置＋客体情况下的返回抑制量显著，$t(20)=5.2$，$p<0.01$，为 27.09ms（$M_{\text{线索化位置+客体}}=380.65\text{ms}$，$M_{\text{未线索化}}=353.56\text{ms}$），线索化客体情况下的返回抑制量显著，$t(20)=2.17$，$p<0.05$，为 11.29ms（$M_{\text{线索化客体}}=364.85\text{ms}$，$M_{\text{未线索化}}=353.56\text{ms}$）；靶子呈现的客体颜色主效应显著，$F(1,14)=8.38$，$MSE=207.38$，$p<0.01$，靶子出现在绿色客体上比出现在红色客体上对靶子的反应慢（$M_{\text{绿色客体}}=370.16\text{ms}$，$M_{\text{红色客体}}=362.55\text{ms}$），表明用红色和绿色区分了客体；线索化情况和靶子出现的客体颜色交互作用不显著，$F(2,14)=0.77$，$MSE=195.56$，$p>0.05$，表明客体颜色不对该范式中的返回抑制产生干扰。

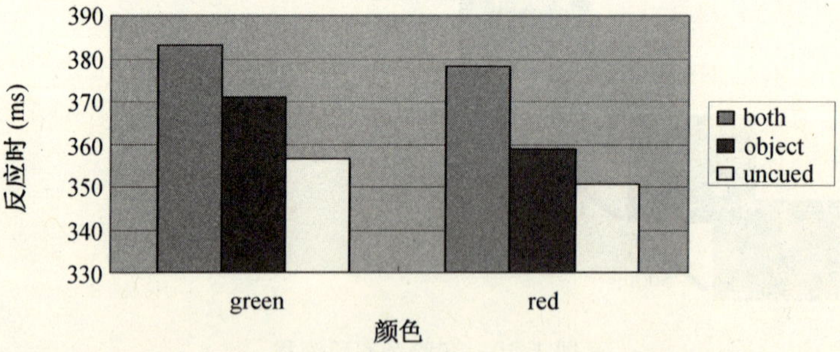

图 1.11　实验 1 各实验条件下反应时的平均数

图 1.12 呈现了实验 2 的结果，即有、无客体负载条件下，各种线索化情况条件下的反应时平均数。3×2 重复测量的方差分析显示：线索化情况主效应显著，$F(2,13)=29.11$，$MSE=225.44$，$p<0.01$，*Fisher* LSD t 检验表

明，线索化位置＋客体情况下的返回抑制量显著，$t(19)=5.36$，$p<0.01$，为26.08ms（$M_{线索化位置+客体}=417.65$ms，$M_{未线索化}=391.57$ms），线索化客体情况下的返回抑制量显著，$t(19)=2.1$，$p<0.05$，为10.23ms（$M_{线索化客体}=401.8$ms，$M_{未线索化}=391.57$ms）；有无客体负载主效应显著，$F(1,13)=14.06$，$MSE=4966.46$，$p<0.01$，有客体负载比无客体负载条件下对靶子的反应慢（$M_{客体负载}=428.42$ms，$M_{无客体负载}=378.93$ms），表明客体负载是有效的；线索化情况和有无客体负载交互作用不显著，$F(2,13)=2.53$，$MSE=222.57$，$p>0.05$，表明客体负载不对该范式中的返回抑制产生干扰。

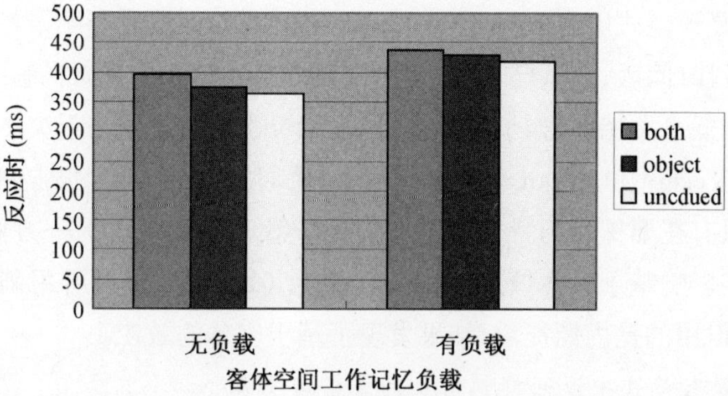

图 1.12　实验 2 各实验条件下反应时的平均数

（三）综合讨论

1. 静态范式中基于客体的返回抑制

为了防止该范式中两个长方形基于颜色的相似性而被知觉成一个客体，实验 1 对 Jordan 和 Tipper 的研究进行了改进，用红色和绿色区分两个客体，结果表明用颜色区分了两个客体，并且客体颜色没有对该范式中的返回抑制产生干扰。

本研究中线索化位置＋客体情况下的返回抑制量为 27.09ms，线索化客体情况下的返回抑制量为 11.29ms，这与 Jordan 和 Tipper 的研究结果是一致的，线索化位置＋客体情况下返回抑制量较大，线索化客体情况下返回抑制量较小。但返回抑制量不同，Jordan 和 Tipper 的研究中的位置＋客体返回抑制效应和客体返回抑制效应分别为 43ms 和 25ms。而 List 和 Robertson(2007)研究中的返回抑制量与本研究中的接近,位置+客体的返回抑制效应和客体返回抑制效应分别为28ms和15ms[1]。研究中试次数可能会造成返回抑制量的差异。Weaver,Lupianez和Watson (1998)的研究就探讨了练习效应对动态范式中客体返回抑制与空间位置返回抑制效应和静态范式中位置+客体返回抑制效应的影响,结果表明,随练习增多,返回抑制量显著下降。

Müller和Muhlenen (1996)研究发现,动态范式中的客体返回抑制效应很微弱,而本研究及其他研究发现静态范式中客体返回抑制效应也很微弱。List和Robertson通过改变SOA和线索化方式发现,只有在长SOA及存在中央线索化条件下才出现客体返回抑制效应。Jordan和Tipper认为,可能是该范式中客体与行为目标无关的原因,即线索和靶子与客体完全无关,一段时间后,被试已习惯于背景客体,其对注意的抑制机制影响不大,被试仅靠低水平特征,如长方形的边线,就可引导注意定向于突然出现的靶子[2]。Vecera和Farah也持有此观点,他们发现Duncan报告的基于客体的效应只有在要探测的特征和背景特征一致时才出现。另一方面,任务特征也可能影响基于客体效应的出现。Egly (1994)的研究所用刺激与本研究相同,但用的是内源提示,结果发现了基于客体的效应。

2. 静态范式中返回抑制信息的维持与更新

多个空间位置上的返回抑制研究表明,在多个位置同时呈现注意线索时,每个被提示位置都存在返回抑制,而相继呈现线索时,抑制仅存在于单个的先前被注意位置上(Maylor & Hockey, 1985; Michael & Cohen, 1984; Snyder & Kingstone, 2000; Wright & Richard, 1999)。一种可能的机制是记忆成分需要保持一个或多个提示过的位置,并且当保持时间超过一定的时间后,抑制注意返回到这些位置,也就是多数研究所假设的工作记忆在返回抑制信息的维持和更新中起重要作用。Castel等对工作记忆在返回抑制中的作用进行了考察,结果发现空间工作记忆条件下,返回抑制量急剧减小,在言语工作记忆条件下,返回抑制量没有受到影响,表明空间工作

---

[1] List, A. & Robertson, L. C. (2007). Inhibition of return and object-based attentional selection. *Journal of Experimental Psychology: Human Perception and Performance*, *33*(6), 1322—1334.

[2] Jordan, H. & Tipper, S. P. (1998). Object-based inhibition of return in static displays. *Psychonomic Bulletin & Review*, *5*(3), 504—509.

记忆在返回抑制信息的维持和更新中起作用。

实验 2 通过在客体工作记忆作业中穿插返回抑制作业，对客体工作记忆在静态范式中返回抑制信息的维持和更新中的作用进行了研究。结果发现，在客体工作记忆负载条件下，返回抑制量没有显著变化，表明客体工作记忆并没有对基于客体的返回抑制产生干扰，从而说明客体工作记忆并没有在静态范式的返回抑制信息的维持和更新中起作用。张明等在动态范式中的研究也得出了相似的结论，客体工作记忆负载也不能对动态范式中的返回抑制产生干扰，但空间工作记忆负载却能损害返回抑制效应，说明空间工作记忆在所谓的"基于客体的返回抑制"信息的维持和更新中起作用。而这种所谓的"基于客体的返回抑制"本质是空间抑制的动态更新，也就是基于空间位置的。根据 Vecera 的观点，本研究范式下的客体效应本质是基于组化的空间位置的，那么可以推测空间工作记忆在本研究返回抑制信息的维持和更新中起作用。言语工作记忆是否也在其中起作用？这些问题有待于进一步的研究。

3. 对该范式中返回抑制的认识

Jordan 和 Tipper 利用该范式研究发现，对在线索化客体却不在线索化位置上的靶子的反应比对在非线索化客体上的靶子的反应慢，且发现返回抑制量受客体突出性的影响，物理客体中最大，表面客体中最小，从而认为客体表征在产生返回抑制中起作用，而将发现的返回抑制归为基于客体的。实验 2 对上述结论进行了检验。结果发现，在客体工作记忆负载条件下返回抑制量没有显著变化，表明客体工作记忆没有对其产生干扰，说明客体表征没有在产生基于客体的返回抑制中起作用，因而可认为该范式中的返回抑制并不是基于客体的。

Vecera 也认为该范式不能发现基于客体的效应。Vecera 利用该范式的变式研究基于客体的注意效应，将两个长方形的空间关系调整为水平和垂直平行，通过调节两个长方形的距离看是否影响基于客体的注意，结果发现"客体内注意转移"与"客体间注意转移"所需移动的距离相同时，存在"客体内注意转移"的优势效应，但将两个长方形之间的距离缩短时，"客体内注意转移"的优势效应却显著减弱了，这一结果提示"客体内注意转移"的优势效应并不完全是基于客体的，而与空间距离有关。因而 Vecera 认为这种客体效应的本质是组化的空间位置，即根据位置是否属于同一客体而将位置组化，实质上注意选择的是空间位置。但这一假设并不能解释本研究中位置＋客体线索化情况和客体线索化情况下返回抑制量的差异，对本研究中返回抑制效应本质的认识还有待于进一步研究。

本研究论证了该范式并不能产生基于客体的返回抑制，但研究者还可选择另外的范式，如脸谱研究，继续验证基于客体返回抑制的存在。

4. 对客体选择的加工机制的认识

本研究并未发现基于客体的返回抑制，因而对该问题的探讨不充分。但进一步明确对加工机制的认识，对寻找基于客体的返回抑制有理论指导作用。

Kim 和 Cave 在论证客体选择的本质时，提出了一种可能，在视觉加工中，似乎存在着两种不同的选择机制，它们在不同的加工水平上共同起作用，一种选择空间位置表征，一种选择空间不变的客体表征，它们互相作用共同决定了视觉加工中的注意效应；而 Vecera 的通道信息模型则支持客体和空间位置选择的不同机制。若两者共同作用，则对基于客体的返回抑制的探讨就不是很有意义，若两者是独立起作用，则可预测基于客体返回抑制的存在，需研究者改变研究范式验证其存在。

二、工作记忆对动态范式中客体返回抑制的影响

（一）理论综述

注意在复杂的视觉环境中如何有效的定向于特定的目标是视觉系统的一项重要的功能。Posner 等（1984）在采用线索—靶子范式对这一效应进行考察时，发现当线索—靶子呈现时间间隔小于 300ms 时，对出现在线索化位置上的靶刺激有一个反应上的优势，但当 SOA 大于 300ms 时，却出现了这一效应的反转，即对出现在线索化位置靶刺激有一个反应上的劣势。研究者们把后者称为返回抑制（Inhibition of Return，IOR），并认为这一机制有助于注意脱离先前的注意位置转向新的空间位置，提高了注意在视觉空间中搜索的效率，反映了人类对复杂环境的进化适应性（Klein & MacInnes，1999；Klein，2004）。

自 Posner 等（1984）发现返回抑制以来，研究者们从不同的角度对返回抑制进行了大量的研究，然而一些基本的问题仍未得到较好的解决，如返回抑制信息的维持和更新问题。先前的众多研究都提示工作记忆在返回抑制信息的维持和更新中起着重要的作用，如 Klein（1988）指出，当注意离开某

一位置后会在该位置贴上一个抑制标签，以阻碍注意再次回到这一位置；Vaughan(1984)关于返回抑制时程的研究也发现，返回抑制效应能持续到3000ms之久。但直到近年，Castel等(2003)才对工作记忆在返回抑制中的作用进行了直接的考察。他们把典型的工作记忆任务和线索—靶子范式结合起来，在外周线索化刺激呈现后，在中央位置呈现记忆材料，当被试对随后出现的靶子刺激反应后，再对记忆作业进行反应。结果发现在空间工作记忆条件下，返回抑制量急剧减小甚至消失，但在言语工作记忆条件下返回抑制量却没有受到影响。这表明，空间工作记忆在静态范式中返回抑制信息的维持和更新中有着重要的作用。但关于返回抑制的研究表明，返回抑制不但存在于静态范式中，在动态范式中也同样存在返回抑制(Tipper et al.,1991; Tipper et al.,1994)。那么又是何种形式的工作记忆在动态范式中返回抑制信息的维持和更新中起作用呢？同静态范式中一样是空间工作记忆？抑或是其他形式的工作记忆，如言语工作记忆或视觉工作记忆呢？这正是本研究拟探讨的问题。

更重要的是，这一问题的考察对揭示动态范式中基于客体返回抑制的本质也有着重要的意义：动态范式中基于客体返回抑制的本质长久以来都存在着两种看法：Tipper等(1991,1994,2005)认为动态范式中基于客体的返回抑制是一种阻碍注意回到先前线索化客体表征上的现象，即是对先前线索化客体表征的抑制。另一些研究者则认为Tipper等在动态范式中发现的"基于客体的返回抑制"(考虑到基于客体的返回抑制本质还存在争论，因而在后面基于客体的返回抑制都用双引号标出以表明还存在争论)实质上反应了一种基于空间位置抑制的动态更新过程。如Robertson等(2001,2003[1])指出，动态范式的研究中采用了似动的方式来转动线索化后的外周方框，为外周方框最后所在的空间位置和先前线索化时的空间位置之间建立起了知觉联系，表现出对先前线索化客体的抑制，即认为动态范式中的返回抑制反映了对空间抑制信息的一个动态更新过程。根据Tipper等(1991,1994)的观点，动态范式中的返回抑制反应了对先前线索化的客体表征的抑制，因而会推测客体工作记忆在动态范式中返回抑制信息的维持和更新中起着重要的作用。相反根据Robertson等(2001,2003)的观点，动态

〔1〕 Robertson,L.C. (2003). *Space,Objects,Minds and Brains*: Psychology Press.

范式中返回抑制的实质仍然是一种基于空间位置的成分，因而会推测空间工作记忆在动态范式中返回抑制信息维持和更新中起着重要的作用。

(二) 实验研究

本研究的三个实验，通过分别在言语、空间、视觉工作记忆作业间穿插返回抑制作业，考察了工作记忆的三个子系统对动态范式中返回抑制的影响。在实验范式上我们采用了在工作记忆作业间穿插返回抑制作业的范式，而没有采用 Castel 等(2003)所采用的在线索化后呈现记忆作业的范式，因为大量的研究表明，线索化阶段和靶子呈现阶段的注意变化都对返回抑制存在影响，而 Castel 等(2003)所采用的范式不能考察工作记忆对由线索化阶段引起的返回抑制的影响。另外在实验中采用了把有负载和无负载条件下的实验分开进行，而不是混合随机呈现，因为混合随机呈现可能会增大监控任务转换的难度，从而间接的增大了无负载条件下的任务难度，带来新的混淆(Lavie et al.,2004)。

1. 被试

实验 1 随机选取本科生被试 20 名，男生 8 名，女生 12 名，年龄 19—23 岁。实验 2 随机选取本科生被试 20 名，男生 7 名，女生 13 名，年龄 19—23 岁。实验 3 随机选取本科生被试 20 名，男生 8 名，女生 12 名，年龄 19—23 岁。所有被试视力或矫正视力正常，无色盲或色弱，以前没有参加过同类实验。

2. 实验仪器和材料

实验程序在 Lenovo 启天 6200 型微型计算机上运行，显示器为 15 英寸 Lenovo 屏幕，分辨率为 1024×768，刷新频率为 85Hz。实验程序用心理学实验专用开发软件 E-prime(vision 1.1 sp3)编制而成，在 Windows XP 操作系统上运行，被试眼睛离屏幕 57cm。

实验 1 实验材料由 0.70cm×0.70cm 视角为 0.70°，厚度为 0.04cm 的白色方框(外周方框)；0.77cm×0.77cm 视角为 0.77°的绿色方块，直径 0.22cm、视角为 0.22°的绿色圆点；0.28cm×0.28cm 视角为 0.28°的白色小圆点(注视点)；直径为 0.44cm 视角为 0.44°的绿色圆点(中央线索化刺激)以及十幅转动了一定角度的图片构成(外周方框中心距注视点 4.25cm，视角为 4.25°，从 45°方位开始，外周方框绕中央注视点顺时针依次旋转 9°而成)。实验在微暗的环境下个别进行，屏幕背景色为黑色。

实验2空间工作记忆作业中记忆材料为四个0.64cm×0.64cm视角为0.64°的白色方块，随机出现在十个可能空间位置上，这十个位置在以注视点为中心的6cm×6cm的范围内随机选取，任意两方框中心距离大于等于1.77cm。工作记忆作业的探测刺激是厚度为0.17cm的白色方框，也从先前的十个可能空间位置中随机选取。在一半的实验条件下，探测刺激出现在先前记忆的四个空间位置中的一个上，另一半实验条件下，从其余的六个位置中随机选得。除此外均同实验1。

实验3视觉工作记忆作业中记忆材料为四个1cm×1cm视角为1°的彩色方块，呈现在注视点上、下、左、右四个方位，内侧边离注视点2cm，视角为2°。每次测试中，四个色块的颜色从七种有高区分度的颜色(红、绿、黄、蓝、青、白、灰)中随机选取(无返回的方式)。探测刺激的颜色在一半的实验条件下，从先前记忆的四个颜色中随机抽取，另一半实验条件下，则从另外的三种颜色中随机抽取。除此外均同实验1。

3. 实验设计

实验1采用2×2的被试内实验设计，自变量为线索—靶子关系(有效线索化—靶子出现在线索化的客体上；无效线索化—靶子出现在非线索化客体上)和是否有言语工作记忆负载(有言语工作记忆负载；无负载)。因变量为被试检测反应的反应时。返回抑制作业的刺激启动异步值(SOA)为999ms。实验2除工作记忆负载改为空间工作记忆外均同实验1。实验3除工作记忆负载改为视觉工作记忆外，均同实验1。

4. 实验程序

言语工作记忆负载条件下，单个试次的流程如图1.7所示。

(1) 每次试次的开始，在注视点的上、下、左、右四个位置上各呈现一个数字(Times New Roman 22号字体)。这四个数字是从1—200中随机(无返回的方式)选取，数字内侧离注视点中心约1.5cm，呈1.5°视角。要求被试记住这四个数字；

(2) 记忆刺激消失后，在屏幕上呈现呈45°角(以注视点为原点的极坐标系统，后面的135°角也同)的两个外周方框和中央注视点800ms(两外周方框中心离注视点4.25°视角)；

(3) 随机选取的某个外周方框(左上或右下)变成0.77cm×0.77cm视角为0.77°的绿色方块(外周线索化)153ms后又复原；

(4) 外周线索刺激消失 153ms 后，中央注视点开始变成绿色圆点 117ms，即中央线索化，它使得注意离开外周方框回到中央注视点，同时外周方框开始围绕注视点沿顺时针方向转动；转到 135°角后止转动，由连续呈现的十幅不同方位的图片实现的，每张图片呈现约 23ms(2 次刷屏，11.7ms×2)，共 234ms；

(5) 外周方框停止转动 459ms 后，在某个随机选定的外周方框(右上或左下)中央呈现靶子刺激(绿色小圆点)，要求被试在看到靶子刺激后，尽可能快地按空格键进行反应，靶子和线索刺激的关系有两种(线索化条件，出现在有联系的方框中或非线索化条件，出现在没有联系的方框中)。靶子刺激出现在这两种条件下的概率相等。实验中，20%的测试里不出现靶子刺激，这种情况下要求被试不要做出任何反应(探测测试，探测被试是否有提前反应)，对探测测试中的错误反应给予反馈；

(6) 被试按键反应或 1200ms(无反应)后，在屏幕上呈现一个数字，要求被试判断，该数字是否是先前所记的四个数字之一，如是则按“z”键，不是按“。”键进行反应(实验中一半的被试按相反的方式进行反应)，对被试在工作记忆作业中的反应提供反馈。实验前告知被试返回抑制和工作记忆作业都同样重要，返回抑制作业要求在正确的前提下尽可能的反应，工作记忆作业则只要求尽可能正确。

在有工作记忆负载条件下要求被试将左、右手的无名指分别置于“z”、“。”键上用于工作记忆作业的反应，同时将双手食指置于空格键的中央位置，用优势手的食指对返回抑制作业进行反应，没有负载条件下也要求被试将双手食指置于空格键的中央位置，用优势手的食指对返回抑制作业进行反应。之所以要将双手的食指都置于键盘上，是考虑到 Ivanoff 和 Klein 等(2001)发现，将不做反应的手置于键盘上能放大返回抑制效应。

一次试次后，间隔 1000ms 开始下一次试次。无负载的单返回抑制作业条件下的实验程序，除无工作记忆作业外，与有工作记忆负载条件下完全一致。实验中，一半的被试先做有负载任务后做无负载任务，另一半被试则相反。

每个被试接受 2×2 种处理水平的结合，每种条件下有 40 次试次，这样每个被试共接受 200 次正式试次，其中包括 40 次探测试次。每个被试进行 30 次的练习试次后，按任意键开始正式实验，正式实验中，有/无负载条件下各有 2 组试次，每组包括 40 次有效试次和 10 次探测试次，组内所有试次混合随机呈现。每组试次后休息 1.5～3min，整个实验过程约 40min。将实验结果中小于 100ms 或大于 1000ms 的反应时数据当作错误反应处理。

实验 2 除将记忆负载作业由言语工作记忆改为空间工作记忆外，其余均同实验 1。

实验 3 将记忆负载作业由言语工作记忆改为视觉工作记忆。测试过程中，要被试执行言语复述，以防止被试在工作记忆作业中采用言语编码的方式进行记忆。即在视觉工作记忆(有负载条件)和返回抑制作业(无负载条件)之前呈现“1,2,3,4……”500ms，要求被试一看到，就开始一直复述直到完成对记忆作业的反应。除此外均同实验 1。

5. 实验结果

图 1.13(左)呈现了实验 1—3 有/无言语工作记忆负载条件下，靶子出现在有效/无效线索化客体上的反应时平均数和标准误。对实验 1 的反应时进行分析时，排除了错误反应的数据。2(有/无工作记忆负载：言语工作记忆负载或无负载)×2(线索—靶子关系：有效线索化或无效线索化)的重复测量的方差分析显示：有/无言语工作记忆负载的主效应显著，$F(1,19)=67.09$，$MSE=1368.61$，$p<0.001$，有言语工作记忆负载时，对靶子的反应比没有言语工作记忆负载时对靶子的反应慢($M_{言语工作记忆负载}=401.52\text{ms}$，$M_{无负载}=$

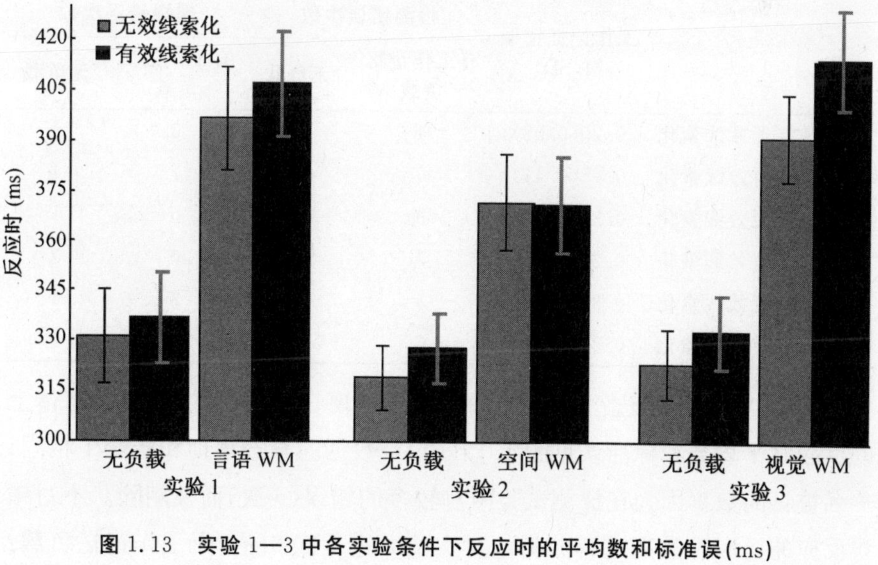

图 1.13　实验 1—3 中各实验条件下反应时的平均数和标准误(ms)

333.7ms)，这表明，实验1的言语工作记忆负载是有效的。线索—靶子关系的主效应显著，$F(1,19)=6.02$，$MSE=196.49$，$p<0.03$，有效线索化条件对靶子的反应要比无效线索化条件下对靶子的反应慢（$M_{有效线索化}=371.49$ms，$M_{无效线索化}=363.80$ms），即出现了返回抑制效应。有、无工作记忆负载和线索—靶子关系的交互作用不显著，这表明，言语工作记忆负载并不能对动态范式中的返回抑制产生干扰。

错误的反应分为三类：(1) 检测错误，是指被试在测试中对返回抑制作业中靶子的反应时小于100ms或者大于1000ms；(2) 捕捉错误，是指被试在测试中对探测测试（不出现靶刺激，以探测被试是否有抢键）也做出了反应；(3) 工作记忆作业错误，是指被试对工作记忆作业的错误反应。表1.7（左）呈现了实验1中三种错误的数据。对(1)(2)类错误分别进行2（有/无言语工作记忆负载：言语工作记忆负载或无负载）×2（线索—靶子关系：有效线索化或无效线索化）的重复测量的方差分析，对(3)类错误进行配对t检验结果显示：检测错误中有/无言语工作记忆负载主效应显著，$F(1,19)=4.41$，$MSE=0.14$，$p<0.05$，被试在有负载条件下比无负载条件下有更多的错误。其余效应均不显著。对错误反应的分析结果表明，实验1中并不存在反应时—正确率的权衡问题。

表1.7 实验1—3中各条件下的工作记忆错误错误率和检测、捕捉错误的错误次数

		工作记忆错误 M(SD)	检测错误次数		捕捉错误次数	
			有工作记忆负载	无负载	有工作记忆负载	无负载
实验1	无效线索化	0.20(0.08)	4	1	3	4
	有效线索化	0.18(0.11)	5	1	7	4
实验2	无效线索化	0.24(0.08)	9	1	0	1
	有效线索化	0.28(0.08)	3	1	0	3
实验3	无效线索化	0.32(0.11)	3	2	3	4
	有效线索化	0.28(0.09)	6	0	3	1

有/无空间工作记忆负载条件下，靶子出现在有效/无效线索化客体上的反应时平均数和标准误见图1.15（中）。数据的筛选规则和实验1相同，一名被试的数据因为在探测试验中有较多的错误（6次）而被剔除。不对错误反应的反应时数据进行分析。对实验2进行的2（有/无工作记忆负载：

空间工作记忆负载或无负载)×2(线索—靶子关系:有效线索化或无效线索化)的重复测量的方差分析显示:有/无空间工作记忆负载的主效应显著,$F(1,18)=29.81$,$MSE=1493.62$,$p<0.001$,有空间工作记忆负载时对靶子的反应比无空间工作记忆负载时对靶子的反应慢($M_{空间工作记忆负载}=371.27$ms,$M_{无负载}=323.34$ms),这表明,实验2的空间工作记忆负载是有效的。线索—靶子关系的主效应不显著,$F(1,18)=2.26$,$MSE=133.04$,$p>0.15$,在有效线索化和无效线索化条件下被试对靶刺激的反应没有差别。有无空间工作记忆负载和线索—靶子关系的交互作用显著,$F(1,18)=5.23$,$MSE=81.37$,$p<0.05$。

对交互作用的进一步简单效应分析显示:无负载条件下,线索—靶子关系的效应显著,$F(1,18)=9.70$,$MSE=74.3$,$p<0.01$,在没有空间工作记忆负载条件下对出现在有效线索化条件下的靶子的反应比出现在无效线索化条件下靶子的反应慢($M_{有效线索化}=327.70$ms,$M_{无效线索化}=318.99$ms),即在没有工作记忆负载条件下发现了返回抑制效应;空间工作记忆负载条件下,线索—靶子关系主效应不显著,$F(1,18)<1$,即在空间工作记忆负载条件下没有发现返回抑制效应。

采用与实验1相同的方式对三类错误反应的结果分析显示:在检测错误中,有/无空间工作记忆负载的主效应显著,$F(1,18)=5.66$,$MSE=0.23$,$p<0.05$,在有负载条件下被试的检测错误次数比无负载条件下多(分别为12次和2次)。除此外其余效应均不显著。对错误反应的分析结果表明,实验2中并不存在反应时—正确率的权衡问题。

图1.15(右)呈现了有/无视觉工作记忆负载条件下,靶子出现在有效/无效线索化客体上的反应时平均数和标准误。数据的筛选规则和实验1相同。两名被试的数据由于在视觉工作记忆作业中有较低的正确率(分别为0.55,0.58)有猜测嫌疑,而被剔除。不对错误反应中的反应时数据进行分析。对实验3进行的2(有/无视觉工作记忆负载:视觉工作记忆负载或无负载)×2(线索—靶子关系:有效线索化或无效线索化)的重复测量的方差分析显示:有/无视觉工作记忆负载的主效应显著,$F(1,17)=40.39$,$MSE=2056.34$,$p<0.001$,被试在有视觉工作记忆负载条件下对靶子的反应要比无负载条件下对靶子的反应慢($M_{视觉工作记忆负载}=403.12$ms,$M_{无负载}=328.13$ms),这表明,实验3的视觉工作记忆负载是有效的。线索—靶子关

系的主效应显著，$F(1,17)=11.28$，$MSE=399.75$，$p<0.01$，被试在有效线索化条件下对靶刺激的反应要比无效线索化条件下对靶刺激的反应慢（$M_{有效线索化}=373.73\text{ms}$，$M_{无效线索化}=357.52\text{ms}$）。有无视觉工作记忆负载和线索—靶子关系交互作用边缘显著，$F(1,17)=3.65$，$MSE=224.71$，$p=0.07$。为进一步分析这一交互作用的方式，对有/无视觉工作记忆负载条件下的返回抑制量进行单尾配对 t 检验结果显示，在有视觉工作记忆负载条件下的返回抑制量大于无负载条件下的返回抑制量（$IOR_{视觉工作记忆负载}=22.47\text{ms}$，$IOR_{无负载}=9.47\text{ms}$）。

采用与实验 1 相同的方式对三类错误反应的结果分析显示：有/无视觉工作记忆负载的主效应在检测错误上显著，$F(1,17)=5.59$，$MSE=0.12$，$p<0.05$，在视觉工作记忆负载条件下有更多的检测错误。除此外其他各项均不显著。对错误反应的分析结果表明，实验 1 中并不存在反应时—正确率的权衡问题。

（三）综合讨论

1. 动态范式中返回抑制信息的维持和更新

实验通过双任务干扰范式，对工作记忆在动态范式中返回抑制信息的维持和更新中的作用进行了探讨。结果发现，不同的工作记忆负载对动态范式中的返回抑制有着不同的影响。在空间工作记忆负载条件下返回抑制量急剧减小，而在言语工作记忆和视觉工作记忆负载条件下却没有这一趋势。这一结果表明，空间工作记忆不但在静态范式中返回抑制的维持和更新上起着重要的作用，而且在动态范式中返回抑制信息的维持和更新中同样起着重要的作用。实验中不同工作记忆负载对动态范式中返回抑制效应的分离并不能归因于一般性任务难度的影响，从表 1.7 可以看出在空间负载条件下工作记忆作业的错误率低于视觉工作记忆负载条件下工作记忆作业的错误率，如果视觉工作记忆对动态范式中返回抑制的干扰仅是一般性任务难度的作用，那么会预期在视觉工作记忆负载条件下有类似的效应，然而实验 3 却表明视觉工作记忆负载不但没有使动态范式中返回抑制的量变小，反而有使其增大的趋势。

Klein 等(2006)发现言语工作记忆负载能延缓返回抑制出现的时程，那么实验中发现的空间工作记忆负载对返回抑制的影响会不会是同样由于记忆负载对返回抑制的时程影响的结果呢？一方面，本研究采用了三种工作记忆负载,因而,如空间工作记忆对返回抑制的影响是对时程影响,而不是同返回抑制共同竞争有限的存储资源的结果,会预期,三种记忆负载条件下返回抑制效应有相同的改变;另一方面,Klein 等(2006)研究中的实验 2 显示,有中央线索化刺激时工作记忆负载并不能对返回抑制的时程产生影响,而本研究中的三个实验都采用了中央线索化。因而实验 2 中,空间工作记忆对返回抑制效应的影响也不可能是工作记忆负载对返回抑制时程影响的结果。

2. 动态范式中“基于客体的返回抑制”的本质

关于动态范式中“基于客体的返回抑制”的本质,长期以来都存在着客体抑制和动态更新的争论。本研究试图通过对三种工作记忆负载对动态范式中返回抑制影响的考察来解决这一争论,如动态范式中的返回抑制效应是反映了对客体表征的抑制,则会预测,视觉工作记忆的负载会损害动态范式中的返回抑制;相反,如动态范式中的返回抑制效应是一种空间信息抑制的结果,则会预测,空间工作记忆负载会损害动态范式中的返回抑制。本研究的结果无疑是支持了 Robertson 等(2000,2001,2004)的空间抑制动态更新说:在空间工作记忆负载条件下,动态范式中的返回抑制量急剧减小(由无负载条件下的 8.71ms 减少到了空间工作记忆负载条件下的－0.76ms)。实验结果为动态范式中“基于客体的返回抑制”是空间位置抑制的动态更新过程的观点提供了新的证据。

与本研究结果相一致,Gibson 等(1994)的研究表明,当三维客体的某一位置在线索化并旋转一定视角后,返回抑制仍然能在一个相对的位置上维持。Skow-Grant 等(2003)也发现,在动态范式中只有注意而非返回抑制追随客体。Pylyshyn(2004)在多客体追踪作业中发现,被试能成功地追踪运动的客体但却没有记住成功追踪客体的特性,即出现了对客体运动知觉和客体表征知觉的分离,这提示在动态范式中的返回抑制作业中也有类似的性质。另外,我们的另两项相关研究的结果也与本研究结果相一致,在其中的一项研究中采用客体变化技术对动态范式中的返回抑制的本质进行了考察,结果发现动态范式中“基于客体的返回抑制”的出现并不受客体变化的影响;在另一项考察“中央线索化对动态范式中基于客体的返回抑制的影响”的研究中也发现,当中央线索化在外周方框旋转同时或旋转停止后呈现时,出现了“基于客体的返回抑制”效应,但当中央线索化呈现在外周方框旋转之前时,“基于客体的返回抑制”效应消失了,这两项结果也支持空间位置抑制动态更新说。

上述研究表明在动态范式中“基于客体的返回抑制”,更有可能是一种空间位置抑制的动态更新过程,而不是一种基于客体的抑制过程。那么是否存在基于客体的返回抑制呢? Tipper 等(2003,2005)近来的一系列研究,排除了空间位置的影响后表明,在静态范式中存在一种基于客体的返回抑制。如 Tipper 等(2003)采用脸谱作为地标的研究表明,当线索和靶子出现在同一脸谱上时,被试对靶子的反应要比线索和靶子出现在不同脸谱上时对靶子的反应慢,更重要的是,在对某一特定的脸谱线索化后不断地变化脸谱,因而这一变化很难用空间位置抑制的观点来解释。Tipper 等(2005)的另一项采用脸谱作地标的研究也发现返回抑制的量依赖于脸谱的方向,当脸谱正立时有最大量的返回抑制,在倒立时有最小量的返回抑制,这一结果也支持客体表征抑制说。但这些结果并不与动态范式中返回抑制的空间抑制动态更新说相矛盾,Tipper 等的这些研究都是在静态范式条件下进行的,而动态范式和静态范式可能存在不同的加工通路有着不同的性质。如采用多客体追踪任务的研究表明,注意系统能同时选择多个运动的客体,但采用静态客体的研究却表明,注意在同一时间只能选择一个客体(Baylis & Driver,1993),因而静态范式和动态范式中的返回抑制也可能存在不同的加工机制。

3. 工作记忆对注意捕获的影响

实验中,在视觉工作记忆负载条件下,动态范式中的返回抑制效应不但没有减小反而增大,言语负载条件下两者的差异虽不显著但也有这一趋势。这一效应是如何产生的呢? Lavie 等(2001,2004,2005a)指出工作记忆在视觉选择性注意中起着控制目标定向的作用,即维持作业相关目标加工的优先权。当在高工作记忆负载条件下时这种优先权的维持降低了,进而促进了对作业无关刺激的加工。在本研究中,线索化刺激不能提供靶子刺激的任何信息,属于作业无关的刺激,在无负载条件下引起的注意捕获量小,但在有工作记忆负载条件下,由于认知系统维持优先权的能力降低导致了线索化刺激引起更大的注意捕获,使得抑制标签的强度增大,进而在作业中表现出了更大的返回抑制效应(Lupiáñez et al.,2007)。这一假设能较好地解释实验 3 的结果,而在言语工作记忆负载条件下虽然返回抑制效应也有增大的趋势,但却没有达到显著水平,则可能是言语工作记忆负载较小的缘故(从表 1.7 中可以看出言语工作记忆的错误率较其他两种工作记忆作业小,同时视觉记忆负载条件下实际上可能反应了言语和视觉负载的共同作用),空间工作记忆负载对返回抑制效应的损害作用,则如前所述反映了空间工作记忆作业和动态范式中的返回抑制作业共享一个有限的储存空间。与我们这一假设一致,Lavie 等(2005b)的研究发现,言语工作记忆负载能增大作业无关刺激注意捕获的量。

尽管这一假设能较好地解释本研究的结果,但是我们应看到 Castel 等(2003)的研究中并没有发现言语工作记忆负载对返回抑制有增大的趋势。这一差别可能来源于两方面,一方面正如前言所述,Castel 等(2003)的研究采用了在线索化之后呈现记忆刺激的方式,因而很难对这之前的线索化刺激引起的注意捕获产生影响;另一方面则可能是反映了动态范式和静态范式的区别,在 Castel 等(2003)的研究中采用了静态范式而本研究采用了动态范式,可能在静态范式中像 Lavie 等(2005b)所推测,对作业目标的定向无需工作记忆的参与就能完成,但在动态范式中则需要工作的参与才能完成对目标控制的定向,因而在动态范式中较多受到工作记忆负载的影响。但这仅仅是一个假设,需要进一步的研究来证明。

三、空间工作记忆对眼动返回抑制的影响

(一)理论综述

众多研究表明,返回抑制并不是一个单一的成分,而是包含了眼动和注意两种成分。Abrams 和 Dobkins(1994)发现,当要求被试检测外周位置上的靶子,并对其做出眼动反应时,返回抑制的量大于仅仅要求被试根据呈现在中央的箭头做出眼动反应条件下的返回抑制量。后者与前者相比唯一的差别在于前一种条件包括检测靶子和做出眼动,而后一种条件只需做出眼动反应。基于这一结果,他们推论返回抑制包括一种检测成分和一种眼动成分。Kingstone(1999)等的一项研究又为这一观点提供了互补性的证据,在他们的研究中有两种条件,一种条件下要求对靶子刺激做出眼动反应,另一种条件下则要求不做出眼动反应而是一直盯住注视点。结果发现,在做出眼动反应条件下有更大的返回抑制量。与 Abrams 等的实验设置刚好相反,Kingstone 等的研究中两种条件下唯一的差别在于一个有眼动,一个无眼动。Hunt 等(2003)在这两个研究的基础上进一步采用了双分离范式为

这两种成分的分离提供了有力的证据。Hunt 等考察了靶刺激的知觉变化和 FOE 效应(fixation offset effect,FOE)对眼动和手动反应作业中返回抑制的影响。结果发现,靶刺激的知觉变化仅影响手动反应作业中的返回抑制,与此相反,FOE 效应仅影响眼动作业中的返回抑制。更重要的是 FOE 被认为是由上丘眼动系统负责的,而知觉变化效用则是由注意系统负责。这一结果表明,返回抑制存在着两种成分,眼动成分主要存在于眼动反应作业中,而注意成分则主要存在于手动反应作业中。

那么又是何种形式的工作记忆在眼动返回抑制的信息的维持和更新中起作用呢?同注意返回抑制成分一样是空间工作记忆?抑或空间工作记忆在眼动返回抑制成分中不起作用呢?这正是本研究拟探讨的问题。对这一问题的探讨一方面能系统化返回抑制信息维持和更新的研究,毕竟真实情景中更多涉及的是外显眼动的搜索作业;另一方面更重要的是,对这一问题的探讨对于返回抑制的功能问题也有着重要的意义。长期以来,对于返回抑制的功能都存在着争论。Klein 等(1988,1999,2004)指出当注意的焦点离开一个位置后,会在该位置上留下一个抑制标签从而使得注意不再回到先前注视过的位置,进而有助于注意定向于新的空间位置。近来他们的一项研究更表明,即使是在复杂的眼动搜索作业中也存在返回抑制效应。在他们的研究中,让被试在一个复杂的图片中搜寻一个特定的目标(如某一个物体、人等),重要的是在被试搜寻过程中会随机在屏幕上呈现一个小圆点,要求被试在小圆点出现后尽可能快地对小圆点做眼动反应。结果发现,当小圆点出现在先前之前注视过的位置上时,有一个眼动反应时上的延迟,并且这个延迟的量随着小圆点偏离先前注视点的角度的变化而变化在 0°的时候有最大的抑制量,在 180°的时候有最小的抑制量。这一结果有着重要的意义,它表明即使是在更多接近日常生活的搜索活动中返回抑制也起着作用,毕竟真实活动中,更多的是利用眼睛定位于特定的目标。与此相似,Gilchrist(2000)等也发现在字母搜索作业中再注视事件在注视完一个位置后的 400ms 内出现的概率更小。

但 Hooge 等(2005)却指出,Klein 等所发现的眼动作业中出现的再注视反应时上的差别并非反映了一种优化视觉搜索的机制,而是反映了负责眼睛定向的神经系统存在不应期,即神经激活后的一个必须的恢复过程。Hooge 等指出如果返回抑制具有优化视觉搜索的功效,则应在视觉搜索作业中观测到返回抑制对眼动轨迹的影响，但他们的结果却发现返回抑制并没有影响眼动搜索的轨迹。同时他们也发现体现在眼动反应时上的延迟与回向眼动间有着显著的正相关，即随着返回抑制量的增大，回向眼动的概率不是减小而是增大了。因而考察工作记忆对眼动反应中返回抑制的影响就有着重要的意义了，例如，眼动作业中的返回抑制如 Klein 等(1999,2000)所述是一种优化视觉搜寻效率的机制，则会预期工作记忆会在眼动作业中的返回抑制里扮演者重要的角色；相反如眼动作业中的返回抑制如 Hooge 等(2005)所假设，仅仅反应了神经激活后的一个必要的恢复过程，即一种自动化的机制，则会预期工作记忆不会在眼动作业中的返回抑制中起着重要的作用。另外，通过考察空间工作记忆对眼动返回抑制的影响，还能对返回抑制的双成分理论提供一些辅证。虽然 Hunt 等(2003)和 Pratt(1995)都发现了返回抑制和由眼动系统负责的 FOE 效应有交互作用，但他们研究中的交互作用的方向却不一致。Hunt 等(2003)在注视点出现条件下几乎没有发现返回抑制效应，而 Pratt 等却发现在注视点出现条件下有更大的返回抑制效用。Hunt 等(2003)指出，Abrams 等的研究中线索刺激和靶子刺激均采用了“*”做为刺激，因而有可能这种知觉水平的重复导致了 Abrams 等人的研究结果有不同的交互方向。但 Hunt 等的解释很难解释 Abrams 等的研究结果，如果这种知觉重复确实起作用，它对出现在线索和非线索化位置的靶子应有相同的作用，而返回抑制是由线索和非线索两条件的差值决定，因而这一解释难以很好地说明他们研究之间的差异。更重要的是我们对另外几项有关返回抑制的眼动研究结果的再分析提示，返回抑制和 FOE 效应的交互作用并非 Hunt 等(2003)所指出在注视点消失条件下有最大的返回抑制量。如 Li 和 Lin(2002)的一项研究采用了注视点消失的范式，但在同 Hunt 等研究中 SOA 近似的 1200ms 条件下只发现了 7ms 的返回抑制效应，事实上在 Li 和 Lin(2002)的研究中发现最大的返回抑制量仅为 16ms(SOA 为 400ms 时)，这同 Hunt 等在 SOA 为 1160ms 时还能发现 20ms 的返回抑制量并不一致。另一方面，Thceuwes 等(2006)采用了注视点保持的范式，但却发现了约 20ms 的返回抑制效应。

(二) 实验研究

1. 被试

随机选取本科生被试 16 名，男生 6 名，女生 10 名。年龄 19－25 岁，

(平均 21 岁,$SD=2.48$)视力或矫正视力正常,无色盲或色弱,以前没有参加过同类实验。实验结束后给予适当报酬。

2. 实验仪器和材料

实验材料由 2.5cm×2cm 视角为 2.5°,厚度为 0.08cm 的白色方框(外周方框,RGB:255/255/255);2.91cm×2.41cm 视角为 2.91°的白色小方块(外周线索刺激,RGB:255/255/255);1cm×1cm 视角为 1°的白色色方块(空间工作记忆负载刺激,RGB:255/255/255);0.67cm×0.67cm 视角为 0.67°的灰色小圆点(注视点,RGB:128/128/128);直径为 1.42cm 视角为 1.42°的白色圆点(中央线索化刺激,RGB:255/255/255);0.58cm×1.13cm 水平视角为 0.58°的白色小方条(靶子刺激,RGB:255/255/255)。实验在开灯环境下个别进行,屏幕背景色为黑色。

3. 实验设计

采用 2×2 的被试内实验设计,自变量为有无空间工作记忆负载(有——四个位置的空间工作记忆负载;无——无负载),和线索—靶子关系(有效线索化——靶子出现在线索化位置上;无效线索化——靶子出现在非线索化位置上)。因变量为被试眼动扫视反应的反应时。

4. 实验程序

实验的流程如图 1.14 所示。(1) 每次测试的开始,在屏幕的中央位置呈现一个灰色的小圆点,要求被试准备好后,注视该点的同时按手柄上的"5"号键开始实验,即进行漂移校正。(2) 呈现中央注视点 800ms。(3) 随后在屏幕上呈现的空间工作记忆负载 1000ms,空间工作记忆作业中记忆材料为 4 个 1cm×1cm 视角为 1°的白色方块,随机出现在 12 个可能空间位置上,这 12 个位置在以注视点为中心的 6cm×6cm 的范围内随机选取,任意

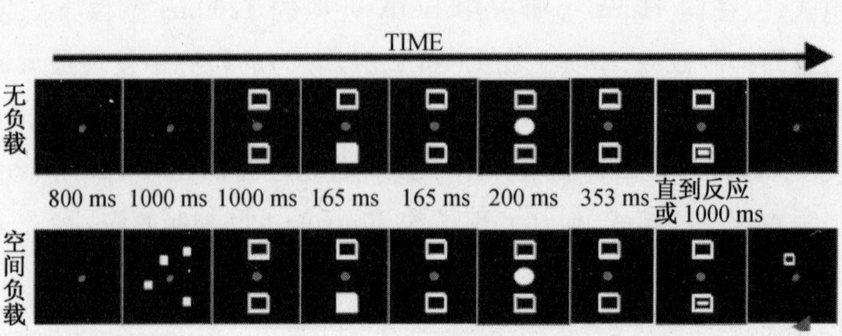

图 1.14 有、无工作记忆负载条件下的实验流程

方框中心距离大于等于 2.3cm。工作记忆作业的探测刺激是厚度为0.17cm的白色方框，也从先前的 12 个可能空间位置中随机选取。在一半的实验条件下，探测刺激出现在先前记忆的 4 个空间位置中的一个上，另一半实验条件下，从其余的 8 个位置中随机选得；同时考虑到大量的研究表明刺激分布的中心对注意有着特定的影响，在本研究中在不同的线索化条件间平衡了记忆负载的中心，即有效和无效线索化条件下记忆负载分布的中心相同。(4) 随后在屏幕上呈现的两个外周方框和中央注视点 1000ms(两外周方框中心离注视点 8.25°视角)。(5) 随机选取的某个外周方框(左或右)变成 2.91cm×2.41cm 的白色方块(外周线索化)165ms(17 次刷屏)后又复原。(6) 外周线索刺激消失 165ms(17 次刷屏)后，中央注视点开始变成白色大圆点 200ms 后又复原，即中央线索化，它使得注意离开外周方框回到中央注视点。(7)中央线索化消失 353ms 后，在某个随机选定的外周方框(右或左)中央呈现靶子刺激(白色方条)，要求被试在看到靶子刺激后，既快又准地对目标刺激做出眼动反应，靶子和线索刺激的关系有两种(线索化条件，出现在有联系的方框中或非线索化条件，出现在没有联系的方框中)。靶子刺激出现在这两种条件下的概率相等，同时靶子出现在左右两个方框中的概率也相等。(8)被试做出眼动反应或 1000ms(无反应)结束一次测试，对眼动反应时小于 100ms 或大于 1000ms 的反应分别给予“请注意，不要抢先反应!”和“请注意，反应太慢了!”的反馈。(9)被试按键反应或1000ms(无反应)后，在屏幕上呈现一个白色小方框，要求被试判断，该方框的位置是否是先前所记的 4 个白色方块位置之一，如“是”则按手柄上“6”键，“不是”按“7”键进行反应(实验中一半的被试，按相反的方式进行反应)，对被试在工作记忆作业中的反应提供反馈。实验前告知被试返回抑制和工作记忆作业都同样重要，返回抑制作业要求在正确的前提下尽可能的反应，工作记忆作业则只要求尽可能正确。每个被试接受 2×2 种处理水平的结合，每种条件下有 40 次测试，这样每个被试共接受 160 次正式测试。每个被试进行 30 次的练习测试后，按任意键开始正式实验，正式实验中分为 4 组测试。组内所有测试混合随机呈现。每组测试后休息 1.5～3min，整个实验过程约 60min。实验中，一半的被试先做有负载任务后做无负载任务，另一半被试则相反。实验中在线索呈现前没有一直注视中央注视点(注视点中点为原点，周围 1.5°视角的范围)，对线索做出眼动反应和没有正确地对靶刺激做出眼动反应(眼动扫视的终点坐标没有落在以靶刺激为中点的2.5°视角的范围内),以及眼动反应时数据中小于100ms或大于700ms的眼动反应时数据当作错误反应处理。

5. 实验结果

对反应时进行分析时,排除了错误反应的数据,在空间工作记忆负载条件下另外还剔出记忆作业中错误的数据,这两种条件下分别剔出了13.5%和34%(其中23.3%是在记忆作业错误)的数据,1名被试的数据因为在单独的返回抑制作业中错误过多(44%)而被剔出。2(有无空间工作记忆负载:有/无)×2(和线索——靶子关系:有效线索化,无效线索化)的重复测量的方差分析显示:有无工作记忆负载的主效应不显著,$F(1,14)<1$,在有无空间工作记忆负载条件下对靶刺激的反应没有差异。线索—靶子关系主效应显著,$F(1,14)=14.41$,$MSe=529.34$,$p<0.001$,对出现在线索化位置的靶子的反应慢于对出现在非线索化位置上靶子的反应($M_{有效线索化}=253.44ms$,$M_{无效线索化}=230.89ms$),即出现了返回抑制效应。有无工作记忆负载和线索—靶子关系的交互作用不显著,$F<1$。错误率分为两类:(1)眼动错误,包括在线索呈现前没有一直注视中央注视点(注视点中点为原点,周围1.5°视角的范围),对线索做出眼动反应和没有正确地对靶刺激做出眼动反应(眼动扫视的终点坐标没有落在以靶刺激为中心的2.5°视角的范围内),以及眼动反应时数据中小于100ms或大于700ms的眼动反应时数据三种;(2)记忆错误,在工作记忆作业中对靶子位置的判断错误。对眼动错误进行2(有无空间工作记忆负载:有/无)×2(和线索—靶子关系:有效线索化,无效线索化)的重复测量的方差。对记忆错误进行配对样本t检验,所有效应均不显著。

(三)综合讨论

指出当注意的焦点离开一个位置后,会得注意不再回到先前注视过的位置,进而有助于注意定向于新的空间位置。相反,Hooge等(2005)却指出,Klein等所发现的眼动作业中出现的再注视反应时上的差别并非反映了一种优化视觉搜索的机制,而是反应了负责眼睛定向的神经系统的一个不应期,即神经激活后的一个必须的恢复过程。实验1试图通过直接考察空间工作记忆负载对眼动返回抑制的影响来考察这一问题,尽管Theeuwes等(2006)也考察了空间工作记忆和眼动返回抑制之间的关系,但他们的研究的主要目的是考察空间记忆对眼动轨迹的影响，并且在他们的作业中只采用了1个记忆位置的设置，很难考究工作记忆是否在眼动返回抑制中起作用。研究在匹配了工作记忆刺激中心的条件下，无疑能更好地探讨眼动返回抑制是否需要工作记忆资源。如果：返回抑制如Klein等所述是优化视觉搜索的机制，则会预测工作记忆负载会影响眼动返回抑制。具体的说，在有空间工作记忆负载的条件下的眼动返回抑制量要比没有空间工作记忆负载条件下的眼动返回抑制量小。相反，如眼动返回抑制如Hooge等(2005)所述，仅仅是反映负责眼睛定向的神经系统存在不应期，即神经激活后的一个必须的恢复过程，则会预测空间工作记忆负载不会影响眼动返回抑制，具体的说，有、无空间工作记忆条件下有相同的返回抑制量。结果发现，工作记忆负载并不对眼动返回抑制产生作用，无疑是支持了Hooge等的假设。

1. 眼动返回抑制：优化视觉搜索的机制还是神经激活后的恢复机制？

自Posner等(1984)首次发现返回抑制效应，这一效应得到了研究者们的广泛关注，展开了大量的研究。返回抑制之所以能得到这么多研究者的关注，其中重要的一点就是，研究者们认为这一效应很有可能反应了一种优化搜索效率的机制，通过对这一效应的研究能使我们更好地理解注意搜索的实质。如Posner等就指出，返回抑制能在一个较长的时间内维持的性质使得它能降低注意再次回到先前注意过的位置。随后的大量研究也为这一假设提供了一些证据。如Castle等(2003)通过双任务干扰范式，发现了空间工作记忆在手动反应作业中的重要作用；Kingstone等(2003,2007)在多线索化位置中发现的返回抑制效应。尽管Horowitz和Wolfe(2001)指出，返回抑制不太可能在真实生活中的视觉搜索中起作用，他们发现返回抑制效应依赖于视觉搜索作业的类型，当有较快的注意转移时返回抑制就不太可能出现。然而，Dodd等(2003,2006)却发现即使是在需要注意快速转移的(50ms)多位置线索化作业中也存在返回抑制效应。Hooge等对这一问题进行了直接的考察，在他们的研究中让被试在图片中寻找某一靶子，通过眼动仪记录了被试的眼动轨迹，通过对被试的眼动数据的分析，发现被试回到先前注视过位置的概率并不比回到没有注视过位置的概率低，尽管在回到先前注视过位置时有更长的反应时。基于这一发现，他们指出，返回抑制并不是一种优化视觉搜索效率的机制，而反应时上的差别可能只是反应了一种神经激活恢复的必要过程。尽管 Hooge 等的研究，对返回抑制优化视觉搜索的假设提出了强烈的质疑，但他的研究也存在两点问题：一方面在他们的研究中虽然没有发现返回先前注视过位置的概率减小，但却有反应时上的差别，这提示可能存在返回抑制优化视觉搜索效率的机制，不过 Hooge 等的研究范式不够敏感无法检测到而已；另一方面，Hooge 等的研究只采用了 4 名被试，这使得他们研究的数据量很小，进而减小了发现返回抑制优化视觉搜索效率机制的概率。

在本研究中，我们采用双任务干扰范式从一个不同的角度对返回抑制的优化视觉搜索效率假说进行了直接的考察：考察了空间工作记忆对眼动作业中返回抑制的影响，如返回抑制如 Klein 等人所指出，反应了一种优化视觉搜索效率的机制，则会预期空间工作记忆在眼动返回抑制中起着重要的作用，进而预测在有空间工作记忆时，眼动返回抑制会受到影响；相反如果返回抑制如 Hooge 等所述仅仅是反应了神经激活后恢复的一个必要过程，则会预测空间工作记忆并不会影响眼动返回抑制效应。本研究的结果表明，返回抑制可能并不是优化视觉搜索的一种机制，至少返回抑制中的眼动成分并不能起到在先前注意过位置留下抑制标签，进而优化视觉搜索效率的作用。那么，如何解释 Castle 等(2003)发现的空间工作记忆对返回抑制的影响和 Dodd 等发现的多空间位置上的返回抑制效应的结果呢？我们认为，本研究同这些研究间的差别可能反映了下节所述的返回抑制的注意成分和眼动成分的区别。事实上，尽管这些研究都表明了工作记忆在返回抑制中起着重要的作用，但这些研究都是采用的手动反应的范式，通过这种范式得出的结果能否真的反应返回抑制是优化视觉搜索效率的机制还有待进一步的探讨，毕竟真实生活中的视觉搜索更多的是用眼睛去扫视目标刺激而不是按键去反应目标刺激。

2. 返回抑制的眼动和注意成分的分离

关于返回抑制的机制问题，长期以来在心理学中有两种对立的观点：Posner 等(1984)最早提出的注意说认为，返回抑制的实质在于抑制注意回到先前注意过的位置，进而使得注意能更有效率的指向其他的空间位置，实际把返回抑制看成注意系统的一种特性。另一些研究者则认为，返回抑制是对出现在先前线索化上刺激的一种反应偏向，源于先前出现的线索刺激引起的眼动计划(oculomotor program)的激活，该理论认为是运动反应系统的一种属性,主要与眼动计划系统有关而与注意无关。虽然随后也有研究者们提出了各种其他的理论假设,如 Fuentes 等的抑制标签理论等,但这些理论在一定程度上都能归到注意或反应偏向说中的一个。在很长的时间上注意和反应偏向说的争论成为了返回抑制研究领域的一条主线。尽管围绕注意说和反应说的争论,研究者们就返回抑制的机制问题展开了大量的行为和一些 ERPs、fMRI 的研究,这两种理论也各自得到了大量研究的支持,但目前仍然没有一个理论能解释这些各自不同的数据。直到近年来返回抑制的双成分理论的提出,研究者们才找到了整合众多各自支持注意说的反应说的研究结果的希望。该理论认为返回抑制并不具有单一机制,而是多种机制共同作用的结果,即返回抑制并不是一个单一的成分,而是由注意和眼动两个成分构成,前者可能涉及更多的皮层区域,而后者更多地受皮层下结构—网膜顶盖通道的上丘脑调节。Hunt 等(2003)采用了双分离范式为这两种成分的分离提供了有力的证据。在 Hunt 等的研究中考察了靶刺激的知觉变化和 FOE 效应(Fixation offset effect,FOE)对眼动和手动反应作业中返回抑制的影响。结果发现,靶刺激的知觉变化仅影响手动反应作业中的返回抑制,与此相反,FOE 效应仅影响眼动作业中的返回抑制。更重要的是 FOE 被认为是由上丘眼动系统负责的,而知觉变化效用则是由注意系统负责。基于这一结果,Hunt 等(2003)指出返回抑制存在着两种成分,即运动相关的眼动成分和注意成分构成,前者主要存在于眼动反应作业中,而后者则主要存在于手动反应作业中。

本研究的结果也为返回抑制的双成分假说提供了一定的支持,在本研究中并没有发现空间工作记忆对眼动作业中的返回抑制的影响,这一结果同 Castle 等(2003)和张明等(2007)发现的空间工作记忆在手动反应作业中的返回抑制中的重要作用形成了强烈的对比。根据返回抑制的双成分理论,眼动返回抑制和注意返回抑制可能有不同的认知和神经机制,进而能很好地解释本研究的结果。而其他的理论则很难解释本研究与 Castle(2003)及我们先前一项研究结果之间的不同。

四、返回抑制对工作记忆的影响

(一) 理论综述

选择性注意与工作记忆的关系是当今心理学研究中的一个热点问题(Cowan,1995)。其主要进展之一是将空间线索化范式从知觉问题的研究推广到工作记忆问题的研究。Schmidt 等人探讨了空间线索化任务中，有意注意和无意注意对颜色信息记忆效果的影响。同时大量文献显示，空间线索化对认知任务的影响不仅表现为促进效应，当线索与靶刺激之间的 SOA 达到一定程度(大于 300ms)时，则转变为抑制效应，即返回抑制(Inhibition of Return，IOR)(Posner & Cohen，1984)。本研究试图探讨作为一种逆向线索化效应的返回抑制是否也能影响到工作记忆?

该问题的研究主要有两方面的意义:(1) 有助于深化选择性注意与工作记忆关系的研究。返回抑制通常被看成一种用于提高搜索效率的注意现象(Posner & Cohen，1984)。工作记忆是一个用于信息的暂时储存与加工的资源有限的系统。动态的暂时储存和实时性的加工控制是工作记忆的两个关键维度。为了同时考察返回抑制对这两个维度的影响，我们采用了 West (2000)用于考察注意的老龄化对工作记忆影响的实验任务[1]。该任务属于 N-Back 任务的变式，要求被试首先记住第一个显示中目标字符的位置，然后记住第二显示中目标字符的位置，接着再对第一个目标的位置做出反应，并以基于记忆的错误和侵入错误的次数作为实验指标。前者指因报告记忆项目之外的内容而导致的错误，能反映出工作记忆在储存上的问题;后者指因不按指导语要求进行反应导致的错误，反映了工作记忆在维持任务目标上的问题。如果线索化位置上的记忆错误数大于非线索化位置，那么说明返回抑制能影响到工作记忆的储存;如果线索化位置上的侵入错误数大于非线索化位置，那么说明返回抑制也能影响到工作记忆加工中的目标维持。(2)有助于加深对返回抑制内在机制的认识。返回抑制最早发现于觉察任务，后来很多研究证实了在辨别任务中也存在返回抑制(Pratt & Abrams，1999)。早期人们只观察到返回抑制对知觉加工的影响，但 Fuentes 等揭示了返回抑制还能影响到语义水平的加工(Fuentes et al.，1999)。Posner 等最早提出的返回抑制注意说认为，返回抑制的实质在于注意在返回先前注意过的位置时会受到抑制，实际把返回抑制看成注意的一种特性。Klein 等提出的返回抑制反应偏向说则指出，返回抑制反映了被试在反应上的偏向，被试对呈现于线索化位置的刺激的反应会受到抑

---

〔1〕 West，R. (1999). Visual distraction，working memory，and aging. *Memory & Cognition*，*27*(6)，1064－1072.

制(Klein & Taylor,1994),该观点认为返回抑制是运动反应系统的一种属性,与注意无关。这两种观点的争论在很长时间内成了返回抑制机制研究的一条主线。Taylor 和 Donnelly 在系统综述大量文献的基础上指出,返回抑制很可能不仅仅基于注意或运动反应偏向中的一种机制,而是由多种因素共同决定的,即返回抑制复杂机制说[1]。

本研究采用传统的线索—靶子范式与工作记忆中 N-Back 范式相结合的任务,试图揭示工作记忆任务中的返回抑制的机制到底是什么?

(二) 实验研究

1. 被试

大学生 25 名,男生 11 名、女生 14 名,平均年龄为 21 岁,视力或矫正视力正常,无色盲和色弱。

2. 实验仪器和材料

本实验仪器为 PentiumⅣ型电脑,实验时显示器分辨率为 1024×768,实验程序用 surperlab2.0 编制而成,在 Windows2000 操作系统上运行,被试眼睛离屏幕 57cm。

实验材料包括四个白色方框和两个 ASCII 字符。方框大小为 15mm×15mm。整个刺激范围为 10cm×10cm。两个字符为"@"、"&",每个字符 5mm×5mm;"@"为第一显示目标,按其与提示线索的关系分为呈现于线索提示位置和非线索提示位置,呈现在两种位置的次数相同,呈现顺序按随机方式进行。"&"为第二显示目标,在四个方框之一随机呈现。在黑色背景中央呈现一个红色"+"作为注视点。"+"的两条线段的长度均为 0.8cm。

3. 实验设计

采用 2×2 被试内设计,自变量 1 为第一显示中目标字符的呈现位置(线索化位置,非线索化位置);自变量 2 为 SOA (750ms,1100ms)。因变量指标是完成工作记忆作业所出现的两类错误的次数(记忆错误,侵入错误)。记忆错误是因被试不能记住目标字符的位置而造成的错误。实验要求被试

---

〔1〕 Taylor,T.L. & Donnelly,M.P. (2002). Inhibition of return for target discriminations: The effect of repeating discriminated and irrelevant stimulus dimensions. *Perception & Psychophysics*, *64*(2),292－317.

在记住第二显示中的字符位置后,再对第一显示中的字符位置作按键反应,而被试的反应既不是第一显示中字符的位置,又不是对第二显示中的字符位置,而是对其他位置的反应。这类错误体现了被试在工作记忆储存上的欠缺。侵入错误是被试本应按实验要求在屏幕被掩蔽期间对第一显示字符位置作反应,可是却对第二显示中的字符位置作反应而造成的错误。正如West(1999)所说,侵入错误反映了被试在维持目标指向的观念和行为上的欠缺,亦即被试维持当前信息加工活动能力的欠缺。

4. 实验程序

一次实验的具体流程如图 1.15 所示。(1) 持续呈现可见框 500ms;(2) 某个被随机选定的外周方框变成绿色,作为外周提示线索,线索呈现 150ms 后消失;(3) 又持续呈现可见框 100ms;(4) 对中心注视点线索化 100ms;(5) 呈现可见框 400ms;(6) 呈现第一目标字符"@"100ms;(7) 呈现第二目标字符"&",直到被试对第一显示中的目标做出反应;(8) 四个方框由实心黑框加以掩蔽。四个方框从上到下、从左到右分别与计算机键盘上的"f、v、j、n"键相对应,被试用左手的中指、食指,右手的食指、中指分别对目标所在位置作按键反应。

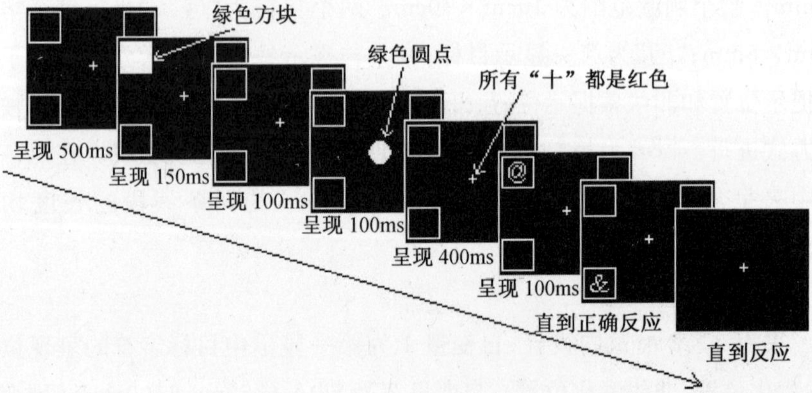

图 1.15 一次完整实验的刺激流程

实验在安静的实验室中个别进行。首先让被试熟悉第一显示字符"@"和第二显示字符"&",以及目标位置与相对应的反应键的关系,等被试熟悉之后,由计算机呈现指导语,要求被试在确定字符"&"所在的方框位置之后,先将其位置按逆时针方向旋转一个位置,并按与旋转后位置相应的反应键;然后再对第一显示字符"@"所在位置按相应的反应键。为了确保被试了解自己的任务,每种条件均要进行充分练习。练习后按任意键进入正式实验。

为了尽可能确保返回抑制的出现,本实验设置了两个 SOA 值,因为如只有一个 SOA 值,当被试在两类位置上的错误次数无差异时,无法判定是由于返回抑制确实对工作记忆的储存和目标维持没有影响,还是由于目标字符呈现于返回抑制发生作用的时程之外造成的。在选取 SOA 值时考虑到本研究使用的材料是字符材料,同时又是复杂反应作业(延迟反应作业),而已有的研究表明在使用字符材料或复杂反应作业时,返回抑制会在较晚的 700—1300ms 范围内出现。因而选取 750ms 和 1100ms 作为 SOA 值。

四种实验条件下每种做 48 次试验,每个被试一共做 192 次正式试验。整个实验过程约 30min。

5. 实验结果

在 25 名被试中有两名被试由于总错误次数在 96 次(50%)以上,存在猜测嫌疑,故将其数据剔除。另外由于本研究对字符"@"采用了延迟反应作业,又是用被试反应的错误次数作为因变量指标,故不对反应时数据作分析。在两种 SOA 条件下被试在目标呈现在不同位置时(线索化位置,非线索化位置)的记忆错误数的平均数、标准差如表 1.8 所示。

表 1.8　两种 SOA 下线索化和非线索化位置的记忆错误数

SOA(ms)	线索化位置		非线索化位置	
	M	*SD*	*M*	*SD*
750	4.13	1.96	3.00	1.83
1100	1.83	1.34	1.52	1.53

以基于记忆的错误数为因变量指标,目标呈现位置(线索化位置,非线索化位置)和 SOA 值(750ms,1100ms)为自变量的重复测量设计的方差分析显示,目标呈现位置主效应显著,$F(1,22)=15.87$,$p=0.001$,呈现在线索化位置时的记忆错误数高于呈现在非线索化位置时的记忆错误数。SOA 的主效应也显著,$F(1,22)=45.27$,$p<0.001$,SOA 为 750ms 时的记忆错误数高于 SOA 为 1100ms 时的记忆错误数。目标呈现位置和 SOA 的交互作用不显著,$F(1,22)=2.367$,$p=0.137$。

两种 SOA 下目标字符出现在线索化位置和非线索化位置时，侵入错误数的平均数和标准差如表 1.9 所示。以侵入错误数为因变量，以目标呈现位置和 SOA 值为自变量指标的 2×2 重复测量方差分析结果表明，目标呈现位置和 SOA 条件的主效应均不显著，$F(1,22)=1.07$，$p=0.31$；$F(1,22)=1.85$，$p=0.19$。SOA 和目标呈现位置的交互作用显著，$F(1,22)=6.64$，$p=0.017$。对两种因素的简单效应分析结果表明，在 SOA 为 750ms 的条件下，“@”出现在线索化位置和非线索化位置时的侵入错误数差异不显著，$F(1,22)=0.72$，$p=0.41$；而在 SOA 为 1100ms 时，是否出现在线索化位置的效应显著，$F(1,22)=5.35$，$p=0.030$。在 SOA 为 1100ms 的条件下，目标出现在线索化位置时的侵入错误数显著高于出现在非线索化位置时的侵入错误数。

表 1.9　两种 SOA 下线索化和非线索化位置的侵入错误次数

SOA(ms)	线索化位置		非线索化位置	
	M	*SD*	*M*	*SD*
750	0.87	1.14	1.04	1.43
1100	1.00	1.41	0.48	0.79

（三）综合讨论

本实验结果发现，在两种 SOA 条件下，基于记忆的错误数都出现了显著的返回抑制效应。在 SOA 为 1100ms 时，侵入错误数也出现了返回抑制效应。由于 West 已经证明，基于记忆的错误反映了工作记忆的储存问题，侵入错误反映了工作记忆加工中的目标维持问题，因此上述结果表明返回抑制既能影响工作记忆的储存功能，又能影响工作记忆加工中的任务目标维持功能，从而验证了实验假设。

从选择性注意和工作记忆关系的角度分析，上述结果揭示了作为空间选择性注意经典实验范式的空间线索化任务不仅能在 SOA 小于 300ms 时对工作记忆的表征起作用，而且当 SOA 大于 300ms 时仍能影响工作记忆储存和加工的成绩。不过前一种影响是促进作用，而后一种影响是抑制作用。

尽管 Awh 等(1998)的研究发现，工作记忆的信息保持过程也需要选择性注意的参与，但是本实验的结果却表明，空间线索化反而导致了被提示信息记忆保持成绩的损害。这种损害与线索化效应的注意诱发功能是矛盾的，但与传统的返回抑制现象却是一致的。在视觉搜索研究中，大量研究者证实，个体加工具有不愿意返回先前注意过的位置的倾向。这种倾向反映了人类认知加工灵活性和适应性的特点。那么工作记忆任务中线索化条件下记忆成绩的损害是否也反映了这种灵活性和适应性呢？回答是肯定的。本实验发现的基于记忆错误的返回抑制很可能就是这种抑制工作记忆中不再相关信息的重要机制。基于侵入错误的返回抑制也可以做出类似的解释。

本实验还发现基于记忆错误的返回抑制可在 SOA 为 750ms 时和 1100ms 时都观察到，而基于侵入错误的返回抑制只能在 1100ms 时观察到。这很可能是因为两种返回抑制的出现时程范围不同，前者出现较早，而后者较晚，也可能是基于记忆的返回抑制效应可能比较稳定，容易观察到，而基于侵入错误的返回抑制可能不太稳定，不容易观察到。具体原因还有待于进一步探讨。

本研究在 N-Back 变式的工作记忆任务中也观察到了返回抑制现象。这一结果用返回抑制的注意说可得到很好的解释。根据返回抑制注意说，线索化位置相对于非线索化位置缺少注意资源，从而会影响呈现在线索化位置上目标的编码储存和信息维持。根据返回抑制反应性说，线索化位置仍然存在注意的优先(Schmidt，1996)，返回抑制效应的出现是由针对标有抑制标签的位置(线索化位置)的反应上的抑制造成的(Klein & Taylor，1994)，因而会有利于呈现在线索化位置上的目标信息的编码储存和维持。因此，如果符合注意说，那么线索化位置上用来表征工作记忆保存和目标维持能力欠缺的指标应高于非线索化位置；而根据反应性说，线索化位置上用来表征工作记忆保存和目标维持能力欠缺的指标会低于非线索化位置。本实验结果表明，在线索化条件下工作记忆的记忆错误和侵入错误都多于非线索化条件，因此支持了返回抑制注意说。

本实验结果对注意说的支持具有特殊的意义。一方面本实验的返回抑制效应是在工作记忆任务中发现的，因而大大丰富了注意说的适用范围。另一方面，本实验采用错误数为指标，具有其特殊的优越性。因为采用两类错误作为对工作记忆保持和目标维持的延迟测量，避免了即时反应作业不能完全排除返回抑制“是由针对标有抑制标签的位置(线索化位置)的反应上的抑制造成的(Klein & Taylor,1994)”问题。以往的即时反应作业研究往往都以返回抑制量随注意负载的增加而减少[靶子可能出现的位置数的增加(周建中,2003)]、任务难度的增加(王玉改,1999)作为支持注意说的证据。而这一效应却有可能是由于注意负载增大导致的“抑制标签”强度的减少造成的。高负载条件下由于所获得注意资源相对于低负载条件少,抑制标签的强度减弱,从而在反应时指标上表现出比低负载条件下需要更少的时间。这种可能是即时反应作业所无法排除的,而本研究采用了延迟反应作业并以错误次数为因变量,使得被试有足够的时间来回忆目标字符的正确位置,进而避免上述可能对实验结果推论的干扰。因此,本实验结果为注意说提供了更广泛和更有力的证据。

总的来说,尽管返回抑制机制可能很复杂,但还是存在很多共性的,传统的注意说在解释诸如工作记忆任务中的返回抑制这种新现象时也体现出了重要的价值。

专题二　选择性注意与无意识信息加工

第一节　拥挤效应的认知机制研究

我们的视觉世界总是充斥着大量复杂多样的信息,个体如何从无关干扰信息中抽取出对自己有用的信息,是视觉研究领域致力于解决的重要问题。拥挤效应作为一种普遍存在于信息加工中的视觉现象,也得到了广泛研究。拥挤效应(crowding effect)指对外周视野内目标刺激的识别受到该刺激周围无关刺激干扰的现象(Pelli et al.,2007)[1]。图 2.1 为一个典型的拥挤效应的例子,当双眼注视小圆点时,对上图中字母 R 的识别成绩好于对下图中字母 R 的识别。拥挤效应反映了个体从杂乱刺激中识别客体的能力,因此对该效应的研究,有助于探明视觉系统如何在大量无关刺激的干扰下识别客体。

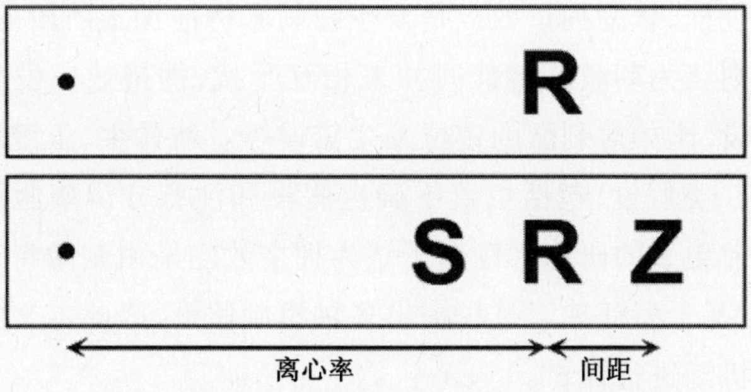

图 2.1　拥挤效应示意图(圆点为中央注视点)

〔1〕 Pelli,D.G. et al. (2007). Crowding and eccentricity determine reading rate. *Journal of Vision*,7(2),20,1—36.

拥挤效应常通过两个参数来量化，即临界间距和强度。干扰刺激与目标刺激空间间距越小，目标刺激的判断受干扰刺激的影响越大，干扰刺激对目标刺激的判断刚好不产生影响时的最大间距即为临界间距（critical spacing）。根据 Bouma 定律，临界间距大小与目标刺激的离心率（eccentricity，刺激与中央注视点间的距离）成比例，约等于 0.5 倍离心率，而与目标刺激大小、刺激类别等无关（Bouma，1970；Pelli & Tillman，2008；Levi，2008；Tripathy & Cavanagh，2002）。强度（strength）则通常以识别目标刺激的正确率（Põder，2008）或呈现干扰刺激导致的识别目标刺激的阈值提升值，如对比度阈值的提高（Pelli et al.，2004；Levi & Carney，2009）等表示。

自拥挤效应提出以来，研究者便对该效应进行了大量研究，并发现拥挤效应受多种因素影响，包括刺激间距离（Pelli，2008）、刺激相似性（Põder，2007）、干扰刺激的大小与数量（Levi et al.，2009；Põder，2006，2008）、任务类型（Livne & Sagi，2007；Pelli et al.，2004）、练习（Wolford et al.，1988；Huckauf & Nazir，2007），等等。然而，目前关于拥挤效应的准确机制还不是很清楚。Flom et al.（1963）[1]将目标刺激与干扰刺激分眼同时呈现给被试，发现与单眼同时呈现刺激相似，分眼呈现刺激同样存在强烈的拥挤效应，表明拥挤效应是发生于大脑皮层位置的抑制作用。随后，研究者根据各自的研究结果，提出了多种理论假设解释拥挤效应的产生机制。根据这些假设的内容，可以大致将其归为两类，一类假设侧重于特征加工过程，认为拥挤效应是发生在刺激特征加工阶段的干扰效应，第二类假设则认为刺激的特征间并未相互干扰，拥挤效应发生在特征加工之外的阶段，比如对刺激的定位发生错误等。翁伟生、王澄澄和孙秀伟（2010）对第二类假设，包括位置不确定假设和注意分辨率假设进行了综述，然而，当前更多的研究者倾向于认为拥挤效应是由刺激特征间相互干扰引起的，并基于特征加工过程提出多种机制假设，因此本文主要对已有的特征加工机制进行探讨。

---

〔1〕 Flom, M. C. et al. (1963). Contour interaction and visual resolution: Contralateral effects. *Science*, 142(3594), 979－980.

一、拥挤效应的特征加工机制

(一)错误整合模型

Pelli等(2004)[1]结合前人研究结果指出,普通掩蔽(ordinary masking)效应在检测任务和辨别任务中均存在,是发生在特征检测阶段的一种干扰效应,目标信号特征通常被干扰刺激掩蔽而消失。但拥挤效应与普通掩蔽不同,拥挤效应只存在于辨别任务中,在被干扰的信号特征可见的情况下,仍然会出现强烈的拥挤效应,表明拥挤效应可能是发生在特征检测之后的视觉加工阶段。因此,Pelli等提出错误整合模型(faulty-integration model)来解释拥挤效应。该模型认为,客体识别包括两个加工过程,第一个过程为特征检测,该过程中,干扰刺激和目标刺激的特征在初级视觉皮层(V1区)被独立、完整的检测加工;第二个过程为特征整合,来自初级视觉皮层的特征在高级视觉皮层(如V4区)被结合成客体,而干扰刺激与目标刺激间距太小时(如小于临界间距),视觉系统会错误地整合来自干扰刺激与目标刺激的特征,如发生错觉联合(illusory conjunction),形成混乱知觉,导致目标刺激不能被识别,从而产生拥挤效应。特征的错误整合是强制而不可避免的加工过程(Pelli et al.,2004,2008; Chung et al.,2008)。

一些研究为错误整合模型提供了证据。Levi (2002)对光栅刺激的研究发现,即使在具有强烈拥挤效应的条件下,被试仍然能够轻易地检测到目标刺激是否呈现,因此,拥挤效应发生在特征检测阶段之后的特征整合阶段,可能是由于目标和干扰刺激的特征被错误结合导致的。Chung等(2007,2008)考察了亮度定义的一级刺激(改变刺激亮度使其从背景中被辨别出的刺激)和对比度定义的二级刺激(改变刺激对比度使其从背景中被辨别出的刺激)间的拥挤效应,结果发现一级和二级刺激相互产生拥挤效应,即一级目标刺激的识别成绩受二级干扰刺激的损害,反之亦然。Chung等(2008)指出,由于一级和二级刺激分别在不同神经通道内被加工,因此,拥挤效应发生在一级刺激和二级刺激被结合之后,是源于目标刺激和干扰刺激的特征发生了错误整合。Sun et al. (2010)结合理想观察者分析(ideal observer analysis)和噪音掩蔽范式(noise-masking paradigm)对字母识别

[1] Pelli,D.G. et al. (2004). Crowding is unlike ordinary masking: Distinguishing feature integration from detection. *Journal of Vision*,4(12),1136－1169.

任务中的拥挤效应的研究也采用错误整合模型来解释其实验结果。

虽然错误整合模型得到众多研究者的支持，但这些证据多为间接性的，很少有研究直接证明特征间发生了整合。最近一项研究对错误整合模型的合理性提出了质疑。之前研究很少考虑刺激结构性对拥挤效应的影响。Livne 等(2007)的研究采用 8 个排列成圆环状的光栅作为干扰刺激，改变每个光栅相对于目标光栅的位置，使其形成不同的结构，目标刺激为位于圆环中央的光栅(如图 2.2 所示)，考察了干扰刺激的结构性对目标刺激的识别是否产生相同影响。结果发现不同结构的干扰刺激产生的拥挤效应不同，图 2.2A 结构的干扰刺激几乎不产生拥挤效应，而 B 和 C 结构的干扰刺激则产生强烈拥挤效应。错误整合模型不能很好地解释 Livne 等的研究结果，因为根据该模型，拥挤效应只受目标—干扰刺激间距的影响，而该研究所有结构刺激的目标—干扰刺激间距均是相同的，那么应该预期不同结构的干扰刺激会产生相同的拥挤效应，然而该研究结果与错误整合模型的预期相反，这说明当前的错误整合模型至少是不完整的，不能解释刺激结构性在拥挤效应中的作用，有待进一步完善。

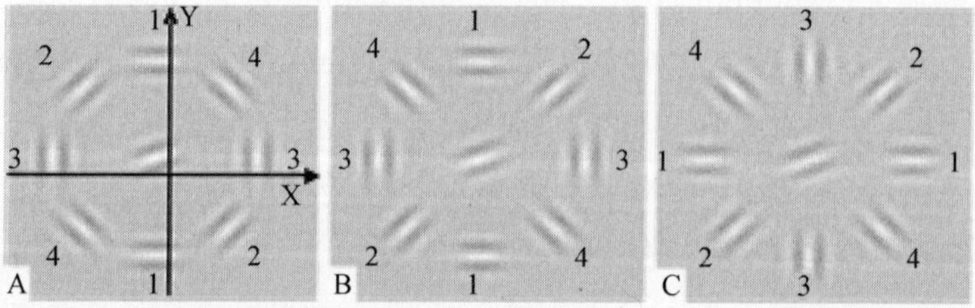

图 2.2　实验刺激结构示意图(改编自 Livne & Sagi，2007。形成圆环的 8 个光栅为干扰刺激，位于圆环中央的光栅为目标刺激。图 A、B、C 中干扰刺激的朝向相同，但是每对干扰刺激的相对位置不同。如干扰刺激对 1 在图 A、B 中位于 y 轴上，而在图 C 中位于 x 轴上。干扰刺激对 3 在图 A、B 中位于 x 轴上，而在图 C 中位于 y 轴上。干扰刺激对 2 和 4 在图 B、C 的位置相同，在图 A 中则进行了交换。图中 x、y 坐标轴以及数字 1、2、3、4 仅为本文示意用)

在神经生理学研究方面，虽然有 fMRI 研究表明拥挤效应不影响 V1 皮层的朝向选择适应，而对 V1 皮层之后(如 V2 和 V3)的朝向选择适应产生显著影响(Bi et al.，2009)，但是该研究结果并不能作为只支持错误整合模型的直接证据，因为有研究同样发现拥挤效应产生在 V1 皮层之后的视觉皮层，却采用其他理论模型来解释。例如，Fang 和 He(2008)的研究表明，

V1皮层上目标刺激的血氧依赖(BOLD)信号不受呈现的干扰刺激的影响，但拥挤效应会调节目标刺激周围空间对应的皮层活动。Fang等根据他们的研究结果指出，拥挤效应是源于注意的空间分辨率不精确，支持注意分辨率有限假设(He et al.,1996)。因此，错误整合模型是否是拥挤效应的产生机制，还需要更多实验证据的检验。

（二）重心模型

Levi等人(2009)[1]针对错误整合模型也进行了一项研究，并提出不同的观点来解释拥挤效应。他们指出，错误整合模型预期拥挤效应的强度会随着干扰刺激的大小、数量的增加而增强，干扰刺激越大，拥挤效应越强，呈现两个或多个干扰刺激产生的拥挤效应强于一个干扰刺激产生的效应。然而，他们采用心理物理法对光栅刺激的研究却发现，当固定干扰刺激外侧边缘(远离目标刺激一侧)的位置，通过向靠近目标刺激一侧方向增大干扰刺激的宽度来增加干扰刺激的大小时，与错误整合模型的预期一致，拥挤效应随着干扰刺激增大而增强，即识别目标刺激的阈值提升值随着干扰刺激增大而增大(图2.3A)；固定干扰刺激内侧边缘(临近目标刺激一侧)的位置，通过向远离目标刺激一侧方向增大干扰刺激的宽度来增加干扰刺激大小时，拥挤效应则随着干扰刺激增大而减弱，识别目标刺激的阈值提升值随着干扰刺激增大而减小(图2.3B)，这与错误整合模型的预期相反；呈现2个干扰刺激环的拥挤效应显著小于1个干扰刺激环的效应(图2.3C)，与错误整合模型关于干扰刺激数量的预期相反。Levi等提出一种新的观点——重心模型(centroid model)来说明该研究结果，认为在目标—干扰刺激临界间距范围内(即0.5倍目标刺激离心率范围内)，拥挤效应的大小取决于各独立特征(约4～8个)重心间距离，固定干扰刺激内侧边缘增加大小时，会增加目标与干扰刺激重心间的距离，导致拥挤效应减小；而固定干扰刺激外侧边缘增加刺激大小时，会减小目标与干扰刺激的重心间距，导致拥挤效应增大；呈现多个干扰刺激环时，由于外周视觉系统倾向于将多个独立的干扰刺激整合为一个连贯的结构组织，这将增大干扰刺激环与目标刺激的重心间距，导致拥挤效应减小。

---

〔1〕 Levi, D. M. & Carney, T. (2009). Crowding in peripheral vision: Why bigger is better. *Current Biology*, *19*(23), 1988－1993.

重心模型是 Levi 等基于他们的研究结果提出的一种新观点，虽然能够解释他们的研究结果，但是该实验结果也存在其他可能的解释，例如，当增加干扰刺激环的数量时（如图 2.3c 所示，干扰刺激环由 1 个增加为 2 个），拥挤效应的强度减少，很可能是由于外层的干扰刺激环对内层干扰刺激环产生抑制，从而导致内层干扰刺激环对目标刺激的干扰作用减小，使拥挤效应减小。

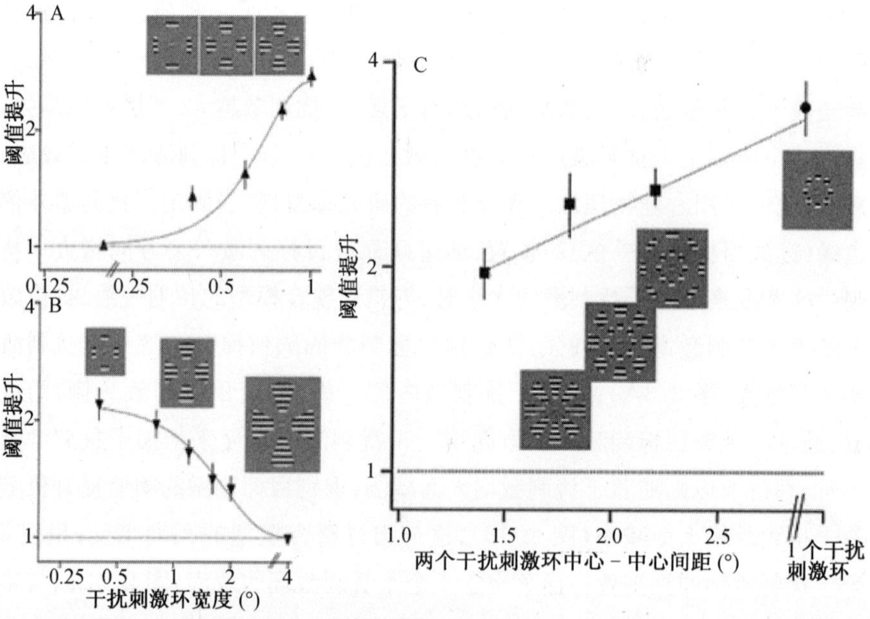

图 2.3 实验刺激及结果示意图（改编自 Levi & Carney，2009。目标刺激为位于中央位置的光栅，环绕目标刺激四周的光栅则为干扰刺激。A：固定干扰刺激外侧边缘，向靠近目标刺激的方向增大干扰刺激的宽度，辨别中央目标刺激的阈值提高，拥挤效应增强；B：固定干扰刺激内侧边缘，向远离目标刺激的方向增大干扰刺激的宽度，辨别中央目标刺激的阈值降低，拥挤效应减弱；C：增加干扰刺激环的数量或大小，辨别中央目标刺激的阈值降低，拥挤效应减弱）

此外，Livne 和 Sagi (2010)[1] 的一项研究也对重心模型提出了挑战。他们在研究中采用如图 2.2 所示的刺激，也考察了干扰刺激环的数量对拥挤效应的影响（实验 3）。其实验数据表明，当呈现两层干扰刺激环（每层刺激环由 8 个按照一定结构排列的光栅组成）时，被试识别目标刺激的阈值提

〔1〕 Livne, T. & Sagi, D. (2010). How do flankers' relations affect crowding? *Journal of Vision*, *10*(3), 1－14.

升值大于呈现一层干扰刺激环时的提升值，且阈值提升值不随第二层干扰刺激环与目标刺激间间距的变化而变化，这说明增加干扰刺激环的数量并未减小拥挤效应，而且增加干扰刺激环之间的距离也不影响拥挤效应的大小，这与 Levi 等的研究结果相反，不符合重心模型的预期。Livne 等提出干扰刺激按照格式塔原则被组合成一个整体后对目标刺激的识别产生干扰作用，但遗憾的是他们并未结合 Levi 等的研究结果深入探讨干扰刺激数量及间距对拥挤效应强度的影响这一结果。

Levi 等和 Livne 等的研究采用相似的刺激结构和实验范式，但结果却相反，这是由于他们实验操作不同，如呈现的视野（Levi 等采用上下视野，而 Livne 等采用左右视野）或刺激本身性质（Levi 等采用的干扰刺激是将一个完整的环状光栅分割成 8 个片段，刺激具有较强的结构组合性；而 Livne 等的每个干扰刺激均为独立的光栅，结构性较弱）不同等导致的，还是由于两项研究背后可能存在更一般的共同机制，而不是如 Levi 等提出的重心间距或 Livne 等提出的整体结构性决定拥挤效应的产生，关于这一点有待探讨。

（三）强制平均模型

大部分拥挤效应研究的任务要求被试报告目标刺激的朝向或目标刺激是什么，虽然这种任务能够确定拥挤效应是否产生，但是不能确定效应是由刺激无法知觉引起的，还是由刺激无法报告引起的。Parkes 等对空间朝向信息的研究较好地回答了这个问题。他们的研究采用的目标与干扰刺激均为光栅，通过改变干扰刺激的数量以及倾斜的干扰刺激的数量，考察干扰刺激对目标刺激朝向判断的影响，结果表明被试虽然不能够准确报告目标刺激的朝向，但是能够估计目标刺激与干扰刺激的总体平均朝向。因此，他们提出强制平均模型(compulsory averaging model)，认为目标刺激和干扰刺激的朝向信息在最初被独立编码，但随后这些杂乱的朝向信号在到达意识层面之前被联合平均，拥挤效应正是由于目标刺激和干扰刺激的朝向信号间发生了强制性平均，而不是目标刺激的信号被干扰刺激信号掩蔽丢失引起的(Parkes et al.,2001)。

Parkes 等的研究能够很好地表明被拥挤的目标刺激没有被掩蔽丢失。但是我们不能够仅根据被试能够报告出刺激系列的总体平均朝向，就推论目标刺激不能被报告是由于目标与干扰刺激发生了平均，因为当目标被干扰刺激掩蔽成阈下刺激时，也会导致目标刺激能够被知觉但不能被单独报告(Goodhew,et al.,2011)。Greenwood et al.(2009)的研究则弥补了这一缺陷。他们的研究以十字形刺激作为干扰刺激和目标刺激,要求被试明确报告出目标十字刺激的水平横线的空间位置。实验结果表明被试最后报告的目标值为干扰刺激与目标刺激的平均值,但是这种平均值是一种加权平均值,而不是干扰刺激与目标刺激的简单平均。另一项采用变化－检测范式(change-detection paradigm,判断前后呈现的两个刺激是否相同)对光栅刺激朝向辨别的研究也为强制平均模型提供了支持性证据(Greenwood et al.,2010)[1]。

目前针对强制平均模型的研究还较少,且已有的模型证据均来自对静态光栅刺激的研究。一项对运动光栅刺激的研究结果却不符合强制平均模型的预期。Bex 和 Dakin (2005)在实验中呈现的目标刺激为 1 个运动的光栅刺激,干扰刺激为 4 个位于目标刺激四周的运动光栅刺激,实验结果表明,当干扰刺激运动方向互为正交方向(复杂整体运动)时产生的拥挤效应强于运动方向相同(平移整体运动)时的效应,这与强制平均模型预期的"干扰刺激朝向变异性越高,拥挤效应越强"是一致的。然而,Bex 等指出,由于复杂整体运动形式中干扰刺激的运动方向为 4 个正交的方向,这些正交的干扰刺激经平均后应该相互抵消而只剩下目标刺激的运动方向,因此根据强制平均模型,复杂整体运动中应该不会出现拥挤效应,而本研究结果与此预期相反,所以运动刺激的拥挤效应不能用强制平均模型解释。Bex 等针对强制平均模型的讨论只有在"不同视野位置的干扰刺激能够得到同等程度加工,并对目标刺激产生相同程度的干扰"前提成立下才显得合理。但研究发现,干扰刺激呈现在目标刺激外周视野一侧时产生的拥挤效应强于呈现在中央注视点一侧时的效应(如图 2.1 中字母"Z"产生的干扰效应强于"S"产生的效应)(Bouma,1970),这说明不同视野位置的干扰刺激可能得到了不同程度的加工,对目标刺激产生的干扰强度也不同。因此,Bex 等指出的运动方向互为正交的干扰刺激对目标刺激不产生影响的观点显然没有考虑到刺激位置这一因素,所以该研究对强制平均模型的否定也显得证据不足。运动刺激的拥挤效应能否用加权平均模型解释,还需要考察。

---

〔1〕 Parkes,L. et al. (2001). Compulsory averaging of crowded orientation signals in human vision. *Nature Neuroscience*, 4(7),739－744.

（四）量化模型

多种理论假设的提出表明研究者对拥挤效应的产生机制仍未达成共识，有研究者指出，相关量化模型的缺乏可能是出现这种分歧的主要原因之一，于是一些研究者开始试图为拥挤效应的产生机制提出相应的量化模型。

van den Berg 等人(2010)认为拥挤效应是由于刺激间的特征发生了错误整合导致的，并基于细胞分布式群体编码方式(distributional population coding，DPC)提出量化模型，图 2.4 为模型示意图。该模型的输入信号包括一系列由空间位置 $\bar{\lambda}=(\lambda_x,\lambda_y)$、朝向 θ、对比度 c 和大小 α 定义的刺激 $S=(\theta,\alpha,\bar{\lambda},c)$，模型的第一个加工层表征这些输入信号的总体概率分布(如图 2.4B 所示)，该分布为常态分布，其宽度(σ)与刺激离心率($\lambda=\|\bar{\lambda}\|$)、对比度和大小相关，即 $\sigma=0.4\left(\frac{\lambda+2.5}{\sqrt{\alpha c}}\right)$。随后，这些概率分布被作为信号输入 DPC 编码器，以计算每个刺激的总体编码表征信息(如图 2.4C 所示)。根据 DPC 原则，神经细胞 i 对刺激 $S=(\theta,\alpha,\bar{\lambda},c)$的平均反应($r_i$)为：

$$(1)\ (r_i)=r_{bose}+\int\left\{\frac{1}{2\pi I_{\mathrm{n}}(k)}\exp[k\cos(s-\theta^0)]\right\}\times\left\{\left[1-\frac{q}{1+e^{a(\alpha a-b)}}\right]\times\exp\left[\frac{\cos(s-s_i)-1}{2\sigma_i^2}\right]\right\}ds$$

r_{bose} 为细胞自发活动。$I_0(k)$为 0 阶修正贝塞尔函数。k 为统计离差反算值，$k\triangleq\sigma^{-2}$。s 为刺激的朝向范围，$-\pi\leqslant s<\pi$。θ^0 为从平均值为 θ、标准差为 σ 的正态分布 $N(\theta,\sigma^2)$中获取的朝向值。gmax 为细胞的最大放电速率。s_i 为细胞 i 的最优朝向。σ_i^2 为细胞调谐曲线的宽度，代表 V1 视觉皮层内简单细胞的性质。a、b、q 为常数，a＝1.5、b＝1.2、q＝1.16。

第一加工层获取的多个(N)刺激表征信息在接下来的第二个加工层中被空间整合(如图 2.4D 所示)。第二加工层中与皮层位置 $\bar{\lambda}_h$ 有关的细胞群体编码 $R_h=(R_{h,1}),\cdots R_{h,j}$ 为 N 个输入刺激信号的群体编码表征的加权求和：

$$(2)\qquad R_{h,j}=\sum_{k=1}^{N}w(\bar{\lambda}_k,\bar{\lambda}_k)r_{ki}$$

空间整合的权重 $w(\bar{\lambda}_h,\bar{\lambda}_k)$取决于初级视觉皮层内“整合细胞”的位置与编码输入刺激的细胞间的皮层距离，权重函数为：

$$(3)\quad w(\bar{\lambda}_k,\bar{\lambda}_k)=\exp\left(-\frac{[d_{\mathrm{rad}}(\bar{\lambda}_h,\bar{\lambda}_k)]^2}{2\sigma_{\mathrm{rad}}^2}-\frac{[d_{\tan}(\bar{\lambda}_h,\bar{\lambda}_k)]^2}{2\sigma_{\tan}^2}\right)$$

$\bar{\lambda}_h$ 为编码刺激的细胞的皮层位置，$\bar{\lambda}_k$ 为整合细胞的位置，$d_{rad}(\bar{\lambda}_h,\bar{\lambda}_k)$和 $d_{tan}(\bar{\lambda}_h,\bar{\lambda}_k)$分别为细胞间径向和切向皮层距离，$\sigma_{rad}$和 σ_{tan}则分别为皮层整合区域的径向和切向大小。

van den Berg 等(2010)[1]通过多个模拟实验，采用不同朝向、对比度的刺激对他们的量化模型进行了检验。例如在目标辨别阈值和临界间距估计实验中，目标与干扰刺激按照上述的分布式群体编码方式进行编码表征。然后根据贝叶斯函数，将与目标位置相关的群体编码整合信息解码成一个混合的正态分布(如图 2.4E 所示)。对解码的概率分布中峰值所对应的朝向信号与输入的目标刺激信号进行比较，如果两者相同，则记为正确，如果不同则记为错误，计算正确率为 75%时的目标刺激的对比度。结果发现由模型得出的实验结果与人类被试获得的实验结果相同，表明本模型能够很好地预测拥挤效应，为拥挤效应的特征整合模型提供了量化证据。

van den Berg 等人的量化模型从神经生理层面对拥挤效应的产生机制进行模拟，与此不同，Põder 和 Wagemans(2007)则从行为层面对拥挤效应的产生机制进行了量化。Põder 等将在空间频率、朝向和颜色三个特征属性上不同的光栅作为目标和干扰刺激，要求被试识别目标刺激。对错误反应的分析表明，拥挤效应至少源于两种错误，即依赖于干扰刺激的特征错误(主要为“错觉联合”)以及客体定位错误。Põder 等据此提出简单的量化模型来拟合他们的研究结果，该模型认为，正确判断目标刺激的概率(P_c)由选择目标刺激位置的概率(P_L)以及选择目标刺激某个特征时所犯错误的概率(P_{E1}、P_{E2}、P_{E3})共同决定，即 $P_c=P_L\times(1-P_{E1})\times(1-P_{E2})\times(1-P_{E3})$，而错误选择刺激特征的概率则与各个非目标特征的出现次数成比例，$P_{Ek}=P_{EM}\times N_{NTFk}/N$($P_{Ek}$为选择特征 K 时犯错误的概率，P_{EM}为错误选择特征的最大概率，N_{NTFk}为具有非目标特征 K 的客体的数量，N 为呈现的客体的总体数量)。Põder 等进一步提出，干扰刺激对错误选择某特征的概率的影响还受干扰刺激与目标刺激在其他特征维度上的相似性的调节，即 $P_{Ek}=P_{EM}\times\sum(D_{TDik}/D_{TDi})/N$($D_{TDik}$ 为目标与干扰刺激 i 在特征维度 K 上的差异，D_{TDi}为目标与干扰刺激 i 的差异)。

---

〔1〕 Van den Berg, Ronald. et al. (2010). A neurophysiologically plausible population code model for feature integration explains visual crowding. *PLoS Computational Biology*, 6(1), 1-11.

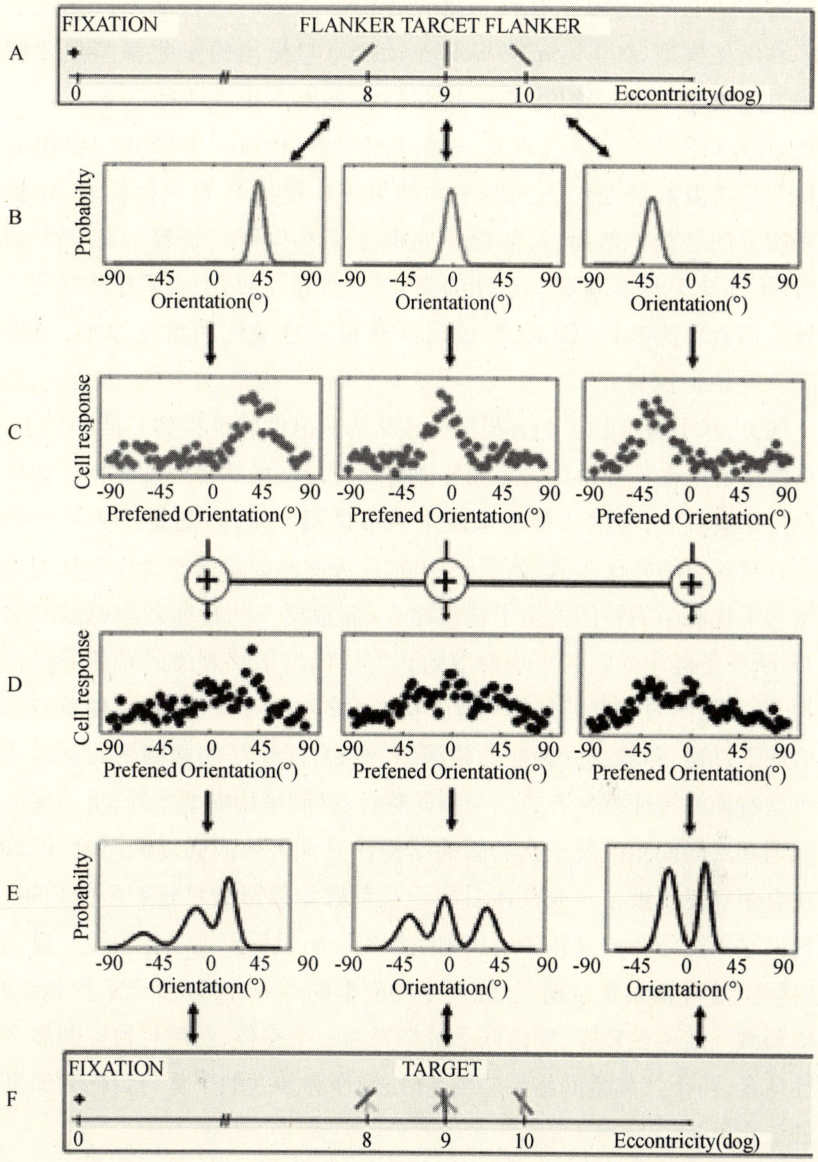

图 2.4　量化模型示意图(采自 Van den Berg et al.,2010. A:刺激信号 S,包含空间位置、朝向、对比度和大小参数;B:刺激信号对应的概率分布;C:模型第一层,根据方程(1)计算得出每一个刺激概率分布对应的神经表征活动;D:模型第二层,根据方程(2)、(3)计算得出每个位置的刺激对应的神经表征活动,每个位置的神经活动由相邻位置的神经活动加权整合而成;E:根据贝叶斯函数将 D 中的整合信息解码成混合的常态分布,每一个概率分布代表对相应位置的刺激朝向的知觉;F:由于信息整合,对空间上临近的刺激朝向的知觉被干扰)

除了以上模型外，还有一些研究者根据各自的假设从不同角度提出了多种量化模型，如 Dayan 和 Solomon (2010)提出的量化模型主要解释拥挤效应的空间不对称性，即干扰刺激在远离中央注视点一侧时产生的干扰效应大于靠近中央注视点一侧时的效应；Parkes 等(2001)提出的量化模型则主要解释他们的强制平均结果等。提出好的量化模型，是拥挤效应研究的趋势。然而，目前提出的模型仍然停留在解释部分研究结果的阶段，还缺乏具有领域普遍性的模型，而且量化模型的提出需要以一定的理论假设作为基础，因此，要提出具有领域普遍性的量化模型，还需要更深入的理论探讨。

综上，基于特征加工的各模型一致认为刺激的特征得到了准确加工，而拥挤效应发生在特征检测之后的特征整合阶段。虽然各模型对特征如何被整合持不同观点，但这些模型本质上并不是相互排斥，而是互为补充的关系。针对非空间特征刺激(如字母)识别任务提出的错误整合模型认为目标刺激与干扰刺激的特征发生了错误结合，而根据空间特征刺激(如朝向、位置)判断任务提出的强制平均模型则认为目标与干扰刺激的特征间进行了平均，两者虽然对刺激特征间相互干扰方式的描述不一致，但可能反应了相同的加工过程，即非空间特征的错误结合与空间特征的强制平均反应了不同类型特征的特征整合方式。与错误整合、强制平均模型不同，重心模型着重强调刺激间间距以及干扰刺激的结构性对拥挤效应强度的影响，但该模型没有明确提出被结合成整体后的干扰刺激如何影响目标刺激的识别，同时也未对不能结合成整体的干扰刺激如何影响目标识别进行假设。重心模型实际上是对错误整合模型、强制平均模型的补充，呈现多个干扰刺激时，如果刺激间结构性较强，则倾向于被知觉为一个整体，然后与目标刺激产生特征结合，而干扰刺激间结构性较差时，则作为独立的个体与目标刺激发生特征结合干扰。

二、拥挤效应中被拥挤汉字的语义信息是否能够获得加工

(一) 理论综述

自拥挤效应提出以来，研究者采用各种研究方法手段，得出了丰富的研究结果。大量研究发现，拥挤效应存在于多种视知觉任务中，包括字母识别(Bouma, 1970; Flom et al., 1963; Pelli et al., 2004; Toet & Levi, 1992)、朝向位置判断(Greenwood, et al., 2009; Levi & Carney, 2009)、面孔识别

(Farzin et al.,2009; Louie et al.,2007; Martelli et al.,2005)等。此外,研究还发现,视觉运动系统中也同样存在拥挤效应,如抓握被拥挤的目标刺激的朝向时,被试的成绩也会受到临近干扰刺激的损害(Bulakowski et al.,2009)。而探讨拥挤效应影响因素的研究则表明,拥挤效应的大小受多种因素影响,包括目标与干扰刺激间的空间距离(Pelli,2008)、刺激间的相似性(Põder,2007)、干扰刺激的大小与数量(Levi & Carney,2009; Põder,2006,2008)、任务类型(Livne & Sagi,2007; Pelli et al.,2004)、练习(Huckauf & Nazir,2007; Wolford et al.,1988),等等。

1. 拥挤效应的影响因素

大量研究,尤其是行为研究,都在探讨影响拥挤效应的因素有哪些,并试图通过对这些因素的考察来揭示拥挤效应的机制。

(1) 任务类型

拥挤效应产生与否,与任务的类型有密切关系。大部分研究表明,检测任务中不存在拥挤效应。Pelli 等(2004)[1]以大写英文字母作为研究材料,考察了字母检测任务和辨别任务中的拥挤效应,检测任务中,被试被要求判断目标字母是否出现,而辨别任务则要求被试判断刚才呈现的目标字母是什么,结果表明,检测任务中不存在拥挤效应,而辨别任务中则存在显著的拥挤效应。Livne 和 Sagi (2007)要求被试判断目标光栅刺激的朝向,结果同样表明检测任务中不存在拥挤效应,而辨别任务中存在显著的拥挤效应。然而,另一些研究则发现拥挤效应同样存在于检测任务中。例如,Põder (2008)的研究采用不同朝向的栅栏刺激作为实验材料,结果发现拥挤条件下被试检测目标刺激的正确率显著低于非拥挤条件下的正确率,说明检测任务中均存在拥挤效应。

(2) 刺激相似性

有研究表明,拥挤效应的强度依赖于目标刺激与干扰刺激的相似性。Kooi 等人(1994)在研究中采用不同对比度、形状、深度、颜色等刺激分别作为目标刺激和干扰刺激,结果发现辨别对比度、深度、形状不同的刺激时,其辨别成绩非常好,不存在拥挤效应,但辨别颜色不同的刺激时,并不是所有

---

[1] Pelli,D.G. et al. (2004). Crowding is unlike ordinary masking: Distinguishing feature integration from detection. *Journal of Vision*, 4(12),1136—1169.

被试都表现出很好的成绩，而是表现出显著的拥挤效应。Põder (2007)[1]在研究中改变目标字母或干扰字母的颜色，或者改变两者呈现的空间位置的背景颜色，结果同样表明目标与干扰刺激的颜色相似性影响拥挤效应的大小，当目标刺激与干扰刺激越相似，拥挤效应越大，但是目标与干扰刺激不相似但空间间距足够小时，仍然存在拥挤效应。Põder (2006)[2]另一项研究的目标刺激为蓝色线条，干扰刺激为红色线条，结果同样表明刺激间颜色不相似时仍然存在拥挤效应，但是随着干扰刺激个数增加，拥挤效应越小，即表现出对目标的识别成绩越好。

以上几项研究结果表明，虽然刺激的相似性会影响拥挤效应的大小，但是并不是拥挤效应产生与否的决定性因素。因为 Põder (2006,2007)的两项研究均表明，即使在刺激不相似的条件下，只要刺激间空间距离足够小，依然会产生拥挤效应。但令人奇怪的是，Põder (2006)的研究同时还表明，不改变目标刺激与干扰刺激的空间间距，增加干扰刺激的个数，反倒会使拥挤效应消失。Põder 认为，被干扰刺激包围的目标刺激被当作一个突显的刺激，而自下而上的注意易化了对该刺激的加工。

(3) 刺激个数

干扰刺激的多少同样影响拥挤效应的强度。Pelli (2004)的研究发现，当呈现干扰刺激数从 1 个增加至 2 个时，要正确识别目标字母所需的阈值对比度显著提高，但是干扰刺激数从 2 个增加至 4 个时，则不存在这种阈值对比度提高效应。而 Strasburger 等人(1991)的研究却报告，当干扰刺激数量从 2 个增加至 4 个时，同样出现了阈值对比度提高的效应。那么，是不是干扰刺激越多，拥挤效应越强呢？Põder (2008)的研究显示，在检测任务中，当干扰刺激个数增至 6 个时，出现了显著的拥挤效应。而辨别任务中，拥挤效应的强度则随着干扰刺激个数的增加而减少，甚至消失。Levi 等人(2009)的研究也发现，拥挤效应会随着干扰刺激个数和大小的增加而减小。

干扰刺激个数对拥挤效应的影响是如何产生的？Põder (2006)认为，当干扰刺激个数越多，目标刺激的相对显著性越大，更容易捕获注意，因此

[1] Põder, Endel. (2007). Effect of colour pop-out on the recognition of letters in crowding conditions. *Psychological Research*, *71*(6), 641－645.

[2] Põder, Endel. (2006). Crowding, feature integration, and two kinds of "attention". *Journal of Vision*, *6*(2), 163－169.

能够被很好的加工，导致拥挤效应消失。而 Levi 等(2009)则认为拥挤效应的大小决定于各个独立特征的重心间的空间距离，干扰刺激增大或数目增多，导致目标与干扰刺激的重心间距变大，从而使拥挤效应减小。

(4) 练习

拥挤效应是否同知觉学习一样受练习的影响？Wolford 等人(1988)研究表明，当连续 8 天训练被试识别被拥挤的目标刺激时，被试的目标识别成绩并未因练习而得到改善(实验 2)。Huckauf 和 Nazir (2007)等人的研究却表明，练习能够减小拥挤效应，但是这种减小只是特定于被训练的字母串(实验 1)，而且这种练习效应不会发生迁移，只局限于练习时采用的视网膜离心率以及目标—干扰刺激间的空间间距(实验 3)。Huckauf 等认为，拥挤效应可能是源于对刺激缺乏高水平的表征，而这种高水平表征可以通过对刺激视觉特征的学习获得。

除以上提到的因素外，影响拥挤效应的因素还有很多，包括目标刺激的离心率、目标与干扰刺激的空间间距、视野等。

2. 拥挤效应的发生水平

Huckauf 等(2007)[1]指出，拥挤效应的产生可能是源于对刺激缺乏高水平的表征，换句话说，被拥挤的刺激不能够形成正确的客体表征，因此不能被报告。视觉加工包含多个水平，包括低水平特征加工以及高水平的客体表征等。拥挤效应究竟发生在视觉加工的哪个水平，对该问题的探讨有助于确定拥挤效应的机制。当前已有部分研究对该问题进行了考察。

(1) 特征水平

拥挤效应可能发生在特征加工阶段。先前研究表明，刺激特征信息并没有在拥挤中被抑制丢失(Heemskerk et al.,1996; Parkes et al.,2001)，被拥挤的刺激能够产生适应效应(Heemskerk et al.,1996)，而且被试也能够正确检测被干扰刺激拥挤的目标刺激是否呈现(Levi et al.,2002; Pelli et al.,2004)，这说明特征并没有被抑制，而得到了准确加工，因此拥挤效应可能是发生在特征加工之后的加工阶段。研究者提出了多种相应的特征加工

---

〔1〕 Huckauf, A. & Nazir, T. A. (2007). How odgcrnwi becomes crowding: Stimulus-specific learning reduces crowding. *Journal of Vision*, 7(2), 1－12.

理论。然而 Põder(2008)等的研究却发现检测任务中同样存在拥挤效应，Blake 等(2006)则发现被拥挤的刺激不产生适应效应，这些研究结果均表明刺激的特征可能受到了抑制。

以上研究得出不一致的结果，这可能源于研究者采用了不同难度的刺激(Põder 等采用的刺激为较小的光栅刺激，Blake 等则主要采用低对比度光栅刺激作为实验材料)。然而，这些研究均一致认为拥挤效应发生在特征加工水平，被拥挤的刺激不能报告，是因为对刺激的特征加工受到了损害，可能是由于刺激的单个特征被抑制掉，也可能是由于刺激的单个特征不能被正确整合。

(2) 客体表征水平

当大多数研究者都集中于探讨干扰刺激与目标刺激的特征间如何相互作用时，一些研究者开始关注拥挤效应是否可能发生在特征加工之外的更高级的视觉加工水平。Louie 等人(2007)指出，个体对面孔通常采用整体编码加工方式，因此他们考察了正立、倒立面孔间的拥挤效应，结果发现正立的面孔干扰刺激对辨别正立的目标面孔刺激的影响显著大于倒立面孔干扰刺激对正立目标面孔刺激的影响，而目标刺激为倒立面孔或非面孔刺激(如房屋)时则不产生这种干扰现象。该研究说明，面孔拥挤效应能够选择性的发生在刺激整体表征水平。Farzin 等人(2009)对 Mooney 面孔的研究同样支持拥挤效应可能发生在特征加工之外的高级视觉加工水平。而 Chakravarthi 等人(2009)以不同朝向的 C 作为目标与干扰刺激，在拥挤范式中采用噪音掩蔽(noisemasks)、偏对比掩蔽(metacontrast masks)、客体替代掩蔽(object substitution masks)方式对干扰刺激进行后向掩蔽，结果发现噪音掩蔽和偏对比掩蔽使拥挤效应显著减小，而客体替代掩蔽对拥挤效应不产生显著影响，这表明拥挤效应可能发生在特征抑制之后、整体刺激表征被替代掩蔽之前的某个加工阶段。

拥挤效应是发生在特征加工水平还是客体表征水平，当前的研究还无法对该问题作出明确回答。支持特征加工水平的研究通常采用字母、线条朝向等刺激，而支持客体表征水平的研究则采用面孔等具有整体加工方式的刺激。是否不同刺激的拥挤效应发生在不同的加工水平，或者具有相同的机制，还有待进一步探讨。

（二）实验研究

实验 1

大量研究表明，拥挤效应的一个重要特征是只存在于辨别任务中，检测任务中不存在显著的拥挤效应，被试能够正确检测被干扰刺激拥挤的目标刺激是否呈现（Levi et al.，2002；Livne & Sagi，2007；Pelli et al.，2004），能够知觉但不能报告目标刺激的朝向（Heemskerk et al.，1996；Parkes et al.，2001）。因此，本实验以具有多个特征的汉字刺激作为实验目标刺激，假字作为干扰刺激，考察在本研究条件下的检测任务中是否存在拥挤效应，并为后续研究提供合理的参数。

1. 被试

招募 10 名在校大学生（4 名男生），视力或矫正视力正常，平均年龄为 23.20±2.821，均为右利手，母语为汉语。所有被试在实验之前均未参加过同类实验，并对本次实验目的不了解。

2. 材料与仪器

刺激由 4 个白色假字和 400 个白色真字组成。假字采用 windows True Type 造字程序制作（如，‘’），字体为宋体，该类假字包含笔画特征，但不具有语义，在实验中被用作侧翼干扰刺激。真字是从陆其林的硕士论文实验材料和《现代汉语频率词典》中挑选出的高频汉字，笔画为 2－18 画，在实验中被用作日标刺激。所有汉字刺激均采用 Adobe Photoshop CS5 制作成视角大小为 1°×1°、背景为灰色（128，128，128）的图片，并对其亮度、对比度进行统一处理。刺激呈现于 22 寸 iiyamaMA203DT D 彩色显示器，其背景为灰色（128，128，128），刷新率为 100Hz。被试舒适地坐在微暗的电磁屏蔽屋内，双眼盯住显示器，眼睛距离显示器 80cm，实验程序编制及数据采集均由 E-prime2.0 完成。

3. 实验设计和程序

实验为单因素被试内设计。自变量为刺激拥挤性，分为两个水平：拥挤条件下，目标刺激与干扰刺激间的空间间距（刺激中心到中心）为 1°；非拥挤条件下，目标刺激与干扰刺激间的空间间距为 4°。因变量为判断目标刺激是否呈现的正确率。

实验过程如图 2.5 所示。首先在屏幕中央呈现一个白色小圆点（中央注视点）1000ms（视角为 0.4°×0.4°），被试双眼盯住小圆点，眼睛不要上下左右乱动,用眼睛的余光注意注视点两侧出现的刺激。然后在中央注视点的左侧或者右侧6°视角位置呈现若干刺激,呈现时间为100ms。可能呈现的刺激为1个目标刺激和2个干扰刺激("干扰—目标—干扰"),也可能只呈现干扰刺激("干扰—干扰")。被试的任务是既快又准地判断目标刺激是否呈现,如果被试在1500ms内作出反应,记为有效反应,如果在1500ms内未作出任何反应,则记为无效反应。按键反应之后,在屏幕两侧呈现刺激的位置同时呈现1000ms掩蔽刺激,以消除刺激后效,然后进入下一个试次。一半被试被要求刺激呈现按鼠标左键,不呈现按右键,另一半被试的反应方式则相反。实验分为两部分。第一部分为练习,包括2组,每组50个试次,其中第一组进行拥挤条件下的判断,第二组进行非拥挤条件下的判断。第二部分为正式实验,包括10组,每组80个试次,其中5组对拥挤条件下的目标刺激进行判断,另外5组为对非拥挤条件下的目标刺激进行判断。拥挤和非拥挤条件采用组间随机方式呈现,即每组只包括一种拥挤性刺激,拥挤的或非拥挤的。目标刺激呈现和不呈现条件则在组内进行随机,每组实验中40个试次呈现目标刺激,40个试次不呈现目标刺激。

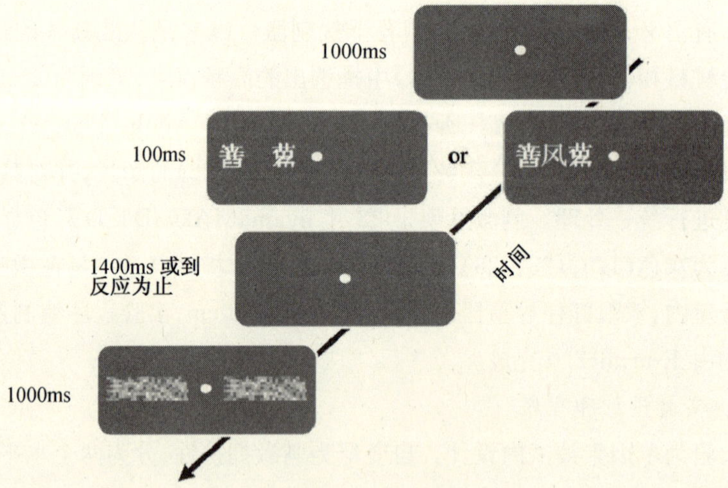

图 2.5 实验 1 刺激及实验流程

4. 实验结果

各条件下的正确率和反应时如图2.6和图2.7所示。对正确率和反应时分别进行配对 t 检验。结果表明,拥挤条件下的正确率($M=0.95$)与非拥挤条件下的正确率(M=0.96)没有显著差异,$t(9)=1.276$,$p>0.05$,而且拥挤条件下的反应时(M=461.02ms)与非拥挤条件下的反应时(M=457.77ms)也不存在显著差异,$t(9)=0.337$,$p>0.05$。本研究发现无论是正确率还是反应时,拥挤条件和非拥挤条件下均不存在显著差异,这说明在本研究以汉字为实验刺激的检测任务中不存在显著拥挤效应,即使刺激被拥挤,仍然能够被正确检测。

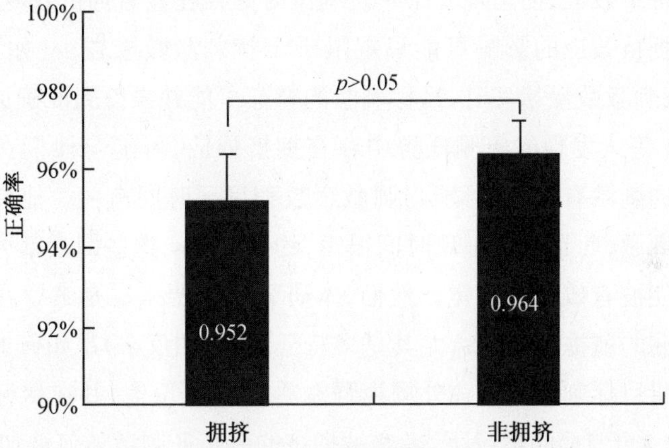

图 2.6　拥挤和非拥挤条件下检测目标刺激的正确率与标准误

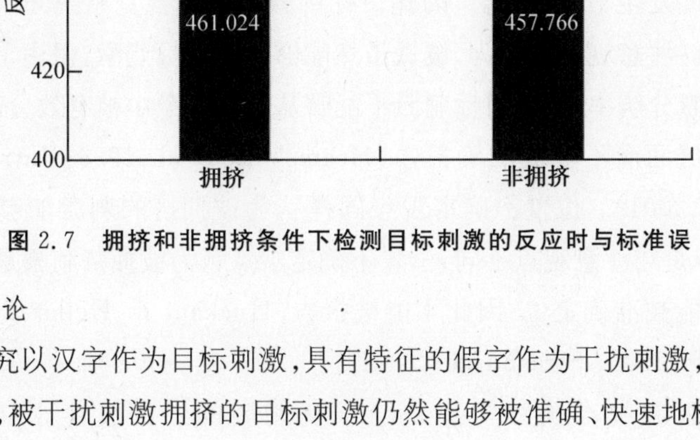

图 2.7　拥挤和非拥挤条件下检测目标刺激的反应时与标准误

5. 讨论

本研究以汉字作为目标刺激,具有特征的假字作为干扰刺激,发现在检测任务中,被干扰刺激拥挤的目标刺激仍然能够被准确、快速地检测到,表明本研究条件下的检测任务中不存在拥挤效应。这与先前大部分研究的结果是一致的(Heemskerk et al.,1996; Levi et al.,2002; Livne & Sagi,2007; Parkes et al.,2001; Pelli et al.,2004)。先前有部分研究表明,在某些特定条件下,拥挤效应依然会存在于检测任务中。例如,Põder (2008)等采用较小的光栅刺激(被试识别正确率为 95%时的刺激大小),并将干扰刺激的数量从 2 个增加至 6 个,发现呈现 2 个干扰刺激条件下检测任务中没有出现显著拥挤效应,而呈现 6 个干扰刺激时则存在显著拥挤效应,表明特征检测不受拥挤效应的影响可能只局限于干扰刺激数量较少(如 2 个)的条件,当干扰刺激数量增多时,目标刺激的特征可能并未得到准确加工。

Põder 等人发现的检测任务中存在拥挤效应,可能与他们在研究中采用了较小的刺激有关,也可能与刺激个数和呈现时间有关。他们的研究呈现了 6 个刺激,而且刺激呈现时间很短,约为 60ms,这些因素都可能导致刺激特征不能被有效登记知觉。然而,本研究的主要宗旨是考察在刺激能够被准确检测的前提下,刺激,尤其是多特征刺激(如汉字)是如何加工的。因此本研究将目标刺激呈现在外周视野左右两侧 6°位置,并在目标刺激呈现时间较长(大于 1s)的情况下,考察被拥挤的多特征刺激如何被加工。

实验 2

虽然对拥挤效应的研究已有几十年历史,但目前关于其产生机制还没有达成共识。支持错误整合模型的研究者提出,外周视野内,干扰刺激和目标刺激的特征能够被准确检测,拥挤效应的产生是由于目标刺激与干扰刺激的特征发生了过度整合(Levi,2008; Pelli & Tillman,2008)或强制平均(Parkes et al.,2001),形成混乱知觉(jumbled percept)。根据该模型,由于刺激特征间发生了错误结合,因此目标刺激不能被视觉系统知觉为一个正确的客体。注意观点则认为,被试虽然能够知觉目标刺激,但由于外周视野内空间注意分辨率太低,目标刺激不能够从干扰刺激中被有效分离,从而未达到意识层面而不能被准确报告(Heemskerk et al.,1996; Intriligator & Cavanagh,2001)。位置不确定观点同样认为被拥挤的刺激能够被准确知觉识别,但是与注意观点不同,位置不确定观点认为被拥挤刺激是由于其空间位置不能被准确定位,因此不能被报告(Huckauf & Heller,2002; Popple & Levi,2005; Strasburger,2004)。

目标刺激被准确知觉还是与干扰刺激的特征发生了错误整合?

Huchauf等人(2008)[1]在一项研究中考察了拥挤刺激的语义加工过程，似乎为目标刺激被准确知觉提供了证据。该研究发现数字大小比较任务中存在反应一致效应(effect of response congruency)，干扰刺激与目标刺激指向相同反应(反应一致条件)时，对目标刺激的反应正确率高于干扰与目标刺激指向不同反应(反应不一致条件)时的正确率(实验1)，且在反应不一致条件下观察到了B型掩蔽效应(type B-masking)，即对目标刺激反应的正确率随着目标与干扰刺激间时间间隔(SOA)的增加而降低(实验2)。Huchauf等指出，该实验结果表明，被拥挤目标刺激的语义信息获得了加工，这说明目标刺激能够被知觉为正确的客体，而并未与干扰刺激的特征发生错误结合，因为如果特征发生错误结合，刺激则不可能获得正确的语义加工，也不能产生反应一致性效应。然而，Huchauf等的研究存在一定缺陷。首先，该研究认为，反应不一致条件下的反应准确率更低表明干扰与目标刺激的语义均得到加工。但实际上该研究以准确率作为考察语义是否得到加工的指标是不恰当的，因为当干扰与目标刺激指向不同反应时，即使被试并未对目标刺激进行知觉加工，而是将干扰刺激当作目标刺激报告，也会导致准确率很低，同样当干扰刺激与目标刺激指向相同反应时，将干扰当作目标刺激报告则会导致准确率较高。其次，研究结果发现对目标刺激“3”的判断准确率很低(接近随机概率50%)，这也表明目标刺激语义信息的加工可能受到了干扰。因此，Huchauf等以正确率为指标的行为研究不能为目标刺激得语义加工提供有力证据。

大量有关言语加工的ERP研究表明，当前后呈现的两个词语在语义上失匹配时(如鞋-电)比语义匹配时会诱发一个更负偏向的成分，即N400(Lau et al., 2008; Luck et al., 1996)[2]。该成分常定位于头皮顶中部(centroparietal)，出现在刺激呈现后300ms左右，能够很好的标识刺激的语义加工过程。由于单词只有在被正确知觉识别之后其语义信息才可能获得加工(Lau et al.,2008)，因此N400成分的出现可以作为刺激是否被正确知觉的指标。本研究以汉字为实验材料，结合语义启动范式和ERP技术，

---

〔1〕 Huckauf, A. et al. (2008). Semantic processing of crowded stimuli? *Psychological Research*, *72*(6), 648—656.

〔2〕 Luck, S. J. et al. (1996). Word meanings can be accessed but not reported during the attentional blink. *Nature*, *383*(6601), 616—618.

考察被干扰刺激拥挤的目标刺激能否诱发显著的 N400 成分。如果目标刺激能够诱发显著的 N400 成分，则说明目标刺激能够被正确知觉整合，而并未与干扰刺激的特征发生错误结合。

1. 被试

实验招募 15 名在校大学生(2 名男生)，视力或矫正视力正常，其中 3 名被试由于伪迹太多而被剔除。剩下 12 名被试平均年龄为 22.3±1.4，均为右利手，母语为汉语，无任何精神病史。实验之前，被试签署了知情同意书。所有被试在实验之前均未参加过同类实验，并对本次实验目的不了解。

2. 材料与仪器

实验采用的汉字刺激同实验 1。4 个白色假字在实验中被用作侧翼干扰刺激。320 个白色真字为选自《现代汉语频率词典》的高频汉字，笔画为 6—10画，其中 160 个汉字被用作启动刺激，另外 160 个汉字用作目标刺激，启动刺激与目标刺激形成 160 对语义相关词对，如“风—雨、钟—表”，80 个语义相关词对呈现在拥挤条件下，另外 80 个相关词对呈现在非拥挤条件下。然后固定语义相关词对中的目标刺激，改变启动刺激，形成 160 对语义无关词对，如“钟—雨、风—表”，以保证语义相关词对和无关词对中所采用的汉字刺激完全相同，两者的差异仅限于语义关系上的不同，同时，与语义相关词对相同，80 个语义无关刺激被用于拥挤条件下的实验材料，80 个词对则用作非拥挤条件下的实验材料。此外，与实验 1 不同，本实验另外选取 40 个动物字和 160 个非动物字，组成 160 个刺激对作为实验填充词对，其中 80 个词对中的启动刺激为动物字、目标刺激为非动物字，而另外 80 个词对中的启动刺激为非动物字、目标刺激为动物字。

所有汉字刺激均制作成视角大小为 1°×1°、背景为灰色(128，128，128)的图片，并对其亮度、对比度进行统一处理。刺激呈现于 22 寸 iiyama MA203DT D 彩色显示器，其背景为灰色(128，128，128)，刷新率为 100Hz。实验程序编制及数据采集均由 E-prime2.0 完成。

3. 实验设计与程序

实验为 2 因素(拥挤×语义相关性)被试内设计。因素 1 为“拥挤性”，分为两个水平：拥挤条件下，启动刺激与两个干扰刺激同时呈现在外周视野(干扰—启动词—干扰)，但启动刺激与干扰刺激之间的空间间距(中心到中心)为 1°；非拥挤条件下启动刺激与干扰刺激间的空间间距为 4°。因素 2

“语义相关性”也包含两个水平：语义相关条件下，目标刺激与启动刺激在语义上具有高度相关；语义不相关条件下目标刺激与启动刺激在语义上不相关。图 2.8 为实验 2 流程图。被试舒适地坐在微暗的电磁屏蔽屋内，双眼盯住显示器，眼睛距离显示器 80cm。首先在屏幕中央呈现一个白色小圆点（中央注视点）1000ms（视角为 0.4°×0.4°），被试双眼盯住小圆点，眼睛不要上下左右乱动。然后在中央注视点左侧或右侧，随机一侧的 6°视角位置同时呈现干扰刺激和启动刺激（干扰—启动—干扰），呈现时间为 350ms，要求被试双眼注视屏幕中央的白色小圆点，眼睛不要上下左右乱动，用眼睛余光去注意圆点两侧呈现的汉字刺激。接下来呈现 300－600ms 的空屏后，在中央注视点位置呈现目标刺激，呈现时间为 300ms，要求被试在看到目标刺激后不要立即作出按键反应，等待屏幕出现相应提示符之后再进行相应的按键回答。500ms 的空屏后，在中央注视点位置呈现一个白色问号“?”，要求被试看见问号之后，既快速又准确地判断刚才呈现的刺激中是否有动物字，无论是启动刺激还是目标刺激，只要有代表动物的字，则作出肯定回答（一半被试按鼠标“左键”，另一半被试按鼠标“右键”），如果启动刺激和目标刺激中均没有代表动物的字出现，则作出否定回答（一半被试按鼠标“右键”，

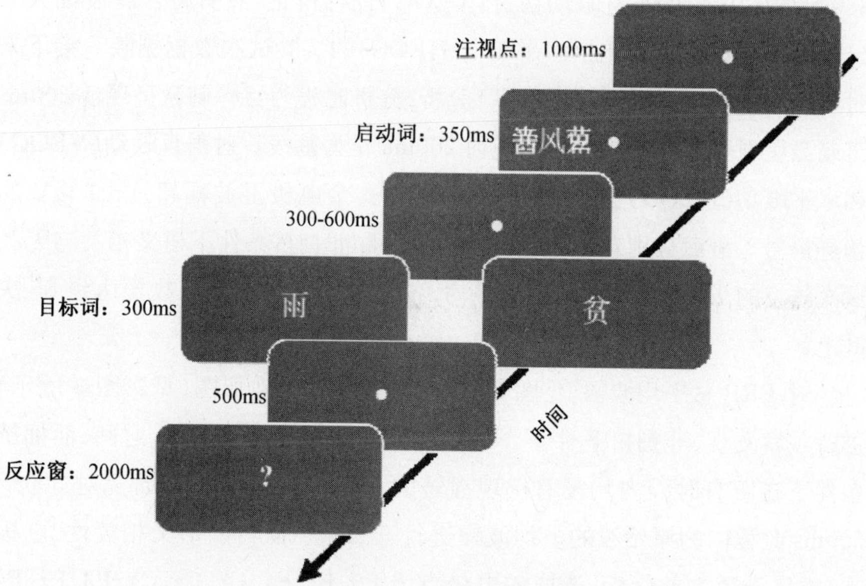

图 2.8　实验 2 刺激及实验流程

另一半被试则按鼠标“左键”)。被试按键回答之后,问号立即消失,然后进入下一个试次。如果被试在 2000ms 内未作出任何回答,则问号将在屏幕上持续呈现 2000ms,然后进入下一个试次。实验总共包括 10 组,前 2 组为练习,后 8 组为正式实验。每组包含 60 个试次,其中 40 次呈现实验词对,每个实验条件各 10 个词对,每个条件下的试次随机呈现。另外 20 次呈现填充词对,也包括 10 个拥挤填充词对和 10 个非拥挤填充词对,拥挤和非拥挤词对也随机呈现。在所有填充试次中,动物字既可能作为启动刺激出现,也可能作为目标刺激出现。

4. 脑电记录与分析

采用 Neuroscan ERP 工作站,以根据国际 10－20 系统扩展的 32 导电极帽记录脑电信号。以单侧(左侧)乳突为参考电极,前额接地,以双眼外侧约 1.5cm 处安置电极记录水平眼电,左眼上下安置电极记录垂直眼电。采用 DC 采集,滤波带通为 0－70Hz,采样频率为 500Hz/导,所有电极与头皮间的阻抗均小于 5kΩ。

对连续记录的脑电数据进行离线分析时,将单侧乳突参考转换成双侧乳突参考,并进行 30Hz 低通滤波。对启动刺激呈现前 200ms 至呈现后 350ms 时间段内的垂直眼动伪迹(VEOG)进行矫正,然后将含有波幅大于 $\pm 50\mu V$ 的伪迹信号(包括水平眼电 HEOG)的实验试次数据剔除。接下来对余下实验试次的 EEG 数据进行分析,分析时程为目标刺激呈现前 200ms 至刺激呈现后 1000ms,刺激呈现前 200ms 作为基线。对垂直眼动(VEOG)和水平眼动(HEOG)伪迹进行矫正,剔除其余电极上波幅超过 $\pm 50\mu V$ 的伪迹信号。最后分别对实验试次中的拥挤和非拥挤条件下语义相关与无关试次诱发的 ERP 波形进行叠加平均,各条件的有效叠加次数均达到 65 次以上。

对 ERP 总平均波幅(见图 2.9 所示)和差异波地形图(见彩图 3 所示)进行观察发现,非拥挤条件下 N400 效应出现在 300－500ms 之间,而拥挤条件下在所有时程内均没有出现显著的 N400 效应,因此本研究对 300－500ms 时程内的原始波的平均波幅进行三因素(拥挤性、语义相关性、电极点)重复测量方差分析,选取的电极点为 F3,Fz,F4,C3,Cz,C4,P3,Pz,P4 九个点。对方差分析的 p 值进行 Greenhouse-Geisser 法矫正。

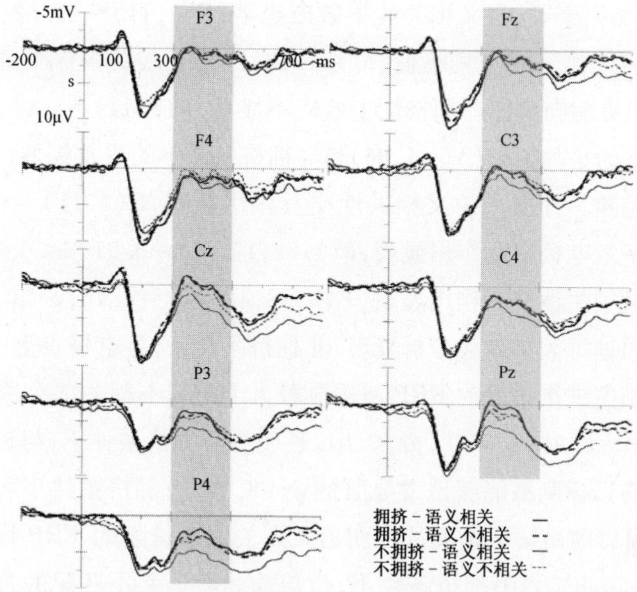

图 2.9　拥挤和非拥挤条件下各电极点上的总平均波幅

5. 实验结果

(1) 行为结果

由于所有实验试次中均不呈现动物类的字，而且实验试次(400 次)显著多于填充试次(100 次)，因此行为结果只对填充试次的反应数据进行分析。剔除反应时小于 100ms 和大于 2000ms 的被试数据。由于目标刺激呈现在中央视野，当动物字呈现在目标刺激位置时，被试能够很轻易地看清楚目标字是动物字还是非动物字，而不需要对启动刺激是否为动物字进行判断，因此对行为数据分析时，只分析动物字作为启动字呈现时的填充试次的正确率。对拥挤和非拥挤条件下的填充试次的正确率进行配对 t 检验，结果表明拥挤条件下被试的正确率(59.75%±0.06)显著小于非拥挤条件下的正确率(86.33%±0.05)，$t(11)=9.782$，$p<0.001$，这说明被试对呈现在外周视野的汉字的识别受到了干扰刺激的损害。

(2) ERP 结果

由于填充试次中启动刺激与目标刺激间没有语义关系，因此只对实验试次的 ERP 数据进行叠加分析。对 300－500ms 内的平均波幅进行 2(拥挤性：拥挤、不拥挤)×2(语义相关性：相关、不相关)×9(电极点)重复测量方差分析，结果表明，语义相关性主效应显著，$F(1,11)=11.62$，$p<0.01$，语义不相关条件下的平均幅值（$M=1.88$）比语义相关条件下的平均幅值（$M=2.58$）更偏向负值。拥挤性主效应不显著，$F(1,11)=1.97$，$p>0.05$，拥挤条件下的平均幅值（$M=1.86$）与非拥挤条件下的平均幅值（$M=2.61$）没有显著差异。拥挤×语义相关性交互作用显著，$F(1,11)=19.03$，$p<0.01$。拥挤×电极交互作用显著，$F(1.62,17.81)=3.91$，$p<0.05$，拥挤×电极×语义相关性交互作用显著，$F(3.88,42.72)=4.16$，$p<0.01$。对三重交互作用进行简单效应分析发现，非拥挤条件下，各电极点上 N400 窗口内由语义相关试次诱发的 ERP 波幅显著大于语义不相关试次诱发的 ERP 波幅，$t(11)=2.96$ to 6.88，$p<0.01$，表明在非拥挤条件下，与启动刺激语义不匹配的目标刺激能够诱发显著的 N400 成分；拥挤条件下各电极点上的 N400 窗口内由语义相关试次和语义无关试次诱发的 ERP 幅值没有显著差异，$p<0.05$，表明拥挤条件下，与启动刺激语义不匹配的目标刺激并未能诱发显著的 N400 成分。

6. 讨论

本研究结合语义启动范式和 ERP 技术，考察了拥挤效应中被拥挤汉字的语义信息是否能够获得加工。行为结果表明，当作为启动刺激的汉字被干扰刺激拥挤时，被试不能正确辨别该字是否为动物字。ERP 结果发现，在启动刺激未被干扰刺激拥挤的条件下，与启动刺激语义不匹配的目标刺激能够诱发显著的 N400，这说明呈现在外周视野的启动刺激的语义信息获得了加工，因为只有启动刺激获得了语义加工，才能形成与目标刺激语义匹配或者不匹配的关联。Luck 等(1996)在研究中指出，刺激只有在被有效识别后，其语义信息才被有效提取。因此，非拥挤刺激的语义信息的加工表明该刺激能够获得正确识别。然而，本研究发现拥挤条件下目标刺激与启动刺激语义不匹配并没有诱发显著的 N400，这可能说明被拥挤的启动刺激未被有效识别，导致其语义信息不能被有效提取。但是，之前有研究表明 N400 语义启动效应的大小受多种因素影响。例如，Holcomb 和 Grainger(2007)[1]发现，在语义启动范式中，启动词的呈现时间对 N400 的大小会产生显著影

〔1〕 Holcomb, P. J. & Grainger, J. (2007). Exploring the temporal dynamics of visual word recognition in the masked repetition priming paradigm using event-related potentials. *Brain Research*, *1180*, 39－58.

响,启动词呈现时间越短,N400 幅值越小;启动—目标词对间的关系也会影响 N400 的大小,当启动与目标词间为语义相关词对时产生的 N400 幅值也明显小于重复词对时产生的 N400(Holcomb et al.,2005)。此外,Lee et al.(2003)的研究发现,个体对呈现在外周视野的单词的加工速度要显著慢于呈现在中央视野的单词的加工速度,因此,如果外周视野的刺激呈现时间太短,也可能导致其不能被良好的加工。

综合以上各种研究,本实验中拥挤条件下的汉字刺激未诱发显著的 N400 成分,可能是由于本实验的操作引起的。本实验中被拥挤的启动刺激呈现在外周视野 6°位置,而且呈现时间仅为 350ms,启动字很可能还未来得及被有效加工,因此导致研究没有观察到 N400 语义启动效应。因此,我们有必要对实验操作进行改进,增加刺激的呈现时间,进一步考察被拥挤的刺激是否能够获得语义启动效应。此外,为了建立较强的语义背景,更好地诱发语义启动效应,在接下来的实验中,将启动刺激呈现在中央视野,干扰刺激与目标刺激一起呈现在外周视野 6°位置。

(三) 综合讨论

特征加工机制是当前拥挤效应机制研究探讨的热点,也得到了众多研究者的支持。然而,该类机制仍然存在一些不可忽略的问题。

1. 刺激特征是否被准确加工

被干扰刺激拥挤的目标刺激的单个特征是否被准确加工？该问题是特征加工机制成立的基础。当前特征加工机制均认为特征能够被准确检测加工,其支持性证据主要来源于两方面:(1) 行为研究,拥挤效应只出现在辨别任务中,检测任务中不存在拥挤效应,被试能够正确检测被干扰刺激拥挤的目标刺激是否呈现(Pelli, et al., 2004; Levi, et al., 2002; Livne, et al., 2007),能够知觉但不能报告目标刺激的朝向(Parkes, et al., 2001; He, et al.,1996)。(2) fMRI 研究,发现拥挤条件和非拥挤条件下初级视觉皮层(如 V1 区)上的血氧依赖水平(BOLD)几乎不存在显著差异,而在较晚视觉皮层(如 V2、V4 区)存在显著差异,表明刺激特征在初级视觉皮层被准确加工(Arman et al.,2006; Bi et al.,2009)。根据以上两方面证据,研究者提出目标刺激的特征被准确检测加工,拥挤效应可能是发生在特征检测之后的特征整合阶段。

然而最近几项研究却对特征被准确加工这一观点提出了质疑。Põder

(2008)采用较小的光栅刺激(被试识别正确率为95%时的刺激大小),并将干扰刺激的数量从2个增加至6个,发现呈现2个干扰刺激条件下检测任务中没有出现显著拥挤效应,而呈现6个干扰刺激时则存在显著拥挤效应,表明特征检测不受拥挤效应的影响可能只局限于干扰刺激数量较少(如2个)的条件,当干扰刺激数量增多时,目标刺激的特征可能并未得到准确加工。Blake et al. (2006)采用对比度较低的光栅刺激,发现被拥挤的低对比度光栅刺激不产生适应效应,同样表明刺激的特征未得到加工。而目前神经生理学方面的研究则主要采用fMRI技术,fMRI的空间、时间分辨率能够分别达到毫米和秒,但对于研究拥挤效应,其空间、时间分辨率均显不足。Meirovithz et al. (2010)〔1〕对动物采用高时间、空间分辨率的电压敏感染色成像(voltage-sensitive dye imaging)技术的研究发现,初级视觉皮层上刺激诱发的神经活动具有一定的空间扩散性(spatial spread),即使不呈现目标刺激,临近干扰刺激的呈现也会导致与目标刺激对应的初级视觉皮层位置产生神经激活。因此,当前fMRI研究认为初级视觉皮层的神经活动不存在拥挤效应,可能是由于神经活动的这种空间扩散性使研究者未检测到显著的拥挤效应。

被拥挤的刺激特征是否得到准确加工,仅从当前基于"检测任务中不存在拥挤效应"的行为研究以及"初级视觉皮层的血氧依赖水平不存在拥挤效应"的fMRI研究得出结论,显然不是完全可靠的。根据拓扑知觉理论,个体能够检测刺激是否呈现,很可能只是基于刺激的拓扑性质(有或无刺激)作出的判断,刺激特征信息并未得到充分加工(朱滢,2005),而fMRI本身也存在时间、空间分辨率较低的技术缺陷,因此,有必要进一步为刺激特征是否被加工提供更直接的实验证据。

2. 刺激特征如何被整合

基于特征的加工机制认为,拥挤效应发生在视觉加工早期阶段,由于目标刺激与干扰刺激的特征间发生了错误结合或平均,致使目标刺激不能被正确报告(Chung et al., 2001; Parkes et al., 2001; Pelli et al., 2004; Chakravarthi & Cavanagh, 2009)。与特征加工机制不同,另一些理论模型

〔1〕 Meirovithz, E. et al. (2010). Population response to contextual influences in the primary visual cortex. *Cerebral Cortex*, *20*(6), 1293-1304.

认为目标刺激与干扰刺激的特征间并没有被过度整合，被拥挤的目标刺激能够得到独立完整的加工，拥挤效应可能发生在客体选择判断阶段。在几项字母辨别研究中，研究者对被试的错误反应进行分析，结果发现被试能够报告被拥挤的目标刺激，但通常会错误地将干扰刺激当作目标刺激报告，因此研究者提出位置不确定假设(Positional uncertainty)，认为被拥挤的目标刺激能够被准确识别，但由于外周视野内注意的空间定位准确性有限，被试不能准确定位目标刺激，因而将干扰刺激当作目标刺激进行报告(Huckauf & Heller，2002；Popple & Levi，2005；Strasburger，2005)。与位置不确定假设相似，有研究者提出注意分辨率假设(Attentional resolution)，认为拥挤效应是由于外周视野内空间注意的分辨率较差，目标刺激不能够从干扰刺激中被有效分离，从而未达到知觉意识层面，导致不能被准确报告(He, et al.，1996[1]；Intriligator & Cavanagh，2001)。

特征加工机制与位置不确定、注意分辨率假设的主要分歧在于目标与干扰刺激的特征是否被过度整合。然而，当前的研究还无法解决这一争论，这可能是由于研究方法上的缺陷导致的。大部分研究常通过考察干扰刺激对目标刺激辨别阈值、正确率等的影响来推测拥挤效应的产生机制，但这些研究存在一个问题，研究者很难根据阈值变化等指标来直接测量个体的知觉经验。我们不能够确切地将阈值或正确率的变化归因于知觉的客体太多还是没有准确知觉到目标客体，因为这两种可能都会造成错误反应，导致辨别阈值或正确率发生变化(Neri & Levi，2006)[2]。因此，要更好地考察拥挤效应的机制，需要采用新的研究方法和范式。

而新近几项研究结合启动等范式，较直接地考察了对拥挤刺激的知觉。Faivre 和 Kouider (2011)以被拥挤的面孔和朝向信号作为启动刺激，考察该刺激对随后呈现的目标刺激的判断是否产生影响，结果发现启动刺激与目标刺激一致时的反应显著快于不一致时的反应。Huckauf et al. (2008)的研究则要求被试对被拥挤的目标数字进行大小比较，结果发现被试能够作出正确的大小判断，说明拥挤刺激的语义信息得到了加工。我们新近未

〔1〕 Heemskerk, J. et al. (1996). Attentional resolution and the locus of visual awareness. *Nature*, *383*, 334－337.

〔2〕 Neri, P. & Levi, D. M. (2006). Spatial resolution for feature binding is impaired in peripheral and amblyopic vision. *Journal of Neurophysiology*, *96*(1), 142－153.

发表的一项 ERP 研究发现被拥挤的汉字刺激也能够诱发显著的 N400，这为“被拥挤刺激的语义信息得到了提取加工”提供了生理学证据。

以上几项研究表明被拥挤的目标刺激虽然不能被看清，但并没有与干扰刺激的特征发生过度整合，而是作为一个独立的客体受到无意识方式的编码加工。那么，拥挤效应是否是由于注意定位不准确或注意分辨率太低导致的呢？仅根据当前的研究结果得出结论还显得为时尚早。研究表明，即使是不能被报告的高度模糊残缺刺激，仍然能够诱发语义加工（Wang, et al. 2009），这说明不完整的刺激也可以得到高级加工（如语义提取等）。因此，目标刺激的部分特征受干扰刺激抑制而丢失也可能是导致拥挤效应产生的原因。

拥挤效应研究表明，被拥挤的高对比度刺激特征能够被知觉加工（He et al., 1996），而低对比度（Blake et al., 2006）或较小（Põder, 2008）的刺激特征则不能被知觉，这说明干扰刺激能够使目标刺激的特征被抑制丢失，但这种抑制很可能只是部分的，取决于目标刺激的强度。较大的、高对比度的刺激本身能够提供丰富的信息，这类刺激即使被干扰刺激抑制，仍然能够残留一些信息，而较小的、低对比度的刺激则更容易被干扰刺激完全抑制而丢失，就如同黑色的刺激在黑色背景中不能被知觉，而灰色刺激在黑色背景中则更容易被知觉。因此，综合前人研究结果，被拥挤的目标刺激可能并未与干扰刺激发生错误的特征整合，但由于外周视野内空间注意的分辨率较差，对目标刺激的知觉受到了干扰刺激的抑制，当目标刺激强度比较弱时，则被抑制而丢失；当目标刺激强度较强时则可能被掩蔽成阈下刺激而得到知觉加工（He, et al., 1996; Intriligator & Cavanagh, 2001），或者目标刺激的部分特征信息被抑制丢失而形成模糊刺激，从而导致该刺激不能被报告。未来的研究有必要对该假设进行进一步验证。

第二节 任务需求对负相容效应的影响及机制

启动效应指先呈现的启动项影响对后继目标项反应的现象。一般认为当启动项和目标项相容（即一致）时易化对目标项的反应；不相容（即不一致）时则会抑制反应（Bar & Biederman, 1998）。阈下信息加工中也存在启动效应。

但 1998 年 Emier 和 Schlaghecken[1] 在采用掩蔽启动范式(Masked Priming Paradigm)的研究中发现，在要求被试判断箭头启动项(16ms)和叠加箭头掩蔽项(100ms)之后的箭头目标项方向时，相容条件下反应时更长，偏侧化准备电位(Lateralized Readiness Potential, LRP)也表现先激活再抑制的趋势。这种相容条件下反应时长于非相容条件的现象就是负相容效应(Negative Compatibility Effect, NCE)。而反之则称为正相容效应(Positive Compatibility Effect, PCE)。当启动项与目标项间的 ISI(Interstimulus Interval)在 0－60ms 时通常出现正相容效应；而当 ISI 在 100－150ms 时，则出现负相容效应(Schlaghecken & Eimer, 2006; Boy & Sumner, 2010)。负相容效应作为阈下启动效应，对了解无意识信息加工有重要的意义。

一、负相容效应理论

对于负相容效应的机制，目前主要有两种解释：一种是自我抑制观点，认为负相容效应是自动的自我抑制的结果，启动项激活运动反应后又消失，导致自动出现一个自我抑制阶段；另一种是知觉交互作用观点，认为负相容效应是由刺激间的交互作用引发的，掩蔽项性质在其中起重要作用。另外还有研究者提出分离假设、后效假设、评估窗假设等来对负相容效应作出解释。

（一）自我抑制理论

Eimer 和 Schlaghecken (1998)提出 SI 假设来解释相容条件下 LRP 先激活后抑制的趋势，将负相容效应看作是运动激活进行自我抑制的趋势。认为正相容效应和负相容效应反映了低水平运动控制中两个连续的阶段：初始的自动激活阶段和后继的自我抑制阶段。自动激活阶段从启动项激活其预设反应趋向开始，通过侧抑制连接自动引发对相反反应的抑制。如果目标项紧随启动项出现，对目标项的反应加工就发生在这一阶段，受到反应激活水平的影响，出现正相容效应。如果在启动项和目标项之间插入掩蔽项，会取代启动项的神经表征，终止早期激活，进入自我抑制加工阶段。此

---

〔1〕 Eimer, M. & Schlaghecken, F. (1998). Effects of masked stimuli on motor activation: behavioral and electrophysiological evidence. *Journal of Experimental Psychology: Human Perception and Performance*, *24*(6), 1737－1747.

时新的感知觉输入不再支持启动项最初诱发的反应激活，知觉证据的缺乏自动诱发自我抑制，来抑制已经不再适用的启动相关反应趋势。当目标项反应加工发生在此阶段，出现负相容效应(Schlaghecke & Eimer, 2002; 2006)。这种先激活再抑制的模式被看作是低水平运动加工的典型特征，因此 SI 理论认为负相容效应是低水平的自动自我运动抑制。Schlaghecken, Blagrove 和 Maylor(2007)[1]的研究采用非箭头刺激(开口圆弧，实验 1)，无关掩蔽(随机水平竖直线条)和不同位置目标项(实验 2 和 3)都得到负相容效应，表明负相容效应反映的是运动控制中的比较普遍性的加工，支持了 SI 理论。

根据 SI 理论，负相容效应的出现有两个必要条件:(1) 只有当启动项不能被意识察觉时，移除对启动项的知觉支持，才会自动诱发自我抑制，即只有掩蔽项有效才出现负相容效应。有研究对比了启动项可视和不可视条件下的启动情况，都证实了这一点(Lleras & Enns, 2004; Schlaghecken & Eimer, 2006);(2) 只有当启动激活超过一定的抑制阈限后才能激活其预设的反应趋势，进而诱发抑制机制(Lleras & Enns, 2006)。但自我抑制假设没有对如何测量启动激活强度做出明确说明。

SI 假设得到研究支持，但也受到质疑，质疑主要是针对负相容效应的两个必要条件。比如 Kiesel, Berner 和 Kunde(2008)发现尽管改变被试任务(采用非箭头的目标项)降低了启动诱发的激活，还是一样得到了负相容效应(实验 1 和 3);而低相似度启动项(数字启动项，随机字符串掩蔽项)却没有得到负相容效应(实验 2)。这表明启动激活量不能准确预测负相容效应。Jaskowski(2008)的研究在中央注视点上下呈现箭头启动项，然后在注视点位置呈现干扰项，最后在注视点左右呈现箭头目标项。干扰项不能掩蔽掉对启动项的感觉证据，所以根据 SI 假设预期不会出现负相容效应。但结果仍然得到了负相容效应，说明在启动项可视时也会出现负相容效应。上述研究对 SI 假设提出了挑战。

(二) 知觉交互作用理论

知觉交互作用理论认为，启动效应的反转反映了两个相反方向的积极

---

[1] Schlaghecken, F. et al. (2007). Incidental learning of SR contingencies in the masked prime task. *Journal of Experimental Psychology: Human Perception and Performance*, *33*(5), 1177-1188.

启动事件序列。在初始阶段,启动项诱发了与其一致的反应激活,这与 SI 理论相一致。在第二阶段,掩蔽项不仅打断对启动反应的激活,还引发对反向反应的激活。知觉交互作用理论强调掩蔽项的特征,认为负相容效应是由启动项和掩蔽项的交互作用引发的,刺激的相关特征属性是负相容效应的必要条件。

1. 客体更新假设(Object Updating,OU)

Lleras 和 Enns 提出客体更新假设,指出虽然负相容效应中快速呈现的视觉刺激在物理属性上是分离的,但人类的视觉系统却无法对其进行划分,常将多个连续刺激整合在一起,这有助于认知系统快速应对刺激情景的变化更新(Lleras & Enns,2004,2005)。负相容效应反映的正是快速连续呈现的启动项与掩蔽项之间的知觉交互作用,是视觉呈现更新的结果。

客体更新假设认为,当刺激情境中的最新元素所需反应与最初启动项激活的反应不同时,认知系统会根据最新需求调整反应。如果掩蔽项的特征激活相反反应,就会阻断启动项诱发的反应准备,做出相反的反应准备。在负相容效应中,启动项和掩蔽项在时间上接近,认知系统将这一过程看作是在原有双箭头基础上添加了反向双箭头,即最新刺激为反向双箭头。此时最佳操作是开始准备加工与启动项含有相反特征的目标项,于是出现负相容效应。

Lleras 和 Enns (2006)[1]采用与启动项无相同特征的掩蔽项(水平竖直线或随机线)没有得到负相容效应,Kiesel et al. (2008)以数字“4”和“6”为启动项和目标项,结果只在“4”和“6”叠加掩蔽项条件下得到负相容效应,随机字符串掩蔽条件则没有启动效应,证明了掩蔽项相关特征的重要影响。

客体更新假设能够很好地解释启动项和掩蔽项特征关系对负相容效应的影响,而且这种观点不以启动的可视性为依托,能够对非掩蔽条件下的负相容效应做出预测。但也有研究发现,即使掩蔽项无相关特征时,也会出现负相容效应。如 Klapp (2005)采用与目标项有相同特征的掩蔽项(XW-WX)和无相同特征的掩蔽项(THHT)都得到负相容效应,对客体更新假设

〔1〕 Lleras, A. & Enns, J. T. (2006). How much like a target can a mask be? Geometric, spatial, and temporal similarity in priming: a reply to Schlaghecken and Eimer. *Journal of Experimental Psychology: General*, 135(3), 495－500.

提出了质疑。

2. 掩蔽诱发抑制假设(Mask-Triggered Inhibition Hypothesis,MTI)

Jaskowski 和 Przekoracka-Krawczyk (2005)发现负相容效应只在特异性掩蔽条件下出现,并存在启动量的差别,由此提出了掩蔽诱发抑制假设。指出负相容效应依赖于特异的掩蔽,启动方向取决于掩蔽项结构,只有当掩蔽项包含任务相关特征时才影响运动激活,引发负相容效应,没有相关特征的掩蔽则会得到正相容效应,启动项可视性对启动方向没有决定作用。

支持掩蔽诱发抑制假设的研究发现当掩蔽项在多种属性上具有任务相关特征时都会出现负相容效应;而无相关特征时则出现正相容效应。如 Jaskowski (2008)在注视点两侧呈现双箭头叠加的非掩蔽刺激,此时启动项可视,但仍然出现了负相容效应,而其他形状的非掩蔽刺激则没有诱发负相容效应。但也有研究采用无关掩蔽项得到了负相容效应,这与掩蔽诱发抑制假设相冲突。掩蔽项发挥作用需要时间,当 ISI 较长时容易出现负相容效应,因而启动方向受时程影响。

对此,掩蔽诱发抑制假设进一步提出,观察者无法忽略新的输入信息,任何新信息的出现都会抑制正在进行的反应激活(Jaskowski,2007),因而无论何种掩蔽项都能够抑制启动项激活的反应,这解释了在无相关特征掩蔽下发生的负相容效应现象。相关掩蔽启动效果要好于无关掩蔽是因为相关信息的出现预示着可能需要对当前反应准备做出调整。掩蔽诱发抑制假设认同 SI 理论关于启动诱发运动激活之后伴随抑制的观点,但认为抑制过程是由掩蔽项诱发的,这与客体更新假设相一致,但掩蔽诱发抑制假设认为任何刺激都可以诱发对激活的加工和抑制,只是相关掩蔽项的激活强度更强。

3. 客体更新假设的修正(Supplemented Version of Object Updating)

为解释无关掩蔽诱发的负相容效应,Lleras 和 Enns (2006)进一步修正了客体更新假设,引入突现抑制(onset-triggered suppression)和重复位置优势(repeated location advantage)两个概念。突现抑制指在等待目标项出现的时候,任何非目标项客体的突现都会减小启动项诱发的激活,引发对反应准备的抑制。这是由刺激诱发的自动抑制,是由刺激时间上的相近造成的。重复位置优势则指当启动项与目标项位置相同或相近时启动最有效(Moore & Lleras,2005)。这与客体更新假设的原则相一致,当空间位置相近时,视觉系统更倾向于将之整合为一个随时间变化的客体。客体更新+假设在很大程度上与掩蔽诱发抑制假设一致,但更强调更新过程,将启动项和掩蔽项看作一个连续的知觉整体;掩蔽诱发抑制假设则更强调掩蔽项的结构特征,更关注刺激之间的交互作用。

（三）其他理论

1. 双系统假设(Two-System Interpretation)

SI 理论和知觉交互作用理论各有依据,但也都受到质疑。于是 Klapp (2005)[1]将负相容效应划分为知觉启动和非知觉启动两部分:(1) 基于抑制无意识反应趋势的非知觉启动,可以用自我抑制假设解释;(2) 基于刺激间交互作用的知觉启动,可以用客体更新假设解释。研究发现掩蔽项特征影响负相容效应的量,但不决定启动方向,证明知觉启动与非知觉启动的分离(Schlaghecken et al. 2007,2008; Sumner,2008)。双系统假设试图寻找一条整合的途径,指出负相容效应可能不仅局限于某一水平,而是多种机制共同作用的结果,具有启发性,但没有明确说明两种机制如何协作。

2. 后效假设(Cognitive Aftereffects,CA)

Huber 和 O'Reilly (2003)综合分析重复盲、注意瞬脱、返回抑制和负相容效应等多种负启动效应,指出先激活后抑制的反应模式是一种普遍现象,提出后效假设。认为后效的机制在于神经细胞的短时适应,这种适应普遍存在于神经加工中,有利于在加工快速改变的信息流时降低信息间的来源混淆。神经适应过程体现在细胞水平上主要是突触抑制,即当细胞已经有一定程度的激活时,后继的信号对其影响降低。在细胞接收信号的过程中,快速形成的突触前激活先引发输出激活的峰值,然后慢慢恢复适应状态,输出激活回落但仍然在基线水平之上,称之为损耗。所以,损耗比激活历时更长。于是出现了后效(Huber,2008)。Huber 等认为,后效可以解释包括较高水平认知启动和较低水平知觉启动在内的大量负启动现象。

后效假设从神经生理水平出发,很好地解释了大量负启动现象,尤其是对这些现象随时程发展的变化做出了很好的说明。这和交互作用、自我抑制观点并不相矛盾,可能是负相容效应的神经生理机制。后效假设还为相

---

〔1〕 Klapp,S. T. (2005). Two versions of the negative compatibility effect: comment on Lleras and Enns(2004). *Journal of Experimental Psychology: General*,134(3),431－435.

关领域的研究提供了整合的视角,提示不同现象背后可能有着共同的机制。但是该假设尚缺乏直接的实验依据,以后的研究可以运用单细胞记录法等分子神经生物学和细胞神经科学的方法进行验证。

3. 评估窗假设(Evaluation Window Account,EWA)

Klauer 和 Dittrich (2010)研究发现无论启动项可视与否、掩蔽项相关与否,甚至在无掩蔽条件下,都出现了负相容效应。他们进而提出评估窗假设,认为负相容效应除了包含运动水平的激活与抑制外,还包含根据任务类别进行操作的成分,是抽象的、语义水平的,是由启动项和目标项的类别信息引发的交互作用。

根据评估窗假设,认知系统通过一个时间窗评估关于刺激类别的证据输入,而不管证据来源。不同特征有独立的特征计数器,可以描述当前特征激活的动态变化。对刺激类别的判断是根据计数器的状态变化做出的,而计数器状态的变化是根据韦伯—费希纳定律衡量的,即基线水平较低时,同样的变化量更显著。认知系统会根据经验和背景信息调整评估窗的开启时间,使之与输入的刺激流同步。在负相容效应中,启动项出现导致其对应的计数器激活水平较高,而相反特征的计数器激活水平为零,目标项出现导致特征计数器变化,但激活水平较低的计数器对变化更敏感,更容易对相反特征做出反应,于是出现负相容效应。评估窗假设很好预测了无掩蔽条件下的负相容效应,提出可能存在语义水平的成分,但适用范围有限,仍需思考和修正。

二、负相容效应中启动项—目标项关系对阈下信息加工的影响

(一) 理论综述

负相容效应是指掩蔽启动范式中,在相继呈现双箭头启动项和叠加双箭头掩蔽项之后呈现双箭头目标项时,启动项与目标项(P-T)一致条件下反应更慢。自我抑制观点认为当启动项达到一定阈限后诱发早期自动激活,掩蔽项出现取消了启动项的知觉证据导致加工系统自动进入反应抑制阶段,负相容效应是运动激活自我抑制的结果(Schlaghecken & Eimer, 2006);知觉交互作用观点认为是掩蔽项和启动项的知觉交互作用诱发了负相容效应,知觉特征关系起重要作用(Lleras & Enns, 2005; Sumner, 2008)。后效假设认为先激活后抑制的反应模式源于神经细胞短时适应机制,有利于在加工快速信息流时降低信息间的来源混淆(Huber, 2008);

Klauer 和 Dittrich(2010)[1]的评估窗假设则认为认知加工系统通过一个时间窗评估关于刺激类别的信息输入,不同特征有独立的计数器,启动项出现使其所对应的计数器激活水平较高,目标项出现引发特征计数器的变化,但是激活水平较低的计数器对这一变化更敏感,所以更容易对启动相反特征做出反应,出现负相容效应。目前只有评估窗假设直接提及负相容效应可能存在与任务类别有关的语义水平加工,后效假设认为负相容效应源自普遍信息加工机制,也可推测阈下语义加工会表现同样的反应趋势。

Eimer 和 Schlaghecken (1998)在双箭头掩蔽启动项后呈现字母目标项"LL"和"RR",要求被试完成辨别反应,没有得到负相容效应。提示负相容效应可能是由 P-T 知觉特征重复导致的,不包含语义加工过程。但负相容效应缺失也可能是由于缩写字母目标项携带的语义信息较弱,或反应时指标对阈下语义启动不够敏感,或实验设计不能有效诱发语义启动等导致的,故负相容效应是否源于 P-T 知觉重复以及是否通达语义水平仍需探讨。

为考察知觉重复的作用,Eimer (1999)在中央双箭头启动项和双箭头叠加掩蔽项之后,在中央注视点左或右侧呈现加号(+)目标项,要求被试完成定位任务,发现一致条件下反应更慢,以此说明负相容效应并非源自知觉重复。但这种定位任务在排除知觉重复的同时引入位置变量,启动项的指示信息会诱发注意转移,实验得到效应可能是由于启动项所含方向信息对目标项位置的指示作用导致的,因而不能有效排除知觉重复的影响。也有其他研究采用外周刺激得到了负相容效应(Jaśkowski,2008)。但 P-T 位置关系不同时存在注意转移,且当启动项和掩蔽项位置不同时可视性受影响,因而不能直接说明所有刺激项目都呈现在中央时的认知加工情况,重复效应对负相容效应的影响还需进一步探讨。知觉交互作用观点强调负相容效应源自启动项与掩蔽项的知觉交互作用,在此基础上有研究通过控制掩蔽项的知觉特征探讨两者关系对负相容效应的影响。如 Jaśkowski 和 Przekoracka-Krawczyk (2005)采用四种掩蔽项,发现只有当掩蔽项与启动项含有相关特征时才表现为负启动。可见刺激项目的相关特征在负相容效

[1] Klauer,K. & Dittrich,K. (2010). From sunshine to double arrows: An evaluation window account of negative compatibility effects. *Journal of Experimental Psychology: General*, *139*(3),490—519.

应中起重要作用,影响阈下信息加工。那么掩蔽启动范式下,当所有刺激均呈现在中央视野且掩蔽项一定时,P-T 关系对负相容效应有怎样的影响?尚无研究就此进行探讨。

有研究表明阈下信息加工可通达语义水平,但一般表现为正启动(Dehaene et al,1998; Naccache & Dehaene,2001)。也有研究报告了负启动,如周仁来和杨莹(2004)等研究以掩蔽颜色词为启动项,以颜色刺激为目标项,在长 SOA 条件下观察到了反转的 Stroop 效应,但 Stroop 效应是基于色词冲突的,不同于负相容效应。Bennett 等人 (2007)采用情绪面孔得到了负相容效应,但情绪面孔非直接语义刺激。阈下语义启动方向可能受研究范式、刺激项目关系、启动强度、任务设置、时程等多种因素制约。且 Eimer 和 Schlaghecken (1998)在表征方向的字母目标项判断任务中没有得到负相容效应,因此负相容效应范式下启动项是否得到语义加工仍需探讨。

(二) 实验研究

实验 1

1. 被试

在校大学生 18 人(男生 7 人,女生 11 人),年龄 19—28 岁,平均年龄 22.83 岁。所有被试视力或矫正视力正常,均为右利手,第二语言为英语。

2. 仪器和材料

实验程序在 Dell Optiplex755 计算机上运行,显示器为 21 英寸 Iiyama MA203DT Vision Master Pro 513,分辨率为 1024×768,刷新频率 100Hz。屏幕背景为白色,刺激项为黑色,所有刺激均呈现在屏幕中央。

注视点为黑色圆点,视角 0.2°×0.2°;启动项为指向左或右的双箭头("<<"或">>"),视角 1.1°×0.6°;掩蔽项为双向叠加双箭头,视角 1.1°×0.6°;目标项为双箭头("<<"和">>")、长箭头("←"和"→")或汉字("左"和"右"),双箭头和长箭头视角 1.1°×0.6°,汉字视角 1.0°×1.0°。

3. 实验设计

2×3 被试内实验设计,自变量为:(1)启动项指示方向与目标项指示反应的关系(一致和不一致),为组内变量;(2)目标项种类(双箭头、长箭头和汉字),为组间变量。目标项为双箭头时为重复条件;目标项为长箭头时为加工水平相同条件;目标项为汉字时为加工水平不同条件。因变量为反应时和正确率。

4. 实验程序

实验程序采用 E-Prime2.0 软件编制，被试单独实验，眼睛距屏幕约 57cm，一直注视屏幕中央，对目标项按键反应。

每个试次中实验流程如下(见图 2.10 所示)：(1) 屏幕中央呈现注视点“·”500ms；(2) 呈现指向左或者右的双箭头启动项“<<”或“>>”20ms；(3) 呈现双向双箭头叠加的掩蔽项 100ms；(4) 呈现目标项 100ms，要求被试既快又准地对目标项做出辨别反应。重复条件下，对“<<”用左手食指按左箭头键，对“>>”用右手食指按右箭头键；在加工水平相同条件下，对“←”用左手食指按左箭头键，对“→”用右手食指按右箭头键；在加工水平不同条件下，对“左”用左手食指按左箭头键，对“右”用右手食指按右箭头键。

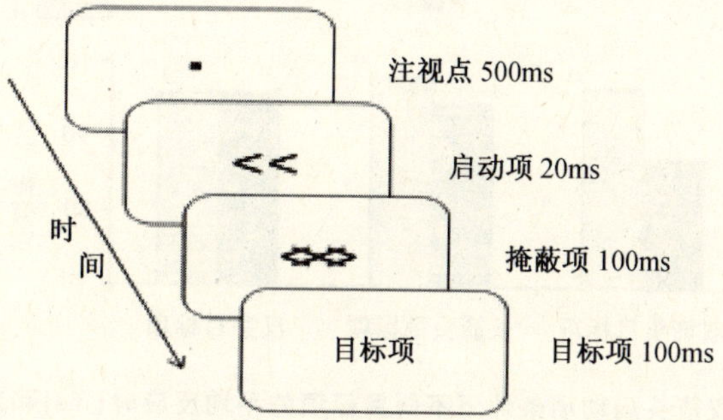

图 2.10　实验流程示意图

正式实验分三组，三组随机顺序呈现。每组实验练习 16 次后进行 200 次正式试验，包括相容和不相容两种条件各 100 次，两种条件随机呈现。正式实验中每完成 100 次休息一次，共需时间约 40min。

正式实验后进行启动辨别任务。在 100 个试次中只呈现启动项和掩蔽项，启动项呈现时间 20ms (90%)或 200ms (10%)，200ms 启动项为可视的探测刺激，掩蔽项呈现时间 100ms，要求被试对启动项做辨别反应。实验结束后询问被试是否看到启动项。

5. 结果与分析

启动项辨别任务中，20ms 启动项辨别正确率为 49.22%，与随机水平 50%差异不显著，$t(17)=0.65$，$p=0.527$。实验结束后所有被试均报告看不到或者看不清启动项，说明启动项是有效的阈下刺激。

剔除反应时在 2.5 个标准差之外的数据，占总数据的 0.4%。正确反应的平均反应时和正确率见表 2.1 和图 2.11 所示。

表 2.1 双箭头启动项条件下不同目标项的平均反应时(ms)和正确率(%)

	双箭头目标项		长箭头目标项		汉字目标项	
	一致	不一致	一致	不一致	一致	不一致
反应时	497(54.12)	411(46.52)	426(41.75)	387(34.82)	451(39.16)	450(40.70)
正确率	87.50(10.18)	96.78(6.65)	94.56(5.75)	98.11(3.10)	96.00(3.14)	96.00(3.34)

注:括号内数字为标准差,一致条件为 P-T 指向相同条件,不一致条件为 P-T 指向相反条件

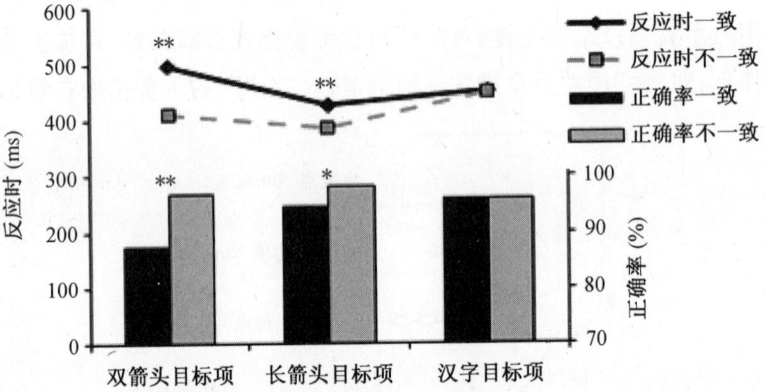

图 2.11 双箭头启动项条件下不同目标项的平均反应时(ms)和正确率(%)

对反应时进行 2(一致性)×3(目标项类型)的被试内重复测量方差分析表明:一致性主效应显著,$F(1,17)=81.04$,$p<0.01$;目标项类型主效应显著,$F(2,16)=34.49$,$p<0.01$;一致性与目标项类型交互作用显著,$F(2,16)=37.52$,$p<0.01$。简单效应分析表明:双箭头目标项时一致性效应显著,$F(1,17)=103.80$,$p<0.01$;长箭头目标项时一致性效应显著,$F(1,17)=22.04$,$p<0.01$。一致条件下的反应时均显著长于不一致条件。汉字目标项时一致性效应不显著,$F(1,17)=0.31$,$p=0.588$。

对三种目标项的反应时启动量进行方差分析:目标项类型主效应显著,$F(2,16)=35.52$,$p<0.01$。简单效应分析表明:双箭头目标项启动量显著大于长箭头目标项,$p<0.01$。长箭头目标项启动量显著大于汉字目标项,$p<0.01$。双箭头目标项启动量显著大于汉字目标项,$p<0.01$。

对正确率进行 2(一致性)×3(目标项类型)的被试内重复测量方差分析表明:一致性主效应显著,$F(1,17)=15.83$,$p<0.01$;目标项类型主效应

显著，$F(2,16)=4.13, p<0.05$；一致性与目标项类型交互作用显著，$F(2,16)=12.83, p<0.01$。简单效应分析表明：双箭头目标项时一致性效应显著，$F(1,17)=24.44, p<0.01$。长箭头目标项时一致性效应显著，$F(1,17)=5.40, p<0.05$。一致条件下的正确率均显著低于不一致条件。汉字目标项时一致性效应不显著，$F(1,17)=0.00, p=1.00$。

对三种目标项的正确率启动量进行方差分析：目标项类型主效应显著，$F(2,16)=12.83, p<0.01$。简单效应分析表明：双箭头目标项启动量显著大于长箭头目标项，$p<0.01$。长箭头目标项启动量显著大于汉字目标项，$p<0.05$。双箭头目标项启动量显著大于汉字目标项，$p<0.01$。

6. 讨论

双箭头和长箭头条件下出现负相容效应，汉字条件下未出现负相容效应，说明 P-T 加工水平的关系是影响甚至决定负相容效应的重要因素。双箭头条件下的启动量显著高于长箭头，说明 P-T 的知觉重复影响启动量，但是负相容效应不完全依赖于知觉重复，不同于重复效应。汉字目标项条件下未出现负相容效应，阈下箭头启动项没有影响对后继语义目标项的反应。这与 Eimer 和 Schlaghecken (1998)的研究结果相一致，且本研究汉字目标项条件下语义信息明确，排除了 Eimer 和 Schlaghecken 因为目标项语义信息较弱而不够敏感的可能性。

实验 2 采用阈下汉字启动项进一步探索 P-T 关系对负相容效应的影响，同时考察是否存在语义水平的负相容效应。

实验 2

1. 被试

同实验 1。

2. 仪器和材料

仪器同实验 1。

启动项为汉字“左”或“右”，视角 $1.0°\times1.0°$；掩蔽项由汉字“左”和“右”叠加而成，视角 $1.0°\times1.0°$；目标项为汉字(“左”或“右”)、英文单词(“Left”或“Right”)或双箭头(“<<”或“>>”)，汉字视角 $1.0°\times1.0°$，英文单词视角 $1.1°\times0.6°$，双箭头视角 $1.1°\times0.6°$。

3. 实验设计

2×3 被试内实验设计，自变量为：(1) 启动项指示方向与目标项指示反应的关系(一致和不一致),为组内变量;(2) 目标项的种类(汉字、英文单词和双箭头),为组间变量。目标项为汉字时为重复条件;目标项为英文时为加工水平相同条件;目标项为双箭头时为加工水平不同条件。因变量为反应时和正确率。

4. 实验程序

除刺激材料,其他均同实验 1。

5. 结果与分析

启动项辨别任务中 20ms 的启动项辨别正确率为 48.83%,与随机水平 50%差异不显著,$t(17)=1.10$,$p=0.286$。实验结束后,所有被试均报告看不到或者看不清启动项。说明启动项为有效的阈下刺激。

剔除反应时在 2.5 个标准差之外的数据,占总数据的 0.5%。平均反应时和正确率见表 2.2 和图 2.12 所示。

表 2.2 汉字启动项条件下不同目标项的平均反应时(ms)和正确率(%)

	汉字目标项		英文目标项		双箭头目标项	
	一致	不一致	一致	不一致	一致	不一致
反应时	476(47.17)	428(42.45)	485(44.58)	476(40.40)	401(37.02)	401(36.10)
正确率	88.67(11.67)	95.11(11.92)	94.22(3.97)	96.44(4.16)	96.89(4.31)	97.00(3.60)

注:括号内数字为标准差,一致条件为 P-T 指向相同条件,不一致条件为 P-T 指向相反条件

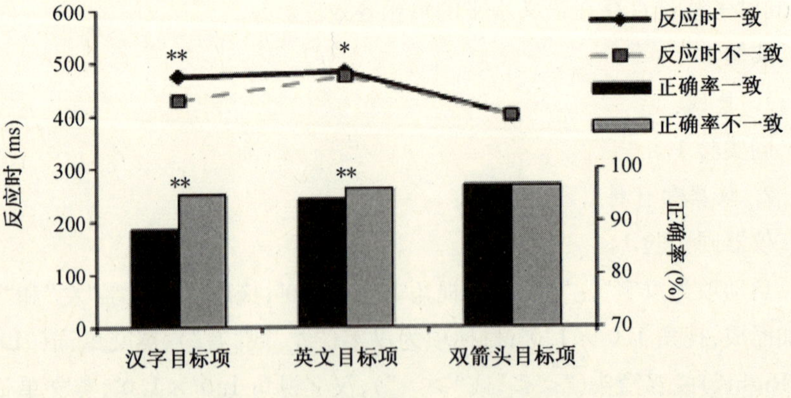

图 2.12 汉字启动项条件下不同目标项的平均反应时(ms)和正确率(%)

对反应时进行 2(一致性)×3(目标项类型)被试内重复测量方差分析:一致性主效应显著,$F(1,17)=53.08$,$p<0.01$;目标项类型主效应显著,

$F(2,16)=59.28$，$p<0.01$；一致性与目标项类型交互作用显著，$F(2,16)=36.85$，$p<0.01$。简单效应分析：汉字目标项条件下一致性效应显著，$F(1,17)=97.97$，$p<0.01$；英文目标项条件下一致性效应显著，$F(1,17)=4.97$，$p<0.05$，一致条件下的反应时均显著长于不一致条件。双箭头目标项条件下一致性效应不显著，$F(1,17)=0.01$，$p=0.929$。

对三种目标项的反应时启动量进行方差分析：目标项类型主效应显著，$F(2,16)=36.85$，$p<0.01$。简单效应分析表明：汉字目标项启动量显著长于英文目标项，$p<0.01$。英文目标项启动量显著长于双箭头目标项，$p<0.05$。汉字目标项启动量显著长于双箭头目标项，$p<0.01$。

对正确率进行2(一致性)×3(目标项类型)的被试内重复测量方差分析：一致性主效应显著，$F(1,17)=31.73$，$p<0.01$；目标项类型主效应显著，$F(2,16)=9.21$，$p<0.01$；一致性与目标项类型交互作用显著，$F(2,16)=17.51$，$p<0.01$。简单效应分析表明：汉字目标项条件下一致性效应显著，$F(1,17)=49.17$，$p<0.01$；英文目标项条件下一致性效应显著，$F(1,17)=9.50$，$p<0.01$，一致条件下正确率均显著低于不一致条件。双箭头目标项条件下一致性效应不显著，$F(1,17)=0.06$，$p=0.813$。

对三种目标项条件下的正确率启动量进行方差分析：目标项类型主效应显著，$F(2,16)=17.51$，$p<0.01$。进一步简单效应分析表明：汉字目标项启动量显著大于英文目标项，$p<0.01$。英文目标项启动量显著大于双箭头目标项，$p<0.01$。汉字目标项启动量显著大于双箭头目标项，$p<0.01$。

6. 讨论

实验2以汉字为启动项，结果汉字和英文条件下出现负相容效应，箭头条件下未出现负相容效应，说明P-T加工水平的关系是影响甚至决定负相容效应的重要因素。英文目标项条件下出现负相容效应，进一步证明负相容效应是不同于知觉重复启动效应的独立现象。但英文条件启动量显著小于汉字条件，说明知觉重复影响负相容效应的量，但并非决定因素。

当阈下启动项为汉字时，在汉字和英文目标项条件下都出现了负相容效应，支持了阈下语义信息可以得到加工并影响对后继反应的观点，同时说明存在语义水平的负相容效应。

（三）综合讨论

本研究以反应时和正确率为负相容效应的衡量指标，发现不存在敏感性上的差异。结果 P-T 重复时出现负相容效应;加工水平相同时也出现负相容效应,但启动量显著小于重复条件;当 P-T 加工水平不同时没有启动效应。

1. 负相容效应中启动项—目标项关系对阈下启动项加工的影响机制

两个实验的加工水平相同条件均出现负相容效应,说明负相容效应是不同于重复启动的独立效应。重复条件下的负相容效应量比加工水平相同条件下更大,说明负相容效应并不依赖 P-T 知觉重复,但是知觉重复影响负相容效应的量。加工水平不同条件下没有出现启动,即只有当 P-T 所需加工水平相同时才出现负相容效应。这种影响可能发生在阈下信息加工阶段,是自上而下的认知控制影响了对阈下信息的加工;或者发生在反应阶段,是因为阈下刺激只能影响对相同加工水平的信息的反应。

(1) 阈下信息加工阶段:自上而下认知控制影响对阈下信息的加工

传统观点认为阈下信息加工属自动加工,无需认知资源参与,不受自上而下认知控制影响(Posner & Snyder,1975)。但后来研究指出传统观点认为的自动化过程是有条件的,在一定程度上需认知资源参与,受认知控制调节(Boy et al.,2010)。尽管一般认为负相容效应是自动化现象(Klapp,2005;Schlaghecke & Eimer,2006),但也可能受自上而下认知控制过程影响。

Kiefer 和 Martens 等在阈下语义启动任务前随机增加知觉或语义诱导任务,结果语义诱导任务增强了后继启动,知觉诱导任务则削弱了启动(Kiefer & Martens,2010〔1〕;Martens et al.,2011)。说明启动信息加工时的认知状态影响后继启动反应,阈下启动加工受自上而下认知控制的调节。本研究只在 P-T 属于同一类别时才出现负相容效应,也可能是因为认知系统并非无条件自动加工阈下启动项,而是选择性加工。只有存在与阈下启动项相关的自上而下的任务设置时,启动项才会得到加工,进而影响对目标项的反应。阈下信息加工的一个重要条件是当前任务需求,负相容效应是否出现受任务需求导致的自上而下认知加工的调节。这也符合信息加工的经济原则,认知系统屏蔽掉与无关信息,只选择相关信息进行加工。自上而

〔1〕 Kiefer,M. & Martens,U. (2010). Attentional sensitization of unconscious cognition: task sets modulate subsequent masked semantic priming. *Journal of Experimental Psychology: General*, *139*(3),464—489.

下的认知控制可能对负相容效应起决定作用。

Klapp 和 Haas (2005)在箭头掩蔽启动范式下要求被试对中性目标项进行完全自由反应,没有反应偏向,但是当将目标项中混合了箭头时出现反应偏向。也可能是由于在完全自由反应任务中启动项与任务无关,没有得到加工;而在混合双箭头目标项的自由反应任务中启动项同任务相关,对反应加工有提示作用,因而进入信息搜集范围,得到加工,影响反应。同样,Eimer 和 Schlaghecken (1998)以"LL"和"RR"为目标项没有得到负相容效应可能是因为箭头启动项与认知系统搜集的语义信息无关,因而将之摒除在加工范围之外,未影响对目标项的反应。

(2) 反应阶段:阈下刺激只影响对相同加工水平信息的反应

启动效应的分离也可能发生在反应阶段,阈下启动信息可能只影响对同一水平信息的反应。即无论目标项是什么,认知系统对阈下启动项的加工都是一样的,但是只有当 P-T 属于同一水平时,才会体现出这种加工。这类似于内隐记忆的"传输适当加工理论"(Roediger,1990)。只有当对 P-T 的加工过程属于同一种水平时,才体现阈下启动的影响。

知觉交互作用理论认为是启动项和掩蔽项的知觉特征交互作用诱发负相容效应,但现有的理论研究都未涉及 P-T 关系的作用。以后的研究可进一步探讨两者关系对负相容效应的决定性作用发生在阈下信息加工阶段还是目标项反应加工阶段,进而进一步完善负相容效应的理论建构。

2. 存在语义水平上的负相容效应

本研究中启动项辨别正确率为随机水平,说明汉字启动项不可视,是无意识阈下刺激。结果汉字和英文目标项条件下都出现启动,说明阈下启动项得到语义加工并影响对后继相关目标项的反应,支持阈下信息可以得到语义加工的假设。同时,这种影响表现为对后继同类反应的抑制,说明存在语义水平上的负相容效应。提示我们负相容效应可能是能够发生在多种加工水平上的普遍现象,这与后效理论及评估窗假设的预测一致,以后的负相容效应理论整合和建构中应考虑到语义水平的成分。

同时,由于 P-T 所需加工水平不同,实验 2 双箭头目标项条件下没有表现出语义启动,提示我们以往没有得到阈下语义启动的研究可能在实验设计、范式选择或参数设定时忽略了某些比较重要的影响因素,如加工水平等,导致阈下刺激没有得到语义加工或没有体现出阈下语义加工。后继研究可进一步考察不同时程下的语义负相容效应，如果出现先易化再抑制的趋势，则更有说服力。

第三节 掩蔽线索引发的返回抑制及其机制研究

一、掩蔽线索引发的注意定向

（一）理论综述

注意定向系统（attention orienting system）对刺激的加工至关重要，分为目标驱动的内源性定向和刺激驱动的外源性定向。前者受主观愿望、动机影响，如课堂上集中精力听讲；后者更多是自动自发的，如教室外突然的叫喊声会自动地捕获注意。空间线索化范式（或线索—靶子范式）是研究注意定向的常用范式，根据此范式衍生的各种变式在注意研究领域被广泛应用。Posner 和 Cohen (1984)采用该范式，线索化空间某一位置，发现当线索开始呈现到靶子开始呈现的时间间隔（Stimulus Onset Asynchrony, SOA）较短时，产生易化作用，表现为靶子和线索出现在同一位置时反应更快；而 SOA 较长（大于 225ms）时，出现抑制效应，即线索化位置上靶子的反应时长于非线索化位置。后者称为返回抑制（Inhibition of Return, IOR），把线索化位置和非线索化位置的反应时差作为返回抑制的量。返回抑制被看作是提高视觉搜索效率的一种机制（Klein, 1988）。正如 Posner 等研究结果一样，在空间线索化范式下注意定向具有双阶段效应的特点，即存在早期易化和晚期抑制。

研究者们为排除线索的意识性在注意定向中的作用，通过调控各种参数使得线索不可见，主要方式有：(1) 控制线索本身的物理属性，如亮度和对比度等（McCormick, 1997; Mele et al., 2008[1]）；(2) 用掩蔽的方式使得线索不能报告（Ivanoff & Klein, 2003）。McCormick(1997)采用有提示性作用的主观阈限之上及之下的刺激作为线索，并且每次试验均需对线索进行报告，结果发现阈下外源性线索可以引发短时程的易化（SOA＝80ms），而没有长时程的抑制（SOA＝500/1000ms），他认为自上而下加工

[1] Mele, S. et al. (2008). Reaction time inhibition from subliminal cues: Is it related to inhibition of return? *Neuropsychologia*, *46*(3), 810－819.

的参与导致抑制效应消失。但该实验中每个试次均报告线索，处于注意设置(Attentional Set，AS)(Klein，2000)里的线索能捕获注意从而产生易化作用。Ivanoff和Klein(2003)针对上述问题采用元对比掩蔽(meta-contrast mask)与线索—靶子范式结合，设置报告与不报告线索两种任务，在不报告线索任务中只发现返回抑制(SOA＝1005ms)，而没有早期易化(SOA＝105ms)，另一个任务结果则完全相反，他们认为只有当线索处于注意设置内才能产生易化效应。Mele等(2008)采用调控亮度的方式控制线索可见性，也只是得到晚期的抑制(SOA＝750ms)，而没有早期易化(SOA＝150ms)，并且认为此抑制现象并非是注意现象中的返回抑制，更多的是类似于负兼容效应(Negative Congruency Effect，NCE)的自我抑制，即大脑会自主加工先前出现的启动项信息，启动项由激活到消失，存在一个抑制过程，而相同类型的目标项出现在这一阶段，从而受到了抑制(Schlaghecken et al.，2007)。邓晓红等(2010)考察情绪线索对返回抑制的影响时，设置了阈上和阈下两种情绪线索，虽然发现了返回抑制，但该研究通过让被试判断快速呈现(15ms)线索的情绪种类(高兴，中性，生气)来验证线索是否为阈下情绪线索，尽管被试判断不出线索的情绪种类，但线索的空间提示作用依然存在，此时存在返回抑制并非由不能知觉到的阈下线索引发的阈下返回抑制，而且该研究只设置了单一SOA，不能考察效应的时程变化。

迄今为止唯一采用单纯的外源性阈下线索(处于阈限之下、与任务无关、对靶子没有提示性)得到注意定向双阶段效应的研究为Mulckhuyse等(2007)的研究，该研究发现阈下单纯外源性线索可以引发早期易化(SOA＝16ms)和晚期抑制(SOA＝1016ms)。他们认为只有在非常短的时间内(16ms)注意才会停留在线索出现的位置从而产生易化效应。与阈上线索相比，阈下线索属弱刺激，不能使注意驻留在空间中的某一位置较长时间，而会很快从线索化位置转移，所以只能在较短SOA上(如16ms)得到易化效应(Mulckhuyse et al.，2007)。如果按照注意定向的双阶段效应推论，早期易化之后发生抑制，那么易化时程提前，相应的抑制效应时程也应提前，但是这一推论在前人研究中并未得到验证。

通过对以上采用阈下线索研究结果的分析，我们发现，在同一实验中没有同时得到经典的早期易化和晚期抑制，这与早期阈上线索研究的结果不同，一方面可能是阈下刺激本身的性质造成的，另一方面可能源于实验方法上存在问题，上述研究多数采用的是对靶子出现具有一定预测性（例如，80%）的线索，且 SOA 的选取要么过长，要么非常短。针对以上问题，我们使用和 Mulckhyse 等（2007）研究类似的线索化方式，采用掩蔽的方式使得线索不可见，并对线索的可见性进行单独测试，调控线索和掩蔽呈现时间，确定阈下线索的参数（实验一），随后设置不同的 SOA，考察在检测任务和辨别任务中掩蔽的阈下线索引发的注意定向效应（实验 2 和实验 3）。如果阈下线索如上所述，只能维持对某一个位置很短时间注意，那么易化效应只能在极短的时程内出现，而在稍长时程上（如 370ms）不会存在；相反，如果无论处于阈限之上或之下均能引发外源性空间注意定向，那么预期得到易化之后抑制的双阶段效应。

由于掩蔽的方式有很多种，而前人研究采用的方法没有得到一致的结果，因此实验 1 目的是寻找有效的掩蔽条件。主要控制的参数包括线索呈现时间、掩蔽呈现时间。在不同的实验条件中，选出一种条件，该条件满足当存在掩蔽时，被试不能对线索出现的被试位置进行报告（正确率与猜测概率 50%没有显著差异）。而实验 2 通过设置多个 SOA，采用前人使用的检测任务考察阈下线索引发的注意定向效应，实验 3 通过时程较长的辨别任务，可更好地观测到阈下线索引发的空间注意定向在时程上的变化。

（二）实验研究

实验 1

在实验 1 进行前，已经对不出现掩蔽条件的线索定位任务（线索呈现时间为 10ms 和 20ms）进行测试（9 人），平均正确率为 93.2%和 99.7%，当掩蔽项不出现时，线索可以得到准确识别。因此，可以排除是由于时间流逝信息的消退引起的线索不能被准确报告。

1. 被试

选取在校大学生 28 人，其中男 7 人，女 21 人，年龄在 19—25 岁之间（平均年龄＝21.7 岁），被试均为右利手，视力或者矫正视力正常，之前没有参加过类似实验。被试完成实验后获得相应报酬。

2. 工具与材料

采用心理学编程软件 E-Prime 2.0 版本进行编程，将 21 寸显示器的屏幕分辨率设置为 1024×768 像素，刷新率为 100Hz。被试眼睛距离屏幕 80cm。实验在灰色背景（RGB 为 128，128，128）和微亮的环境下进行。注视点是一个白色加号(0.45°×0.45°),左右两侧的白色方框(高 2.5°,宽 3°)边框为 4 磅,方框中心距注视点中心 3.5°。将左右两个方框中的一个边框变粗(6 磅)作为线索化方式,掩蔽项是两侧方框的边框同时变粗(6 磅)。中央线索为白色方块(0.63°×0.63°)。

3. 设计与程序

实验为 2×2 被试内设计。自变量一是线索呈现时间分为 10ms,20ms 两个水平;自变量二为掩蔽呈现时间包括 30ms 和 80ms 两个水平。

实验程序如下所述,屏幕中央出现一个"十"和两个外周方框,呈现 800ms 后,线索化左或者右侧方框 10ms 或 20ms,掩蔽与线索之间的时间间隔(Inter-Stimulus Interval,ISI)为 10ms,掩蔽项呈现的时间为 20ms 或 80ms。经过 100ms 空屏后,在注视点位置呈现中央线索 100ms。被试的任务是在白色方块呈现完毕后,对先前线索出现的位置进行判断,出现在左按鼠标左键,出现在右按鼠标右键。记录被试的反应时和正确率,告知被试反应准确是最重要的。具体程序见图 2.13 所示。被试练习 16 次后询问其是否明白实验任务,如果明确实验任务则进行正式实验, 否则再进行一组练习。

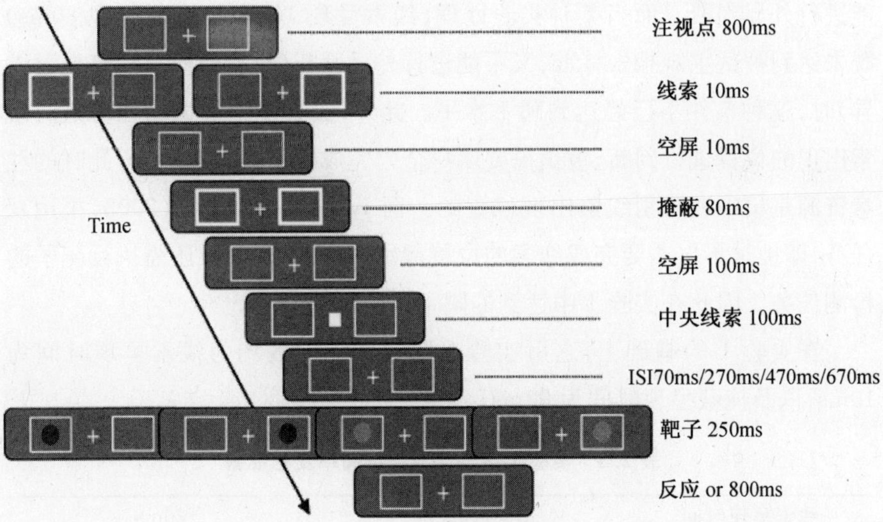

图 2.13 实验 1 的实验流程

注:其中注视点到中央线索为实验 1 的一种条件(线索呈现 10ms,掩蔽呈现 80ms)的刺激序列,实验 2 靶子为白色圆球,被试需完成检测任务(出现按键,不出现不按键),整个流程图为实验 3 刺激序列,被试需完成颜色辨别任务(深色球为红色,浅色球为绿色)

正式实验共有128次试验，四种处理条件下各32次，其中线索出现在左和右各半。

4. 结果与分析

因实验要求被试尽量保持反应准确，反应时不做具体分析。表2.3为被试在各条件下的平均正确率和标准差。将各条件下的正确率与猜测概率(50%)进行 t 检验发现，当线索为10ms且掩蔽呈现时间为30ms，正确率显著大于猜测概率[$t(11)=3.16$; $p<0.01$]；当线索为20ms且掩蔽时间为30ms时，正确率是显著大于50%的[$t(11)=2.52$; $p<0.05$]；同样，当线索为20ms且掩蔽时间为80ms时，正确率同样是显著大于猜测概率的[$t(11)=2.76$; $p<0.05$]；但是当线索为10ms且掩蔽时间为80ms时，平均正确率与猜测概率无显著差异[$t(11)=0.46$; $p>0.05$]。在实验过程中询问被试能否看见线索，主观报告均为看不见。

虽然所有被试主观报告看不见线索，但在某些条件下(线索呈现10ms且掩蔽呈现30ms；线索呈现20ms且掩蔽呈现30ms或80ms)的平均正确率显著大于猜测概率，这表明，有些条件虽未达到主观报告标准，但被试仍能进行外显判断。而当某种实验处理(线索呈现10ms且掩蔽呈现80ms)既未达到被试主观报告标准，又不能进行外显判断(与猜测概率没有显著差异)时，这种条件下已经达到阈下水平。此外，实验1中被试的任务是对线索出现的位置进行判断，被试需要竭尽全力完成的任务仅此一个，此时的注意资源是集中在辨别线索出现位置的。而Ivanoff和Klein (2003)采用双任务，即被试不仅需要完成线索的位置辨别任务，在此之前还需执行靶子的检测任务。因此在实验1中达到的阈下水平是可靠的。

在实验1的基础上，之后实验选取的阈下参数均为线索呈现时间为10ms，以及掩蔽呈现时间为80ms。

表2.3 实验1各条件下的正确率及标准差

线索呈现时间	10ms		20ms	
掩蔽呈现时间	30ms	80ms	30ms	80ms
平均正确率(%)	59.91**	51.00	62.25*	57.85*
标准差	0.10	0.07	0.16	0.07

注：正确率与猜测概率50%进行比较；* $p<0.05$，** $p<0.01$

实验 2

1. 被试

选取在校大学生 19 人，其中男 2 人，女 17 人，年龄在 19—25 岁之间(平均年龄＝21.5 岁)，被试均为右利手，视力或者矫正视力正常，无色盲或色弱，之前没有参加过类似实验。被试完成实验后获得相应报酬。由于其中 2 个被试捕捉试次错误率过高(超过 5%)，分析其余 17 人数据。

2. 工具与材料

工具同实验 1。材料除增加靶刺激外均与实验 1 相同，靶子为白色实心圆(视角为 1.5°×1.5°)。

3. 设计与程序

2×4 被试内设计；自变量一为线索和靶子的位置关系，包括一致(线索化位置)和不一致(非线索化位置)两种；自变量二为线索靶子出现的时间间隔 SOA，分为 4 个水平即 370ms/570ms/770ms/970ms。刺激呈现序列基本与实验 1 相同，不同的是在中央线索呈现完毕后间隔不同的时间(70ms/270ms/470ms/670m)，以此控制不同的 SOA(370/570/770/970ms)，靶子呈现时间为 250ms，之后呈现空屏 800ms，被试做出反应后进入下一次试验。被试任务是对出现左侧或者右侧的圆进行检测反应，如果出现则按空格键，不出现(概率为 14%)则不按。记录被试的反应时和正确率，告知被试在反应时需既快又准。被试练习 14 次后询问其是否明白实验任务，如果明确实验任务则进行正式实验，否则再进行一组练习。正式实验共有 672 个试次，捕捉试次共 96 次，其余 8 种处理条件下各 72 次，其中线索和靶子出现位置均已平衡。每隔 56 次休息一次。

4. 结果与分析

剔除所有反应错误、没有反应以及反应时短于 100ms 或长于 1000ms 的数据，共占 2.6%。对反应时进行重复测量方差分析。各条件下的平均反应时，错误率以及标准差见表 2.4。

方差分析结果发现，线索和靶子位置主效应显著[$F(1,16)=4.47, p<0.05$]，线索化位置慢于非线索化位置(3ms)，SOA 主效应显著[$F(3,16)=5.7, p<0.01$]，发现随着 SOA 增大，反应逐渐变快，两者的交互作用不显著[$F(3,16)=0.77, p>0.05$]，只有当 SOA＝570ms 时，线索化条件的反应时慢于非线索化[6ms, $t(16)=3.475, p<0.01$]，即出现返回抑制。

表 2.4 实验 2 和 3 各条件下的平均反应时(ms)、标准差及错误率(%)

		370ms	570ms	770ms	970ms
实验 2	线索化条件	332±38.82 (0.35)	338±34.02 (0.59)	339±47.77 (0.82)	357±52.18 (0.47)
	非线索化条件	330±36.59 (0.47)	332±35.14 (1.06)	336±45.84 (0.53)	355±50.93 (0.65)
实验 3	线索化条件	479±63.13 (3.23)	453±60.24 (2.50)	464±63.70 (4.05)	453±61.72 (1.91)
	非线索化条件	483±72.23 (2.32)	466±69.75 (2.05)	447±63.84 (3.32)	455±61.41 (2.32)

注:平均反应时(ms)±标准差(错误率%);底纹为灰色表示两种处理下(线索化和非线索化)具有显著差异

错误分析发现,线索化条件和非线索化条件下的错误率没有显著差异,说明上述的返回抑制效应并非是由于反应时与正确率的权衡造成的。靶子出现在左或者右侧没有显著差异。

实验 3

1. 被试

选取在校大学生 25 人,其中男 4 人,女 21 人,年龄在 19—25 岁之间(平均年龄=21.5 岁),被试均为右利手,视力或者矫正视力正常,无色盲或色弱,之前没有参加过类似实验。被试完成实验后获得相应报酬。由于其中 3 个被试完成任务错误率太高(超过 6%),所以剔出这 3 个人的数据,分析其余 22 人数据。

2. 工具与材料

工具同实验 1。材料除增加靶刺激外均与实验相同,靶子是红色(RGB 为 255,0,0)或者绿色(RGB 为 0,255,0)的实心圆(视角为 1.5°×1.5°)。

3. 设计与程序

除实验采用颜色辨别任务(红色按 1/2 号键,绿色按 2/1 键)外均同实验 2,具体见图 2.14 所示。被试练习 32 次后询问其是否明白实验任务,如果明确实验任务则进行正式实验,否则再进行一组练习。正式实验共有 448 个试次,8 种处理条件下各 56 次,其中线索位置、靶子位置及颜色均已平衡。被试每隔 56 次休息一次。

4. 结果与分析

剔除所有反应错误和没有反应的数据，以及每个被试在每种处理下的反应时超过三个标准差之外的数据，共占 1.51%。对反应时进行重复测量方差分析。各条件下的平均反应时，错误率以及标准差见表 2.4。

方差分析结果发现，线索和靶子位置主效应不显著[$F(1,19)=0.21$, $p>0.05$]，SOA 主效应显著[$F(3,19)=13.19$, $p<0.01$]，发现随着 SOA 增大，反应逐渐变快，两者的交互作用显著[$F(3,19)=10.13$, $p<0.01$]，进一步简单效应分析发现，当 SOA＝570ms 时，线索化条件的反应时快于非线索化，即出现了显著的易化效应[－13ms, $t(21)=-2.772$, $p=0.011$]，而当 SOA＝770ms 时，线索化位置的反应时慢于非线索化[17ms, $t(21)=3.867$, $p=0.001$]，即出现了返回抑制；当 SOA 为 370ms 和 970ms 时线索化位置和非线索化位置没有显著差异。

错误分析发现，线索化条件和非线索化条件下的错误率没有显著差异，说明上述的返回抑制效应并非是由于反应时与正确率的权衡造成的。对红色球和绿色球的反应时没有显著差异；靶子出现的位置同样没有显著差异；反应键之间也没有显著差异。

（三）综合讨论

本研究通过实验 1 设定了使线索经过掩蔽后处于觉察阈限之下的参数；采用实验 1 参数，实验 2 采用检测任务得到了抑制效应(570ms)，实验 3 采用时程较晚的辨别任务得到了注意定向的双阶段效应——易化(570ms)和抑制(770ms)。结果表明，线索的可见与否不是发生注意定向的双阶段效应的决定因素，这扩展了 McCormick (1997)的研究结论，并为阈下线索在不同任务中起作用的时程问题以及阈下返回抑制的存在提供了直接证据。

1. 掩蔽线索引发的注意定向时程

早期采用线索—靶子范式的阈上线索研究多数发现 SOA 小于 250ms 时存在易化效应，超过 300ms 出现返回抑制(Posner & Cohen, 1984)。本研究采用检测任务发现当 SOA 为 570ms 时出现显著抑制效应，同样间隔下辨别任务中出现易化效应，其时程较阈上线索引发的注意定向相比有所延后，这可能与采用掩蔽方式使得线索不可见有关。

掩蔽与直接降低刺激物理属性相比，其刺激强度可以保持不变，仍可使得刺激达到不可见的状态,并且此种范式更具生态效度(短时间内出现多个物体)(Kim & Blake,2005)[1]。在线索后呈现掩蔽,后者的出现阻断了刺激的反馈信号,从而阻止刺激再次进入可觉察层面,以致延迟了对线索的注意(Enns & Di Lollo,2000)。因此,当线索被掩蔽后,由于对其指向注意的延迟(Balderston & Helmstetter,2010),检测任务中出现返回抑制的时程晚于正常线索;同理,辨别任务较检测任务难度有所增加,其时程较检测任务晚,但是由于掩蔽线索的作用时程延后,因此出现了对阈上线索而言相对较晚的易化效应和抑制效应。我们认为掩蔽不仅延后了注意定向,其效果可能也有所减弱,因此无论是易化还是抑制,其效应的持续时间可能要短于阈上线索。

然而,Mele 等(2008)通过调控亮度控制线索可见性,只是得到晚期抑制(SOA=750ms)而无早期易化(SOA=150ms),他们认为此抑制现象并非返回抑制,而是自动的、无意识的、独立于注意之外的自我抑制,与负兼容效应类似。注意定向的典型特征是双阶段效应,只有抑制说明其在本质上并非注意现象。实验 3 阈下线索得到了易化和抑制,不仅扩展了 McCormick(1997)的研究结论,也为反驳 Mele 等(2008)的观点提供了依据。

此外,本研究能得到阈下线索引发注意定向的双阶段效应,实验程序方面的改进是至关重要的。其一,采用掩蔽线索,设置多 SOA 时程,让被试完成不同任务(检测任务和辨别任务)。Ivanoff 和 Klein (2003)[2] 虽然也采用掩蔽方式考察返回抑制,但选取任务(检测任务)和 SOA (105/1005ms)方面不够敏感。其二,线索提示性。本研究采用的线索为对靶子不具有任何提示作用的外源性线索,其引发的是外源性注意定向,为刺激驱动的加工。而当线索具有提示性时,无论是否告知被试提示性的比例,都会对靶子的觉察产生促进作用,而没有抑制效应,这不仅是由于自上而下预期的作用,还存在内隐学习的影响,因此本研究能得到易化和抑制的双阶段外源性注意定向效应。其三,中央线索的作用。Pratt 和 Fischer (2002)系统探讨了中央线索在返回抑制中的作用,认为中央线索使得注意从线索化位置撤

〔1〕 Kim,C. & Blake,R. (2005). Psychophysical magic: Rendering the visible invisible. *Trends in Cognitive Sciences*, 9(8),381－388.

〔2〕 Ivanoff,J. & Klein,R. M. (2003). Orienting of attention without awareness is affected by measurement-induced attentional control settings. *Journal of Vision*,3(1),32－40.

离重新回到注视点，有助于返回抑制的出现(Pratt & Fischer，2002)。我们加入中央线索，从而促进了返回抑制效应的出现。此外实验3采用辨别任务，任务难度增加延迟了易化效应和抑制效应出现的时间(Lupiañez et al.，1997)，因此采用该任务能更好地观测阈下线索引发空间外源性注意定向效应的时程变化。

2. 掩蔽线索引发注意定向的机制

实验2和实验3结果表明，被掩蔽线索虽然不能达到外显报告水平，但仍能对随后出现的刺激加工产生影响，发现了易化和抑制效应，为阈下线索引发注意定向的双阶段效应提供依据，在证明了注意定向效应的产生不受线索可否被觉察影响的同时，还为阈下返回抑制的存在提供了直接证据。

阈下返回抑制是否与阈上返回抑制具有同样的产生机制呢？我们通过三个实验发现了阈下线索引发的易化和返回抑制效应，这与阈上研究结果是一致的，无论线索是否达到觉察水平，均存在返回抑制，即本研究得到的阈下返回抑制，其实质可能是对阈上返回抑制的扩展，因此有理由推测对阈上返回抑制可能也适用于阈下。

对返回抑制解释的早期较为单一理论有两种，即注意说和反应说。前者认为当线索出现一段时间后，由于出现在与线索相同位置的靶子的感知觉加工和注意受到了抑制，所以反应时会变慢；而后者则主张靶子的感知觉加工等心理过程，其实并未受到影响，而是在靶子的反应准备或者执行阶段受到了抑制。后期，研究者们则更倾向于晚期理论，即返回抑制存在两种成分——注意成分和眼动成分(Chica et al.，2010)。然而无论是早期理论还是晚期理论，都有支持或者反对早期的行为和神经科学证据，如线索化位置上靶子加工产生的P1和N1成分幅值上低于非线索化位置(McDonald et al.，1999；Prime & Ward，2004，2006；Zhang & Zhang，2007)。

Vivas等人提出的抑制标签(Inhibitory Tagging，IT)机制也对返回抑制做出了解释。他们认为当刺激(Stroop色词)出现在线索化位置时，会在颜色和词义及其相应反应之间贴上一个标签，冲突刺激出现时，由于抑制标签的作用，暂时地阻断了对颜色和词义的反应，从而相当于间接易化了对冲突刺激的反应，所以在线索化位置上的Stroop效应会减少。根据抑制标签机制，返回抑制的产生既不是由于刺激的感知觉加工受到抑制，也不是由于反应阶段受到抑制，而是由于在刺激出现时的加工(语义加工)与反应之间的连接被短暂地阻隔产生的(Vivas & Fuentes, 2001; Vivas et al., 2007[1])。并且 Chen 等(2006)通过 fMRI 技术,采用与 Vivas 等类似的范式研究发现背外侧前额叶(Dorso lateral prefrontal cortex,DLPC)卷入了返回抑制与反应冲突间交互作用之中,为抑制标签机制提供了脑机制方面的证据。但就当前的研究结果我们不能反驳任何一种机制的作用,这可能需要进行更深入的研究(Chen et al.,2006)。

二、阈下返回抑制的机制

(一) 理论综述

所谓的阈下返回抑制是指,由人们不能察觉进行外显报告的线索所引发的返回抑制。调控线索不可见的方式主要有:(1) 控制线索本身的物理属性,如亮度和对比度等(McCormick,1997[2]; Mele et al.,2008);(2)用掩蔽的方式使得线索不能报告(Ivanoff & Klein,2003)。正如 Posner 等关于返回抑制的研究结果,在空间线索化范式下(spatial cuing paradigm)注意定向(attentional orient)具有双阶段效应的特点,即存在短 SOA(例如,100 或 200ms)上的早期易化和常 SOA 上(250ms 以上)的晚期抑制。McCormick (1997)采用有提示性作用的主观阈限之上及之下的刺激作为线索,并且每次试验均需对线索进行报告,结果发现阈下外源性线索可以引发短时程的易化(SOA=80ms),而没有长时程的抑制(SOA=500/1000ms),他认为自上而下加工的参与导致抑制效应消失。但该实验中每个试次均报告线索,处于注意设置(Attentional Set,AS)(Klein,2000)里的线索能捕获注意从而产生易化作用。Ivanoff 和 Klein(2003)针对上述问题采用元对比掩蔽(meta-contrast mask)与线索—靶子范式结合,设置报告与不报告线索两种任务,在不报告线索任务中只发现返回抑制(SOA=1005ms),而没有早期易化(SOA=105ms),另一个任务结果则完全相反,他们认为注意被线索吸引,而后迅速从该位置撤走,因此很早发生的返回抑制覆盖了早期的易化效应,而当报告线索时,注意不能从线索化位置撤离,因而没有返回抑制产生,这支持了注意说。Mele 等(2008)采用调控亮度的方式控制线索可见

---

[1] Vivas,A. B et al. (2007). Inhibitory tagging in inhibition of return: Evidence from flanker interference with multiple distractor features. *Psychonomic Bulletin & Review*, *14*(2),320-326.

[2] McCormick,P. A. (1997). Orienting attention without awareness. *Journal of Experimental Psychology: Human Perception and Performance*, *23*(1),168-180.

性,也只是得到晚期的抑制(SOA＝750ms),而没有早期易化(SOA＝150ms),并且认为此抑制现象并非是注意现象中的返回抑制,更多的是类似于负兼容效应的自我抑制,即大脑会自主加工先前出现的启动项信息,启动项由激活到消失,存在一个抑制过程,而相同类型的目标项出现在这一阶段,从而受到了抑制(Schlaghecken et al. 2007)。尽管有研究者探讨认知控制和阈下启动项产生的无意识机制负兼容效应的关系也发现,认知控制的冲突解决和阈下启动项产生的抑制效应存在着交互作用(Boy et al. 2010),这类似于 Vivas 等(2001)[1]得到的不同 Stroop 刺激所得到的 Stroop 效应会与返回抑制产生交互作用的结果,但两者有明显不同。负兼容效应研究中,通常启动项和目标项两者在中央呈现且具有特征上的一致性,例如,箭头的指向性。而通过掩蔽线索引发的返回抑制,线索或者靶子的通常是呈现在注视点的外周,且两者在知觉特征上无任何相似之处,只是具体有一定的空间位置性,如均呈现在注视点左侧或者右侧。因此,不能把阈下返回抑制和负兼容效应等同。

迄今为止唯一采用单纯的外源性阈下线索(处于阈限之下、与任务无关、对靶子没有提示性)得到注意定向双阶段效应的研究为 Mulckhuyse 等(2007)[2]的研究,该研究发现阈下单纯外源性线索可以引发早期易化(SOA＝16ms)和晚期抑制(SOA＝1016ms)。他们认为只有在非常短的时间内(16ms)注意才会停留在线索出现的位置从而产生易化效应。与阈上线索相比,阈下线索属弱刺激,不能使注意驻留在空间中的某一位置较长时间,而会很快从线索化位置转移,所以只能在较短 SOA 上(如 16ms)得到易化效应(Mulckhuyse et al.,2007)。如果按照注意定向的双阶段效应推论,早期易化之后发生抑制,那么易化时程提前,相应的抑制效应时程也应提前,但是这一推论在前人的研究中并未得到验证。

---

〔1〕 Vivas, A. B & Fuentes, L. J. (2001). Stroop interference is affected in inhibition of return. *Psychonomic Bulletin & Review*, *8*(2), 315－323.

〔2〕 Mulckhuyse, M. et al. (2007). Grabbing attention without knowing: Automatic capture of attention by subliminal spatial cues. *Visual Cognition*, 15(7), 779－788.

（二）实验研究

实验 1

1. 被试

选取在校大学生 19 人，其中男 8 人，女 11 人，年龄在 19—25 岁之间(平均年龄=22.2±1.5 岁)，被试均为右利手，视力或者矫正视力正常，之前没有参加过类似实验。被试完成实验后获得相应报酬。

2. 工具与材料

采用心理学编程软件 E-Prime 2.0 版本进行编程，将 21 寸显示器的屏幕分辨率设置为 1024×768 像素，刷新率为 100Hz。被试眼睛距离屏幕 80cm。实验在灰色背景(RGB 为 128,128,128)和微亮的环境下进行。注视点是一个白色加号(0.45°×0.45°)，上下方的白色方框(高 2.5°，宽 3°)边框为 4 磅，方框中心距注视点中心 2.5°。将左右两个方框中的一个边框变粗(6 磅)作为线索化方式，掩蔽项是两侧方框的边框同时变粗(6 磅)。中央线索为白色方块(0.63°×0.63°)。

3. 设计与程序

实验为 2×2 被试内设计。自变量一是线索呈现时间分为 10ms，20ms 两个水平；自变量二为掩蔽呈现时间包括 30ms 和 80ms 两个水平。实验程序如下所述，屏幕中央出现一个“+”和上下两个方框，呈现 800ms 后，线索化上或者下侧方框 10ms 或 20ms，掩蔽与线索之间的时间间隔(Inter-Stimulus Interval, ISI)为 10ms，掩蔽项呈现的时间为 20ms 或 80ms。经过 100ms 空屏后，在注视点位置呈现中央线索 100ms。被试的任务是在白色方块呈现完毕后，对先前线索出现的位置进行判断，出现在上按鼠标左键，出现在下按鼠标右键。记录被试的反应时和正确率，告知被试反应准确是最重要的。被试练习 16 次后询问其是否明白实验任务，如果明确实验任务则进行正式实验，否则再进行一组练习。正式实验共有 128 次试验，四种处理条件下各 32 次，其中线索出现在上和下各半。具体见图 2.14 所示。每名被试实验时间约 15min。

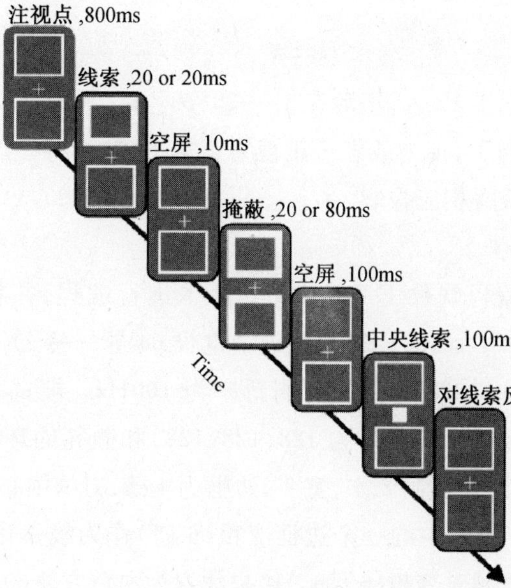

图 2.14　实验 1 刺激呈现流程

4. 结果与分析

因实验要求被试尽量保持反应准确,反应时不做具体分析。表 2.5 为被试在各条件下的平均正确率和标准差。将各条件下的正确率与猜测概率(50%)进行 T 检验发现,当线索为 10ms 且掩蔽呈现时间为 30ms,正确率显著大于猜测概率[$t(18)=2.97$; $p<0.05$];当线索为 20ms 且掩蔽时间为 30ms 时,正确率是显著大于 50%的[$t(18)=4.65$; $p<0.001$];同样,当线索为 20ms 且掩蔽时间为 80ms 时,正确率同样是显著大于猜测概率的[$t(18)=3.56$; $p<0.01$];但是当线索为 10ms 且掩蔽时间为 80ms 时,平均正确率与猜测概率是没有显著差异的[$t(18)=2.1$; $p>0.05$]。在实验过程中询问被试能否看见线索,所有被试的主观报告均为看不见。

表 2.5　实验 1 各条件下的正确率及标准差

线索呈现时间	10ms		20ms	
掩蔽呈现时间	30ms	80ms	30ms	80ms
平均正确率(%)	0.58*	0.53	0.62***	0.58**
标准差	0.11	0.06	0.11	0.10

注:正确率与猜测概率 50%进行比较;* 为 $p<0.05$,** 为 $p<0.01$

实验 2

1. 被试

选取在校大学生 10 人,年龄在 19—25 岁之间(平均年龄＝23.4±1.3 岁),被试均为右利手,视力或者矫正视力正常,之前没有参加过类似实验。被试完成实验后获得相应报酬。

2. 工具与材料

采用心理学编程软件 E-Prime 2.0 版本进行编程,并将编码发送至 SCAN 记录仪(Neuroscan,USA),共记录电极 64 导。将 21 寸显示器的屏幕分辨率设置为 1024×768 像素,刷新率为 100Hz。被试眼睛距离屏幕 80cm。实验在灰色背景(RGB 为 128,128,128)和微亮的环境下进行。注视点上下方的白色方框(高 2.5°,宽 3°)边框为 4 磅,方框中心距注视点中心 2.5°。将上下两个方框中的一个边框变粗(6 磅)作为线索化方式,掩蔽项是两侧方框的边框同时变粗(6 磅)。中央线索为白色方块(0.63°×0.63°)。靶刺激为汉字(1.5°×1.6°),字形为宋体,汉字的书写颜色有四种,红色(RGB:255,0,0)、绿色(RGB:0,255,0)、蓝色(RGB:0,0,255)和黄色(RGB:255,255,0)。

3. 设计与程序

2×3 被试内设计。自变量一为线索和靶子的位置关系,包括线索化条件(线索和靶子出现在相同位置)和非线索化条件(线索和靶子出现在不同位置)两种;自变量二为 Stroop 色词类型,分为三个水平及一致、中性、冲突。程序基本与实验 4 相同,线索呈现时间为 10ms,掩蔽呈现时间为 80ms,由于任务难度增加,中央线索和靶子之间设置为随机时间间隔(570ms—770ms),即 SOA 为 870ms—1070ms 随机(平均为 970ms)。实验中,要求被试眼睛固定在注视点位置,靶子呈现后既快又准地对汉字的呈现颜色进行反应,如果是红色和绿色则按左键(或右键),黄色和蓝色则按右键(或左键)。具体见图 2.15 所示。被试练习 16 次后询问其是否明白实验任务,如果明确实验任务则进行正式实验,否则再进行一组练习。正式实验共有 960 次试验,6 种处理条件下各 160 次。每名被试实验时间约 3h。

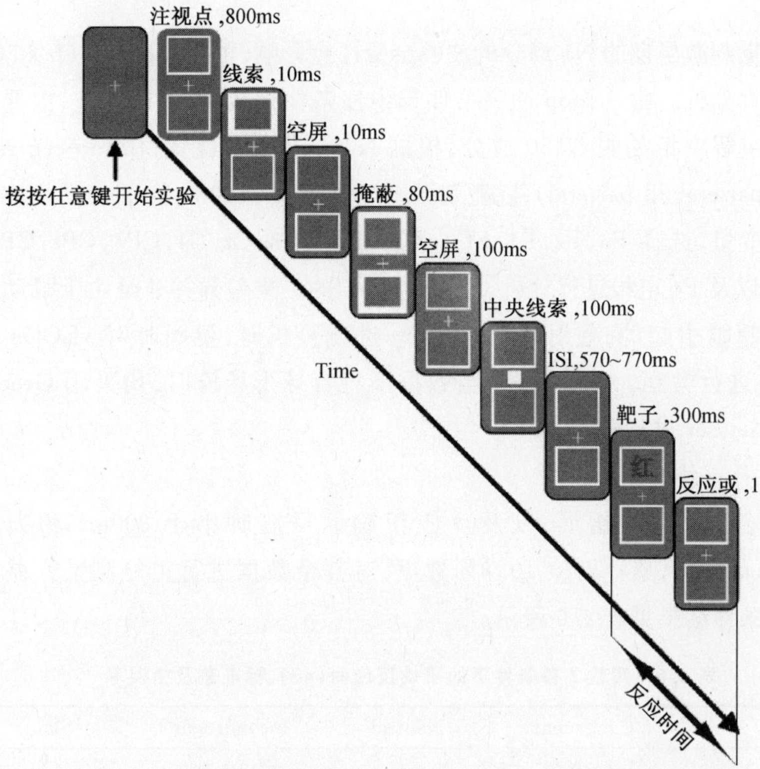

图 2.15　实验 2 刺激呈现流程（Stroop 冲突条件的汉字与线索出现在相同位置，"红"字的书写颜色为蓝色）

4. ERP 数据的记录与处理

脑电记录仪器为 NeuroScan 公司生产的 Neuroscan 记录和分析系统，按国际 10—20 系统扩展的 64 导电极帽记录 EEG。选择左耳乳突作为参考电极，离线分析时以左右耳乳突平均波幅进行重参考。为监控眼动，双眼外侧 1.5cm 处安置电极记录水平眼电（hEOG），左眼上下 1.5cm 处安置电极记录垂直眼电（vEOG）。选用 AC（Neuroscan，0.05－100Hz）放大器，采样频率为 500Hz，连接电极时头皮电阻小于 5kΩ。

采用 Neuroscan4.3 软件分析对 EEG 数据进行离线分析，数据预览时删除在刺激出现时有较大伪迹（如眼动，眼跳，头动等）部分，对 EEG 信号进行离线滤波（带通为 0.5－30Hz，zero-phase，slope＝24dB/octave）后，以靶刺激出现前 200ms 至出现后 1000ms 进行分段，随后剔除振幅超过 50μV

的试次。

视觉刺激早期的N1成分的波幅会受注意影响，主要选择O1，Oz和O2电极进行分析。由Stroop冲突条件与中性条件相减，得出差异波，主要考察与冲突解决相关的N450成分，根据N450产生的位置(fronto-central，centro-parietal和parietal)，以靶刺激出现后400－500ms之间的平均波幅作为因变量，选择F3，Fz，F4，FC3，FCz，FC4，C3，Cz，C4，CP3，CPz，CP4，P3，Pz，以及P4电极进行分析。为排除实验的结果差异并非是由于眼动和微弱的眨眼引起的，在对N1和N450进行分析时，要同时对vEOGs和hEOGs进行考察。必要时，即当数据不符合球形检验时，均采用Greenhouse-Geisser进行校正。

5. 行为结果与分析

剔除被试反应错误，以及反应正确但反应时小于300ms和大于1000ms的数据，累计剔除10.8%数据，对其余数据进行重复测量方差分析。各条件结果见表2.6所示。

表2.6 实验2各条件下的平均反应时(ms)、标准差及错误率

	Congruent	Neutral	Incongruent	SE
Cued	530±50 (5.1%)	550±66 (4.4%)	568±73 (6.0%)	18*
Uncued	525±50 (4.5%)	538±56 (4.6%)	571±73 (7.9%)	33**
IOR	5	12*	−3	−15*

注：* 为 $p<0.05$，** 为 $p<0.01$，*** 为 $p<0.001$
SE：Stroop Effect(incongruent-neural)；IOR：Inhibition of Return(cued-uncued)

进行2×3重复测量的方差分析发现线索和靶子位置关系主效应不显著[$F(1,9)=0.788$，$p>0.05$]；Stroop色词主效应显著[$F(2,18)=17.868$，$p<0.001$]，表现与中性条件相比，冲突条件更慢(冲突条件－中性条件＝26ms)，一致条件更快(一致条件－中性条件＝－16ms)，表明实验5得到了典型的Stroop效应。两者交互作用显著[$F(1,9)=3.547$；$p<0.05$]。进一步分析交互作用发现，只有中性色词条件存在显著的返回抑制效应[12ms，$t(9)=2.32$；$p<0.05$]；并且Stroop效应为线索化条件显著小于非线索化条件[15ms，$t(9)=2.87$；$p<0.06$]，这表明，不可见的掩蔽线索

对靶子的冲突加工产生了影响。具体见图 2.16 所示。

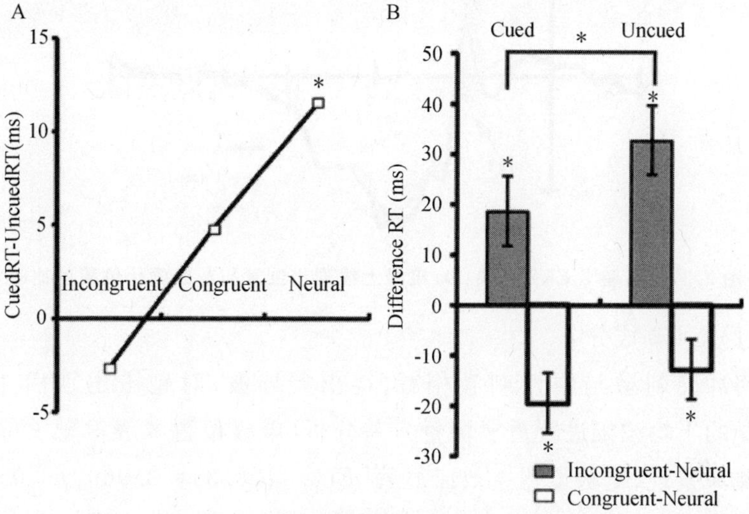

图 2.16　实验 2 行为结果[A　纵坐标为线索化条件反应时减非线索化条件反应时，横坐标为不同的 Stroop 刺激，* 表示在中性刺激下存在显著的返回抑制($p<0.05$)。B　纵坐标为冲突刺激与中性刺激的反应时差(□)，以及一致刺激与中性刺激的反应时差(□)，* 为 $p<0.05$]

对错误率进行分析发现，当靶子出现在非线索化位置时，冲突刺激的错误显著高于中性刺激[1.9%，$t(9)=2.86$，$p<0.05$]，表明 Stroop 效应不仅表现在反应时间上，还在准确性上有所体现。其余错误率分析的效应均不显著，说明反应时所得效应不存在被试的速度一准确率权衡(speed-accuracy trade-off)的影响问题。

6. ERP 结果与分析

(1) N1 成分

早期成分上不同的 Stroop 刺激类型并未对 N1 的波幅(刺激出现后 150—200ms 的平均波幅)产生影响，因此，以平均波幅作为因变量，将线索靶子位置关系变量进行单因素方差分析，结果发现，线索靶子位置关系主效应显著，非线索化条件下的 N1 平均波幅(−1.39μV)显著大于线索化条件(−0.77μV)。具体见图 2.17 所示。

此外，对 vEOG 和 hEOG 进行考察，并未发现线索化条件和非线索化条件间的差异[vEOG：$t(9)=2.2$，$p>0.05$；hEOG：$t(9)=1.59$，$p>0.05$]，这表明实验结果所得差异并非是由于眼动或轻微眨眼引起的。

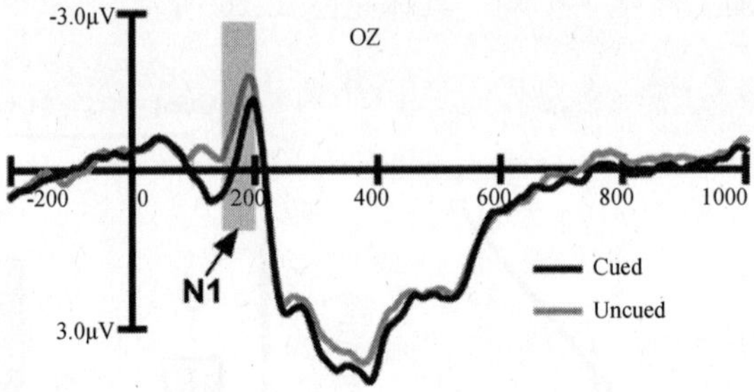

图 2.17 实验 2 ERP 结果:Oz 电极上线索化位置与非线索化位置的比较

(2) N450 成分

将冲突刺激与中性刺激相减,得出差异波,对靶子出现后 400－500ms 的平均波幅进行重复测量方差分析(电极位置×线索靶子位置关系),结果发现,电极位置主效应显著[$F(3.1,28.3)=3.960, p<0.05$],表现为 N450 在中顶(centro-parietal)和额中(fronto-central)较大。线索靶子位置关系主效应显著[$F(1,9)=5.905, p<0.05$],表现为非线索化条件(－2.93μV)大于线索化条件(－1.05μV),这与行为结果是相符的。当然,对比分别出现在线索化位置和非线索化位置上的冲突刺激,中性刺激和一致刺激的原始波形,结果也与差异波以及行为结果一致。具体见图 2.18所示。

电极位置和线索靶子位置关系两者交互作用不显著[$F(1.7,15.2)=1.736, p=0.211$],这表明 N450 在线索化位置和非线索化位置上的差异不受电极位置(fronto-central 和 centro-parietal)影响。

从 2D 形图上可更加清晰地看出,无论是线索化条件还是非线索化条件,差异波(冲突刺激减中性刺激)在靶子出现后 420－460ms 之间激活最强烈,但是在激活量上,靶子出现非线索化位置更强。具体见彩图 4 所示。

此外,对 vEOG 和 hEOG 进行考察,并未发现线索化条件和非线索化条件间的差异[vEOG:$t(9)=0.55, p>0.1$; hEOG: $t(9)=0.97, p>0.1$],这表明实验结果所得 N450 成分在线索化位置和非线索化位置的差异并非是由于眼动或轻微眨眼引起的。

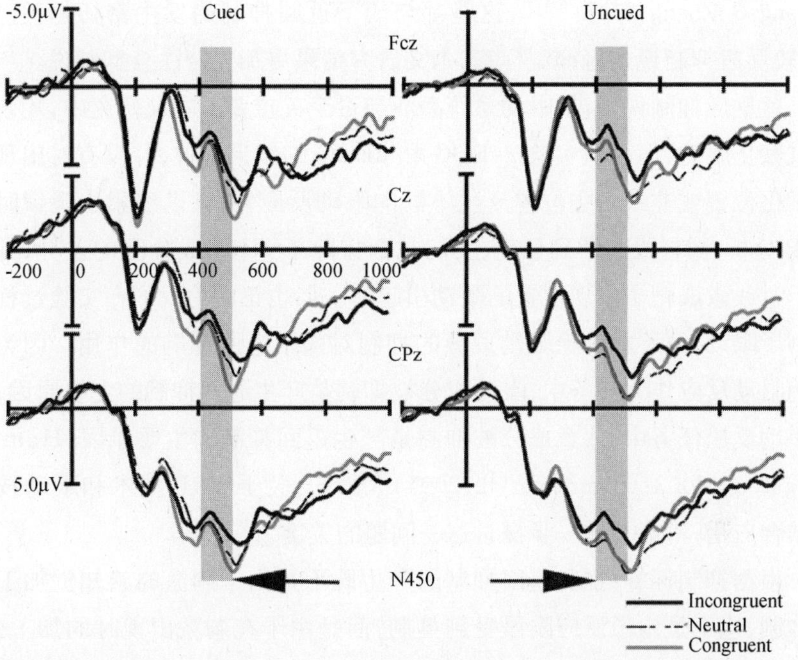

图 2.18　实验 2 ERP 结果：三种 Stroop 刺激类型在线索化和非线索化位置的波形

（三）综合讨论

阈下返回抑制是否与阈上返回抑制具有同样的产生机制呢？实验 3 得到阈下线索引发的易化和返回抑制效应的结果，这与返回抑制研究是一致的，无论线索是否达到觉察水平，均存在返回抑制，即本研究得到的阈下返回抑制，其实质可能是对阈上返回抑制的扩展，因此有理由推测对阈上返回抑制可能也适用于阈下，尤其是注意抑制说。

实验 2 得到 N1 在线索化位置的减弱，虽然不能反驳反应抑制说，但众多对返回抑制的 ERP 研究均发现与靶子早期感知觉加工相关的 P1 和 N1 成分在线索化位置上低于非线索化位置（Berlucchi，2006；McDonald et al.，1999；Prime & Ward，2004，2006；Zhang & Zhang，2007），这至少能证明，阈下返回抑制的产生于早期感知觉加工受到抑制是紧密相关的。同理，作为与冲突解决密切相关的 N450 成分，也在线索化位置上发生了减弱，且以反应时为指标的 Stroop 效应也同样在线索化位置上减少了，这表明冲突得到了缓解。由此可知，阈下返回抑制的发生不仅与感知觉成分被抑制相关，反应前的加工也受到了抑制，例如本文中的 N450，以及前人研究得到的 N400

(Zhang & Zhang,2007)[1],这些都与阈下返回抑制的发生密切相关。因此,较反应抑制说或者抑制标签,本文研究结果更加支持注意抑制说。

就反应抑制说来讲,眼动系统激活与否至关重要。本文研究中,均告知被试禁止眼动,而且从实验2vEOG和hEOG的结果来说,并没有对出现在线索化位置或非线索化位置产生不同的眼动反应,而且以线索出现锁时的ERP分析,同样没有得到任何差异,从而排除了N450成分上的差异,并非由于对线索或靶子出现位置的眼动引起的。但也正因为我们在实验过程中控制了眼动,故不能排除眼动成分的抑制对阈下返回抑制的作用。因为当采用眼动反应作为任务中,眼动成分被抑制是产生返回抑制的主要原因;而在手动反应任务中,注意成分被抑制是产生返回抑制的主要原因(Hunt & Kingstone,2003; Sumner et al.,2004)。因此,关于ERP技术和眼动技术的结合应用,可能是进一步探讨这一问题的关键。

根据抑制标签机制,返回抑制的产生既不是由于刺激的感知觉加工受到抑制,也不是由于反应阶段受到抑制,而是由于在刺激出现时的加工(语义加工)与反应之间的连接被短暂地阻隔产生的(Vivas & Fuentes,2001; Vivas et al.,2007)。并且Chen等(2006)通过fMRI技术,采用与Vivas等类似的范式研究发现背外侧前额叶(Dorso Lateral Prefrontal Cortex, DLPC)卷入了返回抑制与反应冲突间交互作用之中,为抑制标签机制提供了脑机制方面的证据(Chen et al.,2006)。但若抑制标签机制所说,短暂地阻断了刺激—反应之间的链接,那么在高时间分辨率的ERP实验中,短暂阻断应体现为线索化位置和非线索化位置上N450潜伏期上的差异,但就我们的实验结果来看,并未观测到潜伏期上的变化,因此,抑制标签可能并非阈下返回抑制产生的原因。

被掩蔽线索虽然不能达到外显报告水平,但仍能对随后出现的刺激加工产生影响,发现了易化和抑制效应,为阈下线索引发注意定向的双阶段效应提供依据,在证明了注意定向效应的产生不受线索可否被觉察影响的同时,还为阈下返回抑制的存在提供了直接证据,且为阈下返回抑制的注意抑制说提供了认知神经科学的直接证据。

---

[1] Zhang, M. & Zhang, Y. (2007). Semantic processing is affected in inhibition of return: Evidence from an event-related potentials study. *NeuroReport*, *18*(3), 267-271.

专题三 选择性注意的多感觉通道研究

人们的认知资源是有限的，在活动过程中，人们需要把有限的资源分配到不同的活动中或同一活动的不同方面。日常生活中我们发现一些活动因长期训练而变得自动化了，研究者对注意自动加工和控制加工机制很感兴趣。当我们同时进行两件事时(如开车和听收音机)，其实就涉及注意资源的分配问题。有关双任务研究的绝大多数结果都支持多重资源模型，但中枢容量有限的理论也很好地解释双任务的干扰现象。不同感觉通道的注意资源研究有助于解决现实生活中的驾驶安全问题。

关于跨视听通道选择性注意研究最基本的问题是：感觉通道是彼此连接的，人们是以牺牲其他感觉通道为代价而选择注意一个感觉通道；还是感觉通道是彼此独立的，选择注意一个通道不会对其他通道产生影响。这个问题的争论是对跨视听通道选择性注意的机制的探讨[1]。早在 1874 年，Wundt 声称对一个感觉通道的注意会加快与其任务相关的感觉通道的加工速度，而延迟与其任务不相关的感觉通道的加工速度。但是，正如 Spence 和 Driver (1997)所指出的那样，很多研究都存在着方法学上的缺陷。例如，不同通道的刺激呈现在不同的空间位置，所以对一个通道的注意与对位置的注意混淆在一起；另外，不同的任务类型、反应标准和对刺激和反应的重复，这些复杂的因素都会对结果造成影响。

早期，关于跨视觉和听觉通道的选择性注意机制存在着两种典型的理论观点：一种观点认为存在分离的通道特异性(modality specificity)的视

---

[1] Driver, J. & Spence, C. (1998). Crossmodal attention. *Current Opinion in Neurobiology*, *8*(2), 245－253.

觉、听觉注意系统，在视觉和听觉独立地进行表征[1]。另一种观点认为存在一个单独的超通道(supramodal)注意系统，它的功能是跨通道地调整目标知觉，在空间内分配注意而不管目标的通道[2]。魏景汉等人在总结前人研究结果的基础上发现跨视听通道选择性注意对偏差刺激的初步加工部位是通道特异性的，而对标准刺激的加工部位则应该是超通道的。从而提出注意的选择性加工机制随着刺激性质的不同发生变化，不是绝对不变的，而是可变的，具有可塑性。

Mondor 和 Amirault (1998)[3]研究了空间线索对听觉目标和视觉目标辨别的影响。目标和线索可能是同一通道的，也可能是通道间的。实验结果发现了通道间线索是有效的，但通道内线索的效度远远大于通道间的条件。这一实验结果表明视觉和听觉是独立的通道特异性注意系统，但它们之间存在连接，靶子辨别可能受到来自于另一通道的空间线索的影响，使得听觉朝向在视觉空间引起相应的朝向；反之，视觉朝向在听觉空间也能引起相应的朝向。Schmitt 等人[4]关于跨视听通道注意条件下的研究结果支持基于空间的注意系统的不完全通道特异性观点，即注意效应具有通道特异性，但是在不同的加工水平，会存在不同程度的相互连接。现在有越来越多的研究支持这种观点(Beer & Rder, 2004; Duncan et al., 1997; Hillyard et al., 1984; Macaluso et al., 2004; Spence & Driver, 1996)。

针对跨视听通道选择性注意研究最基本的问题，结合目前研究新的方向，本专题的系列研究包括以下三个方面：(1) 跨视听通道中选择性注意的各种干扰现象，包括跨通道的注意捕获和偏差干扰；(2) 跨视听通道的返回抑制；(3) 特殊人群的跨视听通道注意加工机制。

---

[1] Eimer, M. et al. (2004). ERP evidence for cross-modal audiovisual effects of endogenous spatial attention within hemifields. *Journal of Cognitive Neuroscience*, *16*(2), 272－288.

[2] Farah, M. J. et al. (1989). Parietal lobe mechanisms of spatial attention: Modality-specific or supramodal? *Neuropsychologia*, *27*(4), 461－470.

[3] Mondor, T. A. & Amirault, K. J. (1998). Effect of same-and different-modality spatial cues on auditory and visual target identification. *Journal of Experimental Psychology: Human Perception and Performance*, *24*(3), 745－755.

[4] Schmitt, M. et al. (2001). Cross-modal exogenous attention and distance effects in vision and hearing. *European Journal of Cognitive Psychology*, *13*(3), 343－368.

第一节 正常人群跨视听通道中注意的加工机制

一、跨视听通道的返回抑制研究概述

(一) 跨视听通道的返回抑制发现

跨视听通道的返回抑制(inhibition of return,IOR)是指当线索呈现在视觉(或听觉)通道时,经过一定的时间间隔,靶子呈现在听觉(视觉)通道的情况下出现的反应时延长现象。所以就存在着视—听返回抑制(V-A/IOR)和听—视返回抑制(A-V/IOR)两种组合方式的跨视听通道的返回抑制。Spence和Driver (1998)[1]利用靶子—靶子模式,发现了听—视返回抑制。它反映了人类感觉系统在进化过程中的适应。跨视听通道的返回抑制从更高层面上反映出了人类感觉系统的协调能力,扩大了从环境中获取的信息量,提高了搜索的效率。对返回抑制的研究存在两种典型的模式:线索—靶子模式和靶子—靶子模式。线索—靶子模式是指每次实验开始后,首先在外周某一空间位置呈现一线索,要求被试尽量不要去注视它,而使眼睛一直保持在中央注视点的位置,经过一定的时间间隔呈现靶子,在看到靶子之后就要又快又准地按照要求做出反应;靶子—靶子模式是指不管是线索呈现,还是靶子呈现,都要求被试做出反应。所以,不管是哪个阶段呈现的刺激,都可以看作靶子。这种模式是通过操纵组间和组内靶子呈现的时间间隔来实现的,组间的两个靶子的时间间隔较长,一般在2500ms之上;而组内的两个靶子的时间间隔相对较短,一般取几百毫秒(ms)。Spence认为靶子—靶子模式是跨视听通道的返回抑制的重要原因。但Reuter-Lorenz的研究采用的是线索—靶子模式,也发现了视—听返回抑制。

(二) 跨视听通道的返回抑制的不对称性

随着对返回抑制研究的深入,越来越多的研究表明,视觉返回抑制是一种普遍存在的抑制现象。它不仅可以出现在检测某一靶子空间位置的简单检测任务中,而且可以出现在基于客体特性的辨别任务中。但与视觉返回抑制的研究有些不一致,人们通常是在听觉辨别或定位任务中发现返回抑

---

[1] Spence, C. & Driver, J. (1998). Auditory and audiovisual inhibition of return. *Perception & Psychophysics*, *60*(1), 125－139.

制(Mondor et al,1998;Mondor & Breau,1999; Mondor & Lacey,2000),而在听觉检测任务中有时候却不能发现这种抑制现象。至于为什么出现这种现象,主要是由于听觉和视觉系统的差异造成的。

人类的听器是根据频率和强度的时程变化对声音进行分析,所以感受器官人耳没有眼睛那么敏锐。Spence 和 Driver (1994)[1]研究发现,听觉空间注意定向与视觉空间注意定向相比,需要线索化位置和非线索化位置更大的分离才能够发生。之所以会出现这种结果,可能是因为在听觉系统中不存在与视觉系统中直接接受外界刺激的中央凹的平等对应物,所以使用的听觉线索的强度不足以使外源性注意聚焦于线索。还有人认为视觉的本质是基于空间的,既在外周感受器水平就对来自不同位置的刺激进行空间表征,而听觉则是非空间的以声音表征,不含有任何有关位置信息的输入,对位置的信息需要经过复杂的计算操作,依赖两耳的时差和强度差,还需要头动和耳壳的帮助。这些都源于声音和光的物理特性的不同。但是 Ward 和 Lawrence (1994)[2]研究发现两个通道定位准确性是不同的,听觉通道对重要事件的检测更有效,而不管它们的位置在哪里,视觉通道对一个事件的意义的分析更有效,因为它对空间定位更直接和准确。

Posner (1978)证明了在简单检测任务中,对于视觉靶子的线索损失和收益量最大,听觉最小,触觉居中。这对检测任务中听觉线索化减弱或消失的后来研究结论提供了证据。这些差异可能是由于不同通道的空间地图不一样:视觉加工从视网膜开始,而听觉则是在中脑和皮层下水平编码和进行声音的组织。因为声音在经过听觉感受器神经元时还不能对声音位置形成地图,相反,沿着耳蜗的位置,听觉感受器表面唯一可利用的声音纬度只能编码声音频率。这样,有关声音位置的信息必须被特异的、对位置敏感的神经元进行计算,例如前橄榄体、下丘脑、上丘脑和听觉皮层。Mondor (1998)实验表明了听觉和视觉线索易化作用的不对称性,听觉线索快于视

〔1〕 Spence, C. J. & Driver, J. (1994). Covert spatial orienting in audition: Exogenous and endogenous mechanisms. *Journal of Experimental Psychology: Human Perception and Performance*, *20*(3), 555—574.

〔2〕 Ward, L. M. (1994). Supramodal and modality-specific mechanisms for stimulus-driven shifts of auditory and visual attention. *Canadian Journal of Experimental Psychology*, *48*(2), 242—259.

觉线索的作用,证明了听觉的警觉水平更高。Turatto (2002)发现听觉刺激能够在没有注意的参与下自动激活中枢决策机制(自动警觉),视觉刺激有一个相对贫乏的警觉能力(自主警觉)。这说明听觉刺激比视觉刺激能够产生更强烈、自动化的警觉效应。

从上面的分析可以看出,之所以有的研究者没有在检测任务中发现听觉返回抑制,可能是他们的实验操作没有注意到两者系统的不同,所以使用的声音强度不够。基于以上的分析,如果实验条件操纵得恰当,在听觉检测任务中不仅存在着注意定向效应,同样会发现返回抑制。

视觉返回抑制和听觉返回抑制的差异直接导致了跨视听通道的返回抑制的不对称性。Reuter-Lorenz (1996)[1]选择使视觉和听觉靶子能够被同等感觉到的刺激强度;做简单反应时的人工反应的研究结果发现视觉靶子与听觉靶子相比,返回抑制量对于前者更大;视觉靶子的返回抑制量是听觉靶子的 2 倍,说明返回抑制量可能具有通道依赖性。

Spence 等人(2004)结果获得了与以前报告相似的发现,视觉靶子返回抑制具有通道主效应,即说明相对与其他感觉通道,视觉通道的返回抑制量更大。

(三)中央重新定向事件的作用

1984 年,Posner 和 Cohen 对空间线索技术作了几个修正,其中一个修正是在 SOA 期间,在中央注视点加入一个突现亮点,因为它发生在外周线索化和靶子出现之间,所以称为"中央注视点重新线索化",简称为"中央线索化"(fixation cue),这样做的目的是要在靶子出现之前,保证使对外周线索化位置的注意定向重新定向于中央注视点位置。从此,有很多人采用这种范式对返回抑制进行研究(Pratt & Abrams, 1995; Tipper, Driver&Weaver,1991;Pratt et al.,2000)。

Pratt(2002)[2]在外周线索化和靶子呈现的时间间隔(SOA)里,呈现中央线索化,有四种呈现方式:在外周线索化之后立即呈现,在 SOA 的中间呈现,在靶子出现之前呈现,不呈现。结果发现只有在 SOA 为 200ms 时,

---

〔1〕 Reuter-Lorenz,P. A. & Rosenquist,J. N. (1996). Auditory cues and inhibition of return: The importance of oculomotor activation. *Experimental Brain Research*, *112*(1),119—126.

〔2〕 Pratt,J. & Fischer,M. H. (2002). Examining the role of the fixation cue in inhibition of return. *Canadian Journal of Experimental Psychology*, *56*(4),294—301.

在 SOA 中期和晚期呈现中央线索化才会对结果产生影响，出现返回抑制。但在 SOA 为 400ms 和 800ms 的条件下，四种中央线索化条件不存在显著差异。这些结果说明，突现引起的注意只能在外周线索化位置固着停留很短的时间，超过这个时间之后，一旦注意被转移开，返回抑制在短 SOA 下也能够被发现。

Spence 和 Driver (1998)[1]认为在外周线索和靶子出现的中间间隔插入中央注视点重新线索化是跨视听通道的返回抑制出现的重要原因。但呈现方式与传统的中央线索化有所区别，是用几个连续呈现的突现亮点并且在视觉突现的同时加入声音刺激，为了突出它的重要性，Spence 把它定义为中央重新定向事件(central reorienting event，CRE)。因为中央重新定向事件能够使被试的注意在靶子呈现之前，从外周线索化位置重新返回中央位置；反之，如果没有中央线索，易化效应会长时间保持在外周线索化位置，这可能阻止了抑制效应的出现时间，从而掩盖了返回抑制。但是，Reuter-Lorenz 在没有中央线索的条件下，也发现了视—听返回抑制。可见，中央线索化在跨视听通道的返回抑制中所产生的作用，还有待于进一步研究。

当中央线索化出现时，对于返回抑制可能出现在更早的 SOA 时间水平上有两种解释：(1) 长时期固着理论(long-held notion)，该理论认为只有使注意离开外周线索化位置，返回抑制才会出现(Maylor & Hockey，1985)，而中央线索化能够使注意离开线索化位置，这样返回抑制就会在更早的 SOA 水平上出现；(2) Danzinger 和 Kinsgtone (1999)[2]提出一种假设认为在外周线索化的同时，返回抑制就会出现，但在短的 SOAs 时间里，被由注意捕获所引起的易化效应所掩盖。而通过中央线索化使注意离开外周线索化位置，就能够使抑制过程在更早的 SOA 水平上显现出来。

上面两种解释对应于两种不同的注意机制理论：一种是易化和抑制机制是在时间上先后出现的单一注意过程，另一种是易化和抑制机制两个分离的注意加工过程。现在越来越多的证据认为易化和抑制机制是两个分离的注意加工过程，从而支持 Danzinger 和 Kinsgtone 的解释。例如，来自人

[1] Spence, C. & Driver, J. (1998). Inhibition of return following an auditory cue: The role of central reorienting events. *Experimental Brain Research*, *118*(3), 352－360.

[2] Danziger, S. & Kingstone, A. (1999). Unmasking the inhibition of return phenomenon. *Perception & Psychophysics*, 61(6), 1024－1037.

类行为和动物心理学的研究表明，抑制在外周线索化的同时出现（Klein，2001）。

（四）靶子呈现

这个问题涉及实验操作程序，Spence 等人认为只有当靶子呈现通道不确定时，才会出现跨视听通道的返回抑制。这种通道不确定性是指当线索是视觉刺激时，靶子既可能是视觉的，也同样可能是听觉刺激；相反，当线索是听觉刺激时也成立（靶子—靶子模式时是指每次需要你做反应的靶子具有随机性，如果上一次是听觉刺激，这一次既可能是听觉刺激，也同样可能是视觉刺激，相反情况也成立）。Schmitt 等人（2000）的研究同时采用了靶子呈现通道固定的组块，发现在这种情况下不会有注意效应的发生，进一步验证了 Spence 的观点。

（五）实验任务难度与返回抑制时程的关系

大量的研究结果表明：实验任务难度是影响返回抑制出现时间的一个重要因素，随着实验任务的难度逐渐增大，返回抑制出现得越来越晚。王玉改等人（1999）的研究采用视觉字母觉察实验发现：返回抑制在 SOA 为 700ms 时出现，且在 900ms 时消退。王均和王玉改（2000）的进一步研究发现：在觉察任务中，返回抑制在线索和靶子的 SOA 为 300ms 时出现；在辨别任务中，返回抑制在 SOA 为 700ms 时出现；在选择任务中，返回抑制在 SOA 为 1300ms 时出现。陈玉芬等人（2002）的研究采用辨别任务发现：简单辨别作业条件下 SOA 为 1000ms 时出现显著返回抑制；复杂辨别任务条件下 SOA 为 1300ms 时才出现显著返回抑制。

这些结果都是基于视觉的，考虑到上面提到的听觉系统和视觉系统的差异。Spence 和 Driver (1998)研究发现易化作用影响的时间随着感觉通道的变化而变化，在听觉线索化后被特别地延长。Tassinari 和 Berlucchi (1995)采用检测任务，在 SOA 为 600ms 时发现了听觉返回抑制（通常检测任务中的视觉返回抑制出现在 300ms）。

几个关于正常人（Klein et al.，1987； Spence & Driver，1997； Bologni-ni，2005[1]）和前额叶脑损伤病人的研究，在采用非信息化的听觉线索和随

[1] Bolognini，N. et al. (2005). “Acoustical vision” of below threshold stimuli: Interaction among spatially converging audiovisual inputs. *Experimental Brain Research*，*160*(3)，273－282.

后视觉靶子的实验中没有发现跨视听通道的返回抑制。但是他们的实验中却报道在较短的SOA上，对与听觉线索出现在同一侧的视觉靶子的成绩更好，说明有跨视听通道的注意定向效应的存在，却没有在较长的SOA上报道有跨视听通道的返回抑制的证据。然而Klein等采用的最大SOA为500ms，Spence和Farah分别采用的最大SOA为700ms和1000ms。赵晨，张侃等人(2001)采用听觉中央线索后的视觉注意定向，要在SOA为500ms时才能够出现；而Farah等的研究发现，听觉线索化的视觉易化效应甚至能够持续到1000ms。同样，在他们的研究中也没有发现跟随视觉线索之后的听觉靶子情况下的跨视听通道的返回抑制的存在。但是在Reuter-Lorenz (1996)的实验中，采用1000ms和1300ms的SOA却发现了跨视听通道的返回抑制。

二、检测任务和辨别任务中听—视返回抑制

（一）理论综述

最早对跨视听通道的返回抑制进行研究的是Spence和Driver，他们利用靶子—靶子模式，发现了听—视返回抑制。它反映了人类感觉系统在进化过程中的适应。跨视听通道的返回抑制从更高层面上反映出了人类感觉系统的协调能力，扩大了从环境中获取的信息量，提高了搜索的效率。Spence认为靶子—靶子模式是跨视听通道IOR出现的重要原因。但Reuter-Lorenz的研究采用的是线索—靶子模式，同样发现了跨视听通道的返回抑制，但他们考察的只是视—听返回抑制。那么，在线索—靶子模式下，是否存在着听—视返回抑制呢？如果存在，那么和视—听返回抑制又有什么区别呢？

随着对返回抑制研究的深入，越来越多的研究表明，视觉返回抑制不仅可以出现在检测某一靶子空间位置的简单检测任务中，而且可以出现在基于客体特性的辨别任务中。但与视觉返回抑制的研究有些不一致，人们在听觉检测任务中有时候却不能发现这种抑制现象，即不具有普遍性。对于两个通道抑制加工机制的差异，是由于两个系统编码，表征方式等方面的不同造成的。但是在两个通道协同作用的条件下，情况是否会有所促进和改变呢？以往的研究结果发现，在注意效应量中，靶子通道的作用是不同的：在简单检测任务中，对于视觉靶子的线索损失和收益量最大，听觉最小，触觉居中。Reuter-Lorenz (1996)选用使视觉和听觉靶子能够被同等感觉到

的刺激强度；在检测任务中发现视觉靶子与听觉靶子相比，返回抑制量对于前者更大；视觉靶子的返回抑制量是听觉靶子的2倍，说明返回抑制量可能具有通道依赖性。所以我们假设，在检测任务中，线索—靶子模式下也会出现听—视返回抑制，但与视—听返回抑制相比，后者的抑制量更大。

大量的研究结果表明：实验任务难度是影响返回抑制出现时间的一个重要因素，随着实验任务的难度逐渐增大，返回抑制出现的越来越晚。以往研究结果显示，在检测任务中，视觉返回抑制在线索和靶子的SOA为300ms时出现；在辨别任务中，视觉返回抑制在SOA为700ms时出现；在选择任务中，视觉返回抑制在SOA为1300ms时出现。

这些结果都是基于视觉的，那么跨视听通道的返回抑制的发生时间和时程是否和视觉返回抑制存在相同的趋势呢？考虑到上面提到的听觉系统和视觉系统的差异。研究发现易化作用影响的时间随着感觉通道的变化而变化，在听觉线索化后被特别地延长。Tassinari和Berlucchi采用检测任务，在SOA为600ms时发现了听觉返回抑制(通常检测任务中的视觉返回抑制出现在300ms)。同样在辨别任务中，听觉返回抑制会在什么时间段出现，仍然是个重要的问题。那么是否暗示着由于任务难度的加大，听觉线索化后的跨视听通道的返回抑制需要的SOA就会更长呢？

关于正常人[1]和前额叶脑损伤病人的研究，在采用非信息化的听觉线索和随后视觉靶子的实验中没有发现跨视听通道的返回抑制。但是他们的实验中却报道在较短的SOA上，对与听觉线索出现在同一侧的视觉靶子的成绩更好，说明有跨视听通道的注意定向效应的存在，却没有在较长的SOA上报道有跨视听通道的返回抑制的证据。同样，在他们的研究中也没有发现跟随视觉线索之后的听觉靶子情况下的跨视听通道的返回抑制的存在。但是在Reuter-Lorenz的实验中，采用1000ms和1300ms的SOA却发现了跨视听通道的返回抑制。这些说明由于任务难度的加大，跨视听通道的返回抑制有可能是出现在更晚的SOA上。所以我们假设，在辨别任务中，会出现跨视听通道的返回抑制，但出现的时间比检测任务中出现的要晚。

---

〔1〕 Driver,J. & Spence,C. (2004). Crossmodal spatial attention: Evidence from human performance. *Crossmodal Space and Crossmodal Attention*, Oxford University Press, 179－220.

在视觉选择注意的研究中发现,中央重新定向事件能使返回抑制出现在更早的SOA时间水平上,对其原因有两种观点。一种观点认为只有使注意离开外周线索化位置,返回抑制才会出现,而中央线索化能够使注意离开线索化位置,这样返回抑制就会在更早的SOA水平上出现;另一种观点认为在外周线索化的同时,返回抑制就会出现,但在短的SOAs时间里,被由注意捕获所引起的易化效应所掩盖。而通过中央线索化使注意离开外周线索化位置,就能够使抑制过程在更早的SOA水平上显现出来。在跨视听通道的情况下,由于任务难度的加大,易化效应是否会被特别地延长呢?所以我们假设,中央重新定向事件会使跨视听通道的返回抑制出现得早一些,或者更容易出现。以往对跨视听通道的返回抑制的研究中,中央重新定向事件只是采用“有”和“无”两种条件,而没有考虑到中央重新定向事件呈现方式的不同对跨视听通道返回抑制到底会产生怎样的影响。因而,本研究借鉴 Pratt (2002)的线索化呈现方式,将中央重新定向事件的呈现方式与SOA相结合。我们假设,当中央重新定向事件在SOA的早期呈现时,跨视听通道的返回抑制比没有中央重新定向事件的条件下出现的更早。

（二）实验研究

实验1A是为了考察在视觉线索化条件下,检测任务中是否存在视—听返回抑制以及中央重新定向事件的呈现方式对其的影响。实验1B是考察在听觉线索化条件下,检测任务中是否存在听—视返回抑制以及中央重新定向事件的呈现方式对其的影响。

实验2A在实验1的基础上,考察在视觉线索化条件下,辨别任务中是否存在视—听返回抑制。实验2B在实验1的基础上,考察在听觉线索化条件下,辨别任务中是否存在听—视返回抑制。

1. 被试

实验1A选取本科生和研究生15人,其中男5人,女10人,平均年龄22.3岁。实验1B选取本科生和研究生15人,其中男3人,女12人,平均年龄22.0岁。实验2A选取本科生和研究生17人,其中男7人,女10人,平均年龄22.2岁。实验2B选取本科生和研究生17人,其中男6人,女11人,平均年龄20.8岁。所有被试听力、视力或矫正视力正常,以前均未参加过类似实验。被试逐个完成实验。

2. 实验仪器和材料

所有实验采用IBM计算机、E-prime软件进行编程。计算机屏幕的背景为灰色。以一个白色圆点作为中央注视点,圆点的直径为12个像素。注视点的左右两侧各有一个白色方框,为靶子和线索可能出现的空间位置,方框的高和宽均为28个像素。方框的中心距注视点中心为198个像素。线索表现为在某一个方框外侧出现一个白色的方框,方框外围的高、宽均为34个像素,内围高、宽均为22个像素。中央线索化由闪烁的绿色小圆点构成,圆点的直径为20个像素。视觉靶子是一个直径为10个像素的红色小圆点。然后利用投影仪转换到大屏幕上放映,使大屏幕上的图像大小为计算机屏幕上的4.5倍。被试距离大屏幕约为225cm。在左右方框位置的后面放置了两个音箱,采用edifierS2000V音箱设备,听觉靶子是一个880Hz的高频纯音。

实验1A的试次中,视觉靶子或者听觉靶子随机出现一个。视觉靶子呈现在外侧方框中央位置;听觉靶子由方框后面的音箱发出。被试的任务是检测红色小圆点和纯音,看到红色圆点或听到纯音中的一个,都立即按鼠标左键,被试使用微软鼠标进行反应。要求被试在整个实验过程中,一直注视大屏幕中央的白色圆点位置。实验在隔音的暗室中进行。

实验1B与实验1A基本相同。不同的是,实验1B中,线索表现为在某一个音箱中发出的一个550Hz的低频纯音。

在实验2A的试次中,视觉靶子或者听觉靶子随机出现一个。视觉靶子呈现在外侧方框中央位置;听觉靶子由方框后面的音箱发出。被试的任务是辨别红色小圆点和纯音出现的位置,看到红色圆点或听到纯音中的一个出现在左侧或右侧,立即按指定的鼠标左键或右键,被试使用微软鼠标进行反应。要求被试在整个实验过程中,一直注视大屏幕中央的白色圆点位置。实验在隔音的暗室中进行。

实验2B与实验2A基本相同。不同的是,本实验中,线索表现为在某一个音箱中发出的一个550Hz的低频纯音。

3. 实验设计

实验1A采用2×2×3×3被试内的实验设计,因素一为靶子是否出现在提示过的位置,分为两个水平:是、否;因素二为SOA,分为三个水平:421ms,821ms,1222ms;因素三为中央重新定向事件的呈现方式,分为三个水平：外周线索化之后立即呈现，在外周线索和靶子出现的中间位置(SOA)呈现，不呈现。另外，为了满足靶子呈现通道的不确定性，加入一个控制因素：靶子呈现在视觉通道，靶子由听觉通道呈现。

在正式实验前有40次练习测验，让被试熟悉实验进程。正式实验由432个试次组成，其中72次为捕捉试次，即在试次中不出现靶子，以防止被试提前反应。其中一半试次出现视觉靶子，另一半试次出现听觉靶子。每种条件下由10个试次组成。所有试次均作随机安排。每完成144个试次插入1.5min休息时间。

实验1B与实验1A基本相同。只是外周线索变化为听觉线索化。

实验2A采用2×2×3×3被试内的实验设计，因素一为靶子是否出现在提示过的位置，分为两个水平：是、否；因素二为SOA，分为三个水平：621ms，1021ms，1422ms；因素三为中央重新定向事件的呈现方式，分为三个水平：外周线索化之后立即呈现，在外周线索和靶子出现的中间位置(SOA)呈现，不呈现。另外，为了满足靶子呈现通道的不确定性，加入一个控制因素：靶子呈现在视觉通道，靶子由听觉通道呈现。

在正式实验前有40个练习试次，让被试熟悉实验进程。正式实验由360个试次组成。其中一半试次出现视觉靶子，另一半试次出现听觉靶子。每种条件下由10个试次组成。所有试次均作随机安排。每完成120个试次插入1.5min休息时间。由于在本实验中，被试完成的是辨别任务，因这类任务不会存在提前反应，所以本实验中不再加入捕捉试次。

实验2B与实验2A基本相同。只是外周线索变化为听觉线索化。

实验1A如图3.1所示，实验按照经典的基于位置返回抑制研究范式进行。要求被试完成简单的检测任务，应用线索—靶子模式。一次测验的刺激呈现顺序见图3.1所示：(1)每个试次开始，在大屏幕上呈现一个可见框架，它由水平排列的两个外侧方框和一个中央白色圆点组成。可见框架在大屏幕上保持801ms。(2)某个被随机选定的外周方块的外侧出现一个白色方框，作为外周提示线索。外周提示线索持续106ms之后消失。(3)外周提示线索消失一定时间之后，对中央注视点线索化，即中央注视点位置连续出现3个绿色小圆点，每个小圆点呈现24ms，然后呈现可见框架24ms，所以中央重新定向事件的总时间为120ms(如图3.2所示)。作为中央注视线索，它使被试将注意重新定向到中央注视点。(4)根据中央重新定向事件呈现方式的不同,分为三种条件:条件一为立即呈现中央重新定向事件,然后呈现可见框架 200/601/1001ms;条件二为先呈现可见框架 106/306/506ms,之后呈现中央重新定向事件,然后再呈现可见框架 106/306/506ms;条件三为先呈现可见框架 306/707/1107ms,不呈现中央重新定向事件;(5) 之后,随机出现靶子,要求被试一旦发现靶子,既快又准地按下鼠标左键。记录反应时和正确率。间隔 1200ms 后开始下一试次。

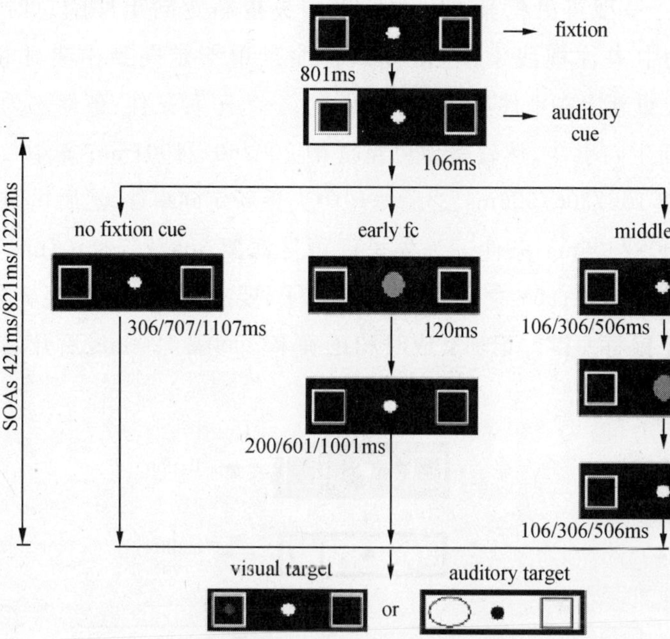

图 3.1 实验 1A 实验流程

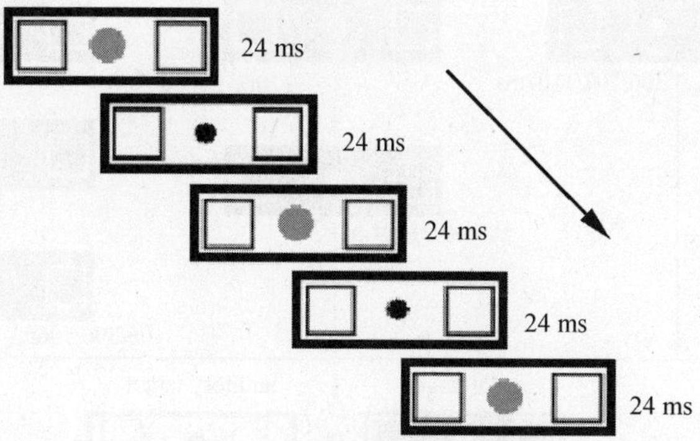

图 3.2 CRE 的刺激呈现序列

实验 1B 如图 3.3 所示，一个试次的刺激呈现顺序如下：(1) 每个试次开始，在大屏幕上呈现一个可见框架，它由水平排列的两个外侧方框和一个中央白色圆点组成。可见框架在大屏幕上保持 801ms。(2) 某个被随机选定的外侧音箱发出一个 550Hz 的低频声音，作为外周提示线索。外周提示线索持续 106ms 之后消失。(3) 外周提示线索消失一定时间之后，对中央注视点线索化，即中央注视点位置连续出现 3 个绿色小圆点，每个小圆点呈现 24ms，然后呈现可见框架 24ms，所以中央重新定向事件的总时间为 120ms。作为中央注视线索，它使被试将注意重新定向到中央注视点。(4) 根据中央重新定向事件呈现方式的不同，分为三种条件：条件一为立即呈现中央重新定向事件，然后呈现可见框架 200/601/1001ms；条件二为先呈现可见框架 106/306/506ms，之后呈现中央重新定向事件，然后再呈现可见框架 106/306/506ms；条件三为先呈现可见框架 306/707/1107ms，不呈现中央重新定向事件；(5) 之后，随机出现靶子，要求被试一旦发现靶子，既快又准地按下鼠标左键。记录反应时和正确率。间隔 1200ms 后开始下一试次。

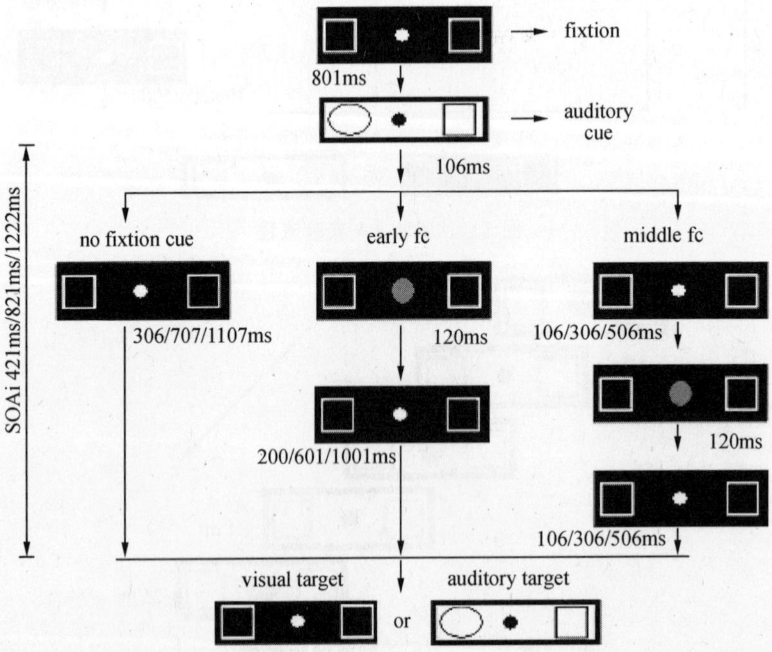

图 3.3 实验 1B 实验流程

实验 2A 一个试次的刺激呈现顺序如下:(1) 每个试次开始,在大屏幕上呈现一个可见框架,它由水平排列的两个外侧方框和一个中央白色圆点组成。可见框架在大屏幕上保持 801ms。(2) 某个被随机选定的外周方块的外侧出现一个白色方框,作为外周线索。外周线索持续 106ms。(3) 外周提示线索消失一定时间之后,对中央注视点线索化,即中央注视点位置连续出现 3 个绿色小圆点,每个小圆点呈现 24ms,然后呈现可见框架 24ms,所以中央重新定向事件的总时间为 120ms。作为中央注视线索,它使被试将注意重新定向到中央注视点。(4) 根据中央重新定向事件呈现方式的不同,分为三种条件:条件一为立即呈现中央重新定向事件,然后呈现可见框架 300/701/1101ms;条件二为先呈现可见框架 206/406/606ms,之后呈现中央重新定向事件,然后再呈现可见框架 206/406/606ms;条件三为先呈现可见框架 506/907/1307ms,不呈现中央重新定向事件;(5) 之后,随机出现靶子。被试的任务是辨别靶子出现的位置。对于一半被试,当小圆点或声音出现在左侧时,按鼠标左键,出现在右侧时按鼠标右键反应。而另一半被试则相反。记录反应时和正确率。间隔 1200ms 后开始下一试次。

实验 2B 如图 3.3 所示,每个试次的刺激呈现顺序如下:(1) 每次测试开始,在大屏幕上呈现一个可见框架,它由水平排列的两个外侧方框和一个中央白色圆点组成。可见框架在大屏幕上保持 801ms。(2) 某个被随机选定的外侧音箱发出一个 550Hz 的低频声音,作为外周提示线索。外周提示线索持续 106ms 之后消失。(3) 外周提示线索消失一定时间之后,对中央注视点线索化,即中央注视点位置连续出现 3 个绿色小圆点,每个小圆点呈现 24ms,然后呈现可见框架 24ms,所以中央重新定向事件的总时间为 120ms。作为中央注视线索,它使被试将注意重新定向到中央注视点。(4) 根据中央重新定向事件呈现方式的不同,分为三种条件:条件一为立即呈现中央重新定向事件,然后呈现可见框架 400/801/1201ms;条件二为先呈现可见框架 206/406/606ms,之后呈现中央重新定向事件,然后再呈现可见框架 206/406/606ms;条件三为先呈现可见框架 506/907/1307ms,不呈现中央重新定向事件;(5)之后,随机出现靶子。被试的任务是辨别靶子出现的位置。对于一半被试,当小圆点或声音出现在左侧时按鼠标左键,出现在右侧时按鼠标右键反应。而另一半被试则相反。记录反应时和正确率。间隔 1200ms 后开始下一试次。

5. 实验结果

实验 1A

由于本实验使用的是检测任务,比较简单,平均错误率仅为 0.06%,所以不再对错误率进行进一步的分析。但由于一名被试的系统极端值过多,所以其数据不予采用,对 14 名被试的数据分析结果如下:

当靶子为视觉通道呈现时,被试在各种处理条件下的平均反应时、标准差、返回抑制量见表 3.1 所示。

表 3.1 被试在视觉通道检测任务中各种处理条件下的平均反应时(ms)、标准差和 IOR 量(ms)

CRE		SOA=421ms		SOA=821ms		SOA=1222ms	
		未提示	提示	未提示	提示	未提示	提示
早期	RT	506	485	470	511	488	506
	SD	73	64	52	82	57	72
	IOR 量	−21		41		18	
中期	RT	495	488	472	502	465	490
	SD	75	80	66	87	54	69
	IOR 量	−7		30		35	
无	RT	520	495	485	504	487	498
	SD	65	68	63	76	71	62
	IOR 量	−15		19		11	

对所有处理条件下的平均反应时进行 2×3×3 重复测量的方差分析,结果表明:靶子出现位置主效应显著,$F(1,14)=4.719$,$p<0.05$,出现了视觉通道返回抑制;SOA 的主效应不显著,$F(2,28)=1.814$,$p=0.201$;中央重新定向事件的主效应不显著,$F(2,28)=0.376$,$p=0.55$;靶子出现位置与中央重新定向事件的交互作用不显著,$F(2,28)=2.562$,$p=0.133$;靶子出现位置与 SOA 的交互作用显著,$F(2,28)=6.038$,$p<0.05$;中央重新定向事件与 SOA 的交互作用不显著,$F(4,56)=2.176$,$p=0.164$;靶子出现位置、SOA 与中央重新定向事件的交互作用不显著,$F(4,56)=0.043$,$p=0.839$。

对靶子出现位置与 SOA 的进一步简单效应分析表明,在 SOA 为 821ms 的条件下,视觉返回抑制量最大,$F(1,14)=8.58$,$p=0.012$;在 SOA

为 1222ms 的条件下，视觉返回抑制仍然存在，但是返回抑制量有所减小，$F(1,14)=7.45$，$p=0.017$；而在 SOA 为 421ms 的条件下，没有出现视觉返回抑制，$F(1,14)=2.28$，$p=0.155$；这一结果与前人关于视觉返回抑制的时间进程的趋势相一致，但返回抑制出现的时间要比检测任务中经典的返回抑制出现的时间(300ms)要晚，说明跨视听通道检测任务要比视觉检测任务的难度大一些。这一发现为后人进一步研究跨视—听通道返回抑制的实验条件的设置提供了基线水平。

当靶子为听觉通道呈现时，被试在各种处理条件下的平均反应时、标准差、IOR 量见表 3.2 所示。

表 3.2　被试在跨视—听通道检测任务中各种处理条件下的平均反应时(ms)、标准差和 IOR 量(ms)

CRE		SOA=421ms		SOA=821ms		SOA=1222ms	
		未提示	提示	未提示	提示	未提示	提示
早期	RT	468	444	455	460	452	457
	SD	103	73	74	82	87	83
	IOR 量	−24		5		5	
中期	RT	451	456	432	448	450	442
	SD	82	79	76	82	75	65
	IOR 量	5		16		−8	
无	RT	450	464	438	482	454	466
	SD	86	76	61	89	91	80
	IOR 量	14		52		12	

对所有处理条件下的平均反应时进行 2×3×3 重复测量的方差分析，结果表明：靶子出现位置主效应边缘性显著，$F(1,14)=3.983$，$p=0.067$，出现视—听返回抑制效应；SOA 的主效应不显著，$F(2,28)=0.122$，$p=0.732$；CRE 的主效应不显著，$F(2,28)=0.264$，$p=0.616$；靶子出现位置与中央重新定向事件的交互作用显著，$F(2,28)=12.83$，$p<0.05$；靶子出现位置与 SOA 的交互作用不显著，$F(2,28)=0.137$，$p=0.717$；中央重新定向事件与 SOA 的交互作用不显著，$F(4,56)=0.406$，$p=0.535$；靶子出现位置、SOA 与中央重新定向事件的交互作用不显著，$F(4,56)=1.137$，$p=0.26$。

对靶子出现位置与中央重新定向事件的进一步简单效应分析表明，在不呈现中央重新定向事件的条件下，靶子出现在未提示位置的反应时与出现在提示位置的反应时存在非常显著的差异，$F(1,14)=16.89$，$p<0.001$，即出现了视—听返回抑制；而在中央重新定向事件呈现的两种条件下，靶子出现在未提示位置的反应时与出现在提示位置的反应时均没有显著差异[$F(1,14)=0.39$，$p=0.544$；$F(1,14)=0.23$，$p=0.639$]。说明在此实验中，中央重新定向事件的重新定向作用并不是影响视—听返回抑制产生与否的因素，相反，它会引起干扰效应。

实验 1B

由于本实验使用的是检测任务，比较简单，平均错误率仅为 0.1%，所以不再对错误率进行进一步的分析。

当靶子为听觉通道呈现时，被试在各种处理条件下的平均反应时、标准差、返回抑制量见表 3.3 所示。

表 3.3　被试在听觉通道检测任务中各种处理条件下的平均反应时(ms)、标准差和 IOR 量(ms)

CRE		SOA=421ms		SOA=821ms		SOA=1222ms	
		未提示	提示	未提示	提示	未提示	提示
早期	RT	435	437	433	444	437	451
	SD	90	107	89	86	98	101
	IOR 量	2		11		14	
中期	RT	439	455	430	435	440	444
	SD	98	87	122	102	91	96
	IOR 量	16		5		4	
无	RT	440	454	429	428	462	447
	SD	81	89	98	77	105	92
	IOR 量	14		−1		−15	

所有处理条件下的平均反应时进行 2×3×3 重复测量的方差分析，结果表明：靶子出现位置主效应不显著，$F(1,14)=2.777$，$p=0.118$；SOA 的主效应不显著，$F(2,28)=0.131$，$p=0.723$；中央重新定向事件的主效应不显著，$F(2,28)=0.407$，$p=0.534$；靶子出现位置与中央重新定向事件的交互作用不显著，$F(2,28)=0.616$，$p=0.445$；靶子出现位置与 SOA 的交互

作用不显著，$F(2,28)=0.925$，$p=0.353$；中央重新定向事件与SOA的交互作用不显著，$F(4,56)=0.001$，$p=0.98$；靶子出现位置、SOA与中央重新定向事件的交互作用边缘性显著，$F(4,56)=4.372$，$p=0.055$。并没有发现听觉通道的返回抑制。

当靶子为视觉通道呈现时，被试在各种处理条件下的平均反应时、标准差、返回抑制量见表3.4所示。

表3.4 被试在听—视通道检测任务中各种处理条件下的平均反应时(ms)、标准差和IOR量(ms)

CRE		SOA=421ms		SOA=821ms		SOA=1222ms	
		未提示	提示	未提示	提示	未提示	提示
早期	RT	423	439	435	410	415	410
	SD	51	45	68	60	61	47
	IOR量	16		−25		−5	
中期	RT	438	426	400	408	411	420
	SD	53	64	58	65	62	71
	IOR量	−12		8		9	
无	RT	462	443	422	430	421	428
	SD	55	53	59	57	54	52
	IOR量	−19		8		7	

对所有处理条件下的平均反应时进行2×3×3重复测量的方差分析，结果表明：靶子出现位置主效应不显著，$F(1,14)=0.455$，$p=0.511$；SOA的主效应显著，$F(2,28)=32.678$，$p<0.001$；中央重新定向事件的主效应显著，$F(2,28)=8.818$，$p<0.05$；靶子出现位置与中央重新定向事件的交互作用不显著，$F(2,28)=0.146$，$p=0.708$；靶子出现位置与SOA的交互作用不显著，$F(2,28)=1.274$，$p=0.278$；中央重新定向事件与SOA的交互作用不显著，$F(4,56)=0.547$，$p=0.472$；靶子出现位置、SOA与中央重新定向事件的交互作用非常显著，$F(4,56)=16.034$，$p<0.001$。

进一步的简单效应分析表明，当中央重新定向事件在早期呈现时，在SOA的421ms水平上，靶子出现在未提示位置的反应时比出现在提示位置的反应时短，达到显著性差异，$F(1,15)=11.35$；$p<0.05$，出现了听—视返回抑制效应；在SOA的821ms水平上，靶子出现在未提示位置的反应时比

出现在提示位置的反应时长，达到显著性差异，$F(1,15)=10.04$，$p<0.05$，出现了跨听—视通道的易化效应。当中央重新定向事件不呈现时，在 SOA 为 421ms 的水平上，靶子出现在未提示位置的反应时比出现在提示位置的反应时长，达到边缘性显著，$F(1,15)=3.85$，$p=0.07$，出现了跨听—视通道的易化效应。其他条件均不显著。从这个结果中我们发现，中央重新定向事件只有出现在短的 SOA 水平上，并且是在 SOA 的早期出现，才会对跨听—视通道的注意效应量产生影响作用。

实验 1 的结果表明，在检测任务中，确实存在着跨视听通道的返回抑制。但是，由于视觉、听觉通道具有差异性，视—听通道的返回抑制与听—视通道的返回抑制具有不同的机制，它们的出现与否不仅受到外周线索化方式的影响，还会受到不同的 SOA 与中央重新定向事件的影响。

实验 2A

本实验使用的是辨别任务，平均正确率为 96%，所以不再对错误率进行分析。对 17 名被试的数据分析结果如下：

当靶子为视觉通道呈现时，被试在各种处理条件下的平均反应时、标准差、返回抑制量见表 3.5 所示。

表 3.5　被试在视觉通道辨别任务中各种处理条件下的平均反应时(ms)、标准差和 IOR 量(ms)

CRE		SOA=621ms		SOA=1021ms		SOA=1422ms	
		未提示	提示	未提示	提示	未提示	提示
早期	RT	430	460	413	429	408	422
	SD	63	68	48	64	62	61
	IOR 量	30		16		14	
中期	RT	443	460	416	445	399	417
	SD	61	62	60	74	52	54
	IOR 量	17		29		18	
无	RT	468	475	439	450	421	434
	SD	67	64	60	62	53	51
	IOR 量	7		11		13	

对所有处理条件下的平均反应时进行 2×3×3 重复测量的方差分析，结果表明：靶子出现位置主效应不显著，$F(1,17)=50.479$，$p<0.001$；SOA

的主效应显著，$F(2,32)=71.06$，$p<0.001$；中央重新定向事件的主效应显著，$F(2,32)=39.425$，$p<0.001$；靶子出现位置与中央重新定向事件的交互作用不显著，$F(2,32)=2.553$，$p=0.130$；靶子出现位置与SOA的交互作用不显著，$F(2,32)=0.408$，$p=0.532$；中央重新定向事件与SOA的交互作用不显著，$F(4,68)=3.044$，$p=0.100$；靶子出现位置、SOA与中央重新定向事件的交互作用边缘性显著，$F(4,68)=4.352$，$p=0.053$。

进一步的简单效应分析表明，当中央重新定向事件在早期呈现时，在SOA的621ms水平上，靶子出现在未提示位置的反应时比出现在提示位置的反应时长，达到非常显著的差异，$F(1,17)=27.84$，$p<0.001$，表现为易化效应；在SOA的1422ms水平上，靶子出现在未提示位置的反应时比出现在提示位置的反应时短，达到显著性差异，$F(1,17)=7.24$，$p=0.016$，出现视觉通道返回抑制。当中央重新定向事件在中期呈现时，在SOA的所有水平上，靶子出现位置的主效应非常显著，[$F(1,17)=6.34$，$p<0.05$；$F(1,17)=15.97$，$p<0.001$；$F(1,17)=5.91$，$p=0.027$]，出现视觉通道返回抑制。当中央重新定向事件不呈现时，只有在SOA为1422ms的水平上，靶子出现位置的主效应边缘性显著，$F(1,17)=3.79$，$p=0.069$。说明在辨别任务中，视觉返回抑制是否出现与SOA和中央重新定向事件存在着复杂的关系。

当靶子为听觉通道呈现时，被试在各种处理条件下的平均反应时、标准差、返回抑制量见表3.6所示。

表3.6　被试在视—听通道辨别任务中各种处理条件下的平均反应时(ms)、标准差和IOR量(ms)

CRE		SOA=621ms		SOA=1021ms		SOA=1422ms	
		未提示	提示	未提示	提示	未提示	提示
早期	RT	492	477	453	450	452	462
	SD	86	81	74	89	84	90
	IOR量	−15		−3		10	
中期	RT	498	510	466	468	461	460
	SD	107	86	101	75	79	89
	IOR量	12		6		−1	
无	RT	495	474	473	486	461	460
	SD	87	83	95	102	86	88
	IOR量	−21		13		−1	

对所有处理条件下的平均反应时进行 2×3×3 重复测量的方差分析，结果表明：靶子出现位置主效应不显著，$F(1,17)=2.897$，$p=0.108$；SOA的主效应显著，$F(2,32)=55.769$，$p<0.001$；中央重新定向事件的主效应显著，$F(2,32)=15.004$，$p<0.001$；靶子出现位置与中央重新定向事件的交互作用不显著，$F(2,32)=1.597$，$p=0.224$；靶子出现位置与 SOA 的交互作用不显著，$F(2,32)=1.759$，$p=0.203$；中央重新定向事件与 SOA 的交互作用显著，$F(4,68)=7.002$，$p<0.05$；靶子出现位置、SOA 与中央重新定向事件的交互作用不显著，$F(4,68)=2.727$，$p=0.118$。说明在辨别任务中，没有出现视—听返回抑制。

实验 2B

本实验使用的是辨别任务，平均正确率为 97%，所以不再对错误率进行分析。但由于一名被试的平均正确率仅为 82%，所以其数据不予采用，对 16 名被试的数据分析结果如下：

当靶子为听觉通道呈现时，被试在各种处理条件下的平均反应时、标准差、返回抑制量见表 3.7 所示。

表 3.7　被试在听觉通道辨别任务中各种处理条件下的平均反应时(ms)、标准差和 IOR 量(ms)

CRE		SOA=621ms		SOA=1021ms		SOA=1422ms	
		未提示	提示	未提示	提示	未提示	提示
早期	RT	506	501	482	502	471	488
	SD	109	115	112	115	122	110
	IOR 量	−5		20		17	
中期	RT	528	545	481	546	486	489
	SD	113	103	108	103	121	111
	IOR 量	17		65		13	
无	RT	521	512	495	483	492	485
	SD	105	96	100	115	105	103
	IOR 量	−9		−12		−7	

对所有处理条件下的平均反应时进行 2×3×3 重复测量的方差分析，结果表明：靶子出现位置主效应边缘性显著，$F(1,16)=4.295$，$p=0.056$，出现了听觉通道的返回抑制；SOA 的主效应非常显著，$F(2,32)=36.489$，

$p<0.001$；中央重新定向事件的主效应不显著，$F(2,32)=1.363$，$p=0.261$；靶子出现位置与中央重新定向事件的交互作用边缘性显著，$F(2,32)=3.217$，$p=0.093$；靶子出现位置与SOA的交互作用不显著，$F(2,32)=0.159$，$p=0.696$；中央重新定向事件与SOA的交互作用不显著，$F(4,64)=168$，$p=0.687$；靶子出现位置、SOA与中央重新定向事件的交互作用不显著，$F(4,64)=0.619$，$p=0.444$。

对靶子出现位置与中央重新定向事件的进一步简单效应分析表明，在中期呈现中央重新定向事件的条件下，靶子出现在未提示位置的反应时与出现在提示位置的反应时存在显著差异，$F(1,16)=7.52$，$p<0.05$，即出现了听觉通道的返回抑制；而在早期和不呈现中央重新定向事件的两种条件下，靶子出现在未提示位置的反应时与出现在提示位置的反应时均没有显著差异[$F(1,16)=2.49$，$p=0.136$；$F(1,16)=1.24$，$p=0.284$]。

当靶子为视觉通道呈现时，被试在各种处理条件下的平均反应时、标准差、返回抑制量见表3.8所示。

表3.8 被试在听—视通道检测辨别中各种处理条件下的平均反应时(ms)、标准差和IOR量(ms)

CRE		SOA=621ms		SOA=1021ms		SOA=1422ms	
		未提示	提示	未提示	提示	未提示	提示
早期	RT	449	437	424	412	425	419
	SD	68	68	63	75	62	72
	IOR量	−12		−12		−6	
中期	RT	457	449	430	422	423	422
	SD	76	77	82	88	71	77
	IOR量	−8		−8		−1	
无	RT	473	458	430	438	418	430
	SD	74	75	83	74	76	66
	IOR量	−15		8		12	

对有处理条件下的平均反应时进行2×3×3重复测量的方差分析，结果表明：靶子出现位置主效应不显著，$F(1,16)=2.651$，$p=0.124$；SOA的主效应非常显著，$F(2,32)=52.619$，$p<0.001$；中央重新定向事件的主效应显著，$F(2,32)=12.757$，$p<0.05$；靶子出现位置与中央重新定向事件的

交互作用不显著，$F(2,32)=1.96$，$p=0.182$；靶子出现位置与SOA的交互作用显著，$F(2,32)=5.442$，$p<0.05$；中央重新定向事件与SOA的交互作用显著，$F(4,64)=7.588$，$p<0.05$；靶子出现位置、SOA与中央重新定向事件的交互作用不显著，$F(4,64)=1.699$，$p=0.212$。

对靶子出现位置与SOA的进一步简单效应分析表明，在SOA的621ms水平上，靶子出现在未提示位置的反应时与出现在提示位置的反应时达到显著性差异，$F(1,16)=14.53$，$p<0.05$，表现为易化效应；在其他两个水平上都不显著[$F(1,16)=0.32$，$p=0.578$；$F(1,16)=0.011$，$p=0.745$]。这一结果说明，在辨别任务中，没有出现听—视返回抑制。

实验2的结果说明，在辨别任务中，不存在着跨视听通道的返回抑制。

（三）综合讨论

1. 在检测任务中，线索—靶子模式下出现了听—视返回抑制

实验1B的结果表明，只当中央重新定向事件在早期呈现时，在SOA的421ms水平上，出现了听—视返回抑制效应，说明实验模式并不是影响跨通道返回抑制出现与否的重要原因；而实验1A的结果表明，在满足靶子呈现通道不确定性的情况下，存在着视—听返回抑制主效应。这一结果显示，在检测任务中，确实存在着跨视听通道的返回抑制。但是，视—听返回抑制与听—视返回抑制具有不同的机制，它们的出现与否不仅受到外周线索化方式的影响，还会受到不同的SOA与中央重新定向事件的影响。从表3.3和表3.5中，我们可以看到视觉线索更容易引起跨通道的返回抑制，而且相对于听觉线索，在相同的时程范围内抑制量更大。这一实验结果表明视觉和听觉是独立的通道特异性注意系统，但它们之间存在连接，靶子辨别可能受到来自于另一通道的空间线索的影响，使得听觉朝向在视觉空间引起相应的朝向；反之，视觉朝向在听觉空间也能引起相应的朝向。

但是，在实验1相同的实验条件下，实验1A出现了视觉返回抑制，而实验1B却没有出现听觉返回抑制，这可能是由于听觉系统与视觉系统的差异造成的。人类的听器是根据频率和强度的时程变化对声音进行分析，所以感受器官人耳没有眼睛那么敏锐。研究者发现，听觉空间注意定向与视觉空间注意定向相比，需要线索化位置和非线索化位置更大的分离才能够发生。之所以会出现这种结果，可能是因为在听觉系统中不存在与视觉中直接接受外界刺激的中央凹的平等对应物，所以使用的听觉线索的强度

不足以使外源性注意聚焦于线索。还有人认为视觉的本质是基于空间的，在外周感受器水平就对来自不同位置的刺激进行空间表征，而听觉则是非空间的以声音表征，不含有任何有关位置信息的输入，对位置的信息需要经过复杂的计算操作，依赖两耳的时差和强度差，还需要头动和耳壳的帮助。这些都源于声音和光的物理特性的不同。这些差异可能是由于不同通道的空间地图不一样：视觉加工从视网膜开始，而听觉则是在中脑和皮层下水平编码和进行声音的组织。因为声音在经过听觉感受器神经元时还不能对声音位置形成地图，相反，沿着耳蜗的位置，听觉感受器表面唯一可利用的声音纬度只能编码声音频率。这样，有关声音位置的信息必须被特异的、对位置敏感的神经元进行计算，例如前橄榄体、下丘脑、上丘脑和听觉皮层。

从上面的分析可以看出，由于听觉系统和视觉系统的差异，可能是导致在相同的实验条件下，听视返回抑制减弱甚至消失的主要原因。

2. 在检测任务中，中央重新定向事件的呈现方式对不同返回抑制的影响不同

实验 1B 的结果显示，当中央重新定向事件在早期呈现时，在 SOA 的 421ms 水平上，出现了听—视返回抑制效应；在 SOA 的 821ms 水平上，仍表现为听—视易化效应。当中央重新定向事件不呈现时，在 SOA 为 421ms 的水平上，出现了听—视易化效应。从这个结果中我们发现了中央重新定向事件呈现方式的不同所起到的作用，但中央重新定向事件只有出现在较短的 SOA 水平上，并且是在 SOA 的早期出现，才会对跨听—视通道的注意效应量产生影响作用。而实验 1A 的结果显示，中央重新定向事件的重新定向作用并不是影响视—听返回抑制产生与否的因素，相反，它会引起干扰效应。

Macpherson, Klein 和 Moore. (2002)[1]指出，中央线索化在返回抑制实验研究任务中起什么作用，受到下面一些因素的影响：(1) 被试的年龄；(2) 外周线索化的持续时间；(3) 外周线索化消失到中央线索化之间的时间间隔；(4) 中央线索化的持续时间；(5) 中央线索化消失到靶子出现之

[1] MacPherson, A. et al. (2002). Cue back or no cue back. Cuing paradigms influencing inhibition of return in children and adolescents. *International Society for the Study of Behavioral Development. Ottawa, Ontario, Canada.*

间的时间间隔;(6) 被试对靶子所做的反应类型。例如,他们发现 5—10 岁的儿童,在足够长的 SOA,中央线索化呈现的情况下发现了返回抑制,而在缺少中央线索化时却没有发现返回抑制。但 11—17 岁的少年在没有中央线索化的条件下,SOA 为 150ms 时产生注意易化,当 SOA 为 570ms 时表现为返回抑制;但在呈现中央线索化的条件下,被试在 SOA 为 360ms 时表现为注意易化,当 SOA 为 780ms 时才表现出返回抑制。

那么,中央重新定向事件在跨视听通道的返回抑制的实验研究中到底起什么作用,还应该受到外周线索化方式这一因素的影响。由于易化作用影响的时间会随着感觉通道的变化而变化,在听觉线索化后被特别地延长,所以在 SOA 的早期插入中央重新定向事件,就会使注意重新回到中央注视点位置,返回抑制就会在更早的时间上出现。当中央线索化出现时,对于返回抑制出现在更早的 SOA 时间水平上有两种解释:(1) 长时期固着理论,该理论认为只有使注意离开外周线索化位置,返回抑制才会出现,而中央线索化能够使注意离开线索化位置,这样返回抑制就会在更早的 SOA 水平上出现;(2) 另一种理论认为在外周线索化的同时,返回抑制就会出现,但在短的 SOAs 时间里,被由注意捕获所引起的易化效应所掩盖。而通过中央线索化使注意离开外周线索化位置,就能够使抑制过程在更早的 SOA 水平上显现出来。

上面两种解释对应于两种不同的注意机制理论:一种是易化和抑制机制是在时间上先后出现的单一注意过程,另一种是易化和抑制机制两个分离的注意加工过程。而本实验 1B 的结果支持后一种理论,即易化和抑制机制是两个分离的注意加工过程。

3. 在线索—靶子模式下的辨别任务中未出现跨视听通道的返回抑制

在实验 2A 和实验 2B 的结果中,既没有发现视—听返回抑制,又没有发现听—视返回抑制。但是,在实验 2B 中,在 SOA 为 621ms 时,我们同时却发现了听—视易化效应,那么,是不是由于我们的实验 SOA 选取的水平不够长,以至于听—视返回抑制还没有出现?所以,我们从以下几个角度进行了分析:

对实验 1A 的进一步简单效应分析表明,在 SOA 为 821ms 的条件下,视觉返回抑制量最大;在 SOA 为 1222ms 的条件下,视觉返回抑制仍然存在,但是返回抑制量有所减小;而在 SOA 为 421ms 的条件下,没有出现视觉返回抑制。而对实验 2A 的进一步的简单效应分析表明，当中央重新定向事件在早期呈现时，在 SOA 的 621ms 水平上，表现为视觉易化效应；在 SOA 的 1422ms 水平上，出现视觉返回抑制；当中央重新定向事件在中期呈现时，出现视觉通道返回抑制。当中央重新定向事件不呈现时，只有在 SOA 为 1422ms 的水平上，靶子出现位置的主效应边缘性显著。说明在辨别任务中，视觉返回抑制是否出现与 SOA 和中央重新定向事件存在着复杂的关系，但总体趋势可以看出与检测任务相比，出现的更晚一些。这一结果与前人关于视觉返回抑制的时间进程的趋势相一致，只是返回抑制出现的时间要比经典的在单通道中对视觉返回抑制研究中的时间要晚，说明跨视听通道任务的难度要更大一些(检测任务在 400－800ms 之间出现，辨别任务受中央重新定向事件的影响较大，中央重新定向事件呈现时在 600－1000ms 之间出现，中央重新定向事件不呈现时要 1400ms 之上才能出现)，这一发现为后人进一步研究跨视听通道的返回抑制的实验条件的设置提供了基线水平。

由于在实验 2B 中，当中央重新定向事件在 SOA 的中期呈现时，出现了听觉返回抑制；而实验 1B 的结果中却没有发现了听觉返回抑制，这一结果说明在检测任务中没有发现听觉返回抑制效应，并不是我们的实验操作没有注意到两者系统的不同，使用的声音强度不够。而这种差异确实是由听觉系统自身的特点所造成的。当对不同 SOA 下的靶子呈现位置的主效应进行配对 t 检验时发现，在 SOA 为 1021ms 时出现听觉返回抑制，

基于以上两点讨论，说明我们实验条件的难度设置水平适中。所以，即使选取更大的 SOA，在本实验的条件下，也不会发现跨视听通道的返回抑制，它的出现与否可能受到其他因素的影响，这还有待于进一步的研究。实验 2 的结果显示，在线索—靶子模式下的辨别任务中，并不存在跨视听通道的返回抑制。

三、跨视听通道中注意捕获的不对称性

(一) 理论综述

1. 跨视听通道中的注意捕获现象

注意捕获是指注意暂时性离开当前任务，被某些与当前任务无关的物体或事件吸引。注意选择过程是否能完全受意识控制是注意捕获的一个基本问题。注意选择过程可能会受被试自上而下控制，也可能被刺激的属性

驱动,以自下而上的方式加工。无关信息引起的注意捕获研究存在两种主要研究方式:(1) 额外奇异刺激范式(additional singleton paradigm),当一个显著的刺激(突现或在颜色、明度、形状等特征维度上不同于其他客体)出现时会吸引注意:当它是分心物时干扰当前任务而使反应变慢,当它是靶子时反应速度加快(Theeuwes,1991,1994)。Theeuwes (1994)[1]曾使用额外奇异刺激范式研究注意捕获,被试的任务是在绿色圆形干扰项中快速搜索绿色方块靶子,并判断绿色方块中的线段是水平还是垂直。结果发现颜色突显的干扰项出现会使得靶子反应变长,而红色干扰项比黄色干扰项使反应更慢。Theeuwes 认为注意能被颜色突显的干扰刺激捕获,同时突显颜色与靶子颜色的物理属性差异越大,捕获量会更大。(2) 线索化范式(cueing paradigm),当线索化位置的靶子的反应快于非线索化位置的反应,则线索捕获了注意(Folk et al.,1992; Folk & Remington,2008)。Folk 等人(1992)[2]使用线索化范式对注意捕获现象进行研究,发现只有突现线索会捕获突现靶子注意,而颜色线索未捕获注意;颜色线索能捕获颜色靶子注意,而突现线索不能。Folk 等人认为只有当线索和靶子属于同一类型时,线索才会捕获注意。

注意捕获的大量研究证据来源于视觉干扰(或空间线索),越来越多的研究者开始研究听觉的注意捕获(Spence & Driver,1994; Ho & Spence,2005)和触觉的注意捕获(Ho et al.,2005; Scott & Gray,2008)。但是不管干扰和靶子呈现在哪个感觉通道,研究者普遍认为一些具有显著特征的奇异刺激能够自动地把注意引向自己所在的空间位置,使得对该位置上刺激的反应变快。如果这个奇异刺激是靶子,那么对靶子的反应时会变短;如果是干扰刺激,那么它将会妨碍对其他位置上的靶子加工(Theeuwes,1991,1994)。现实生活中人们需要同时加工来自不同方位、不同感觉通道的信息,筛选出有用信息优先加工,而过滤掉无关信息。研究者开始关注跨通道的选择性注意(Spence & Driver,2000; van der Burg et al.,2008)。与视觉

[1] Theeuwes,J. (1994). Endogenous and exogenous control of visual selection. *PERCEPTION-LONDON*, *23*, 429—429.

[2] Folk,C. L. et al. (1992). Involuntary covert orienting is contingent on attentional control settings. *Journal of Experimental Psychology: Human Perception and Performance*, *18* (4), 1030—1044.

选择性注意机制研究相比,跨通道选择性注意机制还不是很清楚。

2. 跨通道选择性注意研究的争议问题

跨通道选择性注意研究中存在两个争议问题(Santangelo & Spence, 2008; Spence,2010[1]):(1) 跨通道任务中,无关刺激捕获注意是否伴随注意的空间位置转移? (2) 跨通道任务中,不同感觉通道的注意资源到底来自于单一系统还是来自于多重特异性系统? 下面我们将从这两方面回顾已有关于跨通道的选择性注意的研究。

首先,研究者证实刺激某一感觉通道的某侧空间位置会使得另一感觉通道的注意导向相应的空间位置。无关刺激捕获注意存在跨通道效应,但无关刺激捕获注意的方式还存在争议。Ward (1994) 最早研究听觉或视觉线索对听觉或视觉靶子的空间性引导,发现视觉方位线索既影响视觉靶子注意空间转移,也影响听觉靶子;而听觉方位线索只影响听觉靶子,不影响视觉靶子。随后 Spence 和 Driver (1997)[2]为了避免反应启动使用了反应的正交设计,听觉或视觉线索具有左右方位性,被试的任务不再是对靶子方位进行判断,而是判断左或右出现的靶子是在“上”还是“下”位置。他们得到与 Ward (1994)完全相反的结果,跨通道的选择性注意存在空间引导的不对称性:听觉线索影响视觉靶子,而视觉线索不影响听觉靶子。赵晨,杨华海和张侃(1999)使用空间线索化范式研究跨视觉和听觉通道的内源性和外源性选择性注意,结果发现听觉中央线索能有效引导内源性和外源性视觉选择性注意。Schmitt et al. (2000)从定位、检测和辨别任务考察了内源性听觉和视觉的空间选择性注意,结果支持了 Spence & Driver (1997)的跨通道中空间选择性注意的不对称性。Mazza et al. (2007)研究在视觉任务高度集中的情况下跨通道线索效应,同样得到了与 Spence 和 Driver (1997)相同的结果。因此,诸多研究者认为听觉线索可以捕获视觉注意,甚至自动的捕获外源性选择性注意;而视觉线索只在某些研究中捕获了听觉注意(Spence & Driver,1997 实验 5;Spence et al,2004)。我们把这种现象称之为跨通道效应的空间选择注意不对称性。那么为什么跨通道线索效应

[1] Spence,C. (2010). Crossmodal spatial attention. *Annals of the New York Academy of Sciences*, *1191*(1),182—200.

[2] Spence,C. & Driver,J. (1997). Audiovisual links in exogenous covert spatial orienting. *Perception & Psychophysics*, *59*(1),1—22.

得到不同甚至完全相反的结果呢？有研究者认为这可能是由于视觉和听觉刺激的呈现角度不同造成的，比如视觉刺激的呈现只能在有限的屏幕中，而声音刺激的呈现是通过耳机或音箱播放，刺激距离中央点的角度是不同的（Prime et al.，2008）。近年来一些研究者将视觉刺激和听觉刺激呈现角度调整一致，比如音箱位置与屏幕刺激呈现点前后重叠，线索效应量有所提高，但效应本身并没有实质性改变（Frassinetti et al.，2002；Hongoh et al.，2008）。另有研究者认为任务难度和任务注意需求不同可能是造成不同结果的原因（Schmitt et al.，2000）。Spence et al.（2004）认为听觉无关刺激注意捕获功能比视觉无关刺激更为自动化，视觉无关刺激捕获注意会受到自上而下加工控制，而听觉无关刺激则不受其影响。同样，Koelewijn et al.（2009）证实在视觉注意高度集中的条件下，听觉无关刺激仍捕获注意。

其次，不同感觉通道的注意资源的问题。不同感觉通道研究有助于解决现实生活中的驾驶安全问题（Spence & Ho，2008；Ho et al.，2009）。已有研究主要存在两种观点：一方面少量研究者提出注意可以被有效地分为两个部分，分别完成视觉任务和听觉任务，任务间不存在干扰现象；他们认为对视觉和听觉事件的加工是平行的、相互独立的，存在注意资源感觉通道特异性（Wickens，2002）。[1]另一方面诸多研究者通过双任务范式发现不同感觉通道在注意资源并不是完全分离，存在超感觉通道资源。这种观点的证据主要来自两个研究思路：一是使用双任务范式考察不同感觉通道任务间是否存在干扰；二是采用脑成像技术研究单通道选择性注意与跨通道选择性注意脑信息加工机制的区别。Gherri 和 Eimer（2011）使用视听通道双任务范式要求被试完成视觉特征搜索任务的同时监听有意义故事和无意义故事，结果发现监听有意义故事时会影响视觉搜索任务的成绩，也就是说听觉信息的编码和保持将影响视觉信息的选择性注意。Talsma et al.（2006）认为对不涉及空间方位的同感觉通道或多感觉通道刺激的注意资源竞争任务中，多感觉通道任务会激活更多的注意资源，其注意资源容量会大于单感觉通道任务。吴景龙，张帆，吕玥和唐晓英（2009）采用线索范式，比较了空间线索、时间线索和无线索三种条件下的视觉、触觉和视触觉检测任

---

〔1〕 Wickens，C. D（2002）. Multiple resources and performance prediction. *Theoretical Issues in Ergonomics Science*，3（2），159－177.

务,结果证实单通道选择性注意与跨通道选择性注意存在不同的脑信息加工机制。Santangelo et al. (2010)[1]比较了单视觉或听觉通道和双视听通道检测任务,结果发现当要求被试只注意某方位时,即空间方向上注意集中时,视或听感觉信息的加工在注意方位存在交互影响;而当被试需要同时注意左右方位时,即空间方位上注意分配时,监控双感觉通道信息比只监控某方位的双感觉通道信息要更容易。他们认为同时监控左右方位双感觉通道信息时会激活更多的特异性注意资源,从而允许双感觉通道信息的平行加工。

（二）实验研究

跨通道选择性注意研究普遍支持了跨通道效应的存在以及跨通道空间选择注意存在不对称性:听觉线索可以自动捕获视觉空间注意,而视觉线索不能捕获听觉空间注意。已有研究多使用线索化任务通过来自不同感觉通道的提示信息来考查跨通道信息是否能引导注意。但线索化任务中的注意捕获一定是刺激驱动引导的吗? 即使是50%的非预测性线索也可能受自上而下加工的控制,并不是纯粹的反射性注意。对被试而言,非预测性线索仍有一半的机会有助于靶子反应,看一眼并不会有什么损失。就算被试把非预测性线索完全看成是无关信息,由于无关信息之后必定会出现靶子,信息很好地提示了靶任务的发生,成为"与任务有关信息",从而得到加工。有研究表明靶子前有无关刺激的反应时就明显快于没有无关刺激的条件(Andrés at al.,2006; Parmentier & Andrés,2009)。相对于线索化任务而言,额外奇异刺激任务是一个强有力的自下而上的刺激驱动过程。认为额外奇异刺激任务有助于研究搜索过程中信息之间的竞争,由于靶和干扰可能出现在视野中的任何一个位置,又不会受到空间注意的影响。本研究采用额外奇异刺激范式来探讨跨通道效应的普遍性,是否只存在于基于空间注意的线索化范式,基于刺激或物体识别的搜索任务是否也存在? 与此同时,本研究还将结合跨通道注意资源是否具有特异性问题:如果不同感觉通道注意资源完全分离,那么对不同感觉通道靶任务的加工将不受到其他通道无关信息的干扰;反之,则存在超感觉通道资源。研究参考 Theeuwes

---

[1] Santangelo,V. et al. (2010). The costs of monitoring simultaneously two sensory modalities decrease when dividing attention in space. *Neuroimage*, *49*(3),2717—2727.

(2010)[1]提出关于研究注意捕获的额外奇异刺激范式的标准，确保在实验任务中：(1) 被试对靶任务非常清楚，任务目标明确；(2) 无关干扰项(颜色或声音频率)永远不可能成为靶子，被试无须注意这些无关刺激；(3) 靶子或干扰可能随机出现在任何位置；(4) 靶子和干扰应同时呈现。Santangelo 等人(2010)在跨通道研究中使用时间维度作为靶子，要求被试在同时出现的视、听刺激中判断是否存在闪烁(间断)刺激，而闪烁刺激可能随机出现在听觉或视觉中。被试需要同时监控听觉和视觉两个感觉通道，靶任务非常明确。本研究也将时间维度作为视、听刺激的靶子，颜色变化作为视觉刺激的干扰项，声音频率变化作为听觉刺激的干扰项。实验 1 是一个与空间注意有关的视听搜索任务，我们将探讨额外奇异刺激对注意的捕获是否同样存在跨通道效应。实验 2 是基于客体识别的视听搜索任务，考查非空间注意任务中跨通道效应的普遍性及跨通道注意选择机制中注意资源问题。根据刺激驱动注意捕获原理，注意会优先选择环境中最突出、最奇异的刺激，不受自上而下加工控制。这种奇异刺激被选择后，其注意空间位置就被确定，随后注意移向下一个突出的元素。我们预期如果跨感觉通道效应的不对称性存在，那么不管在实验 1 还是实验 2 听觉干扰刺激都将捕获注意，而视觉干扰刺激则不能。

1. 被试

实验 1 随机选择某高校在校大学生和研究生 14 人，其中 5 名男生，9 名女生。被试的平均年龄为 22.64 岁(19—27 岁)。实验 2 同样随机选择某高校在读学生 11 人，其中 3 名男生，8 名女生。被试的平均年龄为 20.80 (17—26 岁)。所有被试均为右利手，视力或矫正视力正常，自陈听力正常，身体健康。所有被试均自愿参加实验，实验前不知道实验意图，均没有参加过类似实验。实验完成后支付一定报酬。

2. 实验仪器与材料

实验 1 的实验程序在戴尔计算机上运行，采用一台 20 英寸 Iiyama MA203DT Vision Master Pro 513 显示器显现刺激，分辨率为 1024×768 像素，刷新频率为 100Hz。实验程序用 E-prime2.0 编制而成，在 Windows

[1] Theeuwes, J. (2010). Top down and bottom up control of visual selection. *Acta Psychologica*, *135*(2), 77—99.

XP 操作系统上运行，声音使用 2.0 扬声器播放。使用 AdobePhotoshopCS5 制作视觉刺激，视觉刺激为 200×200 像素持续时长 200ms 的绿色（RGB 为 0,255,0）或红色（RGB 为 255,0,0）色块。色块同时呈现在屏幕的左边和右边，距离中央视角约 10°。左边或右边的色块在 200ms 期间颜色不变化则为不闪烁的视觉刺激；相反，中间 100ms 颜色变成灰色（RGB 为 190,190,190）则为闪烁的视觉刺激（如图 3.4 视觉靶子所示）。

使用 Gold Wave 制作听觉刺激，听觉刺激同样持续时长 200ms，采样大小为 16 位，44kHz，双声道音频，音高约为 65dB 的 600Hz 或 1000Hz 正弦声波。声音同时出现在左声道和右声道，但两声道呈现的频率可能相同，也可能不同。左声道或右声道的声音内容在 200ms 内不变化则为不闪烁（间断）的听觉刺激；相反，200ms 中间 100ms 被静音则为闪烁（间断）的听觉刺激（如图 3.4 听觉靶子所示）。所有实验材料事先处理制作。

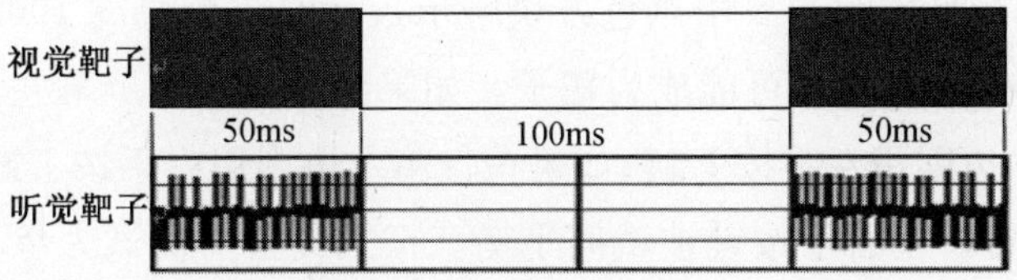

图 3.4　实验材料示意

3. 实验设计

实验 1 和实验 2 均采用 2[靶子通道：视觉（visual，V），听觉（auditory，A）]×4[干扰刺激类型：无干扰刺激（ND），同通道干扰刺激（UD），跨通道异侧空间干扰刺激（CID），跨通道同侧空间干扰刺激（CVD）]被试内设计，见图 3.5 所示。注意捕获效应量（AC）为有干扰刺激呈现与无干扰刺激两种条件反应时之差。

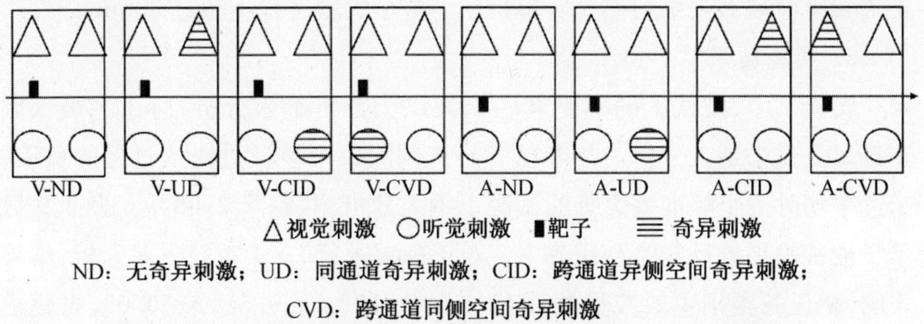

图 3.5　视听闪频定位和闪频检测任务下不同干扰刺激条件

4. 实验程序

在实验1中,被试端坐屏幕前方,手放在键盘上准备,头放在支架上准备。扬声器放在显示器两端约10cm处,被试距离显示器约80cm。灰色电脑屏幕上先出现一个注意点十号,持续1s后消失,随后屏幕的左/右边和音箱的左/右边4个位置均呈现200ms的刺激,刺激呈现完后是空屏3s等待被试反应。被试一共完成6个组块,共480次试次。

屏幕左/右边的色块将同时出现绿色(如图3.5中V-ND三角形所示),或者一边为绿色另一边为红色(如图3.5中V-UD三角形所示)。同样,音箱的左/右边将同时出现600Hz的声音(如图3.5中A-ND圆形所示),或者一边为600Hz另一边为1000Hz的声音(如图3.5中A-UD圆形所示)。被试的任务对这4个位置中的闪烁(间断)的刺激进行按键反应,靶子的4个位置随机出现。实验前明确告诉被试,只有绿色色块或600Hz的低频音会闪烁(间断)(如图3.5中黑色方块所示),而红色色块或1000Hz的高频音是干扰刺激,绝对不可能成为靶子。如果闪烁位置在屏幕左边则用左手按D键,右边则用左手按F键;如果在音箱左边则用右手按J键,右边则用右手按K键。左右手按键被试间平衡。正式实验前被试先练习熟悉实验程序。要求被试在保持正确的前提下越快越好地反应,被试反应错误时出现警告提示,整个实验过程完成约30min。

实验2的实验程序与实验1完成相同。唯一不同的是实验1是一个视听闪频定位任务,而实验2是一个视听闪频检测任务。在实验2中,有一半试次不出现靶子,被试的任务是无论闪烁的靶子来自听觉还是视觉,只要出现闪烁的靶子就按键↓进行反应,无靶子则不反应,被试反应错误时出现警告提示。告诉被试正确率与反应时同样重要,保证正确的前提下越快越好。正式实验前被试先练习熟悉实验程序。整个实验过程不超过30min。

5. 实验结果

实验1中,被试正确率要求在85%以上方可纳入分析,有4名被试因正确率太低未纳入分析。参考已有研究剔除每个被试过快或过慢的反应,超过平均时三个标准差之外的试次不纳入分析,共剔除2.08%。表3.9显示了被试的平均反应时和正确率。对正确率进行2×4重复方差分析,结果表明,靶任务类别主效应显著,$F(1,9)=9.19$,$\eta^2=0.51$,$p<0.05$,当靶子出现在听觉通道时正确率比出现在视觉通道时更差;干扰刺激类型主效应

不显著，$F(3,7)=1.59$，$\eta^2=0.15$，$p=0.216$；两者交互作用也不显著，$F(3,7)<1$。

表 3.9 实验 1 中被试平均反应时(ms)和正确率(%)

靶子通道	干扰刺激类型			
	无干扰刺激 ND	同通道干扰 UD	跨通道异侧空间干扰 CID	跨通道同侧空间干扰 CVD
听觉靶子	656.22(93.20)	831.(91.90)	670.67(96.30)	649.32(95.00)
视觉靶子	408.60(96.90)	424.54(96.20)	423.47(97.80)	431.96(96.90)

对反应时进行 2×4 重复方差分析，结果发现靶通道类别主效应显著，$F(1,9)=38.85$，$\eta^2=0.81$，$p<0.001$，对出现在听觉通道的靶子的反应时明显长于出现在视觉通道的靶子；干扰刺激类型主效应显著，$F(3,7)=7.99$，$\eta^2=0.77$，$p<0.05$；两者交互作用也显著，$F(3,7)=8.06$，$\eta^2=0.78$，$p<0.05$。

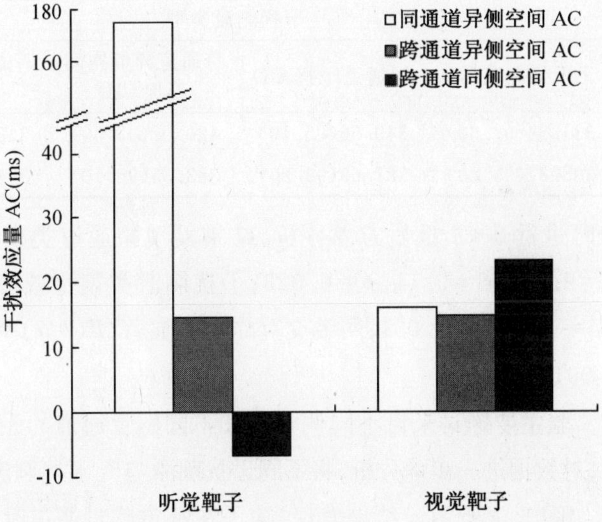

图 3.6 实验 1 不同靶通道中不同干扰刺激类型下的干扰效应量

由于本实验主要关注不同干扰刺激类型下干扰刺激引起的注意捕获，对数据进一步地分析，分析将不同干扰刺激与无干扰刺激进行比较，不同干扰刺激类型的效应量见图 3.6 所示。结果发现靶子出现在听觉通道时，干扰刺激引起的干扰效应主要来自于同通道不同侧空间的干扰刺激(175.23ms)，$F(1,9)=26.90$，$\eta^2=0.75$，$p<0.01$，而视觉异侧空间(14.44ms)和同侧空间

(−6.90ms)的无关干扰刺激对听觉通道的靶子未产生影响。当靶子出现在视觉通道时，干扰刺激引起的干扰主要来自于跨通道同侧空间干扰刺激(23.36ms)，$F(1,9)=11.89$，$\eta^2=0.57$，$p<0.01$，而跨通道异侧空间干扰刺激(14.88ms)和同通道异侧空间干扰刺激(15.94ms)对视觉通道的靶子没有产生影响。

实验2同样剔除每个被试在所有试次中反应时超过三个标准差之外的数据，共2.14%。被试正确率要求在85%以上方可纳入分析，有1名被试因正确率太低未纳入分析。表3.10显示了被试的平均反应时和正确率。对正确率进行2×4重复方差分析，结果表明靶任务类别主效应不显著，$F(1,9)<1$，不管靶子在听觉还是在视觉正确率没有差异；干扰刺激类型主效应不显著，$F(3,7)=1.85$，$\eta^2=0.17$，$p=0.161$；两者交互作用也不显著，$F(3,7)=1.33$，$\eta^2=0.13$，$p=0.285$。

表3.10 实验2中所有被试平均反应时(ms)和正确率(%)

靶子通道	干扰刺激类型			
	无干扰刺激 ND	同通道干扰 UD	跨通道异侧空间干扰 CID	跨通道同侧空间干扰 CVD
听觉靶子	331.34(97.60)	349.66(95.10)	420.02(95.30)	343.01(92.90)
视觉靶子	388.37(95.80)	381.69(93.20)	383.35(96.10)	354.81(95.40)

对反应时进行2×4重复方差分析，结果发现靶通道类别主效应不显著，$F(1,9)=1.09$，$\eta^2=0.11$，$p=0.323$；干扰刺激类型主效应显著，$F(3,7)=8.42$，$\eta^2=0.48$，$p<0.001$；两者交互作用也显著，$F(3,7)=14.48$，$\eta^2=0.62$，$p<0.001$。

由于本实验主要探讨来自不同侧空间和不同感觉通道的无关干扰刺激的干扰效应，对数据进一步地分析，将不同干扰刺激与无干扰刺激进行比较，干扰效应量如图3.7所示。结果发现，靶子在听觉感觉通道时无关干扰刺激引起的干扰效应主要来自于同感觉通道异侧空间(77.01ms)，$F(1,9)=17.93$，$\eta^2=0.67$，$p<0.01$，而不管是在异侧(−11.67ms)还是同侧(6.65ms)的视觉干扰刺激对听觉靶的反应时影响均不显著。当靶子在视觉感觉通道时，各类无关干扰刺激均对靶子反应产生影响。来自同通道异侧空间干扰效应显著(28.54ms)，$F(1,9)=6.43$，$\eta^2=0.42$，$p<0.05$；跨通道异侧空间的干扰刺激引起干扰效应显著(33.56ms)，$F(1,9)=11.88$，

$\eta^2=0.57$, $p<0.01$;跨通道同侧空间干扰效应显著(26.88ms), $F(1,9)=17.51$, $\eta^2=0.66$, $p<0.01$。

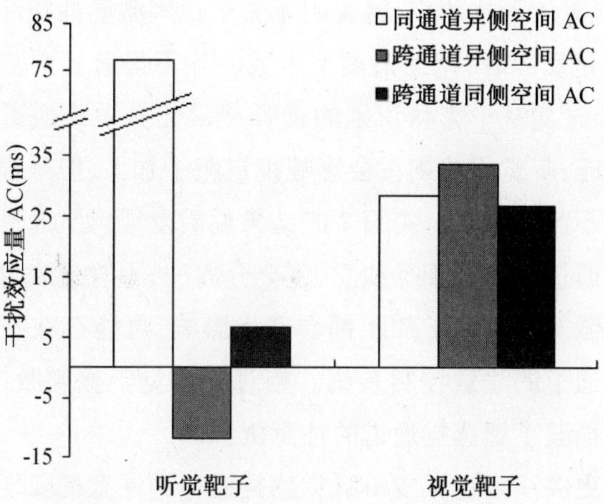

图 3.7 实验 2 不同靶通道中不同干扰刺激类型下的干扰效应量

(三) 综合讨论

实验 1 的研究结果发现视听觉闪频定位任务中,当靶子在听觉通道时,来自听觉的无关干扰刺激成功地捕获了注意,产生了干扰;而来自视觉不管是同侧空间还是异侧空间的无关干扰刺激都没有捕获注意。然而,当靶子在视觉通道时,只有来自听觉同侧空间方位的干扰刺激捕获了注意。实验 1 是一个与空间注意有关的视听搜索任务,被试在搜索靶子的同时需要对靶的空间位置进行定位。结果与线索化任务中的跨通道效应及其不对称性基本一致,视觉无关干扰刺激对听靶反应不产生影响,而听觉干扰刺激对听靶和视靶反应均产生影响。有趣的是涉及空间注意的捕获过程只发生在干扰和靶子空间位置一致的条件下,在总讨论中我们将结合实验 2 的结论进一步探讨异侧听觉干扰刺激不能捕获注意的原因。

实验 1 证实了在空间注意中的跨感觉通道效应,那么对刺激和物体识别的跨感觉通道效应是否同样存在?实验 2 是不涉及空间注意的基于客体识别的视听搜索任务,考查跨通道效应普遍性,同时探讨跨感觉通道的注意资源问题。在实验 1 中我们发现不管是正确率还是反应时靶通道类型主效应显著,听觉靶子正确率显著性低于视觉靶子,听觉靶子的反应时显著性长于视觉靶子。因此,视觉无关干扰刺激不能捕获注意也可能是因为听觉靶任务比视觉靶任务更难。而实验 2 将声音的无关干扰刺激改为白噪音,使听觉靶任务变容易。实验 2 中当靶子和无关干扰刺激来自相同感觉通道时,均出现了显著的干扰效应,这说明无关干扰刺激能捕获注意。结果中不管是正确率还是反应时,靶通道类型主效应均不显著。实验 2 与实验预测完全一致,结果证实基于客体识别的视听搜索任务中跨通道注意捕获同样存在跨通道效应:听觉干扰刺激会影响视觉靶子加工,但是视觉干扰刺激对听觉靶子加工不产生影响。实验 2 的结果说明发现感觉通道内部的注意过程与其他感觉通道并不是相互独立、完全分离的,不管是来自同侧还是异侧的听觉干扰刺激对视觉靶子加工都会产生影响,可能存在一个与空间位置无关的超感觉通道的注意控制系统。相对于视觉干扰刺激,听觉干扰刺激更为自动化地捕获了超感觉通道的注意资源。

早期研究更关注单视觉或单听觉感觉通道的注意捕获现象。现实生活中我们需要同时加工来自不同感觉通道的许多信息,跨通道研究更具有生态学意义。本研究使用额外奇异刺激范式,探讨跨通道效应及超感觉通道注意资源问题。实验 1 是基于空间注意的视听觉闪频定位任务,要求被试对闪烁(间断)的视觉或听觉靶子进行按键反应。结果发现,当靶子在听觉通道时,来自听觉的干扰刺激成功地捕获了注意,产生了干扰;而来自视觉不管是同侧空间还是异侧空间的干扰刺激都没有捕获注意。与之相反,当靶子在视觉通道时,来自听觉同侧空间方位的干扰刺激捕获了注意。实验 1 证实了线索化任务中的跨感觉通道效应,说明跨感觉通道的注意资源分配可以是基于空间的,而非局限于相关感觉通道内部的注意空间。实验 2 是不涉及空间注意的基于客体识别的视听搜索任务,结果与我们的实验预期相符,跨通道的干扰现象中同样存在不对称性,听觉无关干扰刺激可以影响视觉靶反应,但视觉无关干扰不影响听觉靶反应。来自同侧或异侧的听觉干扰刺激均捕获了注意,使得视觉靶加工反应变慢。

实验 1 中我们发现听觉干扰刺激对注意的捕获仅存在于当干扰与靶刺激出现在同侧空间位置时,这与实验预测不太一致,不完全符合刺激驱动注意捕获原理。Belopolsky et al. (2007)[1] 操作注意窗口大小为不同控制

---

〔1〕 Belopolsky, A. V. et al. (2007). The size of an attentional window modulates attentional capture by color singletons. *Psychonomic Bulletin & Review*, *14*(5), 934—938.

加工理论提供了一个和解途径，他们认为注意窗口的大小是影响干扰刺激或分心物是否捕获注意的关键，注意窗口的大小受自上而下加工的控制，当面对困难的搜索任务时，注意窗口会变小。在注意窗口内的干扰刺激能捕获注意，且不受自上而下加工控制，无法进入相应空间的干扰刺激则不能捕获注意。与实验 2 相比，实验 1 任务反应更慢，正确率更低，说明是一定相对困难的任务。异侧听觉干扰刺激无法捕获注意，很可能是因为其无法进入变小的注意窗口，这说明基于空间注意的跨通道注意捕获受到超感觉道的高水平系统的控制，而并不只局限于相关感觉道内部的感受器的空间(Driver & Spence，1998)。

研究结果证实了跨通道效应及其干扰现象中同样存在着不对称性。同样，Keetels 和 Vroomen (2011)曾使用视觉任务听觉干扰任务，研究与任务无关的声音刺激对视觉加工的影响。被试的任务是判断视觉外源性或内源性线索出现时靶时钟的时间，伴随着视觉线索将出现与任务无关的声音刺激，声音刺激可能出现在视觉线索的前 100ms、同时和后 100ms。结果发现与任务无关的声音会影响视觉加工。与 Keetels 和 Vroomen (2011)[1]研究不同，本研究中靶子可能随机出现在视觉或听觉任何通道，被试需要将注意同时分配在两个感觉通道的左右方位。与线索化范式相比，我们使用的额外奇异刺激范式更有助于研究跨通道无关刺激加工自下而上刺激驱动过程。早在 1960 年 Treisman 就证实内源性注意定向也不能完全阻止对非追随耳的信息加工。在跨通道的研究中，Spence 和 Driver (2000)证实了当被试要求只注意某方位的视觉信息时，无关听觉信息的变化仍会吸引注意。研究认为视觉内源性注意条件下并不能完全抑制听觉外源性空间线索化效应。Koelewijn et al. (2009)发现在注意高度集中的视觉任务中，无关听觉刺激和视觉刺激仍能捕获注意。虽然在额外奇异刺激范式中奇异刺激始终是干扰刺激，但被试很难成功抑制，因此它将会妨碍对其他位置上的靶子加工，产生干扰现象。从生态学意义来说，跨通道效应的不对称性在日常生活中是十分重要的。相对于视觉无关刺激，人们很难抑制对声音无关刺激的注意，因为这很有可能是一个警告信息。van der Lubbe 和 Postma (2005)

---

〔1〕 Keetels, M. & Vroomen, J. (2011). Sound affects the speed of visual processing. *Journal of Experimental Psychology: Human Perception and Performance*, 37(3), 699－708.

比较了突显听觉/视觉线索对视觉靶子加工的影响，结果发现听觉突显线索的出现会加速靶任务反应。Botta 等人(2011)[1]研究考查视/听单感觉和视听线索是否会影响视觉空间工作记忆内容的存储。结果发现虽然听觉线索能有效地捕获空间位置注意，但是并不能促进视觉空间工作记忆内容的存储。然而，视听线索对视觉空间工作记存储有明显的促进作用，这种促进作用不是简单的知觉增强造成，而是因为被试警觉性的提高。

此外，从无关信息的本质而言，与额外奇异刺激范式相比，线索范式中的线索不管是否有效，始终是和任务有关的信息，线索的出现很有可能会引起外源性注意。Tipples (2002)在研究中发现被试在有线索条件下反应明显快于无线索条件。甚至使用不具有预测性的线索时，也出现了所谓的线索化效应。因此，在一定程度上额外奇异刺激范式中的无关信息变化更能引起外源性注意，有助于我们研究跨通道干扰现象中的不对称性，并进一步探讨听觉无关刺激对视觉靶子的选择性注意的自动化过程。

从研究范式上来说，本研究是一个视觉和听觉注意分配的多感觉通道任务。在感觉通道的注意资源上，存在着不同感觉通道注意资源是否具有特异性的争议。本研究中被试需要同时注意视觉和听觉的左右空间方位，在实验 2 中当靶子出现在听觉通道时，视觉通道的无关干扰刺激对靶检测没有产生任何影响；而当靶子出现在视觉通道时，听觉通道的无关干扰刺激使得靶子反应时变长。根据注意资源研究，不同感觉通道的任务间存在着干扰，说明在一定程度上，视觉和听觉事件的加工并不是完全平行，相互独立的。既然听觉无关干扰刺激能引导视觉选择性注意，那为何视觉无关干扰刺激不能引导听觉选择性注意？视觉无关干扰刺激是否对听觉任务完全不产生影响呢？其实并不一定，在本研究中虽然并没有得到显著，但也不能完全否定视觉无关干扰信息的作用。因为本研究中时间维度上的闪烁(间断)是靶子，靶子的识别在时间上需要信息的积累才能实现，最少要在 50ms 后才能判断是否有靶子。因此，很有可能是视觉无关干扰刺激作用的有效性次于听觉无关刺激，而跨通道的干扰现象中的不对称性很有可能受任务需求和行为结果限制。例如，Gray et al. (2009)使用正交线索化范式比较

---

[1] Botta, F. et al. (2011). Multisensory integration affects visuo-spatial working memory. *Journal of Experimental Psychology: Human Perception and Performance*, 37(4), 1099－1109.

了视觉、听觉和触觉的单感觉通道和双感觉通道的线索效应。结果发现单感觉通道线索引起注意捕获的有效性低于双感觉通道线索；而单感觉通道线索中，视觉线索次于触觉线索，触觉线索又次于听觉线索。另外，Schirillo (2011)使用信号检测论研究跨通道的时空交互影响，发现当视觉闪光刺激呈现在声音靶子前面100ms或同时呈现时，信噪比较小时d'值会上升。

最后，本研究还发现听觉对视觉的跨通道的干扰效应在空间方位上不具有特异性，也就是说不管是来自哪个方向的听觉无关干扰刺激对视靶子加工都会产生影响。这说明听觉无关干扰信息捕获注意是注意资源从一个感觉通道转身另一个感觉通道的外源性注意定向的过程。Eimer和Schräger (1998)[1]曾研究内源性空间注意的跨通道效应。要求被试只注意视觉或听觉感觉通道的靶子，靶子可能在与任务有关的感觉通道的左或右随机出现。结果发现当与任务无关的感觉通道的非靶刺激出现在线索方位一侧时，非靶诱发的ERPs波幅要大于出现在非线索方位一侧时。这说明与任务有关的感觉通道决定向左或向右分配注意的同时，会影响与任务无关感觉通道的注意分配。然而，本研究结果与Eimer和Schräger的不一致的地方在于，不管是来自哪个方向的听觉无关干扰刺激对视靶子加工都会产生影响。这说明注意资源不仅在空间分配上存在跨通道效应，而且在感觉通道上也受不同空间影响。但支持了Santangelo等人(2010)的研究结论，可见，同时监控左右方位双感觉通道信息时会激活更多的特异性注意资源，从而允许双感觉通道信息的平行加工。

四、跨视听通道和听通道中偏差干扰现象

(一) 理论综述

当我们环视四周时，每时每刻都有成百上千的信息等待加工。由于注意资源有限，大脑需要筛选出可能对随后的认知加工有用的信息，而那些被筛选掉的无关信息并不能完全被忽视掉，特别是当无关信息发生改变时就会引起我们情不自禁的注意，产生朝向反应，从而影响对有用信息的加工。于是，我们把这种由无关信息变化引起的，使得当前任务成绩受损的现象称

---

[1] Eimer, M. & Schräger, E. (1998). ERP effects of intermodal attention and cross-modal links in spatial attention. *Psychophysiology*, *35*(03), 313－327.

之为新异干扰(Escera et al.,1998)[1]。新异干扰的研究通常使用 Oddball 范式,例如,要求被试忽略某一刺激或刺激属性,完成靶任务。当要求忽略的刺激或刺激属性发生小概率变化时,就会引起朝向反应,使靶子反应变慢,成绩受损(Berti & Schräger,2001)。新异干扰的行为或脑电研究中,通常把在一系列连续呈现的刺激流中频繁出现的称为标准刺激;而小概率且重复使用的刺激称为偏差刺激,不重复使用的称为新异刺激(Parmentier, 2008)。由于使用的是偏差刺激,因此产生的干扰也可以称为偏差干扰。

新异干扰现象在跨通道以及单通道(如听觉、视觉、触觉)的行为和脑电研究都得到了证实(Berti & Schräger,2003; Andrés et al.,2006;Parmentier et al.,2011a;Parmentier et al.,2011b)。在跨通道研究中,通常要求被试忽略听觉刺激,完成简单的视觉判断(如奇偶数),结果发现听觉偏差刺激的出现会导致视觉判断的反应变慢,成绩受损(Escera et al.,2001)。同样, van Mourik 等(2007)发现对图片进行有无生命辨别时也会产生新异干扰。此外,Hughes et al. (2005)还证实听觉偏差刺激的出现也会影响系列回忆的成绩。除了跨通道研究外,听通道研究也证实了新异干扰现象的存在。研究者要求被试辨别声音持续时间长短,而忽略声音的其他无关属性(如音高、音强、方位等),结果发现无关属性变化并不能完全忽略,反而对靶任务产生了干扰(Schräger & Wolff,1998)。

目前诸多研究者通过脑电研究来解释新异干扰过程,认为干扰是由于新异刺激引起的非随意注意定向的作用。与偏差干扰有关的脑电变化分为三个阶段:第一阶段是失匹配负波(MMN et al.,1999),发生在无关信息出现后的 100－250ms,是外界变化信息的自动探测。这一阶段与前注意加工有关,反映了感觉初级皮层对"原始信号"的加工(Grimm et al.,2004)。随后是新异 P3(Novelty P3)或 P3a 成分,反映了注意对于新异声音刺激的加工(Friedman et al.,2001)。最后出现的是重新定位负波(reorientation negativity,RON),反映了注意经过短暂的干扰后再次转向相关任务的过程(Berti et al.,2004; Berti,2008)。这一阶段是注意资源在对偏差刺激进行暂时评估和加工后的重新定向,被看成是真正意义上的"分心"过程(Berti

[1] Escera,C. et al. (1998). Neural mechanisms of involuntary attention to acoustic novelty and change. *Journal of Cognitive NeuroScience*, *10*(5),590－604.

et al.,2004; SanMiguel et al.,2008)。关于新异干扰现象有着不同的解释。早期观点认为新异干扰是由于新异刺激的小概率及不可预知性引起,这种观点被称之为感觉记忆痕迹的失匹配假说(Näätänen,1990)[1]。失匹配说认为无关信息变化的觉察主要发生在初级感觉皮层,因此干扰现象对刺激的物理属性变化很敏感。然而,与失匹配说不同的早期观点还有规则偏差假说和预测模型。他们认为偏差干扰现象也需要自上而下认知加工过程的参与(Cowan et al.,1993; Winkler,2007[2])。

近年来越来越多的研究认为干扰是自下而上刺激驱动和自上而下认知控制的交互作用的结果。自下而上刺激驱动的作用一直被广泛认同,认知控制的作用主要体现在注意转移和重新定位过程。既然干扰不是纯粹的自下而上的刺激驱动过程,那么自上而下的认知控制又起着什么样的作用呢? 于是,研究者探讨了新异干扰的影响因素及条件。基于此,Parmentier et al.(2010)[3]提出了提示信号作用的观点。他们对以往的新异干扰研究进行分析,发现实验程序中无关刺激与靶子的时间间隔通常是固定的。Parmentier等人认为这与任务指导语所说的"无关刺激与任务完全无关"相矛盾,虽然无关刺激与靶子识别和靶子判断没有任何关系,但无关刺激和靶子在时间间隔和事件发生过程存在潜在关联。声音刺激可能成为"提示信号",为靶子发生做准备。正是因为"无关刺激"变成了"有关刺激","有关刺激"变化必然会对靶任务产生影响,于是干扰就产生。他们认为过去的研究在研究方法存在局限,虽然干扰刺激不能为靶子识别和靶子反应提供任何直接线索,但并不是完全无关。例如,实验过程中被试会意识到声音刺激后必将出现视觉靶子,于是,声音刺激就成为带有目标导向的相关信息。由于标准刺激出现的概率大于偏差刺激,认知系统将对下一个试次产生期望,标准刺激的出现会更有效地激活了注意警觉系统,从而优化随后靶子的行为反应。与之相反,偏差刺激的出现将与认知系统的期望产生冲突,从而导致靶子反应变慢。Andrés

〔1〕 Naafanen,R. (1990). The role of attention in auditory by event-related potentials and other brain measures of cognitive function. *Behavioral and Brain Sciences*, *13*, 201－288.

〔2〕 Winkler,I. (2007). Interpreting the mismatch negativity. *Journal of Psychophysiology*, 21(3), 147－163.

〔3〕 Parmentier,F. B. et al. (2010). Behavioral distraction by auditory novelty is not only about novelty: The role of the distracter's informational value. *Cognition*, *115*(3), 504－511.

等人(2006)的实验为 Parmentier 等人的观点提供了理论基础,他们比较了老年人和青年人在标准刺激、偏差刺激和无关干扰刺激消失三种条件下的靶任务反应。结果发现标准刺激与无关干扰刺激消失间不存在年龄差异,而偏差刺激与无关刺激消失间则存在年龄差异。这说明标准刺激和偏差刺激虽然都是无关干扰刺激,但两者存在区别,标准刺激可能激活了注意警觉系统,而偏差刺激出现将引起无关信息注意抑制能力。Parmentier 等人认为注意警觉其实就是认知期望的结果。为了进一步证实自己的观点,他们同时改变无关刺激与靶子时间间隔和靶子出现概率,在视听跨通道中比较了 100%和 50%靶出现概率条件,发现在不确定靶子是否出现的条件下,偏差刺激对靶任务不再产生干扰。

Parmentier 等人的提示信号作用观点结合认知期望假说很好地解释了新异干扰的心理加工过程。观点虽然完善了早期理论,但未能区分不同提示信号功能对新异干扰的影响。早在 1880 年 Wundt 就证实有提示的简单反应时会快于无提示,且固定时间间隔下提示效应会加强。Woodrow(1914)发现在有效提示时间段中时间间隔越长,提示效应越大(Niemi & Näätänen,1981; Hackley,2009)。另有研究发现当靶子不确定时,靶任务的反应时会增加,如靶子反应会随 Catch Trial 比例的增加而变慢(Näätänen,1972; Buckolz & Rodgers,1980; Jüttner & Wolf,1992)。总的来说,提示信号在功能上可以分为三种:一是提示信号后不一定何时一定会出现靶子,即具有事件提示功能的信号,而不具有时间提示;二是提示固定时间间隔后可能会出现靶子,即具有时间提示功能的信号,而不具有事件提示;三是提示固定时间间隔后一定会出现靶子,即兼具事件和时间提示功能的信号。事件提示功能下,由于被试并不知道何时会出现靶子,于是在随后的时间间隔中将均匀的分布注意焦点(Los & van denHeuvel,2001)。而时间提示功能下,更像是条件反射而不是随意注意。提示功能的预备时间区间也从开始认为的 100ms 延长到 500ms (Hackley,2009)。早期研究主要在单通道下,通过简单反应时探讨不同提示信息功能,随后跨通道研究也逐渐认可对提示信号功能的分类(Bertelson,1967; Davis &Green,1969)。

(二) 实验研究

由于提示信号在功能上存在不同,Parmentier 等人提出的新异干扰中干扰刺激的存在目标导向的提示信号,那么是否不同提示功能的提示信号都将对新异干扰产生影响?还是说是某种提示功能更为重要?因此,本研究将根据提示信号的功能设计三种条件处理:事件提示、时间提示和时间事件提示,检验不同功能的提示信号是否都对新异干扰产生影响。Hommel, et al (2001)[1]曾指出靶出现概率即靶事件发生与否对行为会产生影响,应当把事件发生(事件提示)看成与知觉表征的特征码一样,事件码将保证行为计划的连续性。因为我们认为偏差干扰效应中事件提示功能比时间提示功能更重要,事件码是认知系统能否产生认知期望的基础。研究假设在时间事件提示条件下将存在偏差干扰效应,而事件提示功能条件下(时间提示失效)偏差干扰效应仍存在,但时间提示功能条件(事件提示失效)下偏差干扰效应将消失。因此,实验1将考察无关信息的不同提示对新异干扰的影响。此外,Parmentier等人通过理论推导认为提示作用观点也适应于其他感觉通道,但未曾证实。由于听觉Oddball研究范式与跨通道不一样,研究者们通常将听觉刺激某一属性作为靶子(如刺激持续时间长短),而另一属性作为无关干扰(如声音频率)。这样跨通道中无关刺激和靶子刺激来自于不同感觉通道,而听觉通道的无关属性与靶子将无法分开。因此,实验2将分离听通道下不同提示信号,考察无关属性的提示作用观点是否仍适用。

1. 被试

实验1一共48名被试(15名男性),在校学生,自愿报名参加实验,自陈视力正常或矫治视力正常,听力正常,均为右利手,实验完成后支付一定报酬。三种条件下各16人,其中条件一被试年龄在20－29岁之间(M＝23.88,SD＝2.60);条件二被试年龄在19－23岁之间(M＝21.43,SD＝1.36);条件三被试年龄在18－25岁之间(M＝21.44,SD＝1.97)。

实验2一共45名在校学生(8名男性),自愿报名参加实验2,自陈视力正常或矫治视力正常,听力正常,均右利手,实验完成后支付一定报酬,剔除正确率太低的4人。条件一被试14人,年龄在20－30岁之间(M＝23.54,SD＝2.82);条件二被试14人,年龄在21－29岁之间(M＝23.86,SD＝2.14);条件三被试13人,年龄在20－26岁之间(M＝23.07,SD＝1.38)。

2. 实验仪器和材料

实验1和实验2的实验程序均在戴尔计算机上运行,采用联想20英寸CRT显示器呈现刺激,分辨率为1024×768像素,刷新频率为85Hz。视觉

[1] Hommel, B. et al. (2001). The theory of event coding (TEC): A framework for perception and action planning. *Behavioral and Brain Sciences*, *24*(05), 849－878.

刺激在中央视野2.4°的灰屏框中呈现。实验程序采用E-prime编制而成，在Windows XP操作系统上运行。

实验1中听觉刺激为干扰项，标准刺激是频率为600Hz的正弦声波，偏差刺激为白噪音。持续时间为200ms，前后各有10ms淡入和淡出。音频文件采样大小为16位，44kHz，单声道音频，音高约为70dB。视觉材料选取4—9的阿拉伯数字。

实验2的听觉刺激有两种，概率为80%的标准刺激是蜜蜂的飞行声音，概率为20%的偏差刺激是青蛙的声音。刺激材料被处理成持续时间为400ms，前后各有10ms淡入和淡出的音频文件。音频文件采样大小为16位，44kHz，双声道，音高约为70dB。听觉刺激两通道在前200ms相同，后200ms通道2的声音渐渐消失。于是在播放过程中，就产生了从中间向左或向右的音效。实验材料见图3.8上部分所示。听觉刺激两通道在400ms完成一致，则不能产生向左或向右的音效。

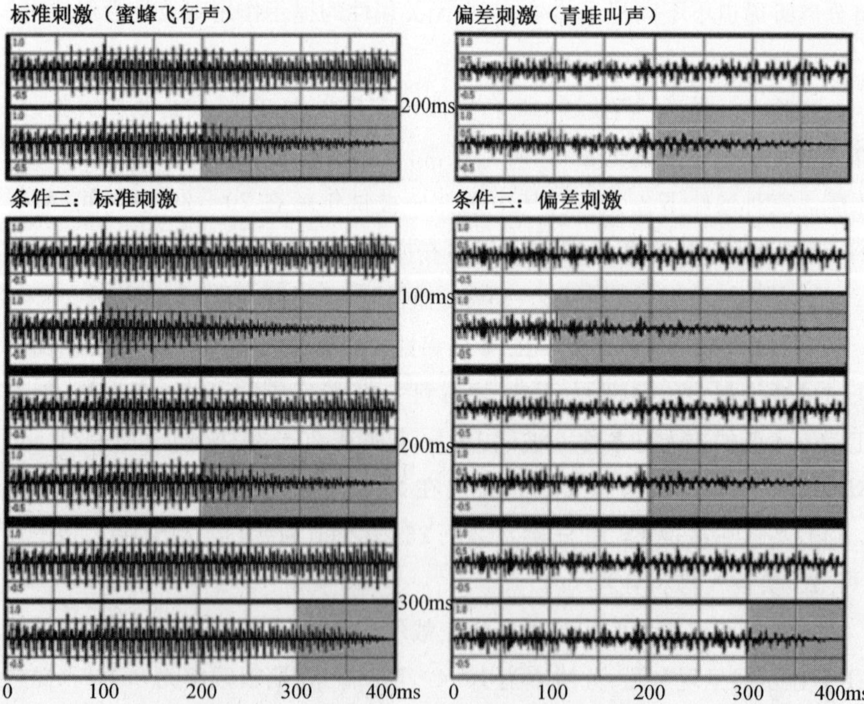

图3.8 实验2中标准与偏差刺激声音波形

3. 实验设计

实验1和实验2均采用2(听觉刺激类别:标准刺激/偏差刺激)×3(条件处理:时间事件提示/时间提示/事件提示)两因素混合实验设计。听觉刺激类别是被试内变量,条件处理是被试间变量。三种条件处理分别是:条件一是时间事件提示功能均有效,干扰刺激后靶子出现概率为100%,SOA不变;条件二是时间提示功能有效,干扰刺激后靶子出现概率为50%,SOA不变;条件三是事件提示功能有效,干扰刺激后靶子出现概率为100%,SOA变化。因变量是视觉判断任务的反应时和正确率。

4. 实验程序

在实验1中,被试头戴耳机,端坐屏幕前方,手放在键盘上准备。电脑屏幕中央先出现一个注视点+号,持续400ms后消失,出现一个随机数字,数字呈现150ms,随后是空屏1000ms等待被试反应。注视点+号出现的同时会有听觉刺激,要求被试忽略,不用注意。听觉刺激中标准刺激出现的概率80%,偏差刺激出现的概率20%。被试任务是判断数字奇偶性,在保证正确的前提下越快越好,奇偶数分别按J和K键,被试间反应按键平衡。

实验1中奇偶判断的概率各占50%。条件一时间事件提示中数字出现概率为100%,SOA固定为200ms。条件二时间提示中数字出现的概率为50%,SOA为200ms。条件三事件提示中数字出现概率为100%,干扰项与靶子SOA为0—400ms。实验流程见图3.9所示。

每种条件下被试先练习25次,正式实验完成900次试验。实验分为6个组,中间休息5次,实验完成大约需要30min。每个组中被试完成150次试验,奇偶判断任务随机出现,听觉刺激的标准刺激出现120次,偏差刺激出现30次。听觉刺激出现顺序使用伪随机排列,前6次均为标准刺激,每两个偏差刺激间隔2个以上的标准刺激,偏差刺激连续出现不超过2次。

实验2中,被试头戴耳机,端坐屏幕前方,手放在键盘上准备。告诉被试对声音的效果进行判断,从中间到左边按1键,从中间到右边按2键。其间20%的声音是偏差刺激,要求被试忽略声音种类的不同,完成方位的任务判断。被试等待500ms后,出现400ms的声音刺激,最后是1500ms的反应等待,视觉屏幕始终为空屏。

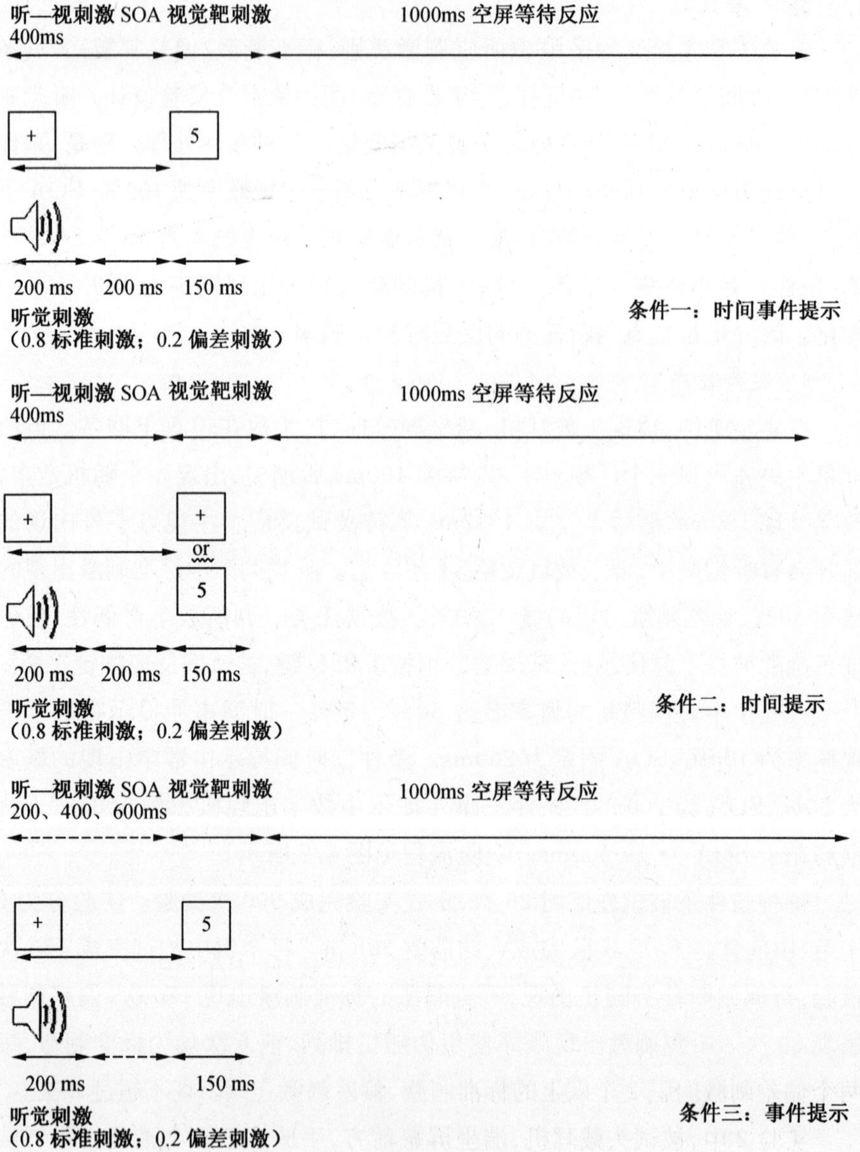

图 3.9 实验 1 的实验流程

实验 2 中左右方位判断的概率各占 50%。条件一时间事件提示中方位出现概率为 100%。条件二时间提示中方位出现的概率为 50%，每个区组的试验中有一半方位不发生变化，被试不做反应，等待下一次声音出现。条件三事件提示中方位出现概率为 100%，变化干扰项与靶子时间间隔，使时间间隔不固定，即干扰声音刺激起始点与方位信息起始点时间间隔分别为：100ms、200ms 或 300ms，音频材料见图 3.8 下部分。

每种条件下被试完成 25 次练习，正式实验完成 900 次试验。实验分为 6 个区组，中间休息 5 次，实验完成大约需要 30min。每个区组中被试完成 150 次试验，方位判断任务随机出现，听觉刺激的标准刺激出现 120 次，偏差刺激出现 30 次。听觉刺激出现顺序使用伪随机排列，前 6 次为标准刺激，每 2 个偏差刺激间隔 2 个以上的标准刺激，偏差刺激连续出现不超过 2 次。

5. 实验结果

实验 1 中筛选反应时大于 150ms 且小于 900ms 的试次进行分析；每个区组前 6 次标准刺激和偏差刺激后的标准刺激试验不纳入分析。被试正确率要求在 85%以上方可纳入分析。实验任务要求被试保证正确的前提下越快越好，因此主要分析反应时的结果。

对正确率进行 2×3 两因素混合方差分析，发现不存在类别主效应，$F(1,45)=0.47$，$MSE=0.00$，$\eta^2=0.01$，$p=0.496$；条件主效应也不存在，$F(2,45)=1.31$，$MSE=0.005$，$\eta^2=0.01$，$p=0.280$；两者交互作用不显著，$F(2,45)=0.010$，$MSE=3.13$，$\eta^2=0.00$，$p=0.990$。

对实验 1 中反应时进行 2×3 两因素混合方差分析，见图 3.10 所示。结果发现偏差刺激下靶任务反应时显著性长于标准刺激，存在类别主效应，$F(1,45)=30.81$，$MSE=156.80$，$\eta^2=0.41$，$p<0.001$；存在条件主效应，

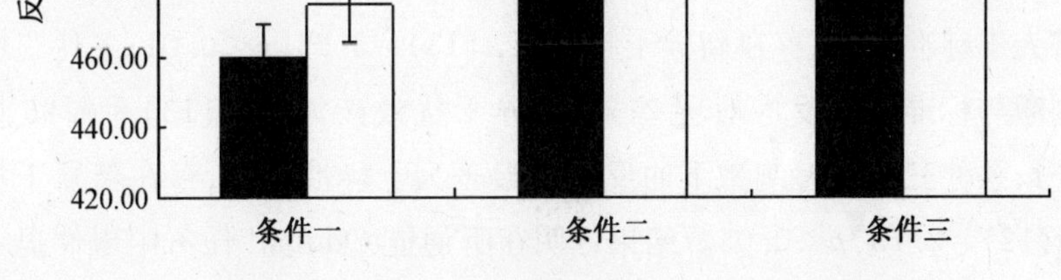

图 3.10　实验 1 中不同条件处理的标准刺激与偏差刺激的反应时

$F(2,45)=6.77$，$MSE=3784.20$，$\eta^2=0.23$，$p<0.001$；更重要的是刺激类别与条件处理间交互作用达到显著，$F(2,45)=4.00$，$MSE=626.81$，$\eta^2=0.151$，$p<0.05$。对不同条件进行两两比较，结果发现，条件一与条件二($p<0.01$)和条件三($p<0.05$)都存在差异，而条件二与条件三之间没有差异($p>0.05$)。由于本研究更关注刺激类别中的新异干扰效应，分别对三个条件进行配对样本 T 检验，条件一中出现了明显的新异干扰效应，$t(15)=4.10$，$p<0.01$；条件二中新异干扰效应消失，$t(15)=1.45$，$p=0.168$；条件三中新异干扰效应仍存在，$t(15)=3.90$，$p<0.01$。

实验 2 的反应时从声音移动起点计时，筛选反应时大于 400ms 且小于 1200ms 的试验进行分析；每个区组前 6 次标准刺激和偏差刺激后的标准刺激试验不纳入分析。被试正确率要求在 85%以上方可纳入分析。实验任务是要求被试保证正确的前提下越快越好，因此主要分析反应时。

对正确率进行 2×3 两因素混合方差分析，发现不存在类别主效应，$F(1,38)=0.41$，$MSE=0.00$，$\eta^2=0.01$，$p=0.525$；条件主效应也不存在，$F(2,38)=2.82$，$MSE=0.002$，$\eta^2=0.09$，$p=0.068$；两者交互作用不显著，$F(2,38)=0.75$，$MSE=0.00$，$\eta^2=0.03$，$p=0.476$。

对实验 2 中反应时进行 2×3 两因素混合方差分析，见图 3.11 所示。结果发现偏差刺激下反应时显著大于标准刺激，存在刺激类别主效应，$F(1,38)=14.77$，$MSE=472.48$，$\eta^2=0.28$，$p<0.001$，存在条件处理主效应，$F(2,38)=5.44$，$MSE=6593.68$，$\eta^2=0.22$，$p<0.001$，两者交互作用不显著，$F(2,38)=2.26$，$MSE=1069.28$，$\eta^2=0.11$，$p=0.118$。对不同条件进行两两比较，结果发现，条件一与条件二存在显著性差异($p<0.01$)；条件二与条件三也存在显著性差异($p<0.001$)；条件一与条件三之间没有差异($p>0.05$)。由于本研究更关注刺激类别中的新异干扰效应，因此分别对三个条件进行配对样本 t 检验，结果发现条件一中偏差刺激下的反应时显著大于标准刺激，存在新异干扰效应，$t(13)=3.26$，$p<0.01$；条件二中偏差刺激与标准刺激反应时无差异，新异干扰效应消失，$t(13)=0.95$，$p=0.361$；条件三中偏差刺激下的反应时显著大于标准刺激，存在新异干扰效应，$t(12)=2.73$，$p<0.05$。结果证明在听通道 Oddball 任务中事件提示功能是新异干扰产生的关键，而时间提示功能不是那么重要。

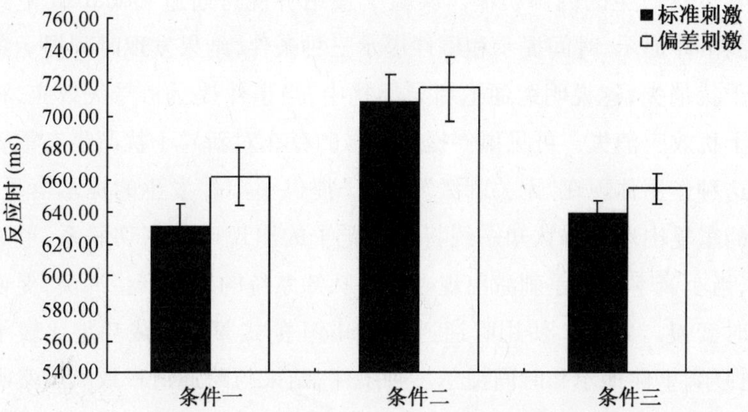

图 3.11　实验 2 中不同条件处理的标准刺激与偏差刺激的反应时

（三）综合讨论

实验 1 在前人的研究基础上，比较了三种提示功能下的新异干扰效应，结果与研究假设一致，发现在听视跨通道 Oddball 任务中事件提示功能是新异干扰产生的关键，时间提示功能不是那么重要。在视听跨通道研究中，听觉刺激是干扰项，而视觉刺激才是靶子。已有观点认为早期阶段无关干扰信息变化的自动控制在通道间是相互独立的，不受另一通道的加工过程的影响。Boll 和 Berti (2009)[1] 曾比较了听通道、视通道和视听跨通道 Oddball 范式下干扰现象干扰的行为和脑电结果，发现跨通道下不同通道的无关信息的干扰效应量不会叠加，而听通道下的干扰与跨通道干扰没有显著性差异。既然听通道偏差干扰相对于跨通道干扰效应是非常稳定且更具代表性的，那么 Parmentier 等人(2010)在跨通道研究中提出的提示作用观点是否同样适用于听通道？传统的听通道长短音判断任务，可以分离出时间提示功能，但无法分离事件提示功能（靶任务是时间持续长短，那么不可能存在靶任务消失而干扰刺激仍存在的情况）。因此，实验 2 将通过方位判断任务来分离事件提示功能和时间提示功能，比较不同提示功能对新异干扰的作用，在听通道推广检验 Parmentier 等人的提示作用观点。

本研究通过两个实验考察听视跨通道和听通道下的新异干扰现象，探

〔1〕 Boll, S. & Berti, S. (2009). Distraction of task-relevant information processing by irrelevant *changes in auditory, visual, and bimodal stimulus features: A behavioral and event-related potential study*. Psychophysiology, *46*(3), 645－654.

讨新异干扰产生的内部机制。实验1使用听视跨通道 Oddaball 范式比较了时间事件提示、时间提示和事件提示三种条件，结果发现时间提示条件中新异干扰消失，这说明跨通道新异干扰中，当事件提示信号失效应，将使得偏差干扰效应消失。可见事件提示信号的存在对新异干扰产生有重要的作用。这种作用体现在"无关刺激"为靶子提供了事件发生的提示信号，标准刺激的重复出现使得认知系统将其与靶子的出现产生密切联系，形成认知期望，当小概率的偏差刺激出现时则与认知系统的期望产生冲突，促使靶子反应时变慢。实验2使用听通道 Oddaball 范式第一次成功地比较了事件时间提示、事件提示和时间提示三种条件，结果与跨通道一致。虽然听觉刺激中的"无关属性"(声音内容)与靶子(声音方位)在时间呈现上存在重叠，但"无关属性"对靶子的信号提示仍存在。听觉通道中时间提示功能对新异干扰有一定的影响，但统计学上未达到显著，事件提示对新异干扰的作用更为明显。对正确率分析，既不存在刺激类别主效应和条件主效应，交互作用也不显著。以上结果验证了 Parmentier 等(2010)提出的干扰的提示信号作用的观点，并在听通道研究中推广验证。这表明偏差刺激的小概率和新颖性并不是干扰产生的充要条件，"无关刺激"或"无关属性"只有变成了与任务有关，对靶任务具有提示作用时才会产生干扰，同时这种提示信号中事件提示比时间提示更重要。

对跨通道和听通道三种条件的比较能进一步说明提示信号的作用。以往研究证实提示信号的存在会使得靶任务反应时变快，如提示信号与靶子的时间间隔是固定时，比时间间隔随机时，靶任务反应时更短(Bertelson, 1967; Davis & Green, 1969; Hackley, 2009[1])。这是因为时间间隔固定的情况会促使被试为随后将出现的靶子做好准备，这种现象不仅在探测任务中被证实，部分辨别任务也如此(Correa et al., 2005)。本研究跨通道下时间间隔固定时会明显提高靶任务反应时(时间事件条件与事件条件的反应时存在差异，$p<0.05$)，但听通道中时间间隔固定时没有表示出明显的提示作用(时间事件条件与事件条件的反应时不存在差异，$p>0.05$)。这可能是因为听通道中"无关属性"(声音内容)与靶子(声音方位)在时间呈现

[1] Hackley, S. A. (2009). The speeding of voluntary reaction by a warning signal. *Psychophysiology*, *46*(2), 225－233.

上存在重叠造成的。

与时间提示不同，本研究得到了更稳定的事件提示功能。不管是跨通道还是听通道中，事件提示的存在会显著性提高靶子的反应时($p<0.01$)。这与以往研究结果一致，不管提示信号是否时间间隔固定，事件提示功能信号会使得靶子反应时变得更快(Buckolz & Rodgers, 1980; Gordon, 1967; Näätänen, 1970; Parmentier et al., 2010)。Parmentier 认为由于研究方法上的局限，提示信号使得被试不自觉地将"无关刺激"(即跨通道中的听觉干扰刺激或听通道中的无关属性)作为靶子必将出现的提示，为靶子反应作准备。在这种认知系统之下，重复多次出现的标准刺激会有效地优化靶子反应，而意外变化的偏差刺激则破坏了标准刺激的优化系统，于是产生干扰。失去了事件提示后，靶子平均反应时会显著变慢($p<0.01$)。可见事件提示的存在会易化靶任务反应，标准刺激比起偏差刺激就是一个更有效的事件提示，正如标准刺激后靶子反应时会明显快于无关刺激消失后靶子反应时(Andrés et al., 2006; Parmentier & Andrés, 2010)。另外，对标准刺激比例的研究也可以支持优化系统的解释。Berti & Schräger (2006)偏差刺激与新异刺激不太一样，偏差刺激是由于与标准刺激间产生区别才引起非随意注意。当标准刺激的比例逐渐降低时，靶子反应时会变慢。Jankowiak & Berti (2007)[1]操作了三种偏差刺激和一种标准刺激，标准刺激的比例分别是0.5、0.67和0.75，结果发现新异干扰只在后两种比例出现，同时标准刺激下靶子反应时会随比例增加而变快。由此可以，新异干扰并非来自非随意注意定向引起的行为损耗，而是对发生变化频率和与预期不符刺激的探测。

总之，本研究认为视听跨通道和听通道中的小概率和新颖性不是产生干扰的唯一原因，与 Parmentier 等(2010)一致，证实了新异干扰有当"无关刺激"与靶子间存在提示信号关联时才会产生，而这种关联中事件发生的提示比时间间隔提示更为重要。

五、听觉偏差干扰与视觉工作记忆

(一) 理论综述

意料之外的或新颖、奇异的无关刺激会捕获注意，从而对当前正在进行

[1] Jankowiak, S. & Berti, S. (2007). Behavioral and event-related potential distraction effects with regularly occurring auditory deviants. *Psychophysiology*, 44(1), 79－85.

的任务产生影响。这种非随意注意捕获现象具有重要的生态学意义，有助于我们及时对外界环境做出反应，并应对可能出现的危险事件。经典 Odd-ball 范式通过操作刺激的物理属性和出现概率来研究这种干扰现象。在一系列连续呈现的刺激流中，频繁出现的刺激是标准刺激，小概率出现的刺激是新异刺激。刺激小概率变化使得当前任务成绩受损的现象称为新异干扰效应(Schräger & Wolff，1998)〔1〕。通常把重复使用的小概率刺激称为偏差刺激，而不重复使用的称为新异刺激(Parmentier，2008)。本研究中使用的刺激是偏差刺激，因此产生的干扰统称为偏差干扰效应。视听觉 Odd-ball 范式中，通常在视觉靶子出现前 300ms 左右播放一个与任务无关的声音刺激，持续时间为 200ms。要求被试尽可能忽略声音刺激，对靶子方位或某一方面特征(如数字的奇偶性)进行辨别(Andrés et al.，2006)。干扰现象不仅体现在行为数据上，也反映在脑电结果上。与标准刺激相比，偏差刺激反应更慢，错误率更高。偏差刺激与标准刺激的差异波可分为三个阶段：首先，N1/MMN 反映了前注意加工对变化信息的自动探测(Näätänen & Winkler，1999；Garrido et al，2009)；随后出现的 P3a 或新异 P3 成分反映了注意转向无关刺激的非随意转移过程(Friedman，et al.，2001)；最后，出现的重新定位负波(RON)反映了注意经过短暂的干扰后再次转向相关任务(Berti，2008)。

基于刺激驱动的早期失匹配假说认为，新异刺激的新颖、奇异性或偏差刺激的小概率出现是干扰产生的主要原因(Näätänen，1990)。与失匹配说不同的是规则偏差假说和预测模型，他们认为偏差干扰现象需要自上而下认知加工过程的参与(Cowan et al.，1993； Winkler，2007)。Parmentier 等人 (2011)〔2〕整合了认知期望的观点，提出提示信息作用观。他们认为新异刺激对注意的捕获不仅是因为刺激的新颖性和小概率，还有来自无关刺激和目标间的事件和时间关联性。由于标准刺激的多次重复，使得无关刺激产生了与目标有关的提示价值，从而形成了优化行为反应的认知期望系统。无关刺激的变化则使得暂时形成的知觉规则被破坏，从而行为受损。

〔1〕 Schräger，E. & Wolff，C. (1998). Behavioral and electrophysiological effects of task irrelevant sound change: A new distraction paradigm. *Cognitive Brain Research*，7(1)，71－87.

〔2〕 Parmentier，F. B. et al. (2011). Why are auditory novels distracting? Contrasting the roles of novelty，violation of expectation and stimulus change. *Cognition*，119(3)，374－380.

无关刺激与靶子识别和靶子判断没有关系，但偏差干扰研究范式中无关刺激总是出现在靶子前面，两者在时间间隔和事件发生过程中存在潜在关联。因此，无关刺激有可能被看作是一个“提示信息”，为靶子的出现提供信息(Ljungberg et al. 2012)。李毕琴、Parmentier 和张明(2012)在视听跨通道和听通道下区分了提示信号的不同功能，结果发现事件提示功能比时间提示功能更重要，即靶子是否出现比时间间隔是否固定对偏差干扰的影响更大。

注意是对有关信息的选择，对无关信息的抑制过程，工作记忆是对有关信息的保持以及对无关信息的抑制，两者在一定程度上都体现了选择性地指向与当前任务有关的刺激表征同时抑制无关刺激(Olivers，2008；Olivers et al. 2006)。长久以来偏差刺激引起的非随意注意被认为是一种自动化加工过程，不受自上而下的控制性加工的影响，但越来越多研究发现认知控制对刺激变化引起的非随意注意均有影响，这种影响主要体现在注意资源对无关刺激的抑制过程。新近关于偏差干扰如何受自上而下认知控制的研究中，主要通过以下两种控制方式调控认知资源：(1) 改变任务的注意需求。例如，选择反应中使目标特征更难分辨(Sabri et al.，2006；Sawaki & Katayama，2007；Kimura et al.，2008)，或靶子出现不具有预测性(调整靶子的出现概率为50%，Parmentier et al.，2010)。(2) 增加任务整体认知负载。例如，增加短时记忆负载(SanMiguel et al.，2010)[1]或使用 N-back 范式增加工作记忆负载(Berti & Schröger，2003；Muller-Gass & Schröger，2007；SanMiguel et al.，2008；Lv et al.，2010；Ruhnau et al.，2010)。

上述研究(见表 3.11)通过不同的控制方式调控认知资源，考查认知控制对偏差干扰的影响。从上述实验证据发现，任务感觉通道、任务需求以及工作记忆负载的不同，偏差干扰也相应地发生不同的变化。一类研究认为偏差干扰效应的出现取决于当前认知加工的负载水平。当任务中认知控制负荷上升时，由于没有足够的认知资源主动抑制无关刺激，干扰效应将增加。Lavie 等 (2004)[2]基于资源有限论提出了注意选择和认知控制的负

〔1〕 SanMiguel, I. et al. (2008). When loading working memory reduces distraction: Behavioral and electrophysiological evidence from an auditory-visual distraction paradigm. *Journal of Cognitive Neuroscience*, *20*(7), 1131—1145.

〔2〕 Lavie, N. et al. (2004). Load theory of selective attention and cognitive control. *Journal of Experimental Psychology: General*, *133*(3), 339—354.

载理论。他们认为积极的认知控制是维持当前任务目标的优先权并阻止无关刺激控制行为的必要条件，工作记忆资源的损耗使得注意选择过程中没有更多的资源来抑制干扰项或分心物。Lavie(2005)的研究证实，在高工作记忆负载的情况下，无关刺激或分心物产生的干扰增加。神经成像研究表明，高工作记忆负载下与分心物或干扰项有关的视皮层神经活动会增加(de Fockert et al.,2001)。在视觉搜索任务中，突显刺激的干扰效应会随着工作记忆负载的增加而增加。结果表明工作记忆在保持任务目标的优先权以引导随后视觉注意选择起着重要作用，同时也抑制了无关刺激的干扰(Lavie & de Forckert, 2005; Desimone & Duncan, 1995)。Sörqvist et al. (2012)[1]比较了高低工作记忆能力者的偏差干扰效应，结果发现与低工作记忆能力组相比，高工作记忆能力组的偏差干扰效应会随着组块的增加而减弱，表现出对无关刺激变化的适应性，因此能更有效的抑制无关信息。脑电研究也进一步证实，在高注意需求或高工作记忆负载任务中，差异波MMN成分的波幅不变，P3a成分的波幅更大。研究者认为在有限的注意资源条件下，以目标为导向的注意控制将保持目标刺激的优先性，以区分选择性注意任务中的目标刺激与无关刺激。工作记忆负载的增加使得被试没有足够资源来抑制无关刺激，此时当与任务无关的声音刺激发生小概率变化时更易捕获注意，引起更多的非随意注意转移，干扰效应将增加(Kimura et al.,2008; Muller-Gass & Schräger,2007; Sawaki & Katayama,2007)。

表 3.11 使用 Oddball 范式研究认知控制对偏差干扰影响的文献

研究	标准刺激	偏差刺激	任务	行为结果(有负载与无负载相比)
Berti & Schröger (2003)	纯音	纯音	听觉辨别任务	偏差干扰减弱
Kimura et al. (2008)	颜色	颜色	视觉检测任务	未报告行为结果
Lv et al. (2010)	纯音	新异声音	视觉辨别任务	偏差干扰消失
Muller-Gass & Schröger (2007)	纯音	纯音	听觉辨别任务	偏差干扰增加
Ruhnau et al. (2010)	蚊子飞行的声音	新异声音	视觉辨别任务	成人组存在偏差干扰 儿童组出现易化作用
Sabri et al. (2006)	纯音	纯音	听觉辨别任务	存在偏差干扰

[1] Sörqvist, P. et al. (2012). Working memory capacity modulates habituation rate: Evidence from a cross-modal auditory distraction paradigm. *Psychonomic Bulletin & Review*, *19*(2), 245—250.

续表

研究	标准刺激	偏差刺激	任务	行为结果(有负载与无负载相比)
SanMiguel et al. (2008)	纯音	新异声音	视觉辨别任务	偏差干扰消失
SanMiguel et al. (2010)	纯音	新异声音	视觉辨别任务	偏差易化作用减弱
et al. (2010)	纯音	新异声音	视觉辨别任务	偏差易化作用不变
Sawaki & Katayama (2007)	颜色	颜色	视觉检测任务	未报告行为结果
Sörqvist et al. (2012)	纯音	白噪音	视觉辨别任务	高工作记忆能力组干扰效应减弱

而另一类研究发现,在高认知负载下,认知控制会调控无关刺激的加工过程。当认知资源不足时,更少的认知资源被分配到无关刺激的加工,使得非随意注意引起的干扰效应会减弱或消失,而非增强。SanMiguel 等人(2008)研究提出与 Lavie 等人相反的意见,认为干扰任务中工作记忆资源起着自上而下的认知控制作用,主要的功能是减少与任务无关信息的加工过程所需资源,以维持对相关信息的注意,这种协调控制会随着任务的注意需求而发生改变(Berti & Schräger,2003)。研究证实随着认知负载增加,无关刺激的干扰效应会下降(SanMiguel et al.,2008)。易化效应也会随着记忆负载的增加而下降(SanMiguel et al.,2010)。研究者认为对听觉无关信息变化的探测是自动化的加工过程,而随后的注意定向过程会受到任务的注意需求影响(SanMiguel et al.,2010)。在正常情况下,当任务的注意需求较低时,新异刺激引起的唤醒作用会大于注意转移的干扰作用。当任务的注意需求较高时,注意转移的干扰更大。如果这时候工作记忆负载增加,为了保证足够资源来加工与任务有关的信息,加工新异刺激的注意资源就会减少,体现在差异波中 MMN 波幅没有差异,新异 P3 成分或 P3a 晚期成分的波幅降低(Berti & Schräger,2003; SanMiguel et al.,2008)。工作记忆对新异刺激加工的调节机制涉及额下回和颞上回,这两个脑区都与新异声音刺激加工有关(SanMiguel et al.,2008)。此外,前额叶对无关信息加工的调节作用也很重要。前额叶会控制感觉信息的初级皮层加工,以减少潜在分心物对工作记忆存储过程的干扰(Postle,2005,2006)。与 Lavie 的观点不同,SanMiguel 等人的主要观点认为,在工作记忆负载增加的情况下,目标导向的注意能够阻止与任务目标无关的刺激获得更多的知觉加工(前注意加工之后的加工过程)。因此,当无关刺激发生小概率变化时,行为结果

上不再出现干扰效应。

上述研究表明，认知控制对非随意注意转移过程的调节机制存在着不同的结果和解释，以往研究也曾试图解释这一矛盾。SanMiguel 等人(2010)[1]把这种矛盾归结为不同研究使用了不同的干扰范式(即无关刺激和目标是否来自不同的感觉通道)。对已有研究进行分析(见表 3.11)的基础上，可以发现支持 SanMiguel 等人的研究多采用跨通道 Oddball 范式，无关刺激和目标间存在时间上的分离，属于两个不同的客体或刺激。而单通道 Oddball 范式的研究普遍支持了 Lavie 的观点，这种范式中无关刺激(无关属性)与目标属于同一客体或刺激，两者很难分离，因此对目标的加工过程将不可避免的附带额外注意到干扰项。但值得注意的是，一些研究结论并不支持这种说法，如 Berti 和 Schräger (2003)[2]在听通道的研究发现1－back 任务中干扰效应减弱而非增强。从感觉通道的差异性分析并不能解释这些矛盾的研究结果。如果单通道的研究(Berti & Schräger,2003)存在不支持 Lavie 观点的证据，那么跨通道研究是否也存在反对 SanMiguel 等人观点的证据呢？也就是说，跨通道中来自不同感觉通道的无关信息是否同样可以被主动抑制，且这一抑制过程也需要消耗注意资源？

（二）实验研究

本研究将考查在视听跨通道中，无论在非随意注意还是随意注意下，无关声音刺激都将被主动抑制，且这一抑制过程会消耗注意资源。本研究采用线索提示范式和视听跨通道 Oddball 范式相结合的设计，先呈现外周线索，再插入无关声音刺激，随后目标的位置可能与线索相同，也可能不同。通过改变线索的有效性得到非随意注意和随意注意(Prinzmetal et al., 2010)。本研究一共包含四个实验。实验 1 和实验 2 的外周视线索有效性为 50%，虽然外周线索对目标出现位置不提供有效信息，但仍能吸引注意。外周线索的出现将迅速自动地集合注意，并加快线索化位置的目标检测，但持续时间较短，是一个刺激驱动的非随意注意定向过程。考虑到无关声音

---

〔1〕 SanMiguel, I. et al. (2010). On the functional significance of Novelty-P3: Facilitation by unexpected novel sounds. *Biological Psychology*, *83*(2), 143－152.

〔2〕 Berti, S. & Schräger, E. (2003). Working memory controls involuntary attention switching: Evidence from an auditory distraction paradigm. *European Journal of Neuroscience*, *17*(5), 1119－1122.

刺激的呈现时间(最少 200ms),我们将线索呈现到靶子出现的时间间隔设为长时程(约 600ms)。线索化范式中当外源性线索对靶子出现的位置无任务预测作用时,注意对出现在线索化位置上的靶子的检测存在晚期的抑制效应,即从有效线索呈现到靶子出现之间的 SOA 大于 300ms 时,被试对呈现在线索化位置的靶子检测的反应时要长于对非线索化位置上的靶子检测的反应时,出现返回抑制。因此,我们预期实验 1 出现返回抑制。在这种情况下,由于外周线索不具有预测性,被试没有任何意图或需求去注意外周线索位置,因而预期处于此阶段的无关声音刺激可能产生干扰。实验 2 是一个 1－back 任务,如果工作记忆负载增加,以目标为导向的注意控制将重新分配注意资源,此时无关声音刺激的抑制过程将失败,因而预期实验 2 的干扰效应将增强。实验 3 和实验 4 将提高外周视线索有效性提高,我们认为有预测性的外周线索有助于被试对目标出现位置的预期,注意产生预分布,这时注意朝向是受意图控制,属于注意的自上而下的加工。高预测性外周线索有助于集中视觉注意,从而指向目标可能出现的空间位置,但随意注意定向过程中无关声音刺激并不能被完全抑制(Koelewijn et al.,2009)[1]。实验预期将存在偏差干扰,返回抑制效应将消失,无关声音刺激将被主动抑制,抑制过程不仅消耗注意资源,且随着工作记忆负载的增加,抑制过程失败,偏差干扰效应将增强,而非减弱。

1. 被试

实验 1 随机选取高校在读大学生 13 名,其中男生 2 名,女生 11 名,均为右利手。年龄范围在 17—21 岁之间(平均年龄 22.42±1.22 岁)。实验 2 随机选取高校在读大学生 13 名,其中男生 5 名,女生 8 名,均为右利手。年龄范围在 22—25 岁之间(平均年龄 23.38±0.96 岁)。实验 3 随机选取高校在读大学生 17 名,其中男生 4 名,女生 13 名,均为右利手。年龄范围 19—23 岁(平均年龄 19.82±1.42 岁)。实验 4 随机选取高校在读大学生 13 名,其中男生 4 名,女生 9 名,均为右利手。年龄范围在 22—24 岁之间(平均年龄 22.69±0.63 岁)。所有被试均报告视力或矫正视力正常,听力正常。所有参加实验的被试均得到一定报酬。

---

〔1〕 Koelewijn,T. et al. (2009). Auditory and visual capture during focused visual attention. *Journal of Experimental Psychology: Human Perception and Performance*, *35*(5),1303－1315.

2. 实验仪器与材料

四个实验的实验过程相同,采用计算机呈现刺激和键盘反应,音频输出使用飞利浦耳机(型号:PHILIPSSHM190022)。显示器为17寸彩显,分辨率为1024×768像素,刷新频率为85Hz。用E-prime编制运行实验程序,刺激呈现时间、反应时均由计算机自动记录。被试距离屏幕约60cm,在亮度一致的实验室里单独参加测试,屏幕背景为黑色。外周线索是一个19×5像素(水平视角0.6°,垂直视角0.2°)的白色线段,呈现在距离屏幕中央视角为10.5°的左侧或右侧。靶子为直径6像素(约0.2°)的白色圆点,随机呈现在屏幕的左上、左下、右上和右下四个空间位置,水平方向上距离中央注视点视角为10.5°,垂直方向距离中央注视点视角为2.4°。音频信息使用Golden Wave软件处理。600 Hz的正弦声波是标准刺激,白噪音是偏差刺激。音频文件采样大小为16位,44kHz,双声道音频,音强约为60 dB,持续时间为200ms。

3. 实验设计

四个实验均采用2(声音刺激类型:标准刺激和偏差刺激)×2(视觉线索提示:有效和无效)被试内设计。实验中声音刺激类型有标准刺激(占80%)和偏差刺激(占20%)两个水平。实验1和实验2的视觉线索提示有效性为50%,“有效”水平和“无效”水平各占一半。实验3和实验4的视觉线索提示有效性为80%。

实验中因变量为视觉靶任务的反应时和错误率,偏差干扰效应量为偏差刺激靶子反应时与标准刺激靶子反应时之差,线索效应量为无效条件的反应时与有效条件的反应时之差。

4. 实验程序

实验1的实验流程如图3.12所示:首先在屏幕上呈现白色中央注视点“+”,呈现时间随机在447—600ms间,随后将出现白色线段。线段随机呈现在屏幕的左侧或右侧,持续呈现时间为612ms,直到靶子出现才消失。在白色线段出现306ms时插入声音刺激200ms,声音刺激是双耳同时呈现。声音刺激结束后106ms白色线索也消失,最后在屏幕的四个空间位置随机呈现靶子,靶子呈现141ms后消失。有效线索下白色线段与靶子呈现的水平方位一致,而无效线索下白色线段与靶子的水平方位不一致,各占50%。有效和无效线索下,标准刺激占80%,偏差刺激占20%。实验前将告诉被试白色线段和声音刺激都与靶子任务无关,尽可能忽略。采用正交反应的实验设计(Spence & Driver,1994),被试不管左右水平方位,而判断靶子出现在垂直方向的上方还是下方,上方按“8”键,下方按“2”键。被试用左手食指和右手食指按键,按键在被试间平衡。被试按键或者2s后开始下一个试次。正式实验前每个被试完成25次练习,正式共6个组块,每个组块有100个试次。要求被试在保证正确的前提下,又快又准地反应。每个组块结束后将反馈平均正确率和反应时。

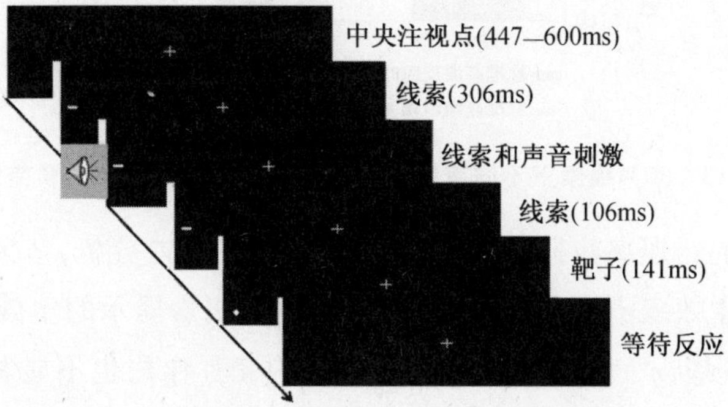

图3.12　实验1的实验流程

实验2的实验程序与实验1相似。唯一不同的是实验2是一个1-back任务,被试对第一个试次不反应,但需要记住靶子的上下位置。第二个试次的靶子出现后,被试判断靶子的垂直方位与第一个试次中靶子的垂直方位是否相同。被试完成判断的同时还要记住靶子的垂直方位,将当前试次与下一个试次进行比较。如果两次靶子均在上方或下方则为相同,按数字“1”键;如果两次靶子一个在上方另一个在下方则为不相同,按数字“2”键。被试用右手的食指和中指按键反应。靶子呈现后空屏3s等待被试反应。

实验3的实验流程与实验1相似。不同的是视觉线索提示有效条件占80%,无效条件占20%。

实验4的实验程序与实验2相似,唯一不同的是线索提示有效性为80%。

5. 实验结果

四个实验对声音刺激类型的剔除相同:每个组块前6个标准刺激试次和偏差刺激后一个标准刺激试次均不纳入分析(Parmentier et al.,2010)。

剔除反应时小于 100ms 的试次，总的剔除率约 1.11%。

实验 1

各条件下的平均反应时和错误率见图 3.13 所示。

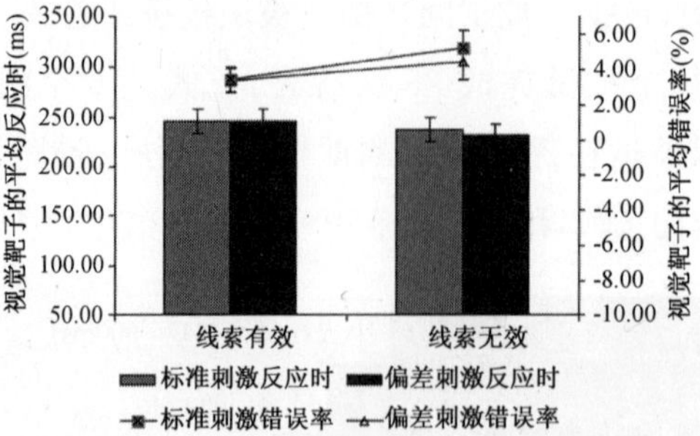

图 3.13　50%线索下不同声音刺激的靶子平均反应时(ms)和错误率

对被试的错误率数据进行 2×2 的重复测量方差分析，结果表明，声音刺激类型的主效应不显著，$F(1,12)<1$；视觉线索提示的主效应不显著，$F(1,12)=3.49, \eta^2=0.09, p>0.08$；两者的交互作用也不显著，$F(1,12)<1$。

对被试的反应时数据同样进行 2×2 的重复测量方差分析，统计结果表明，声音刺激类型的主效应不显著，$F(1,12)<1$；这说明听觉偏差刺激的出现对视靶子反应不产生影响，偏差干扰效应消失。视觉线索提示的主效应显著，$F(1,12)=10.27, \eta^2=0.46, p<0.01$，无效条件下的反应(234.91ms)显著快于有效条件下的反应(245.70ms)，说明长时程无预测性线索提示下出现了返回抑制。两者的交互作用不显著，$F(1,12)=3.41, \eta^2=0.09, p>0.09$。

实验 1 结果表明，当外周视线索有效性为 50%时，偏差干扰效应消失。无论是线索有效条件还是无效条件，声音刺激的变化不能捕获注意。外周视线索在长时程内(>300ms)，出现了返回抑制现象，有效条件下对靶子的反应变慢。关于偏差干扰效应消失，结果与实验预期不相符。已有研究表明，相对于视觉无关刺激，听觉无关刺激的注意捕获能力更自动化，视觉无关刺激捕获注意会受到自上而下加工控制，而听觉无关刺激则不受其影响(Santangelo & Spence, 2008)。实验中外周线索与声音刺激均与任务无关，但外周线索引起了返回抑制，声音刺激却未引起偏差干扰。结合 Lavie

和 SanMiguel 等人的研究，我们认为偏差干扰的消失可能存在两种原因。(1) 虽然外周视线索对靶子出现的位置无任何预测作用，但相对于声音刺激，非预测性线索仍有一半的机会有助于目标任务完成。因此，非预测性线索也可能受自上而下加工的控制，并不是纯粹的自下而上的刺激驱动(Theeuwes，2010)。在这种情况下，个体在注意空间定向过程中消耗的注意资源较少，于是有了充足的注意资源来抑制与任务毫无关系的声音刺激，导致干扰效应消失。(2) 无任何预测性的外周视线索使得目标出现的空间位置不确定，因此任务整体的注意需求将增加。在有限的注意资源中，为了保证目标任务又快又好的完成，注意资源将更多的指向靶子的加工过程，因此无关声音刺激的加工获得较少的注意资源，于是干扰效应消失。

为了辨别这两种解释，在实验 2 我们使用了 1-back 任务。如果实验 1 结果符合第一种解释，那么随着工作记忆负载的增加，由于没有更多的注意资源来抑制无关声音刺激，此时，将出现偏差干扰效应。如果符合第二种解释，那么预期偏差干扰效应仍消失。

实验 2

实验试次的剔除率约 1.81%。对靶子错误率和反应时进行分析见图 3.14 所示。对被试的错误率数据进行 2×2 的重复测量方差分析，结果表明，声音刺激类型和视觉线索提示的主效应均不显著，$F(1,12)<1$，$F(1,12)=4.05$，$\eta^2=0.25$，$p>0.05$；两者的交互作用也不显著，$F(1,12)=2.53$，$\eta^2=0.17$，$p>0.13$。

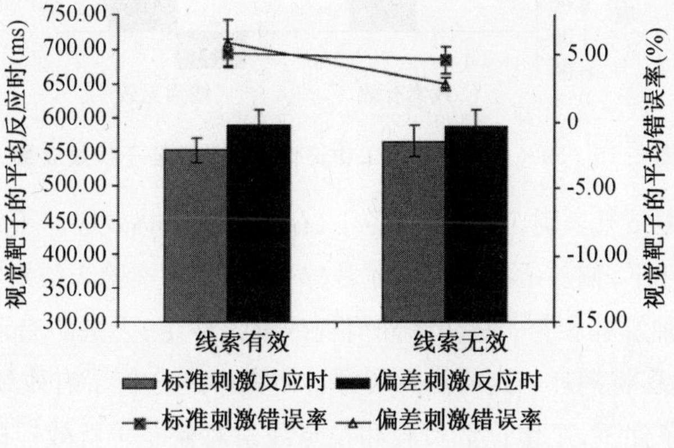

图 3.14　50%线索下不同声音刺激的靶子平均反应时(ms)和错误率

对被试的反应时数据同样进行 2×2 的重复测量方差分析，统计结果表明，声音刺激类型的主效应显著，$F(1,12)=8.49$，$\eta^2=0.41$，$p<0.05$，偏差刺激后靶子的反应时（589.33ms）显著长于标准刺激后靶子的反应时（558.59ms），说明偏差刺激的出现对靶子产生干扰，存在偏差干扰效应。视觉线索提示的主效应不显著，$F(1,12)<1$。两者的交互作用不显著，$F(1,12)=2.38$，$\eta^2=0.17$，$p>0.14$。

为了进一步比较工作记忆负载对偏差干扰效应的影响，我们将实验 1 和实验 2 偏差干扰效应量进行 2（无负载 0-back/有负载 1-back）×2（有效/无效）的方差分析。偏差干扰效应量为偏差刺激靶子反应时与标准刺激靶子反应时之差。结果显示（见图 3.15 所示）：视觉线索提示的主效应并不显著，$F(1,23)=3.92$，$\eta^2=0.14$，$p>0.05$，说明不同线索条件下的偏差干扰效应量不存在差异。负载主效应显著，$F(1,23)=9.25$，$\eta^2=0.28$，$p<0.01$，有负载下的偏差干扰效应量（30.73ms）显著大于无负载下（−2.74ms），体现了有负载情况下，偏差刺激的出现引起更多的干扰。两者的交互作用并不显著，$F(1,23)<1$，结果表明不同线索条件下，工作记忆负载对偏差干扰效应的影响没有区别。

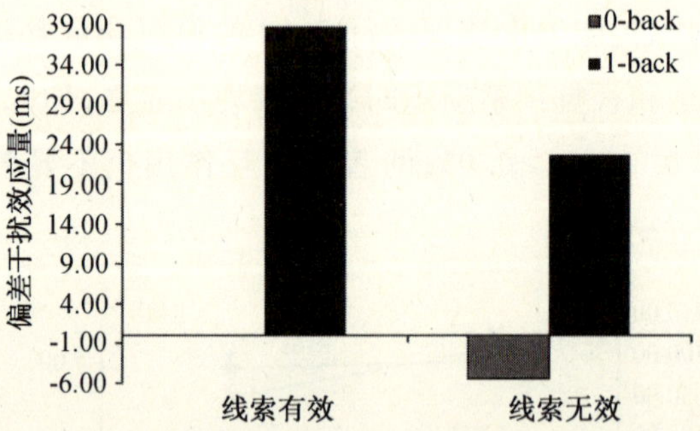

图 3.15　50%条件下不同工作记忆负载的偏差干扰效应量

实验 2 中结果表明，1-back 任务下，存在偏差干扰效应。不管线索有效还是无效条件下，偏差干扰效应均显著（$p<0.05$）。实验 2 结果与实验 1 讨论中的第一种解释相符，在 50%外周视线索条件下，无关声音刺激被主动抑制，抑制过程将消耗一定的注意资源。研究中还分析了有效线索 50%的非随意注意条件下，工作记忆负载和视觉线索对偏差干扰效应的影响。结果发现偏差干扰效应并不受提示线索提示有效性的影响，线索有效条件与

线索无效条件下偏差干扰效应并没有显著。然而，偏差干扰效应会受到工作记忆负载的影响。结果表明，当工作记忆负载增加时，被试需要不断刷新工作记忆存储内容，记住靶子的垂直方位。无关信息的抑制过程与相关信息的维持和更新之间将竞争资源，无关信息的抑制将削弱，从而偏差干扰效应增加。此外，在实验 2 中发现线索类型主效应不显著，返回抑制消失，这与 Castel et al. (2003)的研究结果，在空间工作记忆负载条件下，返回抑制量急剧减少甚至消失。这说明返回抑制受注意资源的限制，是一种控制性较强的认知抑制。

为了进一步考察在随意注意中探查偏差干扰效应，实验 3 中，我们将提高外周线索提示有效性，这时注意朝向将受意图控制，属于注意的自上而下的加工。在 80%条件下，长时程内有提示作用的外周线索将诱发主动的注意定向加工，从而抑制返回抑制(Wright & Richard,2000)。我们认为注意的主动定向过程将与无关声音刺激的抑制过程竞争注意资源，预期在实验 3 中返回抑制将消失，且抑制过程将竞争资源失败，将无法成功抑制无关声音刺激的加工过程，于是出现偏差干扰效应。

实验 3

实验试次的剔除率约 1.71%。各条件下的平均反应时和错误率见图 3.16 所示。对被试的错误率数据进行 2×2 的重复测量方差分析，结果表明，声音刺激类型的主效应不显著，$F(1,16)=1.54$，$\eta^2=0.11$，$p>0.21$；视觉线索提示的主效应显著，$F(1,16)=35.32$，$\eta^2=0.73$，$p<0.001$，无效条

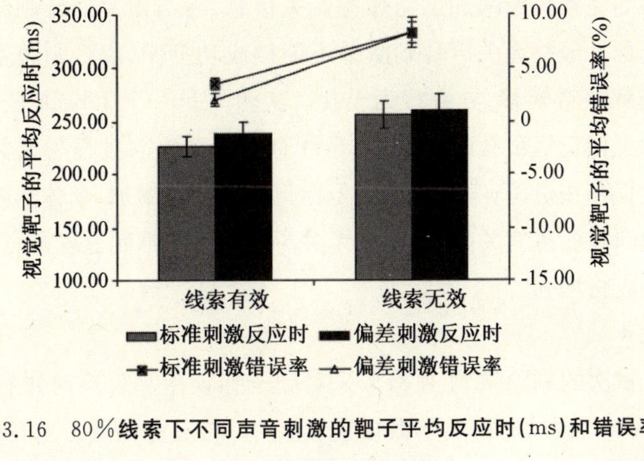

图 3.16　80%线索下不同声音刺激的靶子平均反应时(ms)和错误率

件下的错误率(8.29%)显著性高于有效条件下的错误率(2.79%);两者的交互作用不显著,$F(1,16)<1$。对被试的反应时数据同样进行 2×2 的重复测量方差分析。统计结果表明,刺激类型的主效应显著,$F(1,16)=4.84$,$\eta^2=0.23$,$p<0.05$,偏差刺激后靶子的反应时(249.36ms)显著大于标准刺激后靶子的反应时(241.00ms)。视觉线索提示的主效应显著,$F(1,16)=13.06$,$\eta^2=0.45$,$p<0.01$,无效条件下的反应(258.70ms)显著慢于有效条件下的反应(231.66ms)。两者的交互作用不显著,$F(1,16)=2.73$,$\eta^2=0.15$,$p>0.11$。

实验 3 的结果表明,当线索提示有效性增加时,存在偏差干扰效应,同时返回抑制消失,并出现线索化效应,即线索有效条件下靶子反应显著快于无效条件。Posner (1980)提出,当线索对靶子具有较高预测性时,被试对目标出现位置的预期将导致注意的预分布,这种注意定势会受意图控制,注意是积极的,被试对注意定向进行了有效的策略性控制。当外周提示线索的预测性增加,被试对提示位置的依赖性升高,外周提示线索与无关声音刺激对注意资源的竞争将更偏向于外周提示线索,声音刺激的抑制过程所分配的注意资源将减少,最终出现了偏差干扰效应。返回抑制消失的结果与张明和陈骐(2004)的研究结果一致,高线索提示有效条件下的注意定势不仅压制了原有的返回抑制效应,而且导致了显著的反转,出现线索化效应。

与实验 1 中偏差干扰效应消失不同,在实验 3 中出现了显著的干扰效应,这说明以目标为导向的自上而下的选择性注意过程中,认知控制为了保证有足够的注意资源来加工与任务无关信息,将与无关声音刺激的抑制过程竞争资源。最终无关声音刺激并不能被成功抑制,声音刺激变化仍能引起的非随意注意转移,导致行为干扰。实验 4 是一个 1-back 任务,我们预期在增加工作记忆负载的情况下,当注意的主动定向过程与无关声音刺激的抑制过程存在资源竞争时,由于工作记忆负载的增加,个体意图和任务需求将更偏向与任务有关的信息,而无关声音刺激的抑制过程则竞争失败,偏差干扰效应将增强。

实验 4

实验试次的剔除率约 1.81%。对靶子错误率和反应时进行分析见图 3.17 所示。对被试的错误率数据进行 2×2 的重复测量方差分析,结果表明,声音刺激类型和视觉线索提示的主效应均不显著,$F(1,11)<1$,$F(1,11)<1$;两者的交互作用也不显著,$F(1,11)<1$。

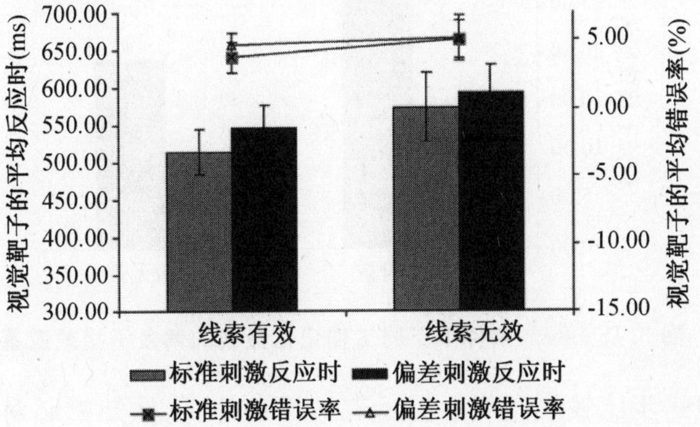

图 3.17 80%**线索下不同声音刺激的靶子平均反应时**(ms)**和错误率**

对被试的反应时数据同样进行 2×2 的重复测量方差分析,统计结果表明,声音刺激类型的主效应显著,$F(1,11)=7.53$,$\eta^2=0.41$,$p<0.05$,偏差刺激后靶子的反应时(569.73ms)显著长于标准刺激后靶子的反应时(543.57ms)。视觉线索提示的主效应显著,$F(1,11)=6.70$,$\eta^2=0.38$,$p<0.05$,无效条件下靶子的反应时(583.20ms)显著长于有效条件下靶子的反应时(530.10ms)。两者的交互作用不显著,$F(1,11)<1$。

同样,为了进一步比较工作记忆负载对偏差干扰效应量的影响,我们实验 3 和实验 4 的偏差干扰效应量进行 2(无负载 0-back/有负载 1-back)×2(有效/无效)的方差分析,结果显示(如图 3.18 所示):视觉线索提示的主效应显著,$F(1,27)=5.82$,$\eta^2=0.18$,$p<0.05$,有效条件下的偏差干扰效应量(20.67ms)大于无效条件(10.78ms),说明不同线索条件下的偏差干扰效应量存在差异。工作记忆负载的主效应显著,$F(1,27)=4.29$,$\eta^2=0.14$,$p<0.05$,有负载下的偏差干扰效应量(26.12ms)显著高于无负载下(8.36ms),说明有负载情况下,偏差刺激的出现引起更多的干扰。两者的交互作用不显著,$F(1,27)<1$,说明不同线索条件中工作记忆负载对偏差干扰效应的影响没有差异。

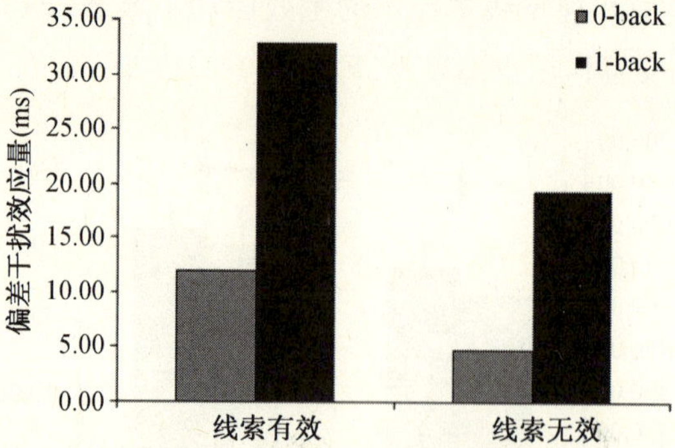

图 3.18　80%条件下不同工作记忆负载的偏差干扰效应量

为了进一步比较不同线索提示有效性条件下，认知控制对无关声音刺激的主动抑制过程，我们对实验 2 与实验 4 进行 2(标准/偏差)×2(有效提示/无效提示)×2(提示有效性 50%/80%)的方差分析。统计结果表明，声音刺激类型的主效应显著，$F(1,23)=12.61$，$\eta^2=0.35$，$p<0.01$；提示类型的主效应也显著，$F(1,23)=6.84$，$\eta^2=0.23$，$p<0.05$；线索提示有效性的主效应不显著，$F(1,23)<1$。所有的交互作用中除了提示类型与线索提示有效性的交互作用显著外，$F(1,23)=5.48$，$\eta^2=0.19$，$p<0.05$，其他交互作用均不显著。

实验 4 结果表明，有工作记忆负载的情况下，高外周视线索有效性条件出现偏差干扰效应和线索化效应。当任务中工作记忆负载增加，被试更容易受到无关声音刺激变化的影响，对靶子的反应明显变慢。实验 4 外周视线索有效性为 80%，被试将有策略性的控制注意定向，外周视线索与声音刺激之间对注意资源的竞争将更偏向于外周视线索。由于声音刺激小概率变化是意外的，需要工作记忆执行自上而下的认知控制功能来抑制对其的加工。已有研究表明，在注意高度集中的视觉任务中，外源性听觉刺激仍能捕获注意(Koelewijn et al.,2009)。因此，当相关任务的工作记忆负载增加时，认知控制资源的减少将导致对声音刺激抑制的失败，从而出现更大的干扰效应。

对有无工作记忆负载下的偏差干扰效应的分析也进一步证实了上述结论，结果发现工作负载下偏差干扰效应显著增加。此外不同线索条件下的偏差干扰效应量存在差异，不一致条件下偏差干扰效应并不显著，这可能是因为不一致条件下偏差刺激的重复试次相对较少(24 次)。同时,交互作用不显著说明了不同线索条件中工作记忆负载水平对偏差干扰效应的影响没有差异。

实验 2 与实验 4 都是工作记忆负载 1-back 任务,两个实验的比较有助于我们探讨不同提示有效性条件下认知控制对无关声音刺激的主动抑制过程。结果发现,无论是提示有效性 50%(非随意注意)还是 80%(随意注意),无关声音刺激都将被主动抑制,且这一抑制过程会消耗注意资源。

(三) 综合讨论

本研究采用跨通道的研究范式,通过四个实验证实了来自不同感觉通道的无关信息同样也存在主动抑制过程。且不管是在非随意注意过程中还是随意注意过程中,这一抑制过程同样需要消耗一定注意资源。在无关声音刺激前呈现外周视线索,结果发现当外周视线索有效性为 50%时,即在非随意注意的过程中,出现返回抑制的同时偏差干扰效应消失。我们认为在缺乏有策略性的注意定向的情况下,将有充足的注意资源来抑制与任务毫无关系的声音刺激,这个抑制过程需要消耗注意资源,以至当工作记忆负载增加时,抑制过程将失败,出现了偏差干扰效应。实验 1 和实验 2 的结果分别证实了我们的假设。在实验 3 和实验 4 中,我们将外周视线索有效性提高至 80%,在这种情况下被试将有策略性的控制注意定向,外周视线索与声音刺激之间对注意资源的竞争将更偏向于外周视线索,声音刺激的抑制过程所分配的注意资源将减少。当声音刺激发生小概率变化时,更需要自上而下的认知控制功能来抑制对其的加工,而由于抑制过程的注意资源不足,最终将出现偏差干扰效应。在这种情况下,如果相关任务的工作记忆负载增加,认知控制资源的减少使得注意资源更极端的偏向外周视线索,从而声音刺激变化引起的偏差干扰将显著增加。

目前认知控制对非随意注意转移过程调节机制的研究存在着不同的结果和解释,本研究认为不同干扰范式(不同感觉通道)并不能很好解释这一矛盾。本研究证实了来自不同通道的无关信息的抑制过程同样需要消耗注意资源,认知控制的调控过程并不能完全抑制无关信息的加工过程。我们的研究结果与 SanMiguel 等人的跨通道研究结果完全相反,与支持 Lavie 观点的单通道研究结果一致。可见,从通道差异性解释认知负载对偏差干扰调节机制只是对表面的现象的总结,未能解释认知控制对偏差干扰进行调节的内在机制。结合 Parmentier 等(2010)的提示信息作用观点和 Park, Kim 和 Chun (2007)[1]的负载特异机制观点以及我们当前的研究结果,我们认为认知负载调节偏差干扰机制取决于无关刺激与目标的加工过程是否重叠。当工作记忆负载内容与目标信息的属性一致时,该资源竞争条件下无关刺激与目标之间注意资源的分配将改变。如果无关刺激与目标加工过程不重叠,则不存在注意资源的竞争。例如,来自不同的感觉通道的无关刺激与目标加工过程冲突减弱或不再冲突(注意资源重新分配),为了保证足够资源来加工与任务有关的信息,加工无关刺激的注意资源就会减少,无关刺激更可能处于注意焦点的边缘或被排挤出去,此时,干扰效应将减弱或消失,结果符合 SanMiguel 等人的观点。然而,如果无关刺激与目标加工过程仍存在重叠,则注意资源竞争结果将偏向与任务有关信息,而无关信息加工的抑制过程将减弱。例如,来自同一感觉通道的无关刺激与目标属于同一客体或事件,两者的加工过程很难分离,认知负载增加的情况下,无关刺激的抑制过程将竞争资源失败,干扰效应将增加,研究结果将支持 Lavie 的观点。因此,我们认为不管是跨通道还是单通道下,当认知负载与选择注意任务间存在资源竞争,且无关刺激与目标的加工过程存在冲突时,非随意注意转移的抑制过程将消耗注意资源,认知负载增加会使得干扰效应增强。也就是说如果不同感觉通道信息加工的时间或事件关联非常紧密,无关刺激与目标的加工过程仍存在重叠,那么在工作记忆负载下,干扰效应很有可能仍存在甚至增强。

与以往的跨通道研究不同,本研究使用了线索—靶子的提示范式,正是这一操作保证了无关刺激与目标间的紧密的时间或事件关联,使得无关声音刺激被动地处于线索与目标之间。其实以往的研究有强调无关刺激与目标之间的事件和时间关系对偏差干扰效应的重要性。例如,在无关声音刺激出现后快速呈现一个视觉刺激,结果发现声音刺激变化引起的干扰效应消失。研究认为这是因为无关视觉刺激重新捕获注意资源,先前的声音刺激被排挤出去,类似于形成了新的刺激反应 S-R 映射(Parmentier et al.,

[1] Park, S. et al. (2007). Concurrent working memory load can facilitate selective attention: evidence for specialized load. *Journal of Experimental Psychology: Human Perception and Performance*, *33*(5), 1062—1075.

2008)。[1]可见是否处于有效的刺激反应映射对无关刺激是否产生干扰很重要。提示信号作用观强调无关刺激与目标之间的事件或时间关联是产生偏差干扰效应的另一前提条件,正是两者存在潜在关联,认知系统对随后的试次产生期望,而认知期望冲突导致了偏差干扰(Parmentier et al.,2010)。无关刺激是一个具有目标导向的提示信号,进一步的研究还证实无关刺激的事件提示功能比时间提示功能起着更重要的作用(Ljungberg et al.,2012; 李毕琴等,2012)。事件提示功能下,由于被试并不知道何时会出现靶子,于是在随后的时间间隔中将均匀的分布注意焦点(Los & van den Heuvel,2001),工作记忆负载下,以目标为导向的注意控制重新分配注意资源,注意焦点则更狭小地集中到目标,无关刺激的获得的注意资源相对减少。Wetzel et al. (2011)[2]比较了无关刺激与目标事件关联紧密条件(100%靶子出现)和不紧密条件(50%靶子出现),结果发现不紧密条件下干扰效应消失,差异波中 MMN 成分没有差异,而 P3a 的峰值减少且潜伏期延长。这说明在不紧密条件下,目标导向的注意资源更指向靶子,从而阻止与任务目标无关的刺激获得知觉加工(前注意加工之后的加工过程),而紧密的事件关联性保证了偏差干扰效应的产生。

无关刺激与目标的关联性有助于整合认知控制对非随意注意的调节机制。在已往单通道研究范式中,由于无关属性与目标不存在分离,因此与任务相关信息和无关信息的竞争冲突较大,而认知负载的增加使得个体意图和任务需求将会主动抑制无关信息,从而保证了有限的注意资源流向相关信息的加工,此时干扰效应将增加。而跨通道研究范式中,由于无关刺激与目标是前后相继出现的不同客体,因此认知负载的增加将调节无关刺激与目标之间注意资源的分配,使得来自不同的感觉通道的无关刺激与目标加工过程的冲突减弱或不再产生冲突,从而干扰效应也相应减弱或消失。引言中我们提到 Berti 和 Schräger (2003)在听通道的研究却得到了相反的结果,其中原因可能是由于 Berti 和 Schräger 使用的 1-back 任务只是要求被

〔1〕 Parmentier,F. B et al. (2008). The cognitive locus of distraction by acoustic novelty in the cross-modal oddball task. *Cognition*, *106*(1), 408－432.

〔2〕 Wetzel,N. et al. (2011, September). Attentional Capture and Distraction-Uninformative novel sounds capture attention but do not necessarily impair performance. In *Poster Presented at International Conference on Cognitive Neuroscience XI* (*ICON*). *Palma de Mallorca*, *Spain*.

试报告前一个试次的目标,任务对中央执行控制的激活较少,这更像是注意分配的任务(一部分注意资源用于对目标进行反应,另一部分注意资源用于知觉下一个目标),注意分配的任务使得原来不能分离的无关属性和目标之间的竞争冲突变少。最终,相对更少注意资源用于刺激的知觉加工,无关信息的知觉加工也减少,干扰效应也相应减弱。Berti 和 Schräger (2003)研究的脑电结果也支持了这种假设,1-back 任务中 N1 成分波幅相对于 0-back任务明显下降。

综上所述,无关刺激与目标关联性对认知负载如何调节偏差干扰效应起着重要作用。在紧密的时空关联条件下(包括事件关联和时间关联),当无关刺激加工与目标加工过程重叠时,随着工作记忆负载的增加,干扰效应仍存在或增强,与 Lavie 的观点相符,且该结论在本研究得到了证实。在不紧密的时间关联条件下,无关刺激与目标加工过程不存在冲突,随着工作记忆负载的增加,干扰效应反而消失,符合 SanMiguel 等人的观点。

第二节 特殊人群的跨视听通道注意的加工机制

一、听觉障碍人群的皮层可塑性及注意加工机制

在对人脑的发展性研究中,一个十分重要的问题是脑的可塑性(plasticity)问题。脑的可塑性是指,脑在发展过程中,对感觉输入的改变进行反应,并对其自身进行重新组织的能力。而对某一通道内感觉输入的早期/晚期剥夺为研究者提供了独特的切入点来探究感觉剥夺对脑内各专门神经系统的发展、分化及组织的影响。该领域内的研究始于 20 世纪 60 年代早期,Wiesel 和 Hubel 对视觉功能柱重组织(reorganization)的研究[1][2]。这些早期研究一般都是动物实验,即在动物初生时限制某一个感觉通道的输入,如用铅封住耳朵,或在视觉信息有限的环境中饲养。之后用单细胞或多细胞记录技术得到动物大脑皮层中神经元的组织和选择性的变化。近期,随着实验技术的不断进步,事件相关电位(event related potential,

---

〔1〕 Wiesel, T. N. & Hubel, D. H. (1963). Single-cell responses in striate cortex of kittens deprived of vision in one eye. *Journal of Neurophysiology*, 26(6), 1003－1017.

〔2〕 Wiesel, T. N. & Hubel, D. H. (1965). Comparison of the effects of unilateral and bilateral eye closure on cortical unit responses in kittens. *Journal of Neurophysiology*, 28(6), 1029－1040.

ERPs)、正电子发射断层扫描(positron emission tomography,PET)和功能性核磁共振(functional magnetic resonance imaging,fMRI)等脑成像技术的应用突破了以往用损伤研究建构动物模型的限制,从而可以直接对视听障碍人群的认知功能进行无损伤的脑成像研究。对于听觉障碍人群,听觉通道内输入的缺失以及使用手语的经验引发了神经系统内的可塑性及它们在剩余完好通道(如视觉和触觉)内加工机制的变化。

对于听觉障碍人群在早期听觉剥夺之后导致的视觉系统中变化的本质及原因有两种相对的观点。一种是缺陷理论(deficiency theory),认为整合加工对于正常发展是必要的,多感觉整合对于每个感觉通道的充分发展十分关键,一种感觉的剥夺会导致另一种感觉的缺陷。相反,补偿理论(compensatory theory)认为,一种感觉的缺失会导致对剩余感觉的更大依赖,所以会增强剩余感觉。对听觉障碍被试视觉领域内的早期心理物理阈限研究,无法证明感觉剥夺的先天听觉障碍(先天聋)个体在迫选亮度辨别任务、时间辨别阈限和时间分辨任务中有比听力正常被试更低的阈限,这些结果似乎支持缺陷理论。而近期越来越多的脑成像及行为实验研究结果支持第二种观点,并揭示出先天聋被试有增强的外周注意,尤其是当要求被试完成复杂视觉任务,并要求调控外周视觉注意及外周视野加工时(Proksch & Bavelier,2002)。

该领域的前沿性研究主要集中在听障人群皮层内的跨通道重组织(cross-modal reorganization)、听觉障碍人群在中央/外周视野中的注意加工特点、对先天聋被试外周视野注意加工增强机制的解释、听觉障碍人群对运动加工的右侧视野/左侧半球优势等三个方面。

(一) 跨通道重组织

跨通道重组织是指,当完全剥夺一个专门通道脑区中的正常感觉输入时,该脑区会逐渐对其他通道内的刺激进行反应[1]。在听障研究中该问题主要涉及,早/晚期听觉剥夺是否会造成听障被试在未受损通道(如视觉和触觉)内信息加工的收益。

---

[1] Kujala,T. et al. (2000). Cross-modal reorganization of human cortical functions. *Trends in Neurosciences*,23(3),115－120.

1. 早/晚期听觉剥夺对跨通道及通道内重组织的影响

这个问题主要涉及在脑发展过程中，跨通道重组织发生的时程问题。已有的大量实验证据表明，由感觉剥夺导致的皮层功能的跨通道重组织只发生在未成熟神经系统内，即只在早期重度聋人群中，才发生跨通道重组织。Neville (1983,1987)最早发现，对于早期聋被试，视觉刺激在头皮的前中央部分及颞叶部分引发了比听力正常被试幅度更大的 ERPs。这反映了早期聋被试的听觉皮层对视觉刺激的反应。Finney 等人(2001)的 fMRI 研究比较了 6 个先天重度聋被试和 6 个听力正常被试由视觉诱发的皮层激活。结果发现，当要求被试观看移动图形时，听障被试的听觉皮层(BA41,42,22)对视觉刺激有明显更强的反应。甚至当要求被试将注意集中在中央注视点，而忽略移动图形时，仍然在听障被试的听觉皮层中观察到视觉激活。Jiang (2002)认为，由于初级和次级听觉皮层与次级视觉皮层之间有解剖联系，所以以上结果表明，在跨通道重组织过程中，有可能一部分视觉信息被重新导入(reroute)听障被试的听觉皮层。Pallas 等人(1999)的动物实验的确发现，实验性地把新生的网膜轴突植入内侧膝状体(cross-modal re-wiring)后，导致初级听觉皮层在视觉反应特性(如以网膜为中心的映射、视觉方向选择性神经元)和构形上与初级视觉皮层十分相似。而且，在他们的实验中还发现，对内侧膝状体的早期视觉输入能改变初级听觉皮层的胼胝体联结，导致它们在联系程度上的下降和联系模式上的重组织。因为胼胝体联结在功能和形态上将两个半球联系在一起，它们在每个皮层区域中都是不同的，并且是专门化的。所以，感觉输入通道的改变对初级听觉皮层中胼胝体联系的重组织说明，视觉输入并不是简单地使用初级听觉皮层中已存在的神经回路，而是主动地重塑(remodel)初级听觉皮层中的回路，以用于新的功能。

Levanen 等人(1998,2001)的研究[1][2]进一步证明，先天聋被试的听觉皮层不仅可以对视觉刺激产生反应，而且可以被振动触觉刺激显著激活。并且，在纯行为实验中得到的指标表明，与听力正常被试相比，先天聋被试

---

〔1〕 Levänen, S. et al. (1998). Vibration-induced auditory-cortex activation in a congenitally deaf adult. *Current Biology*, 8(15), 869－872.

〔2〕 Levänen, S. & Hamdorf, D. (2001). Feeling vibrations: enhanced tactile sensitivity in congenitally deaf humans. *Neuroscience Letters*, 301(1), 75－77.

对触觉频率变化的检测反应有更高的准确性;而在触觉频率辨别反应上则没有明显的差异。听障人群在检测突然触觉变化能力(即由强噪音导致的振动)上的增强很可能补偿了利用听觉提示环境中重要或危险事件的能力。所以,一个感觉通道的输入缺失导致剩余完好通道变得异常敏感,并发展了比正常功能系统更优越的能力。

在一项最近的研究中,Bavelier 等人(2001)发现,与听力正常被试相比,先天聋被试的颞上沟后部在对运动刺激的注意中被显著激活。这首次说明,人类的多通道感觉区在早期听觉剥夺之后被改变(modified)。Macaluso 等人(2000)使用事件相关 fMRI 对正常人群的跨通道空间注意进行研究,他们给被试呈现同时出现的视觉和触觉刺激,结果发现,当触觉刺激与视觉靶子同侧时,触觉刺激增强了视觉皮层的活动[1]。而对有效联结(effective connectivity)的进一步分析表明,触觉是通过多通道枕区向后投射来影响单通道视皮层的。综合以上两个结果,我们进一步推论,因为早期听觉剥夺导致先天聋被试的大脑皮层多通道区域产生变化,所以,在他们的单通道感觉皮层(如听觉皮层)中发生的跨通道重组织很有可能是由于多通道感觉区向单通道感觉皮层的解剖投射发生了改变,并以此为中介导致了单感觉皮层中的跨通道重组织。这种可能性还需要在进一步的脑功能研究中加以验证。

对晚期聋被试,即对成熟脑可塑性的研究表明,晚期听觉剥夺很少导致皮层功能的跨通道重组织。相反,晚期聋会导致听觉皮层内的重组织,即通道内重组织(intra-modal reorganization)。例如,Scheffler 等人(1998)的 fMRI 研究探讨了听力正常被试和单耳聋被试的听觉皮层对双耳、左耳、右耳刺激的反应模式。结果发现,对于单侧刺激,听力正常被试在对侧皮层有很强的一侧化反应;而单耳聋被试则体现出较均衡的双侧皮层反应。Ponton 等人(2001)使用单耳刺激,比较了晚出现(童年期之后)重度单侧耳聋被试和双耳听力正常被试的听觉诱发电位(auditory evoked potential, AEPs)。结果发现,在听力正常被试的听觉皮层内,AEPs 的分布出现不对称性(对侧激活幅度大于同侧激活幅度)和不同步性(对侧反应早于同侧反应);而单侧耳聋被试的听觉皮层则具有更对称和更加同步的激活。对青少

〔1〕 Macaluso, E. et al. (2000). Modulation of human visual cortex by crossmodal spatial attention. *Science*, 289(5482), 1206—1208.

年和成年单侧聋被试的发展性分析表明,以上皮层活动的变化是逐渐发生的,并在听力损失发生至少两年之后持续发展。

这种通道内重组织,不仅在听障人群中出现,而且也发生在正常人中。行为训练可以显著改善许多感知觉任务上的作业成绩,并扩展特定刺激对应的皮层表征区域,例如 Elbert 等人(1995)报告了正常人群体感皮层中的这种通道内重组织[1]。Kilgard 等人(2001)在对大鼠的实验中也发现,某个特定刺激对应的皮层感受野大小由该刺激的特性决定,外界刺激输入可以选择性地使其感受野变窄或加宽。这些发现为有知觉缺陷患者的康复训练提供了强有力的理论基础。

从以上对早/晚期聋与人类皮层可塑性关系的讨论中,我们发现这个领域内仍存在很多急需回答的问题。比如,尽管已知听障被试的听觉皮层能被视觉和触觉刺激激活,但我们仍然不了解被剥夺了正常感觉输入的听觉皮层是如何被用来加工其他通道内的信息的,即它在感知觉加工中的具体作用到底是什么?它到底负责感知觉加工的哪些方面?一些研究者指出,听障被试在视觉及触觉上增强的能力,可能是因为他们指向刺激的注意的增加(Levänen & Hamdorf,2001)。一些近期研究的确表明,跨通道激活依赖于对刺激的注意加工,如果将注意从刺激上转移走,则这些刺激将不会再引发跨通道激活(Liotti et al.,1998)。

当在实验任务中引入注意因素时,对于听力正常被试,注意加工引发被注意视野对侧顶叶的激活;而对于先天聋被试,这种注意效应也在双侧半球的枕区被发现,而且在他们的左侧颞区和顶区中有显著更大的注意相关激活增强。这说明,注意因素对跨通道激活有着重要的影响。所以,以往研究者们得出的结果可能主要反映了认知策略上的变化,而不是跨通道或通道内重组织造成的。也有可能是因为指向视觉或触觉刺激的注意的增加促使跨通道/通道内重组织成为可能。

Cohen 等人(1999)提出了在该领域内需要进一步研究的问题。包括,晚期感觉剥夺导致的脑内重组织的被试间差异是否比早期感觉剥夺所导致的更大?早/晚期感觉剥夺被试之间在脑功能重组织上的差异到底是由什

〔1〕 Elbert,T. et al. (1995). Increased cortical representation of the fingers of the left hand in string players. *Science*,270(5234),305－307.

么造成的？以及它是如何随着感觉剥夺开始时间的不同而变化的？

2. 对跨通道重组织产生机制的解释

(1) 跨通道重组织出现时间与不同神经系统发展敏感期之间的关系。

感觉剥夺的早晚对跨通道重组织出现与否有重要影响，并且跨通道重组织由脑内不同神经系统在发展过程中的敏感期(sensitive period)决定。动物研究表明，由于皮层的主要形态和功能柱组织已经在敏感期内完成[1]，所以晚期的环境输入只能影响局部神经回路组织，而不会影响主要神经通路。例如，在敏感期内，视觉剥夺将导致视觉主导功能柱的萎缩；而在敏感期之后，视觉剥夺对视觉主导区的组织模式几乎没有影响。所以，一个特定脑区是否会发生可塑性，以及可塑性的程度取决于感觉剥夺与该脑区特有的敏感期之间的时间关系。

不同水平神经系统的敏感期出现的时程，以及持续的时间均有很大差异(Neville et al. 1992)。如视网膜暗视系统内的视觉加工有相对短的敏感期，而依赖于较晚发展皮层的双眼功能有明显更长的敏感期。所以，外界环境输入对皮层组织的改变取决于调节不同功能的神经系统的成熟速度。后发展的皮层有更多的机会受到外来输入的影响，也就更容易发展其可塑性。

当前研究还无法明确限定影响敏感期出现时间和进程的因素。但一个公认的观点是，敏感期与皮层发展过程中的突触过度产生(ovcr-production)和消亡(elimination)紧密相关。对非人类灵长动物发展的研究表明，从发展高峰到成年期大约有35%的轴突/神经元损失，而这种损失与突触产生同时发生。对人脑的相似研究也记录了突触过度产生的时期(Rakic et al.,2004)。Huttenlocher 等人(1997)用电子显微镜观察人类大脑皮层发展过程中的突触重塑。他们比较了不同脑区中的突触产生和突触消亡。结果发现，在初级视觉皮层中，突触产生发生在3—4个月，并在4个月时达到密度最大值；而在中部前额叶皮层中的突触产生在3.5岁左右达到最大突触密度，用时更长。类似的PET研究也发现，在婴儿期，皮层代谢快速增加，这与突触的过度产生相对应；到了儿童晚期，脑内葡萄糖代谢减少，这与突触消亡阶段对应。而且，与其他皮层相比，初级感觉和运动皮层、海马区域

[1] Sur, M. et al. (1990). Cross-modal plasticity in cortical development: differentiation and specification of sensory neocortex. *Trends in Neurosciences*, 13(6), 227—233.

有相对早期的葡萄糖代谢增加；而前额叶皮层是最晚显示出葡萄糖代谢增加的皮层之一(Chugani et al.,1996)。

上述结果表明，不同的脑结构有不同的成熟时间，所以环境输入可以在不同程度和不同时间上影响不同的脑结构。

(2) 跨通道重组织的神经机制。

总结以往的研究，在不使用重新导入(rewire/reroute)手术的情况下，跨通道重组织很少发生在初级感觉皮层中，而大量证据表明，是次级和联系皮层中的跨通道重组织补偿了某一通道内的损失(Neville & Bavelier, 2001)。产生以上结果的原因可能是，初生之后，新生儿皮层中存在早期多感觉皮层之间的联结，而这种早期联结在正常输入出现之后被消除。例如，在新生小猫的皮层中，最初观察到来自听觉、体感和运动皮层到枕皮层的投射，在出生5周左右，这些投射消失(Dehay et al.,1988; Innocenti & Clarke,1984)。但在被剥夺视觉猫的皮层中，这些多通道联结直到6个月时仍然存在(Berman, 1991)。所以当缺少来自某一通道内正常输入刺激的竞争时，该通道皮层可以被用来加工来自其他通道内的信息，从而发生跨通道重组织。

另一些研究者从未成熟人脑内存在冗余联结(redundant connectivity)的角度出发对跨通道重组织进行解释。他们一般用正常脑发展中视觉和听觉反应的分化过程来验证自己的假设(Bavelier et al.,2000)。对正常成年人，听觉刺激引发的ERP幅度在颞区很大，而在枕区则没有或很小。但对于6个月大的婴儿，听觉刺激在颞区和顶区诱发的ERP幅度则相等，这说明，该时期听觉和视觉皮层之间的联结更少专门性，更多冗余性。而在6—36个月之间，视区中的听觉ERP逐渐减少，而颞区中的听觉ERP保持幅度不变。所以在人类发展的早期，视区和听区之间存在联结冗余，但它会随着发展逐渐减少。而这种冗余联结的消失可能是一种临界条件，它决定了感觉剥夺何时可以在剩余感觉系统内引发重组织。

(二) 听觉障碍人群在中央/外周视野中的注意加工特点

在对有感觉缺陷人群的研究中，一些研究者的实验证据表明，某一感觉通道内输入的缺失会导致完好通道内的感觉变得异常敏感[1]。这方面的

---

[1] Kujala,T. et al. (2000). Cross-modal reorganization of human cortical functions. *Trends in Neurosciences*,23(3),115—120.

开创性研究是由Neville等人(1987)完成的[1],他们的实验任务通过要求被试检测一个几何图形的运动方向来引入注意因素,并将刺激呈现在中央视野或外周视野。他们在对听觉障碍被试和听力正常被试的行为指标和事件相关电位的比较中首次发现:在中央视野呈现条件下,先天聋被试和听力正常被试的行为指标和 ERP 幅度相同;而当注意外周视野中的运动时,先天聋被试枕叶视觉区中的 ERPs 幅度比正常被试大 5－6 倍,而且行为数据表明,当刺激呈现在外周视野时,与听力正常被试相比,先天聋被试检测运动方向更快、更准确。所以在早期听觉丧失之后,听觉障碍者对外周视野的注意加工模式被改变。Bavelier 等人(2000)使用功能性磁共振成像进一步比较了先天聋和听力正常被试在监测全视野、外周视野或中央视野中移动刺激时的作业。结果发现,当注意外周视野时,与听力正常被试相比,先天聋被试在运动选择区(middle temporal/medial superior temporal, MT/MST)有更大的激活;而当注意中央视野和全视野时则没有组间差异。这种结果说明先天聋被试在外周视空间的注意资源增加。他们使用结构方程(SEM)对有效联结的进一步分析表明,只有在外周注意条件下,先天聋被试皮层中 MT/MST 区域与后顶叶之间的有效联结比听力正常被试更强。所以,先天聋被试对外周移动刺激增加的注意受到 MT/MST 与顶叶之间联结性变化的调节。而顶叶恰好是空间表征和注意的主要皮层区域之一。这说明先天聋被试体现出的对外周刺激运动加工的增强是视觉加工高级阶段所特有的。

那么,听觉障碍和听力正常被试在中央视觉注意加工的各个水平上是否均不存在差异呢? Stivalet 等人(1998)考察了听觉障碍和听力正常被试在视觉搜索任务上的作业。他们要求被试在若干个“Q”中搜索“O”,或者在若干个“O”中搜索“Q”。已有研究表明,前一种加工是系列加工,在注意阶段完成,反应时间随干扰项数目的增加而加大;而后一种加工是平行加工,在前注意阶段完成,反应时间不随干扰项数目的增加而改变,这种现象被称

[1] Neville, H. J. & Lawson, D. (1987). Attention to central and peripheral visual space in a movement detection task: An event-related potential and behavioral study. II. Congenitally deaf adults. *Brain Research*, 405(2), 268－283.

为“不对称性搜索”[1]。实验结果发现，听力正常被试显示出正常的不对称视觉搜索模式，而先天聋被试却体现出一种对称视觉搜索模式，且两种条件下均为平行加工。这说明当任务需要系列加工，即对注意性加工的需求更高时，先天聋被试的视觉加工更加有效，会有一个感知觉的补偿性增强。

上述结果说明，注意在先天聋被试完成各种视觉任务的过程中起到重要的调节作用。在对注意需求不高的低水平视觉任务（如对感觉阈限和简单刺激的敏锐度测量）中，先天聋被试不会在未受损通道中显示出增加的作业效率；而当视觉任务需要复杂加工（如知觉和注意过程）时，听觉障碍被试的未损伤通道中会有更高的加工效率。即听觉障碍人群的高水平认知加工比听力正常人群更有效，而低水平认知加工则不受感觉剥夺的影响。已有研究表明，先天聋被试在面孔加工（Bettger et al.，1997）、客体的空间建构和转换（Emmorey et al.，1998）、表象和旋转（Emmorey et al.，1993），视觉运动刺激加工（Armstrong et al.，2002）等高水平视觉认知作业上均有增强的能力；而听觉障碍和听力正常被试在亮度（Bross，1979）、形状（Reynolds，1993）和时间（Poizner & Tallal，1987）辨别等低水平视觉任务中的作业水平相同。目前，注意的不同方面（即内源性和外源性注意）在听觉障碍被试视觉加工中所起的具体作用仍然不清楚。Bavelier 等人（2000）的研究中，在全视野条件和中央视野条件下，均没有发现组间差异。这说明在外周条件下，对外周注意的内源性注意变化导致了听觉障碍和听力正常被试之间的差异。具体说，在全视野条件下，被试事先知道变化将在外周和中央视野同时发生，所以他们可以通过内源性地将注意指向视野中央来完成任务。这种结果体现了内源性注意的重要性。

另外，以往研究表明，先天聋和听力正常被试对视野中央的运动刺激的加工无差异，而在中央视野的视觉搜索任务上有差异。这种似乎有矛盾的结果可能是由不同研究中使用的实验任务的本质差异导致。具体来说，对运动方向的检测本身就是由外周视觉负责的，外周视觉（即视杆细胞和 Y 细胞）对运动方向有专门化的选择性功能；而中央视觉（即视椎细胞和 X 细胞）对客体形状和颜色有专门化的选择功能。所以，以上结果很有可能表

[1] Treisman，A. & Gormican，S. (1988). Feature analysis in early vision: Evidence from search asymmetries. *Psychological Review*，95(1)，15—48.

明，先天聋被试在外周视觉（运动加工）和中央视觉（形状辨别）中都发展了超常的能力。

（三）对先天听觉障碍被试外周视野注意加工增强机制的解释

1. 听觉缺失还是手语使用

先天聋被试的外周视野注意加工增强有两种可能原因。(1) 由于听觉损失，缺乏对外周刺激进行定向的听觉线索，所以他们比正常人更依赖于外周视觉。(2) 增强的外周视觉可能是因为使用手语的经验。因为当用手语交流时，手语使用者要一直注视对方的脸，以获得准确的来自面部表情的信息，所以，手的位置和运动通常落在外周视野。Bosworth 等人(2000)的研究表明，在 5 米的观测距离上，手语信号平均落在视野下部，距中央注视点的离心率为 7°。

研究者们在区分以上两种可能性时，一种普遍使用的实验方法是在实验中除了先天聋和听力正常被试组之外，再加入一个对照组，称为聋人的听力正常子女组(hearing offspring of deaf，HOD)。他们是父母为聋人的听力正常人，并且与其他先天聋被试在相同的年龄从父母那里学会手语，即他们与先天聋被试有相同的手语经验，但听力正常。如果实验得出的结果是，在某种认知作业成绩上，听力正常被试与先天聋被试之间有显著差异，而先天聋被试和 HOD 组被试之间无显著差异，则说明先天聋被试在该作业上认知能力的改变由使用手语的经验造成。如果实验结果为，先天聋被试与听力正常被试和 HOD 组被试之间的差异均显著，则说明先天聋被试认知加工能力的改变由早期听觉剥夺本身造成，而与手语使用经验无关。

Neville 等人(1987)[1]和 Bavelier 等人(2001)[2]的实验均表明，只在先天聋被试组中发现了外周视野运动加工的增强，而在听力正常被试和 HOD 被试组中均没有发现以上结果。这说明先天聋被试对外周视野运动刺激加工的增强是由听力损失本身造成的，而不是长期使用手语造成的。

---

〔1〕 Neville, H. J. & Lawson, D. (1987). Attention to central and peripheral visual space in a movement detection task: An event-related potential and behavioral study. II. Congenitally deaf adults. *Brain Research*, 405(2), 268－283.

〔2〕 Bavelier, D. et al. (2000). Visual attention to the periphery is enhanced in congenitally deaf individuals. *The Journal of Neuroscience*, 20(17), 1－6.

2. 外周视野运动加工增强的神经机制

对听力正常被试的研究发现,对一个场景的视觉分析依赖于两个在解剖上分离的加工通路。一个是“what”通路,从初级视觉皮层投射至颞叶,专门用于识别客体、加工颜色以及微小视觉细节,又称为腹侧通路。另一个是“where”通路,从初级视觉皮层投射至顶叶,专门用于知觉运动及定位客体,又称为背侧通路。以往的大量研究表明,先天聋被试在外周视野有增强的运动加工,而外周视野恰好在很大程度上沿着背侧通路表征[1]。所以,有可能听觉剥夺主要改变了沿着背侧的“where”通路的加工。Armstrong等人(1995)的研究证实了以上假设,他们在实验中使用不同类型的刺激来选择性激活腹侧视觉通路(使用颜色不断变化的高空间频率光栅)和背侧视觉通路(有明显运动的灰色光栅)。结果发现,听觉障碍和听力正常被试对颜色变化的 ERP 反应相同;而与正常被试相比,先天聋被试皮层中由运动诱发的 ERPs 明显增加。上述结果表明,听觉剥夺对视觉加工的许多方面都有十分具体的影响,尤其是对受背侧视觉通路调节的视觉加工的各个方面有更大影响。近期的 fMRI 研究进一步表明,因为背侧通路在视觉注意中起到核心作用,所以当实验任务要求注意加工的参与时,先天聋被试皮层中体现出更大的激活变化。

从神经系统的发展冗余性角度来看,专门负责高空间敏锐度的感觉系统(如中央视觉和中央听觉)比显示出更少敏锐性的感觉系统(如听觉和视觉的外部表征)有更少的发展性冗余、更少的可改变性和更多的专门化[2]。

(四) 对运动加工的右侧视野/左侧半球优势

Neville 等人(1987)、Baveleir 等人(2000, 2001)和 Bosworth 等人(1999)的研究均发现,在对运动刺激的加工过程中,先天聋被试的左侧 MT/MST有更大的激活,即一种对运动加工的右侧视野/左侧半球优势;而听力正常被试的则显示出 MT/MST 激活的双侧模式,并可能会有一个轻

---

〔1〕 Baizer, J. S. et al. (1991). Organization of visual inputs to the inferior temporal and posterior parietal cortex in macaques. *The Journal of Neuroscience*, 11(1), 168—190.

〔2〕 Chalupa, L. M. & Dreher, B. (1991). High precision systems require high precision “blueprints”: A new view regarding the formation of connections in the mammalian visual system. *Journal of Cognitive Neuroscience*, 3(3), 209—219.

度的对运动加工的左侧视野优势。他们的实验还发现,在 HOD 组被试中也出现了相同的左侧半球/右侧视野收益。这说明听觉障碍和听力正常被试之间的这种对运动加工的一侧化差异是由手语使用造成的,而不是因为早期听觉剥夺所致。研究者们认为,这种半球一侧化优势是因为在手语中运动信息和言语理解过程在时间上的重合所致。因为手语理解高度依赖于加工移动手语信号的能力,手运动的方向经常提供关键的言语信息。所以,可能左侧言语主导半球获取了一些本应由右半球调节的运动加工功能。

Finney 等人(2001)进一步检查了除运动方向检测外,在其他较低水平的视觉功能上是否也存在这种半球一侧化优势,如对比度敏感性(contrast sensitivity)。所谓对比度敏感性就是指在一个灰色背景下觉察到一个黑/白移动光栅所需要的对比度量。实验结果既没有发现先天聋被试、听力正常被试和 HOD 被试在作业水平上的总体组间差异,也没有发现半球不对称性。因为对比度受到视网膜中的杆细胞和初级视皮层这些早期过程的限制,所以上述结果说明,早期听觉剥夺和手语经验并不导致感觉加工的早期阶段在结构和功能上的巨大变化。而在以往研究中发现的先天聋和听力正常被试在一些高水平视觉认知任务(如面孔识别、心理旋转)上的差异并不是由听觉障碍被试的低水平感受性的总体增加造成的。相反,听觉障碍被试在高水平视觉认知任务上的优势可能反映了专门负责这些功能的高水平脑区中的神经变化。以上结果也提示我们,只有对手语加工重要的视觉加工因素(如运动方向的辨别)才会引发皮层发展过程中的可塑性。因为对比度对于手语理解并不关键,所以没有在它上面发现半球一侧化优势。

(五) 综合评价与展望

通过对以往研究的总结我们发现,对听觉障碍人群的认知机制及脑机制的研究是一个刚刚兴起,有很大研究前景,又有许多问题急待解决的领域。比如,尽管研究者们发现了听觉障碍人群对外周视野加工的优势,但目前的研究还无法区分以上结果是因为听觉障碍被试的皮层中编码外周视野的神经元数量增加,还是因为听觉障碍和听力正常被试皮层中编码外周视野的神经元数量相同,但不同被试组在中央注意和外周注意条件下获得的调节程度和方式是不同的。

我们预计今后在对听觉障碍人群认知机制及脑机制的研究领域内,尤其是在听觉障碍人群的皮层可塑性、颞叶皮层在辅助剩余完好感觉过程中的具体作用、注意调节对多通道感觉区与单通道感觉区之间有效联结变化的影响、手语使用和早期听觉剥夺对听觉障碍人群视觉注意加工机制的影响、听觉障碍人群的语言机制等方面将涌现出更多、更有价值的研究成果。

二、听觉障碍人群基于空间返回抑制的研究

(一) 理论综述

听觉障碍是指个体无法有效地以听觉接受信息,以致严重影响言语的接受与表达。而是否具有早期听觉经验,将对听觉障碍者的语言学习产生明显的影响。听觉障碍可以依是否具有听觉经验分为语言发展前听觉障碍及语言发展后听觉障碍两类。语言发展前听觉障碍(prelingual impairments)是指,儿童的听觉障碍若发生于出生一岁半到二岁的语言发展期之前,则将因缺乏适当的听觉/语言经验,使得日后听觉与语言训练的效果明显受限。语言发展后听觉障碍(post lingual impairments)是指,儿童的听觉障碍若发生于一岁半到二岁或语言发展之后,则其听觉/语言经验将对日后听觉与语言训练产生重要的促进效果。

很多证据表明,早期的听觉输入和交流对语言、认知和行为的正常发展至关重要,然而,聋儿由于其听觉输入的损伤,他们也表现出口语和其他重要方面如视觉注意和行为控制能力的发展不足,听觉损伤和认知缺陷紧密相关。早期研究表明与正常人相比,听障个体可能更冲动(Kelly et al., 1993),难于保持空间注意(Smith et al.,1998),有证据发现重度聋儿童采用耳蜗移植后的听觉刺激会产生显著的注意力发展(Parasnis et al.,2003)。这些研究结果是以注意系统的跨通道变化和/或语音编码、工作记忆为中介的。

1. 听障人群注意加工特点

对于早期听觉剥夺之后观察到的视觉系统功能变化的本质及原因有两种相对的观点。一种是缺陷理论[1],认为多个感觉通道之间的整合加工对于各感觉功能的正常发展是必要的,多感觉整合对于每个感觉通道的充

〔1〕 Radell,P. L. & Gottlieb,G. (1992). Developmental intersensory interference: Augmented prenatal sensory experience interferes with auditory learning in duck embryos. *Developmental Psychology*,28(5),795—803.

分发展十分关键，一种感觉的剥夺会导致其他感觉的缺陷。相反，补偿理论[1]则认为，一种感觉的缺失会导致整个认知系统对其他感觉的更大依赖，所以会增强其余完好的感觉功能。近年，越来越多的脑成像及行为实验研究结果支持补偿理论的观点，并揭示了先天聋被试有增强的外周注意资源，尤其是当要求被试完成复杂视觉任务，并要求调控外周视觉注意及外周视野加工时(Bavelier et al.，2000，2001)。

Colmenero 等人(2004)采用返回抑制范式在不同时间间隔(125、150、175 和 250ms)条件下外周视野的线索的简单检测任务来研究注意空间定向的基本操作，实验采用三种线索类型，即有效线索(线索和靶子出现在相同的位置)、中性线索(两个线索同时出现在两个外周视野位置)、无效线索(线索和靶子出现在不同的位置)，并以收益(benefits：中性实验的反应时—有效实验的反应时)和损失(costs：中性实验的反应时—无效实验的反应时)为指标来研究听觉障碍人群和听力正常人群在空间选择性注意的三个成分上的差异。

研究结果表明，听力正常被试在收益上大于听力障碍被试，而在损失上也出现类似的结果，即听力正常被试的损失大于听觉障碍被试。也就是说，听觉障碍被试在收益上缺少和损失上降低。Colmenero 等人认为在空间选择性注意的三个成分上，听觉障碍被试在转移注意和对一个客体投入注意上与正常人没有区别，两组被试出现不同的结果是因为在撤销对一个客体的注意方面的不同，即听觉障碍被试从线索位置快速撤销注意缩短了到达靶子位置需要的时间。然而，分析他们的实验程序，所有的实验都是在短 SOA 条件下进行，听觉障碍被试出现的结果可能是一种地板效应。研究结果表明，注意在先天聋被试完成各种视觉任务的过程中起到重要的调节作用。

2. 对先天聋被试外周视野注意加工增强机制的解释

先天聋被试的外周视野注意加工增强有两种可能原因：(1) 由于听觉损失，缺乏对外周刺激进行定向的听觉线索，所以他们比正常人更依赖于外周视觉。(2) 增强的外周视觉可能是因为使用手语的经验。因为当用手语

---

[1] Grafman，J.(2000). Conceptualizing functional neuroplasticity. *Journal of Communication Disorders*，33(4)，345－356.

交流时，手语使用者要一直注视对方的脸，以获得准确的来自面部表情的信息，所以，手的位置和运动通常落在外周视野。Neville 等人(1987)[1]和 Bavelier 等人(2001)[2]的实验均表明，只在先天聋被试组中发现了外周视野运动加工的增强，而在听力正常被试和 HOD 被试组中均没有发现以上结果。这说明先天聋被试对外周视野运动刺激加工的增强是由听力损失本身造成的，而不是长期使用手语造成的。

3. 听觉障碍者听觉缺失后大脑形态的变化

在对人脑的发展性研究中，脑的可塑性是一个十分重要的问题。脑的可塑性是指脑在发展过程中，对感觉输入的改变进行反应，并对其自身进行重新组织的能力。而对某一通道内感觉输入的早/晚期剥夺为研究者提供了独特的切入点来探讨感觉剥夺对脑内各专门神经系统的发展、分化及组织的影响。对于听觉障碍人群，听觉通道内输入的缺失以及使用手语的经验引发了他们神经系统内的可塑性以及在剩余完好通道(如视觉)内加工机制的变化。

早期研究主要是针对听障人群的听觉输入的减少对大脑其他皮层的影响，Neville (1983)最早发现，对于早期聋被试，视觉刺激在头皮的前中央部分及颞叶部分引发了比听力正常被试幅度更大 ERPs。这反映了早期聋被试的听觉皮层对视觉刺激的反应。Levanen 等人(1998)的研究进一步证明，先天聋被试的听觉皮层不仅可以对视觉刺激产生反应，而且可以被振动触觉刺激显著激活。Jiang (2002)认为，由于初级和次级听觉皮层与次级视觉皮层之间有解剖联系，所以在跨通道重组织过程中，有可能一部分视觉信息被重新导入听障被试的听觉皮层。

Melcher 等(1998)最早报告三名人工耳蜗植入者的 Heschl's gyrus (HG)的 fMRI 报告。在一名被试中，刺激了两个不同的内耳蜗电极，刺激激活了 HG 的中间和侧边缘，而顶端的刺激激活了 HG 的上端部分。这表明在一个全聋被试的听觉皮层的保存。

---

〔1〕 Neville, H. J. & Lawson, D. (1987). Attention to central and peripheral visual space in a movement detection task: An event-related potential and behavioral study. II. Congenitally deaf adults. *Brain Research*, 405(2), 268－283.

〔2〕 Bavelier, D. et al. (2001). Impact of early deafness and early exposure to sign language on the cerebral organization for motion processing. *The Journal of Neuroscience*, 21(22), 8931－8942.

近期有几个关于听障被试耳的电刺激可以采用 fMRI 研究和听觉皮层激活的报告（Alwatban et al., 2002; Chen et al., 2006）。Penhune 等人(2003)对 25 个先天聋被试和 25 个听障被试进行了听觉皮层形态学的 MRI 测量。结果显示，先天聋被试（自出生时听觉被剥夺）的两个听觉皮层 Heschl's gyrus (HG)和 planum temporale (PT)得以保存，通过对灰白质的测定，发现这些部位的位置和面积与听力正常被试的相同；形态学分析显示听障被试在左侧运动区域的灰质密度增厚，这可能与手语优势手的经常运用活动有关。更重要的是，和听觉语言加工相关的 HG 和 PT 脑区的大脑半球不对称的特征在这些听障被试中得以保存。这些发现为听觉皮层不对称的发展和保持提供了强有力的遗传学依据，而这种不对称并不是依赖于听觉语言经验。这样可以部分地解释听觉可以加工其他感觉通道的信息的重组织，这可以解释为什么在人类和动物身上的耳蜗移植越早越好。Emmorey 和 Allen 等人(2003)也是对 25 个先天聋和 25 个听障被试的颞叶、高级颞回、Heschl"s gyrus(HG)和 planum temporale (PT)进行 MRI 研究，发现和 Virginia B., Penhune 和 Roxana Cismaru 等人相似的结果，他们进一步发现，与正常人相比，听障人群的 HG 部位的灰白质比率差异显著，听障被试具有明显少的白质，在高级颞回的某些部分灰质和白质的比率比较高。这可能是因为从出生时听觉被剥夺后会导致更少的髓鞘化和纤维化，从而导致了灰白质比率的变化。

Szelag 等人(2004)通过对 11 名听力缺陷的单声道耳蜗移植患者的研究发现，与正常被试相比，耳蜗移植者的颞叶整合容量有所下降，尤其是对低节拍频率，这些结果与耳蜗移植后听觉理解受限与颞叶加工失调或缺陷相关。

（二）实验研究

通过以上的论述和总结，我们发现基于位置的返回抑制仅局限于视力正常者，在听觉障碍者中却很少相关研究，外部效度上不够宽泛。在听觉障碍被试中，空间返回抑制是否也是一种普遍存在的抑制现象，在对信息加工过程中与视力正常人之间有何共性和差异，这些问题有待进一步实验研究。在此基础上，拟研究以下问题。

第一，在不同类型的任务中，听觉障碍被试是否存在基于空间的返回抑制？

在对听觉障碍人群的空间返回抑制的研究中,发现存在简单检测任务中的返回抑制。陈骐等人(2006)将返回抑制实验范式与 Flanker 干扰效应相结合,发现了听觉障碍人群基于空间返回抑制的存在。但是并没有发现听觉障碍者外周视野的注意资源的增加,认为可能是听觉障碍被试空间注意的调控比正常被试更具有策略性。

Colmenero (2004)的研究表明,当 SOA 的值达到 850ms 时,听觉障碍人群的返回抑制效应消失,而正常人在更长的 SOA(1300ms)时仍然存在返回抑制效应,研究表明听觉障碍者返回抑制的消失比正常人要早,并揭示了听觉障碍者在重新定向空间位置时表现出比正常人更好的能力。

但是,Finney 等人(2001)的研究表明,听觉障碍被试在视觉对比度辨别这种低级视觉任务中的成绩并不优于听力正常被试。而只有在要求控制性注意的高级视觉注意任务中,听觉障碍被试的作业成绩才会优于听力正常被试。

这个研究与上两个研究出现了矛盾的结果。总结陈骐、张明等人的研究中也出现了听觉障碍被试对外周亮度变化的觉察速度显著快于听力正常被试组,然而他们的实验任务是需要被试在整个实验过程中频繁地在检测任务和颜色辨别任务中进行转换,任务需要控制性注意的参与。然而,这种将两种研究范式结合本身就改变了任务需求,在整个实验情境中,需要被试频繁地进行任务之间的切换,他们研究中对于听觉障碍被试检测任务的返回抑制的研究,实际上是一种辨别任务的返回抑制的研究,而且采用的 SOA=900ms,在探讨被试的空间选择性注意的成分时可能存在一个天花板效应。他们的结论与 Finney 等人相一致。

陈骐等人(2006)和 Colmenero (2004)的研究均采用的实验程序中加入了中央线索化,而中央线索化对影响返回抑制出现时程,中央线索化将注意重新定位到中央注视点。中央线索化所引起的是被试的对中央视野的注意资源的分配增加,而外周线索化引起被试对外周视野的注意资源增加,两种注意存在注意资源的竞争,具有不同的机制。中央线索化将注意从外周视野拉回到中央视野,这样对于听觉障碍者,破坏了他们在外周视野中注意的加工过程。

总结以往关于听觉障碍人群基于空间返回抑制的研究发现,尽管各个研究均得出了听觉障碍者存在基于空间的返回抑制,但是他们的研究都是在基于对听觉障碍者的注意加工特点基础上，很少有专门关于听觉障碍人群返回抑制的系列研究，在检测和辨别任务中，听觉障碍者是否存在基于空间的返回抑制？如果存在，任务类型对于听觉障碍人群返回抑制有否影响？如有，又是如何影响？是否与正常人相同？听觉障碍者空间返回抑制的主要特点是什么？对此并没有进行深入地研究。

第二，听觉障碍被试和听力正常被试基于空间返回抑制在任务类型上是否存在差异？

先天聋被试在面孔加工、客体的空间建构和转换、表象和旋转等高水平视觉认知作业上受感觉剥夺的影响，均有增强的能力；而听觉障碍者和听力正常人在亮度、形状和时间辨别这些低水平视觉任务中的作业水平相同。

陈骐等人(2006)采用 Flanker 干扰效应与返回抑制范式相结合，探讨了听觉障碍人群的外周注意调节机制。研究发现听觉障碍人群可能并不是在外周视野的注意资源有静态的增加，而是他们对空间注意的调控比听力正常被试更具策略性。他们认为在空间选择性注意的三个成分：撤消对一个客体的注意(disengagement)、转移注意(shifting)、对一个客体投入注意(engagement)上。听觉障碍被试在撤消注意和投入注意两个成分上与听力正常被试是相同的。而两组被试在转移注意成分上具有差异。

基于空间的返回抑制作为视觉系统中的一种机制，其出现的时程和抑制量在听力正常人与早期听觉障碍者之间是否存在差异？如果差异存在，这种差异又会表现出怎样的趋势呢？由于返回抑制反映了人类心理机制的灵活性和适应性，通过阻止注意返回到已经搜索过的位置/客体来提高人类的空间搜索效率，那么基于补偿理论我们假设，听觉障碍被试基于空间返回抑制出现的时程在检测和辨别任务中，但是比听力正常人早消失，抑制量要高于正常人。

实验 1 采用经典返回抑制研究范式，考察在中央线索化的简单检测任务中，听觉障碍人群是否存在基于空间的返回抑制以及返回抑制的量，并与听力正常者进行比较。实验 2 采用无中央线索化的返回抑制研究范式，考察在无中央线索化的简单检测任务中，听觉障碍人群是否存在返回抑制以及返回抑制的量，并与听力正常者和实验 1 进行比较。实验 3 采用以往研究范式，考察在有中央线索化的辨别任务中，听觉障碍人群是否存在返回抑制以及返回抑制的量，并与听力正常者进行比较。实验 4 采用线索靶子研究范式，考察在无中央线索化的辨别任务中，听觉障碍人群是否存在返回抑制以及返回抑制的量，与听力正常被试进行比较。

1. 被试

实验1和实验2均选取先天聋被试（某高校特殊教育学院）13名，其中女6名，男7名，平均年龄20.5岁（17—24岁）。与其匹配的正常被试（大学本科低年级学生）19人，其中男5名，女14名，平均年龄20.0岁（18—22岁）。所有听觉障碍被试，均在2岁以前丧失听力（即选取早期聋被试），双耳听力损失均在90dB以上。被试分两个阶段逐个完成实验1和实验2。

实验3和实验4均选取先天聋被试（某高校特殊教育专业）15名，其中女10名，男5名，平均年龄19.23岁（17—23岁）。与其匹配的正常被试（大学本科一年级学生）19人，其中男7名，女12名，平均年龄19.74岁（18—23岁）。所有听觉障碍被试，均在1岁以前丧失听力，双耳听力损失均在90dB以上。

所有正常和听觉障碍被试的裸视或矫正视力正常。

2. 实验仪器和材料

采用联想纯屏显示器呈现刺激，屏幕分辨率为1024×768像素，刷新频率为85Hz。计算机屏幕背景为暗灰色（“60,60,60”,RGB）。实验程序采用心理学专用软件E-prime (vision1.1 sp3)编制而成。在Windows XP操作系统上运行。被试眼睛距离屏幕50cm。实验在微暗的环境个别运行。

中央注视点是一个白色圆点，高和宽视角均为0.8°。注视点的左右两侧各有一个白色方块，为靶子可能出现的客体，方块的高和宽均为1°视角。方块的中心距注视点中心视角为5°。要求被试在整个实验过程中，一直注视屏幕中央的白色圆点。线索表现为在某一个方块外侧出现一个白色方框，方框外围的高、宽视角均为1.3°，内围高、宽视角为1.2°。靶子是一个视角为0.8°的白色∽符号。它随机呈现在两个方框中的一个。

实验1和实验2被试的任务是检测这个白色符号。实验3和实验4中被试完成的是一个辨别任务，试验中的靶子是一个白色的“∽”或“[”符号，被试的任务是辨别它们的形状。

3. 实验设计

四个实验均采用2×2×4混合实验设计。组间变量是被试类型（听力正常者和听觉障碍者）；组内变量是靶子呈现的空间位置是否相同（相同位置和不同位置)和 SOA(350ms,650ms,950ms,1250ms)。

实验 1 和实验 2 要求被试做简单检测反应,应用线索—靶子模式。在正式实验前有 20 次练习测验,让被试熟悉实验进程。正式实验由 400 次测验组成,其中 80 次为捕捉测验,以防止被试提前反应。四种 SOA 条件下各有 80 次测验,其中一半测验靶子出现在提示过的位置上,另一半测验靶子出现在未提示过的位置上。所有测验均作随机安排。每完成 80 次测试插入适当休息。

实验 3 和实验 4 要求被试做辨别反应,应用线索—靶子模式。在正式实验前有 32 次练习测验,让被试熟悉实验进程。正式实验由 320 次测验组成。四种 SOA 条件下各有 80 次测验,其中一半测验靶子出现在提示过的客体上,另一半测验靶子出现在未提示过的客体上。所有测验均作随机安排。每完成 62 次测试插入适当休息。

4. 实验程序

实验 1 中单个试次的刺激呈现顺序如下:(1) 每次测试开始,在电脑屏幕上呈现一个可见框架,它由三个水平排列的白色图形组成。中央注视点为圆点,外周围白色方框。可见框架在电脑屏幕上保持 500ms。(2) 某个被随机选定的外周方块的外侧出现一个白色方框,作为外周提示线索。外周提示线索持续 100ms 之后消失。(3) 50ms 后,对中央注视点线索化,即中央注视点的外侧出现白色圆点,持续 100ms,作为中央注视线索,它使被试将注意重新定向到中央注视点。(4) 从中央注视点线索化到靶子出现的时间间隔有 4 种,100/400/700/1000ms。(5) 随机在某个外侧方块中出现靶子,靶子持续 1000ms 后消失。要求被试一旦发现靶子,既快又准地按下鼠标"左"键。记录反应时和正确率。间隔 1s 后开始下一次试次。一次试次的刺激呈现顺序见图 3.19 所示。

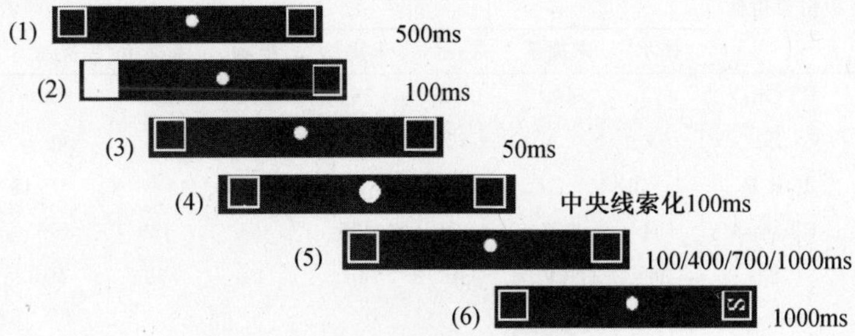

图 3.19　实验 1 的刺激呈现顺序示例

实验 2 中单个试次的刺激呈现顺序如下：(1) 每次测试开始，在电脑屏幕上呈现一个可见框架，它由三个水平排列的白色方块组成。可见框架在电脑屏幕上保持 500ms。(2) 某个被随机选定的外周方块的外侧出现一个白色方框，作为外周提示线索。外周提示线索持续 100ms 之后消失。(3) 从外周线索化到靶子出现的时间间隔有 4 种，250/550/850/1250ms。(4) 随机在某个外侧方块中出现靶子，靶子持续 1000ms 后消失。要求被试一旦发现靶子，既快又准地按下鼠标“左”键。记录反应时和正确率。间隔 1s 后开始下一次试次。

实验 3 在实验 2 的基础上略加改动，将方框中的检测任务改为对方框中符号的辨别任务。实验程序与实验 1 类似，只是在最后靶子出现被试的反应不同，对于一半被试，当方框中出现“∽”时，按鼠标左键，是“[”时按鼠标右键。另一半被试则相反。记录反应时和正确率。间隔 1s 后开始下一次测验。

实验 4 在实验 2 的基础上，将方框中的检测任务改为对方框中出现符号的辨别任务。实验程序与实验 2 类似，只是在最后靶子出现被试的反应不同，对于一半被试，当方框中出现“∽”时，按鼠标左键，是“[”时按鼠标右键。另一半被试则相反。记录反应时和正确率。间隔 1s 后开始下一次测验。

5. 实验结果

实验 1

所有被试在八种处理条件下的平均反应时、标准差、返回抑制量(ms)如表 3.12 所示。

表 3.12 有中央线索化条件下检测任务各种处理条件下的平均反应时和标准差

被试类型	相关指标	SOA							
		350		650		950		1250	
		提示	未提示	提示	未提示	提示	未提示	提示	未提示
听力正常组	RT(ms)	418	400	380	361	375	355	384	366
	S	53	54	50	50	44	43	40	47
	IOR 量	18**		19**		20***		18**	
听觉障碍组	RT(ms)	404	377	352	326	351	329	362	343
	S	36	41	40	40	40	39	40	35
	IOR 量	27***		26***		22**		19**	

注：* 为 $p<0.05$，** 为 $p<0.01$，*** 为 $p<0.001$

由于本实验使用的是检测任务，比较简单，平均错误率仅为 0.07%，所以不再对错误率进行进一步的分析。

对两组被试在检测任务中所有处理条件下的平均反应时进行 2×4×2 重复测量方差分析，结果显示：靶子呈现空间位置的主效应显著，$F(1,30)=63.029$，$p=0.000$，线索化位置靶子的反应时显著慢于非线索化位置靶子的反应时，出现显著的基于位置的返回抑制。SOA 主效应显著，$F(3,90)=40.601$，$p=0.000$。靶子出现位置和 SOA 交互作用显著，$F(3,90)=74.856$，$p=0.000$。组间变量的主效应边缘显著，听觉障碍组的总体反应时(355ms)显著快于听力正常组(380ms)，$F(1,28)=3.362$，$p=0.077$，组间变量和另外两个组内变量的三向交互作用不显著，$F(3,90)=1.348$，$p=0.264$。其他两两因素之间的交互作用不显著。在返回抑制的量上，短 SOA(350，650ms)听觉障碍被试大于听力正常被试，但是统计上没有达到显著水平，$F(1,30)=2.029$，$p=0.078$；$F(1,30)=1.361$，$p=0.236$。

对听力正常被试所有处理条件下的平均反应时进行 2×4 重复测量方差分析，结果表明：靶子出现的位置主效应显著，$F(1,18)=22.07$，$p=0.000$；SOA 的主效应显著，$F(3,54)=23.461$，$p=0.000$；靶子出现的位置与 SOA 的交互作用显著，$F(3,54)=26.938$，$p=0.000$。对简单效应的进一步分析表明，在四种 SOA 下，靶子出现在未提示位置的反应时与出现在提示位置的反应时存在显著差异，即出现了返回抑制效应。

对听力障碍组所有处理条件下的平均反应时进行 2×4 重复测量方差分析，结果表明：靶子出现的位置主效应显著，$F(1,12)=59.684$，$p=0.000$；SOA 的主效应显著，$F(3,36)=18.418$，$p=0.000$；靶子出现的位置与 SOA 的交互作用显著，$F(3,36)=71.126$，$p=0.000$。对简单效应的进一步分析表明，在四种 SOA 下，靶子出现在未提示客体的反应时与出现在提示客体的反应时存在显著差异，即出现了返回抑制。

结果表明，在检测任务中，听觉障碍人群存在返回抑制现象，并且持续的时间和正常人没有显著差异。

实验 2

所有被试在八种处理条件下的平均反应时、标准差、返回抑制量(ms)见表 3.13 所示。

表 3.13 无中央线索化条件下检测任务各种处理条件下的平均反应时和标准差

被试类型	相关指标	SOA							
		350		650		950		1250	
		提示	未提示	提示	未提示	提示	未提示	提示	未提示
听力正常组	RT (ms)	412	401	399	382	400	373	405	379
	S	41	42	45	60	49	51	41	50
	IOR 量	11		17*		27***		26**	
听觉障碍组	RT (ms)	395	376	368	348	362	340	367	344
	S	39	34	34	28	38	30	40	30
	IOR 量	19**		20**		22**		23**	

注：* 为 $p<0.05$，** 为 $p<0.01$，*** 为 $p<0.001$

对两组被试在检测任务中所有处理条件下的平均反应时进行 2×4×2 重复测量方差分析，结果显示：靶子呈现空间位置的主效应显著，$F(1, 30)=39.29$，$p=0.000$，线索化位置靶子的反应时显著慢于非线索化位置靶子的反应时，出现显著的基于位置的返回抑制。SOA 主效应显著，$F(3, 90)=20.829$，$p=0.000$。靶子出现位置和 SOA 交互作用不显著，$F(3, 90)=1.526$，$p=0.000$。组间变量的主效应边缘显著，听觉障碍组的总体(363ms)反应时显著快于听力正常组(394ms)，$F(1,28)=4.588$，$p=0.041$，组间变量和另外两个组内变量的三向交互作用和其他两两因素之间的交互作用不显著。

对听力正常被试所有处理条件下的平均反应时进行 2×4 重复测量方差分析，结果表明：靶子出现的位置主效应显著，$F(1,18)=19.275$，$p=0.000$；SOA 的主效应显著，$F(3,54)=5.669$，$p=0.002$；靶子出现的位置与 SOA 的交互作用不显著，$F(3,54)=1.890$，$p=0.142$。当 SOA=650ms，950ms，1250ms 时，听力正常人群出现返回抑制现象。

对听力障碍组所有处理条件下的平均反应时进行 2×4 重复测量方差分析，结果表明：靶子出现的位置主效应显著，$F(1,12)=25.420$，$p=0.000$；SOA 的主效应显著，$F(3,36)=19.207$，$p=0.000$；靶子出现的位置与 SOA 的交互作用不显著，$F(3,36)=0.172$，$p=0.913$。即四种 SOA 条件下都出现了典型的返回抑制现象。

结果表明，中央线索化对听觉障碍被试检测任务的返回抑制出现时程没有影响，但是对于听力正常人群来说，中央线索化可以使返回抑制出现的时间提前。

实验 3

所有被试在八种处理条件下的平均反应时、标准差、返回抑制量(ms)见表 3.14 所示。

表 3.14　中央线索化条件下辨别任务各种处理条件下的平均反应时和标准差

被试类型	相关指标	SOA							
		350		650		950		1250	
		提示	未提示	提示	未提示	提示	未提示	提示	未提示
听力正常组	RT (ms)	559	548	531	506	516	500	510	497
	S	33	37	40	41	49	42	49	41
	错误率%	1.9	1.5	2.3	2.7	2.1	1.6	2.4	3.4
	IOR 量	11		25**		16*		13*	
听觉障碍组	RT(ms)	564	550	507	495	512	499	494	487
	S	42	48	42	49	44	43	40	51
	错误率%	3.8	2.1	2.7	3.4	3.2	3.3	3.0	1.1
	IOR 量	14*		12*		13**		9	

注：* 为 $p<0.05$，** 为 $p<0.01$，*** 为 $p<0.001$

对两组被试在辨别任务中所有处理条件下的平均反应时进行 2×4×2 混合方差分析，结果显示：靶子呈现空间位置的主效应显著，$F(1,32)=29.019$，$p=0.000$，线索化位置靶子的反应时显著慢于非线索化位置靶子的反应时，出现显著的基于位置的返回抑制。SOA 主效应显著，$F(3,96)=85.071$，$p=0.000$。靶子出现位置和 SOA 交互作用不显著，$F(3,96)=1.871$，$p=0.14$。组间变量的主效应不显著，$F(1,32)=1.207$，$p=0.281$，说明在辨别任务中两组被试在反应时间上没有差异。两两因素之间和三因素之间交互作用不显著。

对听力正常人所有处理条件下的平均反应时进行 2×4 重复测量方差分析，结果表明：靶子出现的位置主效应显著，$F(1,18)=24.277$，$p=0.000$；SOA 的主效应显著，$F(3,54)=52.426$，$p=0.000$；靶子出现的位置与 SOA 的交互作用不显著，$F(3,54)=1.538$，$p=0.215$。

对听力障碍组所有处理条件下的平均反应时进行 2×4 重复测量方差分析，结果表明：靶子出现的位置主效应显著，$F(1,14)=11.927$，$p=0.004$；SOA 的主效应显著，$F(3,42)=91.339$，$p=0.000$；靶子出现的位置与 SOA 的交互作用显著，$F(3,36)=2.956$，$p=0.043$，即当 SOA＝1250ms 时，听觉障碍人群没有发现下的返回抑制现象。

结果表明，由中央线索化条件下，两组被试返回抑制的时程特点不同，组间差异不显著，正常人的返回抑制在 SOA＝650ms 时出现与以往的结论一致。在中央线索化条件下，听觉障碍辨别任务中的返回抑制提前出现，而听觉障碍人群提前消失，即当 SOA＝1250ms 时没有出现典型的返回抑制现象。

在辨别任务中，听觉障碍人群的返回抑制是一种普遍存在的现象。与正常人的趋势不同，比听力正常被试组提前出现，并且提前消失，说明听觉障碍被试组更早将注意返回刚才注视过的位置。

实验 4

所有被试在八种处理条件下的平均反应时、标准差、返回抑制量(ms)和 F 值见表 3.15 所示。

表 3.15 无中央线索化辨别任务各种处理条件下的平均反应时和标准差

被试类型	相关指标	SOA							
		350		650		950		1250	
		提示	未提示	提示	未提示	提示	未提示	提示	未提示
听力正常组	RT (ms)	546	552	529	512	519	508	520	514
	S	47	64	50	61	54	58	59	61
	IOR 量	−8		17**		11		6	
	错误率%	1.9	1.5	2.1	1.6	1.6	2.4	2.3	2.7
听觉障碍组	RT (ms)	558	572	544	533	531	542	522	525
	S	56	55	55	54	57	58	58	60
	IOR 量	−14*		11		−9		−3	
	错误率%	1.8	3.7	2.4	2.5	3.2	2.7	2.8	3.6

注：* 为 $p<0.05$，** 为 $p<0.01$，*** 为 $p<0.001$

对两组被试在辨别任务中所有处理条件下的平均反应时进行 2×4×2 混合方差分析，结果显示：靶子呈现空间位置的主效应不显著，$F(1,32)=0.023$，$p=0.635$，线索化位置靶子的反应时与非线索化位置靶子的反应时没有显著差异，没有出现显著的基于位置的返回抑制。SOA 主效应显著，$F(3,96)=373.975$，$p=0.000$。靶子出现位置和 SOA 交互作用不显著，$F(3,96)=1.729$，$p=.84$。组间变量的主效应不显著，$F(1,32)=0.110$，$p=0.742$，说明在辨别任务中两组被试在反应时间上没有差异。两两因素之间和三因素之间交互作用不显著。

对听力正常人所有处理条件下的平均反应时进行 2×4 重复测量方差分析，结果表明：靶子出现的位置主效应不显著，$F(1,18)=0.304$，$p=0.558$；SOA 的主效应显著，$F(3,54)=26.671$，$p=0.001$；靶子出现的位置与 SOA 的交互作用显著，$F(3,54)=3.573$，$p=0.043$，进一步简单效应检验，当 SOA＝650ms 时出现听力正常人群返回抑制现象。

对听力障碍组所有处理条件下的平均反应时进行 2×4 重复测量方差分析，结果表明：靶子出现的位置主效应显著，$F(1,14)=0.137$，$p=0.768$；SOA 的主效应显著，$F(3,42)=15.672$，$p=0.000$；靶子出现的位置与 SOA 的交互作用不显著，$F(3,36)=0.476$，$p=0.637$，即没有发现听觉障碍人群的返回抑制现象。

结果表明，由无中央线索化条件下，两组被试返回抑制的时程特点不同，组间差异不显著，听力正常被试在 SOA＝650ms 时出现了返回抑制，而听觉障碍被试在各种 SOA 条件下都没有出现返回抑制现象。

（三）综合讨论

1. 听觉障碍人群增强的外周注意

早期大量研究揭示，听觉障碍人群有增强的外周视觉注意，外周注意的增强表现在相应脑区（Bavelier et al.，2000； Bavelier et al.，2001； Neville & Lawson，1987； Neville et al.，1983）。Colmenero 等人（1998）采用中央符号线索而不是外周线索发现了听觉障碍被试的注意操作速度快于正常被试。他们认为这可能是由于在早期知觉加工和注意定向之间的分离。这表现在听觉障碍被试和听力正常被试在靶子反应速度上的不同，但是他们在外源注意定向的抑制加工中并没有表现不同。

在所有检测任务中，听觉障碍人群对外周靶子的反应快于正常被试。本研究结果与 Colmenero et al. （1998，2004）结果一致，听觉障碍被试对外周空间注意基本操作快于正常被试，可能是由于线索导致了他们在更高水平上的激活，听障被试对外周刺激的快速觉察是他们的感觉对外周刺激的敏感性增强的结果，这种增强表现在各种视觉任务中，而不是像 Finney（2001）等人所描述的只有在要求控制性注意的高级视觉注意任务中，听觉障碍被试的作业成绩才会优于听力正常被试。这个结论有待在进一步的研究中得到证实。

在加入中央线索化的检测任务中，两组被试的返回抑制量没有显著差异。但是在短SOA(350,650ms)条件下，听觉障碍被试的返回抑制的量大于听力正常被试，虽然统计上没有达到显著水平，但说明在短SOA条件下听觉障碍被试的注意搜索效率有高于正常被试的趋势。这种优势可以保证听觉障碍被试在短SOA具有更高的搜索效率，使他们更容易在视觉空间搜索有用的信息，这说明随着听觉剥夺，听觉障碍被试在视觉空间注意上有增强的趋势。

实验并没有发现在长SOA时返回抑制效应的减少，这与陈骐等人(2006)的结果一致，但是与Colmenero (2004)等人的结果不一致，这进一步支持了张明、陈骐的研究结果，说明听觉障碍被试的检测任务中普遍存在基于空间的返回抑制现象，并且消失的时间和正常被试没有区别，即在长SOA条件下，听觉障碍被试仍存在返回抑制。造成这种结果的原因可能是听觉障碍被试的增强的外周视野资源只有在短SOA更有效，也可能是由于长SOA条件下，所有的被试出现的结果是一种天花板效应。

实验研究结果支持补偿理论的观点，即认为听觉障碍被试听觉的缺失会导致整个认知系统对其他感觉的更大依赖，所以会增强其余完好的感觉功能，先天聋被试有增强的外周注意资源。但是这种增强并不仅仅表现在当要求被试完成复杂视觉任务，并要求调控外周视觉注意及外周视野加工时，也表现在要求被试完成简单的字母觉察作业中。

2. 中央线索化对检测任务返回抑制出现时程的影响

在无中央线索化条件的检测任务中，听力正常被试在SOA＝350ms时，没有发现返回抑制效应，这说明中央线索化影响听力正常被试返回抑制效应出现的时程，当有中央线索化时，返回抑制出现得更早有以下几种解释：(1) 返回抑制出现在注意从一个位置转移后，中央线索化可能使得注意从线索化位置转移而导致返回抑制的更早出现[1]，该观点认为易化和抑制是在时间上先后出现的单一注意过程；(2) 返回抑制在线索化一开始就出现了，但是它被早期的易化所掩盖，通过中央线索化可以帮助在更早的

〔1〕 Maylor, E. A. & Hockey, R. (1985). Inhibitory component of externally controlled covert orienting in visual space. *Journal of Experimental Psychology: Human Perception and Performance*, 11(6), 777—787.

SOA上揭示出抑制的进程[1];(3) 传统上认为外周位置的内源性注意会产生返回抑制。可能因为中央线索化导致注意从外周位置到中央位置的内源性转移,更有助于返回抑制效应的产生。现在越来越多的研究支持第二种看法,即认为易化和抑制机制是两个分离的注意加工过程。

对于听力正常被试,中央线索化的介入使得他们在更早的SOA上揭示出抑制的进程,从而有中央线索化条件下,他们的返回抑制出现在更早的SOA上。然而,这些解释不适用于听觉障碍被试,无中央线索化的条件并没有导致听觉障碍被试的返回抑制出现的时程推迟,说明听觉障碍被试的注意机制与正常被试可能是不同的。听觉障碍被试在短SOA条件下出现返回抑制可能是由于听觉障碍被试在注意的脱离上要优于正常人(Parasnis & Saman,1985),而注意从线索化位置的快速脱离能够使抑制过程在更早的SOA上显现出来。

中央线索化所引起的是被试对中央视野的注意资源的分配增加,而外周线索化引起被试对外周视野的注意资源增加,两种注意存在注意资源的竞争,具有不同的机制。中央线索化将注意从外周视野拉回到中央视野,中央线索化将注意重新定位到中央注视点,即将外源性线索变为内源性线索,这样对于听觉障碍者,可能破坏了他们在外周视野中注意的加工过程。

3. 听力正常和听觉障碍被试辨别任务返回抑制的特点

实验3的结果表明,在有中央线索化的辨别任务中,听力正常被试存在基于空间的返回抑制,与以往有中央线索化的辨别任务返回抑制(Pratt & Abrams,1999;王均 et al.,2000;陈素芬,周建中,2002)一致表明在辨别任务中,返回抑制在SOA为700ms时出现,在1000ms时消失。研究者们认为,这是因为难度不同的任务需要的认知操作量不等,操作的复杂性也不同,导致线索吸引的注意资源也不同,较难的任务比容易的任务会吸引更多的注意资源。这样,在较难的任务中,注意保持在线索化位置的时间会更长些,相应离开该位置就会更晚,因而返回抑制需要在更长的SOA下才能出现。

同时实验3的结果表明,在有中央线索化条件的辨别任务中听觉障碍人群也出现了典型的返回抑制效应,说明听觉障碍人群的返回抑制是一种

---

〔1〕 Danziger,S. & Kingstone,A. (1999). Unmasking the inhibition of return phenomenon. *Perception & Psychophysics*,61(6),1024—1037.

普遍存在的现象。在总体趋势上与正常人不同,出现的时间早于正常被试,消失得比正常人早,这与检测任务的结论相一致。说明当需要对信息进行辨别时,听觉障碍被试返回抑制的提前消失可以使他们将注意重新定向于最近注视过的位置。而听力正常被试则表现出对刚才位置的抗拒。然而,这更符合听觉障碍被试的生活实际,听觉障碍被试不得不将他们的注意在说话者的手和脸之间转移,返回抑制的提前消失将有助于他们更好地对这些位置的信息进行加工。

实验 4 的结果表明,无中央线索化条件下辨别,听力正常被试在SOA=650ms 时出现了返回抑制,与以往无中央线索化研究(Lupianez,1997)等一致。SOA=950ms,1250ms 时没有出现返回抑制现象。这与注意定向理论(Klein,2000)相一致,即认为只有注意从线索化位置脱离,才可能发生抑制现象。在无中央线索条件的辨别任务,在线索呈现结束到靶子呈现之前,没有发生注意的脱离,听觉障碍被试在无中央线索化条件下,当 SOA=350ms 时,出现了显著的易化效应,这与实验 3 中听觉障碍被试与听力正常被试的差别趋势类似,即听觉障碍被试可以对于刚才注视过的位置更快的重新定向。再一次说明在听觉障碍被试的实际生活中,当需要他们辨别或选择需要的信息时,他们更倾向于保持刚才注意的位置,在他们的视野中,更快地做到对谈话者面部表情及唇语与手势信息的保持。他们在将注意在外周视野的转移能力上优于听力正常被试。

在辨别任务中,没有发现听力正常组合听觉障碍组在反应时上的差异,这与以往的结论:听觉障碍者和听力正常人在亮度、形状和时间辨别这些低水平视觉任务中的作业水平相同,即听觉障碍被试组没有表现出更优的外周注意空间的操作。出现这种结果可能与任务需求本身有关。辨别任务的难度高于检测任务,听觉障碍被试在形状辨别上与听力正常被试的作业相同。

三、听觉障碍人群基于客体返回抑制的研究

(一) 理论综述

在对人脑的发展性研究中,脑的可塑性是一个十分重要的问题。脑的可塑性是指脑在发展过程中,对感觉输入的改变进行反应,并对其自身进行重新组织的能力。而对某一通道内感觉输入的早/晚期剥夺为研究者提供了独特的切入点来探讨感觉剥夺对脑内各专门神经系统的发展、分化及组织的影响。对于听觉障碍人群,听觉通道内输入的缺失以及使用手语的经验引发了

他们神经系统内的可塑性以及在剩余完好通道(如视觉)内加工机制的变化。

1. 早/晚期听觉剥夺对跨通道及通道内重组织的影响

跨通道重组织(cross-modal reorganization)是指,当完全剥夺一个专门通道脑区中的正常感觉输入时,该脑区会逐渐对其他通道内的刺激进行反应[1]。在听障研究中该问题主要涉及早/晚期听觉剥夺是否会造成听障被试在未受损通道内信息加工的收益。

对于跨通道重组织发生的时程,已有大量研究表明,由感觉剥夺导致的皮层功能的跨通道重组织只发生在未成熟神经系统内,即只在早期重度聋人群中,才发生跨通道重组织。Neville (1983,1987)最早发现,对于早期聋被试,视觉刺激在头皮的前中央部分及颞叶部分引发了比听力正常被试幅度更大的 ERPs。这反映了早期聋被试的听觉皮层对视觉刺激的反应。Jiang (2002)认为,由于初级和次级听觉皮层与次级视觉皮层之间有解剖联系,所以在跨通道重组织过程中,有可能一部分视觉信息被重新导入听障被试的听觉皮层。Pallas 等人(1999)发现,对内侧膝状体的早期视觉输入能改变初级听觉皮层的胼胝体联结,导致它们在联系程度上的下降和联系模式上的重组织。因为胼胝体联结在功能和形态上将两个半球联系在一起,它们在每个皮层区域中都是不同的,并且是专门化的。所以,感觉输入通道的改变对初级听觉皮层中胼胝体联系的重组织说明,视觉输入并不是简单地使用初级听觉皮层中已存在的神经回路,而是主动地重塑(remodel)初级听觉皮层中的回路,以用于新的功能。Levanen 等人(1998,2001)的研究进一步证明,先天聋被试的听觉皮层不仅可以对视觉刺激产生反应,而且可以被振动触觉刺激显著激活。对晚期聋被试,即对成熟脑可塑性的研究表明,晚期听觉剥夺很少导致皮层功能的跨通道重组织。相反,晚期聋会导致听觉皮层内的重组织,即通道内重组织(intra-modal reorganization),而且这种皮层活动的变化是逐渐发生的,并在听力损失发生至少两年之后持续发展。

2. 听障人群在中央/外周视野中的注意加工

对于早期听觉剥夺之后观察到的视觉系统功能变化的本质及原因有两种相对的观点。一种是缺陷理论,认为多个感觉通道之间的整合加工对于

[1] Kujala, T. et al. (2000). Cross-modal reorganization of human cortical functions. *Trends in Neurosciences*, 23(3), 115-120.

各感觉功能的正常发展是必要的，多感觉整合对于每个感觉通道的充分发展十分关键，一种感觉的剥夺会导致其他感觉的缺陷(Radell & Gottlieb, 1992)。相反，补偿理论则认为，一种感觉的缺失会导致整个认知系统对其他感觉的更大依赖，所以会增强其余完好的感觉功能(Grafman, 2000)。

近年，越来越多的脑成像及行为实验研究结果支持补偿理论的观点，并揭示了先天聋被试有增强的外周注意资源，尤其是当要求被试完成复杂视觉任务，并要求调控外周视觉注意及外周视野加工时。这方面的开创性研究是由 Neville 等人(1987)完成的[1]。他们的实验任务通过要求被试检测一个几何图形的运动方向来引入注意因素，并将刺激呈现在中央视野或外周视野。通过比较听觉障碍被试和听力正常被试的行为指标和事件相关电位，他们首次发现：在中央视野呈现刺激的条件下，先天聋被试和听力正常被试的行为指标和 ERP 振幅相同；而当注意外周视野中的运动刺激时，先天聋被试枕区中的 ERP 振幅比听力正常被试大 5—6 倍。而且行为数据表明，当刺激呈现在外周视野时，与听力正常被试相比，先天聋被试检测运动方向更快、更准确。这说明，人类早期听力丧失之后，外周视野的注意加工模式被改变。Bavelier 等人(2000, 2001)使用 fMRI 进一步比较了先天聋和听力正常被试在监测全视野、外周视野或中央视野中移动刺激时的作业。结果发现，当注意外周视野时，与听力正常被试相比，先天聋被试在运动加工区(middle temporal/medial superior temporal, MT/MST)有更大的激活；而当注意中央视野和全视野时则没有组间差异。这种结果说明了先天聋被试在外周视空间注意资源的增加。用结构方程(SEM)对有效联结(effective connectivity)的进一步分析表明，只有在注意外周视野条件下，先天聋被试皮层中 MT/MST 区域与后顶叶之间的有效联结比听力正常被试更强。因此，先天聋被试对外周移动刺激增加的注意资源受到 MT/MST 与顶叶之间的联结性变化的调节，而顶叶恰好是空间表征和注意的主要中心之一。这说明，先天聋被试体现出的这种对外周刺激运动加工的增强是视觉加工高级阶段所特有的。

---

〔1〕 Neville, H. J. & Lawson, D. (1987). Attention to central and peripheral visual space in a movement detection task: An event-related potential and behavioral study. II. Congenitally deaf adults. *Brain Research*, 405(2), 268—283.

另外，以往研究表明，先天聋和听力正常被试对视野中央的运动刺激的加工无差异，而在中央视野的视觉搜索任务上有差异。这种似乎有矛盾的结果可能是由不同研究中使用的实验任务的本质差异导致。具体来说，对运动方向的检测本身就是由外周视觉负责的，外周视觉(即视杆细胞和Y细胞)对运动方向有专门化的选择性功能；而中央视觉(即视椎细胞和X细胞)对客体形状和颜色有专门化的选择功能。所以，以上结果很有可能表明，先天聋被试在外周视觉(运动加工)和中央视觉(形状辨别)中都发展了超常的能力。

（二）实验研究

预备实验是一个听力正常人的检测任务，验证基于客体的返回抑制，加入了时间间隔因素。

1. 被试

选取听力正常被试(大学本科一年级学生)19人，其中男7人，女12人，平均年龄19.6岁。视力或矫正视力正常，以前均未参加过类似实验。被试逐个完成实验。

2. 实验仪器和材料

实验采用Pentium M笔记本电脑呈现刺激，显示器14.1寸。被试眼睛距屏幕约50cm。计算机屏幕的背景为黑色。以一个白色方块作为中央注视点，方块的高和宽视角均为0.8°。注视点的左右两侧各有一个白色方块，为靶子可能出现的客体，方块的高和宽均为1°视角。方块的中心距注视点中心视角为6°。要求被试在整个实验过程中，一直注视屏幕中央的白色方块。线索表现为在某一个方块外侧出现一个白色的方框，方框外围的高、宽视角均为1.3°，内围高、宽视角为1.2°。靶子是一个视角为0.8°的白色小圆点。它随机呈现在两个外侧方块中的一个。被试的任务是检测这个白色圆点。被试使用BTP－C022游戏手柄进行反应。

3. 实验设计

本实验采用2×4的两因素被试内实验设计，因素一为靶子是否出现在提示过的客体上，分为两个水平：是、否；因素二为SOA，分为四个水平：400ms，700ms，1000ms，1300ms。

在正式实验前有32次练习测验，让被试熟悉实验进程。正式实验由192次测验组成，其中32次为捕捉测验，即在测验中不出现靶子，以防止被试提前反应。四种SOA条件下各有40次测验，其中一半测验靶子出现在提示过的客体上，另一半测验靶子出现在未提示过的客体上。所有测验均作随机安排。每完成 48 次测试插入适当休息。

4. 实验程序

如图 3.20 所示，实验按照经典的基于客体返回抑制研究范式进行。要求被试完成简单的检测任务，应用线索一靶子模式。单个试次的刺激呈现顺序见图 3.20：(1) 每次测试开始，在电脑屏幕上呈现一个可见框架，它由三个水平排列的白色方块组成。可见框架在电脑屏幕上保持 500ms。(2) 某个被随机选定的外周方块的外侧出现一个白色方框，作为外周提示线索。外周提示线索持续 100ms 之后消失。(3) 从外周线索消失到中央注视点线索化的时间间隔有四种：100ms、400ms、700ms、1000ms。(4) 此后，对中央注视点线索化，即中央注视点的外侧出现白色方框，持续 100ms，作为中央注视线索，它使被试将注意重新定向到中央注视点。在中央注视点线索化的同时，两个外周方块从水平位置围绕中央注视点顺时针旋转 90°至竖直位置，旋转持续时间为 200ms。(5) 旋转停止后，随机在某个外侧方块中出现靶子，靶子持续 150ms 后消失。要求被试一旦发现靶子，既快又准地按下手柄上的"4"键。记录反应时和正确率。间隔 2s 后开始下一次试次。

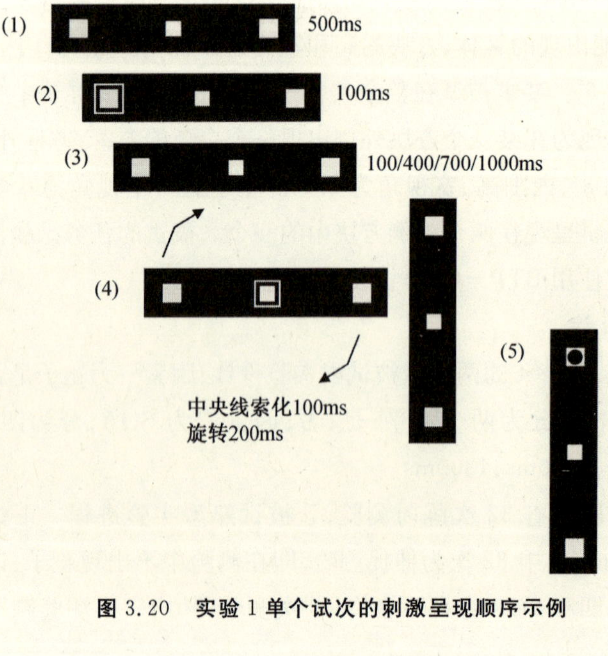

图 3.20　实验 1 单个试次的刺激呈现顺序示例

5. 实验结果

被试在八种处理条件下的平均反应时、标准差、返回抑制量和 t 值见表 3.16 所示。

由于本实验使用的是检测任务，比较简单，平均错误率仅为 0.1%，所以不再对错误率进行进一步的分析。

表 3.16　听力正常组在检测任务各种处理条件下的平均反应时(ms)、标准差和 IOR 量(ms)

SOA (ms)	400		700		1000		1300	
靶子客体	提示	未提示	提示	未提示	提示	未提示	提示	未提示
反应时	353	342	343	342	342	341	341	345
标准差	48	43	44	41	40	41	35	45
IOR 量	11		1		1		−4	
t	4.44***		0.138		0.127		0.824	

注：*** 为 $p<0.001$

对听力正常人所有处理条件下的平均反应时进行 2×4 重复测量方差分析，结果表明：靶子出现的客体主效应不显著，$F(1,18)=1.143$，$p=0.299$；SOA 的主效应不显著，$F(3,54)=1.377$，$p=0.260$；靶子出现的客体与 SOA 的交互作用显著，$F(3,54)-1.377$，$p<0.05$。对简单效应的进一步分析表明，在 SOA 为 400ms 条件下，靶子出现在未提示客体的反应时与出现在提示客体的反应时存在显著差异，$F(1,18)=19.72$，$p=0.00$，即出现了返回抑制；而在 SOA 为 700ms、1000ms 以及 1300ms 条件下，靶子出现在未提示客体的反应时与出现在提示客体的反应时没有显著差异[$F(1,18)=0.02$，$p=0.891$；$F(1,18)=0.02$，$p=0.900$；$F(1,18)=0.68$，$p=0.421$]。

预备实验的结果表明，听力正常人在 400ms 的 SOA 条件下，出现了返回抑制效应，消失的时程在 700ms 之前。而在 700－1300ms 的时程内，线索对随后的靶子检测既不易化也未抑制，但从表 3.16 中可以看出在 1300msSOA 条件下，靶子出现在提示过客体的反应时略快于未提示客体。

研究主要探讨两个问题：第一，在辨别任务中听力正常人是否存在基于客体的返回抑制？自从 1984 年发现基于空间的返回抑制效应后，研究者们已经在不同的反应类型、不同的任务类型、不同的材料以及使用不同类型线索的情况下,都观察到了视觉返回抑制现象,因此研究者们认为,在视觉系统中返回抑制的出现具有普遍性,它反映了人类视觉系统在进化过程中的适应。返回抑制使视觉搜索更倾向于指向新的位置,扩大了从视觉环境中获取的信息量,提高了搜索的效率。

返回抑制的研究还表明,返回抑制可分为基于空间和基于客体两种类型的返回抑制,它们具有不同的脑机制,是分别独立发展的。随着练习次数的增加,基于客体的返回抑制比基于空间的返回抑制下降得更快。而随着老化的进行,基于客体的返回抑制消失,基于空间的返回抑制则相对不受影响。这种随练习和老化抑制功能的变化,反映出返回抑制两种成分的分化及不同的神经基础。生理心理学的研究为此提供进一步的证据:基于空间位置的机制体现出与中脑古上丘脑(SC)控制的眼动系统相联系,这种系统能对移动的刺激进行反应,但不编码运动方向;而基于客体的机制则可能与更近期进化的皮层区域相联系。

对空间返回抑制的研究已证实,它不仅存在于检测某一靶子的简单检测任务中,也存在于基于客体特性的辨别任务中,但两种任务中的返回抑制具有不同的时程——辨别任务中的返回抑制比检测任务出现得晚。进一步的实验证明,这是由于辨别任务对靶子相关特征的分析而减慢了返回抑制的出现。而目前,仅在检测任务中发现了基于客体的返回抑制,且基于空间和基于客体的返回抑制具有不同的脑机制,那么在辨别任务中,是否也存在基于客体的返回抑制呢?根据以往的研究成果,在视觉系统中返回抑制的存在具有一般性,我们假设,在辨别任务中也会出现基于客体的返回抑制,但与检测任务相比,其出现的时程有所延迟。

第二,听力正常人与听觉障碍者基于客体的返回抑制是否存在差异?

对听觉障碍者早期听觉剥夺之后观察到的视觉系统功能变化的本质及原因目前有两种相对的观点。缺陷理论认为多个感觉通道之间的整合加工对于各感觉功能的正常发展是必要的,一种感觉的剥夺会导致其他感觉的缺陷,而补偿理论则认为,一种感觉的缺失会导致整个认知系统对其他感觉的更大依赖,所以会增强其余完好的感觉功能。近年来,越来越多的证据支持补偿理论的观点,并揭示出先天聋被试有增强的外周注意资源。根据补偿理论,一个感觉通道的输入缺失会导致剩余完好通道变得异常敏感,并发展出比正常系统更优越的能力,那么早期聋被试的视觉系统作为完好的感觉通道，其功能就要优于正常人。在这一理论基础上，我们质疑，基于客体的返回抑制作为视觉系统中的一种机制，其出现的时程和抑制量在听力正常人与早期听觉障碍者之间是否存在差异呢？如果差异存在，这种差异又会表现出怎样的趋势呢？由于返回抑制反映了人类心理机制的灵活性和适应性，通过阻止注意返回到已经搜索过的位置/客体来提高人类的空间搜索效率，那么基于补偿理论我们假设，早期听觉障碍者基于客体返回抑制出现的时程要早于听力正常人，且比听力正常人晚消失，抑制量也要高于正常人。

实验 1 考察在辨别任务中，听力正常人是否存在基于客体的返回抑制。实验 2 考察在检测任务中，听觉障碍者基于客体的返回抑制出现的时程和返回抑制量，并与听力正常人进行比较。实验 3 考察在辨别任务中，听觉障碍人群是否出现基于客体的返回抑制，并与听力正常人进行比较。

1. 被试

实验 1 选取听力正常被试(大学本科一年级学生)23 人，其中男 8 人，女 15 人，平均年龄 20.1 岁。

实验 2 选取听觉障碍被试(聋哑职业技术学校高年级学生)15 名，其中男 9 人，女 6 人，平均年龄 20.7 岁。所有听觉障碍被试均在 1 岁以前丧失听力(即选取早期聋被试)，听觉障碍类型为传导性耳聋(由于空气振动传导到耳蜗时出现问题而引起，通常在这种情况下，中耳的听小骨没有充分起作用)或由耳中产生神经冲动或传导到听觉皮层的神经受到损伤所导致的神经性耳聋(即排除由于听觉皮层受损而致聋的被试)。所有听障被试双耳听力损失均在 90dB 以上，并且从出生开始一直没有佩戴过助听器。

实验 3 选取听觉障碍被试(聋哑职业技术学校高年级学生)21 名，其中男 9 人，女 12 人，平均年龄 20.4 岁。所有听觉障碍被试，均在 1 岁以前丧失听力，听觉障碍类型为传导性耳聋或由耳中产生神经冲动或传导到听觉皮层的神经受到损伤所导致的神经性耳聋。双耳听力损失均在 90dB 以上，并且从出生开始一直没有佩戴过助听器。

所有被试视力或矫正视力正常，以前均未参加过类似实验。被试逐个完成实验。

2. 实验仪器和材料

三个实验与预备实验大致相同。实验 1 不同的是，本实验中，被试完成的是一个基于客体颜色特性的辨别任务。实验中使用的靶子是一个红色或绿色的圆点，其视角为 0.8°，被试的任务是辨别它的颜色。实验 2 采用 Pentium M 笔记本电脑呈现刺激，计算机屏幕背景为黑色。中央注视点是一个白色方块，高和宽视角均为 0.8°。注视点的左右两侧各有一个白色方块，为靶子可能出现的客体，方块的高和宽均为 1°视角。方块的中心距注视点中心视角为 6°。要求被试在整个实验过程中，一直注视屏幕中央的白色方块。线索表现为在某一个方块外侧出现一个白色方框，方框外围的高、宽视角均为 1.3°，内围高、宽视角为 1.2°。靶子是一个视角为 0.8°的白色小圆点。它随机呈现在两个方框中的一个。被试的任务是检测这个白色圆点。使用游戏手柄进行反应。实验 3 与实验 1 使用的仪器和材料完全相同。

3. 实验设计

三个实验均采用 2×4 的两因素被试内实验设计，因素一为靶子是否出现在提示过的客体上，分为两个水平：是、否；因素二为 SOA，分为四个水平：400ms，700ms，1000ms，1300ms。

实验 1 和实验 3 在正式实验前有 20 次练习测验，让被试熟悉实验进程。正式实验由 160 次测验组成，四种 SOA 条件下各有 40 次测验，其中一半测验靶子出现在提示过的客体上，另一半测验靶子出现在未提示过的客体上。所有测验均作随机安排。每完成 40 次测试插入适当休息。由于在本实验中，被试完成的是辨别任务，因这类任务不会存在提前反应，所以本实验中不再加入捕捉测验。

实验 2 在正式实验前有 32 次练习测验，让被试熟悉实验进程。正式实验由 192 次测验组成，其中 32 次为捕捉测验，以防止被试提前反应。四种 SOA 条件下各有 40 次测验，其中一半测验靶子出现在提示过的客体上，另一半测验靶子出现在未提示过的客体上。所有测验均作随机安排。每完成 48 次测试插入适当休息。

4. 实验程序

实验在典型的基于客体返回抑制研究范式基础上略加改动，将小圆点的检测任务改为对圆点颜色的辨别任务。一次测验的刺激呈现顺序如下：

(1) 每次测试开始，在电脑屏幕上呈现一个可见框架，它由三个水平排列的白色方块组成。可见框架在电脑屏幕上保持 500ms。(2) 某个被随机选定的外周方块的外侧出现一个白色方框，作为外周提示线索。外周提示线索持续 100ms 之后消失。(3) 从外周线索消失到中央注视点线索化的时间间隔有四种：100ms、400ms、700ms、1000ms。(4) 此后，对中央注视点线索化，即中央注视点的外侧出现白色方框，持续 100ms，作为中央注视线索，它使被试将注意重新定向到中央注视点。在中央注视点线索化的同时，两个外周方块从水平位置围绕中央注视点顺时针旋转 90°至竖直位置，旋转持续时间为 200ms。(5) 旋转停止后，随机在某个外侧方块中出现靶子，靶子是一个红色或绿色的圆点，靶子持续 150ms 后消失。实验 1 和实验 3 被试的任务是辨别靶子的颜色。对于一半被试，当小圆点是红色时，按“7”键，是绿色时按“8”键反应。而另一半被试则相反。记录反应时和正确率。间隔 2s 后开始下一次测验。

实验 2 要求被试一旦发现靶子，既快又准地按下手柄上的“4”键。记录反应时和正确率。间隔 2s 后开始下一次测验。

5. 实验结果

实验 1

被试在八种处理条件下的平均反应时、标准差、返回抑制量和 t 值见表 3.17 所示。

表 3.17　听力正常组在辨别任务各种处理条件下的平均反应时(ms)、标准差和 IOR 量(ms)

SOA (ms)	400		700		1000		1300	
靶子客体	提示	未提示	提示	未提示	提示	未提示	提示	未提示
反应时	466	465	474	474	467	477	480	484
标准差	48	53	57	48	47	49	57	62
IOR 量	1		0		−10		−4	
t	.168		.038		1.676		.768	

对被试所有处理条件下的平均反应时进行 2×4 重复测量方差分析，结果表明：靶子出现的客体主效应不显著，$F(1,22)=0.761$，$p=0.393$；SOA 的主效应显著，$F(3,66)=5.052$，$p<0.01$，进一步的 t 检验显示，SOA 为

400ms 的反应时显著少于 700ms 和 1300ms 的反应时，$t=3.116$，$p<0.01$，$t=3.745$，$p=0.001$；SOA 为 1000ms 的反应时与 1300ms 的反应时差异显著，$t=2.385$，$p<0.05$，前者少于后者；SOA 为 700ms 和 1300ms 的反应时边缘显著，$t=1.801$，$p=0.086$。靶子出现的客体与 SOA 的交互作用不显著，$F(3,66)=0.843$，$p=0.475$。

被试在八种处理条件下的错误率和标准差见表 3.18 所示。对被试所有处理条件下的错误率进行 2×4 方差分析，结果表明：靶子出现的客体主效应不显著，$F(1,22)=2.067$，$p=0.165$；SOA 的主效应不显著，$F(3,66)=1.740$，$p=0.167$；靶子出现的客体与 SOA 的交互作用不显著，$F(3,66)=1.231$，$p=0.306$。

表 3.18　听力正常组在辨别任务各种处理条件下的错误率(%)及标准差

SOA(ms)	400		700		1000		1300	
靶子客体	提示	未提示	提示	未提示	提示	未提示	提示	未提示
错误率	4.3	3.3	3.0	5.4	4.6	6.3	5.0	5.9
标准差	4.8	3.9	3.6	6.0	4.7	5.9	4.0	5.1

实验 1 的结果表明，在辨别任务中，听力正常人在 400－1300ms 的时程内并没有出现基于客体的返回抑制。由此认为，基于客体的返回抑制确实与基于空间的返回抑制具有不同的机制，基于客体返回抑制的存在并不具有普遍性，而仅存在于检测任务中。

实验 2

被试在八种处理条件下的平均反应时、标准差、返回抑制量(ms)和 t 值见表 3.19。

表 3.19　听觉障碍组在检测任务各种处理条件下的
平均反应时(ms)、标准差和 IOR 量(ms)

SOA (ms)	400		700		1000		1300	
靶子客体	提示	未提示	提示	未提示	提示	未提示	提示	未提示
反应时	358	347	358	350	357	350	359	358
标准差	53	55	63	64	64	57	60	64
IOR 量	11		8		7		1	
t	2.883*		1.696		1.517		0.124	

注：* 为 $p<0.05$

由于本实验使用的是检测任务，比较简单，平均错误率仅为0.08%，所以不再对错误率进行进一步的分析。

对被试所有处理条件下的平均反应时进行2×4重复测量方差分析，结果表明：靶子出现的客体主效应显著，$F(1,14)=5.445$，$p<0.05$。对四种SOA条件下提示客体和未提示客体的反应时进行t检验，结果显示：在SOA为400ms条件下，出现了返回抑制效应，$t=2.883$，$p<0.05$，在其他三种SOA条件下，提示客体和未提示客体的反应时差异不显著，$t=1.696$，$p=0.112$，$t=1.517$，$p=0.151$，$t=0.124$，$p=0.903$；SOA的主效应不显著，$F(3,42)=0.969$，$p=0.416$，说明各SOA条件下的反应时差异不显著；靶子出现的客体与SOA交互作用不显著，$F(3,42)=0.840$，$p=0.480$。

预备实验与本实验听力正常人与听觉障碍者在400msSOA条件下返回抑制量的平均数、标准差和t值见表3.20所示。

表3.20 听力正常人和听觉障碍者在400ms条件下IOR量的平均数(ms)和标准差

	听力正常人	听觉障碍者
IOR量	11	11
标准差	10	15
t	0.062	

对预备实验中听力正常人在SOA为400ms的返回抑制量与本实验中听觉障碍者在400ms的返回抑制量进行t检验，结果显示，$t=0.062$，$p=0.951$，证明两类被试在检测任务400ms条件下的返回抑制量没有差异。

实验2的结果表明，在检测任务中，听觉障碍者基于客体的返回抑制也出现在SOA为400ms的条件下，且在700ms的时程之前消失。与预备实验的结果相比较，听力正常人和听觉障碍者都只在400ms的SOA条件下，出现了返回抑制效应，而且返回抑制量不存在显著差异。

实验3

被试在八种处理条件下的平均反应时、标准差、返回抑制量(ms)和t值见表3.21所示。

表 3.21 听觉障碍组在辨别任务各种处理条件下的平均反应时(ms)、标准差和 IOR 量(ms)

SOA (ms)	400		700		1000		1300	
靶子客体	提示	未提示	提示	未提示	提示	未提示	提示	未提示
反应时	512	515	507	500	510	506	516	515
标准差	70	81	76	56	87	80	64	83
IOR 量	−3		7		4		1	
t	0.610		0.855		0.648		0.069	

对被试所有处理条件下的平均反应时进行 2×4 重复测量方差分析，结果表明：靶子出现的客体主效应不显著，$F(1,20)=0.494$，$p=0.490$；SOA 的主效应不显著，$F(3,60)=1.432$，$p=0.242$；靶子出现的客体与 SOA 的交互作用不显著，$F(3,60)=0.367$，$p=0.777$。这说明，在辨别任务中听觉障碍者在 400－1300ms 的时程内并没有出现基于客体的返回抑制。与实验 1 的结果对比，听力正常人和听觉障碍者在辨别任务 400－1300ms 的时程内都没有出现基于客体的返回抑制，两者没有差异。

被试在八种处理条件下的错误率和标准差见表 3.22 所示。对被试所有处理条件下的错误率进行 2×4 方差分析，结果表明：靶子出现的客体主效应不显著，$F(1,20)=1.185$，$p=0.289$；SOA 的主效应不显著，$F(3,60)=0.563$，$p=0.642$；靶子出现的客体与 SOA 的交互作用不显著，$F(3,60)=2.461$，$p=0.071$。该结果与反应时的结果一致。

表 3.22 听力正常组在辨别任务各种处理条件下的错误率(%)及标准差

SOA (ms)	400		700		1000		1300	
靶子客体	提示	未提示	提示	未提示	提示	未提示	提示	未提示
错误率	5.0	4.8	4.8	4.3	2.4	6.0	5.5	5.2
标准差	5.2	5.1	5.1	4.6	3.0	5.4	4.4	5.8

（三）综合讨论

1. 检测任务中，基于客体的返回抑制出现的时程短于基于空间的返回抑制

预备实验的结果表明，听力正常人基于客体的返回抑制在 400ms 的时程之前出现，在 700ms 的时程之前消失，这与以往的研究结论相类似

(Tipper等人在1994年的研究显示基于客体的返回抑制在842ms的时程之前消失)。而前人对基于空间位置返回抑制的研究表明,其出现的时程在300－1200ms之间,两者相比,基于客体返回抑制消失的时程明显提前。我们认为,除因为两者具有不同的脑机制外,注意资源密度的变化也可能是原因之一。由于在基于客体的返回抑制实验中,外周客体的旋转使得基于客体的返回抑制与基于空间位置的返回抑制相比产生了较低的注意资源密度,从而提高了检测靶子的难度,导致基于客体的返回抑制提前消失。

经典的基于空间位置的返回抑制研究范式通常是在中央注视点(常为"＋")左右两侧等距离排列两个方框,线索提示顺序为外周—中心,此后在某个外周方框中出现靶子,在这一过程中,被试的注意范围只需要保持在水平排列的两个方框之间,如图3.21阴影区域所示;而基于客体的返回抑制研究范式需要将竖直排列的三个方框顺时针旋转到水平位置,所以在这一过程中,被试需要注意的范围是两个外周客体旋转扫过的面积,如图3.22阴影区域所示。根据注意的聚光灯理论,注意就其空间分布的大小而言是一个连续变化的统一体,即注意分布统一体,在该连续体的一端,注意资源可以被均匀地分布到全部视野范围内,而在另一端则可被分布到极小的视角空间范围内,当把有限的注意资源分布到全部的视野范围内时,必然产生低密度的资源分布状态,降低对目标细节的分析力,而当把有限的注意资源分布到某一狭小空间范围时,将会形成一个高密度的资源分布状态,提高对目标细节的分析力,而且以上两种状态之间注意资源的分布是成连续性和渐进性的。所以同样是检测任务,基于客体的返回抑制要比基于空间位置的返回抑制形成更低的注意资源分布密度,这样势必会降低注意对先前提示过客体的抑制能力,导致返回抑制提前消失。

图3.21　基于空间返回抑制研究范式下的注意范围

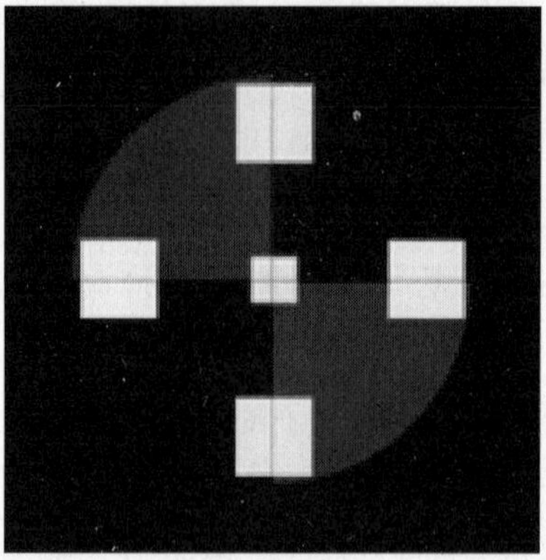

图 3.22 基于客体返回抑制研究范式下的注意范围

2. 辨别任务中没有出现基于客体的返回抑制

实验 1 和实验 3 的结果表明,无论是听力正常人还是听觉障碍者,在辨别任务中 400—1300ms 的时程内都没有出现基于客体的返回抑制,表明基于客体的返回抑制并不是一种普遍存在的抑制现象。至于为什么在辨别任务中没有出现基于客体的返回抑制,我们认为,基于客体返回抑制研究范式下的辨别任务难度要高于基于客体返回抑制研究范式下检测任务的难度以及基于空间位置返回抑制研究范式下检测任务和辨别任务的难度。因为基于客体返回抑制的辨别任务比检测任务增加了对靶子特征的分析过程,比基于空间位置返回抑制的辨别任务增加了注意随外周客体运动转移的过程,难度的增加可能使得基于客体返回抑制研究范式下辨别任务中的注意失去了对先前提示过客体的抑制能力。

另一方面,从注意进化过程中"节省"和"高效"的角度出发,在基于客体返回抑制研究范式下的辨别任务中,由于注意需要跟随外周客体运动,消耗了较多的注意资源,同时旋转的过程也增大了注意的面积,降低了其对目标细节的分析能力,如果这时再去抑制曾经注意过的客体,当靶子再次出现在这个客体上时,注意需要在只有较少资源的条件下先转移到这个客体,再去对靶子的特征进行分析,而注意资源的不足不仅会降低对靶子细节的分析力,同时也会减慢注意的转移速度,所以对先前提示过客体的抑制可能并不能获得整体的视觉搜索收益,而拥有最佳搜索效率的方法似乎是将注意保持在中央位置,对两个外周客体既不抑制也不易化,从而能够根据靶刺激的突现将注意快速地指向该客体，而两类被试在辨别任务中的结果也确实表明，并没有出现任何的抑制或易化。对于基于空间位置研究范式下的辨别任务而言，由于注意的面积小且不需要随客体运动，所以拥有相对富足的注意资源，这时即使抑制了先前注意过的位置，当靶子再次出现在此位置时，注意也可以快速地转移到该位置。而对于基于客体返回抑制研究范式下的检测任务，由于不需要对靶子的细节进行分析，所需注意资源较少，所以即使抑制了先前提示过的客体，当注意返回到该客体时，也可以快速地检测到靶子。总之，无论是基于空间位置的辨别任务还是基于客体的检测任务，对先前提示过位置或客体的抑制只产生了部分的劣势，但却能明显提高对新位置或新客体的搜索能力，从注意的进化角度考虑，抑制产生的收益可能大于损失，因而保留了抑制机制。

3. 听力正常人和听觉障碍者在检测任务中基于客体的返回抑制差异不显著

根据听障人群认知特点的补偿理论，前面我们假设早期听觉障碍者基于客体返回抑制的出现时程要早于正常人，且晚于听力正常人消失，抑制量也要大于正常人。但实验 2 与实验 1 的对比并没有证实此假设。探其原因，这可能与基于客体返回抑制研究范式下检测任务的认知操作水平有关。

Stivalet 等人(1998)考察了听觉障碍者和听力正常人在视觉搜索任务上的作业绩效[1]。他们要求被试在若干个“Q”中搜索“O”，或者在若干个“O”中搜索“Q”。已有研究表明，前一种加工在注意阶段完成，是系列加工，反应时间随干扰项数目的增加而加大；而后一种加工在前注意阶段完成，是并行加工，反应时间不随干扰项数目的增加而改变。这种现象被称为“不对称性搜索”[2]。实验结果发现，听力正常人显示出正常的不对称视觉搜索模式，而先天聋被试却体现出一种对称搜索模式，且两种条件下均为平行加工。这种结果说明，当任务需要系列加工，即对注意性加工的需求更高时，先天聋被试的视觉加工更加有效，会有一个感知觉的补偿性增强。

另外一些研究表明，先天聋被试的感知觉补偿性增强并不是出现在所

---

〔1〕 Stivalet, P. et al. (1998). Differences in visual search tasks between congenitally deaf and normally hearing adults. *Cognitive Brain Research*, 6(3), 227－232.

〔2〕 Treisman, A. & Gormican, S. (1988). Feature analysis in early vision: Evidence from search asymmetries. *Psychological Review*, 95(1), 15－48.

有的任务中,在对注意需求不高的低水平视觉任务(如对感觉阈限和简单刺激的敏锐度测量)中,先天聋被试并不会在未受损通道中显示出增加的作业效率;只有当视觉任务需要复杂加工(如知觉和注意过程)时,听障被试的未损伤通道中才会表现出更高的加工效率,即注意在先天聋被试完成各种视觉任务的过程中起到重要的调节作用,听障人群的高水平认知加工比听力正常人群更有效,而低水平认知加工则不受听觉剥夺的影响。以往研究表明,先天聋被试在面孔加工、客体的空间建构和转换、表象和旋转等高水平视觉认知作业上受感觉剥夺的影响,均有增强的能力;而听觉障碍者和听力正常人在亮度、形状和时间辨别这些低水平视觉任务中的作业水平相同。所以实验 2 与预备实验对比没有发现听觉障碍者与听力正常人基于客体返回抑制的差异可能与检测任务的难度有关,由于检测任务仅需要被试对靶子的出现做出反应,而不需进行更高水平的加工,故而其认知操作水平或许并不足以显示出听觉障碍者优于听力正常人的加工绩效。

四、视觉障碍人群的听觉返回抑制研究

(一) 理论综述

返回抑制最早是在对视空间注意内部定向实验中发现的。研究者认为,注意对提示位置上刺激的检测,不仅有一个早期的易化效应,而且有一个晚期的抑制效应。具体来讲,他们采用突然变亮或变暗的方法,对空间某一位置进行线索化,如果 SOA 小于 300ms,那么被试检测呈现在提示位置的靶子比检测非提示位置上的靶子更快。相反,当 SOA 大于 300ms 时,被试检测提示位置的靶子比检测非提示位置上的靶子更慢。Posner 和 Cohen 把后一种情况中所体现的对先前注意过的位置或物体做出反应时所表现出来的反应滞后现象称为“返回抑制”,这种由外周刺激引起的反应倾向具有反射性和自主性,并用线索化位置与非线索化位置上刺激的反应时之差作为返回抑制大小的度量[1]。

研究者对上述这种易化和抑制现象产生的原因进行了分析。Jonides (1981)认为,产生易化效应的原因是在较短 SOA 时,线索把被试注意引向

[1] Posner, M. I. & Cohen, Y. (1984). Components of visual orienting. *Attention and Performance X: Control of Language Processes*, 32, 531-556.

目标出现位置，被试对其迅速做出反应，从而使反应时变短[1]。Posner 和 Cohen (1984)认为，当在较长 SOA 时，易化效应发生逆转，即注意被吸引到线索化位置，之后离开此位置，当提示位置的目标刺激出现时，被试对提示位置的注意返回被抑制了，从而产生返回抑制效应。他们认为，返回抑制通过阻止注意返回到已经搜索过的位置来优化人类的空间搜索效率。

在许多不同的实验任务中，都观察到了返回抑制效应，包括检测任务、定位任务、辨别任务。然而，对其内部机制问题一直存在争议。研究表明：返回抑制与外周信息加工的注意机制相联系，并伴有眼动活动，或伴有反应倾向。返回抑制可能是由注意和眼动两种成分构成，在不同的信息加工阶段控制不同机制引起返回抑制。

在认知心理学领域内，研究者开始探讨听觉系统是否和视觉系统一样，可以根据空间位置或其听觉特征(如频率)来分配听觉注意。

1. 视觉和听觉返回抑制的神经通路研究

已有的电生理及脑成像研究表明，人类视觉系统内存在背侧和腹侧的 what 和 where 通路，分别用于加工刺激的非空间和空间信息。张明等人(2002)的一项视觉返回抑制研究中，将基于位置和基于颜色的返回抑制范式相结合考察两者之间的交互作用。结果发现，在与颜色无关的简单检测任务中，只存在基于位置的返回抑制，而在颜色辨别任务中，视觉系统需要确定刺激呈现位置之后，才可能对其颜色进行辨别，所以这种任务与刺激位置和刺激颜色均相关。同时，在颜色辨别任务中既存在基于位置的返回抑制，也存在基于颜色的返回抑制，且两者之间没有交互作用。即在该颜色辨别任务中，视觉的 what 和 where 通路各自独立发挥作用，并不互相影响。

近期的电生理及脑成像研究表明，人类听觉系统内也存在与视觉通路相似的皮层组织。对听力正常被试的研究发现，对一个场景的视觉分析依赖于两个在解剖上分离的加工通路。一个是“what”通路，从初级视觉皮层投射至颞叶，专门用于识别客体、加工颜色以及微小视觉细节，又称为腹侧通路。另一个是“where”通路，从初级视觉皮层投射至顶叶，专门用于知觉

[1] Jonides, J. (1981). Voluntary versus automatic control over the mind's eye's movement. *Attention and Performance IX*, 9, 187－203.

运动及定位客体，又称为背侧通路[1]。Alain 等人(2001)的研究，用功能磁共振成像和事件相关电位检查对相同刺激的声音辨别和声音定位依赖于专门化听觉通路的程度。结果说明，人脑中存在专门化的听觉通路(streams)，这与视觉信息加工中“what”和“where”的区分相似。但Anourova等人(2001)的一项 ERP 研究同样使用了音高及位置匹配任务，探讨对不同听觉刺激特性的工作记忆加工是否影响诱发电位的短暂成分。结果发现 N1/N1m 成分在潜伏期和幅度上的任务相关差异以及脑内源定位的位置差异，对空间及非空间听觉信息的工作记忆加工的神经机制至少是部分分离的[2]。Zatorre 等人(1999)的一项正电子发射断层扫描研究也发现，当要求被试完成的听觉任务对工作记忆没有需求时，单纯注意声音的频率特征与注意空间位置特征激活相似的脑区，研究数据表明，听觉注意由一个对空间位置和声音频率都起作用的右半球皮层网络负责，与视觉注意不同，听觉注意可能在一个不同特征被整合为一个统一表征的水平上起作用。

总之，虽然以上研究结果表明，听觉与视觉系统存在相似的脑内通路组织，但是在不同感觉系统内，这些通路各自发挥作用的方式、通路之间相互作用的模式以及选择性注意对不同感觉通道中两个通路信息加工的调节都可能存在差异。

2. 听觉返回抑制的认知机制研究

在听觉领域和视听觉信息加工的跨通道领域，返回抑制被广泛研究。研究表明，在听觉通道内，选择性注意可能受位置线索和频率线索的共同引导。Monder 等人的一系列研究表明，在听觉注意内部定向过程中也存在与视觉返回抑制相似的抑制成分。Monder(1998)使用线索—靶子范式，要求被试对听觉线索之后的听觉靶子进行检测、定位和频率辨别。结果发现，在听觉注意内部定向过程中，存在基于位置和基于频率的返回抑制。而且

---

[1] Baizer, J. S. et al. (1991). Organization of visual inputs to the inferior temporal and posterior parietal cortex in macaques. *The Journal of Neuroscience*, 11(1), 168−190..

[2] Anourova, I. et al. (2001). Evidence for dissociation of spatial and nonspatial auditory information processing. *Neuroimage*, 14(6), 1268−1277.

Mondor, T. A. & Lacey, T. E. (2001). Facilitative and inhibitory effects of cuing sound duration, intensity, and timbre. *Perception & Psychophysics*, 63(4), 726−736.

Monder(1999)发现,当要求被试完成的任务与线索—靶子之间的关系无关时,仍然存在基于位置和基于频率的返回抑制。该结果说明,基于位置和基于频率的听觉返回抑制与反应偏向及任务需求无关,而是由线索和靶子之间在知觉性质上的变化造成的。Mondor 和 Lacey(2001)一项近期研究扩展了听觉注意中返回抑制研究范围,主要是与声音相关的特性,如声音持续时间长短、声强和音色。结果证明,听觉系统内返回抑制存在的普遍性。但 Prime 和 Ward(2002)在靶子—靶子范式和在要求完成 go－no－go 辨别任务的线索—靶子范式中,发现基于位置和基于频率的听觉返回抑制之间是分离的,观察到了基于位置的返回抑制,却没有发现基于频率的返回抑制。这说明,虽然在视觉和听觉系统内存在类似的抑制机制,但这两种抑制成分在不同的范式中,可能具有不同的认知作用机制和皮层控制机制。

目前,关于听觉返回抑制的研究分别采用不同特性的听觉刺激,如位置、频率和持续时间。为了直接检验这些特性是否有相同的潜在机制以及在占用注意资源或在反应偏向上是怎样交互作用的,需要同时变化这些不同特性的听觉信息对上述情况进行研究。依据附加因素的逻辑方法(Miller,1988; Sanders,1990; Sternberg,1969),如果不同特性的听觉信息在产生返回抑制上出现了交互作用,这说明它们有一些共同的加工机制存在。事实上,这种基本理论在视觉返回抑制研究中已被发现。一些研究得出在非空间特性的视觉刺激研究中能够观察到返回抑制,如颜色(Law et al. 1995),形状(Riggio et al,2004),音长(Francis & Milliken,2003)和一些语义特性(Luis J Fuentes,1999)。还有一些研究尝试将这些非空间特性和位置特性相结合共同进行研究。特别在 Tanaka 与 Shimojo (1996)和 Pratt 与 Castel (2001)的研究中采用靶子—靶子范式进行研究,靶子是由矩形块组成,它们围绕外周位置(右或左),颜色(红或绿)和方向(垂直或水平)进行变化。在实验中,相同刺激仅在实验需求中有所区分。在检测实验中,要求被试对靶子的呈现做出简单检测反应,而不考虑靶子的位置、颜色和方向;在定位实验中,要求被试仅对靶子呈现的位置做出选择反应;在颜色辨别实验中,要求被试仅对靶子的颜色做出选择反应;在方向辨别实验中,要求被试仅对靶子的方向做出反应,而不必考虑靶子的其他特性。Pratt 和 Castel (2001)在空间和非空间特性的研究中获得了有意义的交互作用。第一,如果与任务需求相关的非空间特性在先前的线索和目标靶子之间不同时，才会出现基于空间的返回抑制，但当相同时，却存在基于空间的易化现象。第二，如果非空间特性与任务需求不相关，才会出现基于空间位置的返回抑制。第三，当所有的非空间特性在先前线索和目标靶子之间不同时，连续的易化或返回抑制效应都不存在。他们的研究主要说明了非空间特性对基于空间返回抑制的影响，但并没讨论空间特性对非空间特性的影响。

在听觉领域，一些以往研究也证实了空间和非空间听觉加工注意模式可能存在交互作用，并得到相关行为实验的证实。Melara 和 Marks (1990) 证明声音输入的不同特性，如音调、响度和音色，听者强制性的迅速传入，并且这些特性之间存在交互作用，形成一个完整的听觉刺激[1]。Mondor 等人(1998b)提出听觉注意是否被专门分配到空间位置或频率区域，是否注意选择能够独立控制位置和频率通道。研究者对靶子的位置和频率同时进行变化，要求被试依据位置或频率对靶子进行分类，同时对被试的错误选择情况进行检测。在所有实验中，尽管这些特性中有一个是与任务需求相关，但成绩依赖于位置和频率两种信息的引导，这些结果有力地说明了听觉信息的选择不可能独立地受位置或频率引导，而是借助频率和位置两种信息相互匹配的注意模板共同引导实现的[2]。

张明等(2004)研究证明，听觉选择性注意不可以独立于位置特性而对频率特性做出选择，反之亦然。听觉系统内的 what 和 where 通路之间存在复杂的交互作用。同时，在他们的研究中还进一步证明了不同任务需求对听觉系统内两个通路之间交互作用的影响，即当实验任务与一个特定的听觉特性相关，而与其他听觉特征无关时，听觉注意对听觉客体的选择过程会受到任务需求的影响，使得 what 和 where 通路之间的交互作用模式会随任务需求的改变而改变。

通过上述研究发现，视觉和听觉系统内的认知信息加工方式，尤其是对信息的选择性注意方面存在很大差异。视觉选择性注意可以根据一个单个刺激特征来选择视觉刺激；而听觉注意选择则很有可能是一个整合的听觉

---

〔1〕 Melara, R. D. & Marks, L. E. (1990). Perceptual primacy of dimensions: Support for a model of dimensional interaction. *Journal of Experimental Psychology: Human Perception and Performance*, 16(2), 398－414.

〔2〕 Mondor, T. A. et al. (1998). Constraints on the selection of auditory information. *Journal of Experimental Psychology: Human Perception and Performance*, 24(1), 66－79.

客体,并且对听觉客体的知觉过程,会受到任务需求的影响。

3. 听觉返回抑制的理论研究

目前,在听觉返回抑制中对基于位置和基于频率信息之间交互作用关系的解释,有三种影响较大的理论。

(1) 双加工理论

Mondor (1999)和 Mondor 与 Lacey (2001)在许多任务中提出用双加工模型解释早期易化效应和晚期抑制效应。该模型假设有两个分离的加工过程交互负责易化和抑制效应。第一个加工过程控制对听觉短时记忆中声音信息的传送,第二个加工过程与区分记忆表征和反应分配有关。声音信息的输入建立一个注意模板或过滤器,负责控制听觉信息通过记忆的速度。在典型的线索—靶子范式中,注意模板可能依据线索特征进行登记。如果随后出现的靶子与该模板相匹配,它在听觉短时记忆中将被快速传送;如果不匹配,它将传送较慢。然而,在短时记忆中,适当的反应分配要求对靶子进行不同的记忆表征。线索与靶子之间的相似性将使线索和靶子的记忆表征区分更困难,进而放慢了对靶子的反应。这种情况反映了区分线索和靶子的记忆表征所需要的时间依赖于线索与靶子之间的相似程度〔1〕〔2〕。

依据该模型,返回抑制不仅表明了注意抑制而且主要反映了区分线索和靶子的记忆表征时所用时间。线索和靶子越相似,区分两者的记忆表征的时间就越长。如果靶子与线索的位置和频率特征相同,那么对靶子的反应时间就可能最长,如果靶子与线索的位置和频率特征不同,那么对靶子的反应时间就会最短。如果线索与靶子之间属于同一维度就会延长记忆表征的区分,进而延长对靶子的检测反应。

然而,该理论在解释为什么不相关任务需求特征对相关任务需求特征的返回抑制有不同影响上是不清楚的。根据 Mondor 等人(1998b)的研究,位置和频率特征是完整的知觉维度,因为他们彼此不能独立的被注意或选择。依据该理论,在区分记忆表征的第二个加工阶段中,不相关任务需求特征在本质上与相关任务需求特征的作用方式是相同的,任务需求在决定线

〔1〕 Mondor, T. A. & Lacey, T. E. (2001). Facilitative and inhibitory effects of cuing sound duration, intensity, and timbre. *Perception & Psychophysics*, 63(4), 726－736.

〔2〕 Mondor, T. A. (1999). Predictability of the cue-target relation and the time-course of auditory inhibition of return. *Perception & Psychophysics*, 61(8), 1501－1509..

索化效应模式上是不起作用的，但在定位任务和辨别任务中观察到的效应模式是不适于这种推测的。进一步说，当线索和靶子有不同的不相关任务需求特征时，发现相关任务需求特征返回抑制效应增强，主要有两方面原因，即当靶子与线索有相同的相关任务需求特征时对靶子的反应减慢和当靶子与线索有不同的相关任务需求特征时对靶子的反应效率提高。不相关任务需求特征是否加速或减慢对靶子的反应时，不仅依赖于靶子与线索是否有相同或不同的不相关任务需求特征，而且依赖于相关任务需求特征上线索化的有效性。双加工模型无法解释这种交互作用机制。

(2) 反应抑制理论

在线索—靶子范式中，对听觉返回抑制理论的另一种解释就是反应抑制理论(Harvey,1980; Prime & Ward,2002; William,1996b)。第一种形式就是一个线索的出现引起被试自动压抑反应的倾向(Jong et al.,1994; Harvey,1980; Prime & Ward,2002; Tass-inari et al.,2002)。这种压抑或抑制可能持续和减慢对靶子的后期反应。然而，这一理论与双加工理论存在相同问题。该理论假定，线索和靶子越相似，对靶子反应的持续抑制就越大。虽然这种假设能够解释当线索与靶子有相同的位置和频率时，对靶子的反应时最慢，而当线索与靶子有不同的位置和频率时，对其反应最快，但此理论无法解释相关任务需求和不相关任务需求特征之间的交互作用关系。

另一种形式，对眼动活动的压抑，该理论假定返回抑制是由于保持注视点与对线索做出眼动的自动倾向之间冲突的结果(Rafal et al.,1989; Tassinari et al.,1987; Tassinari et al.,2002; Taylor & Klein,1998)。对注视点的保持会阻止随后同侧靶子的眼动反应，这既是由于眼动和空间注意之间的功能连结而引起对靶子加工注意资源的分配，同时也是因为这种压抑倾向控制眼动输出的一般倾向(Tassinari et al.,2002)。但是，该理论在解释返回抑制产生过程中，相关任务需求和不相关任务需求特征之间的交互作用影响是如何与该理论相匹配的，这是不清楚的。同样也没有任何机制能够说明相关任务需求和不相关任务需求特征在眼球注视点的维持上的不同影响。

第三种形式，假定一个线索的出现建立起对随后出现的与该线索有相同特征的靶子的“抑制连结”。虽然抑制连结不能对信息的积累和靶子的外周加工过程有影响，但却导致了外周加工过程和反应激活之间联系的暂时分离(Fuentes et al.,1999; Tipper et al.,1994; Vivas & Fuentes,2001)或转变开始时对靶子反应的标准(Ivanoff & Klein,2001; Kingstone & Pratt,1999)。显然，这种理论能够很好地解释基于位置和基于频率的听觉返回抑制(Mondor et al.,1998)。一个听觉线索的加工过程减弱了对随后所出现靶子处理特征的反应激活。当对靶子的反应与所控制的线索—靶子联系不相关时(Mondor,1999)，该理论能够很好地解释返回抑制效应，因为所抑制的反应是基于靶子特性而不是线索和靶子之间相同的联系。但是，这一理论也没有相关机制能够解释当前相关任务需求和不相关任务需求特征之间的交互作用模式。

(3) 意义恢复理论

目前，对听觉返回抑制更加合理的解释就是意义恢复理论。为了解释在辨别任务比在靶子检测任务中返回抑制出现在更长的 SOA 上和辨别任务越难返回抑制出现的 SOA 就会越长的两方面研究结果，Lupianez 等人(1997,2001)提出意义恢复理论，即对当前的知觉信息和先前的记忆表征进行整合的加工过程，决定返回抑制在注意定向中什么时候出现和如何出现的情况。Kahneman 等人 (1992)研究揭示一个视觉靶子的呈现为相似的先前事件记忆表征的恢复提供了线索，研究者称其为目标存储。然后，将当前靶子的时空信息与先前事件的相关信息做比较。如果这个加工过程揭示了时空信息的匹配，那么当前靶子的信息会对先前事件的目标存储信息进行更新；如果时空信息与存在的目标存储信息不相匹配，将为靶子创建一个新的目标存储[1]。依据这一理论结构，Milliken 等人(2000)和 Lupianez 等人(2001)进一步提出一个存在的目标存储是否被更新或者一个新的目标存储是否被创建，不仅依赖于当前和过去事件之间自动的时空联系，而且依赖于被试在特定的任务关系中应用的注意模式。在注意的线索化任务中，当前和过去信息进行整合的注意模式的建立，有助于对有相同关键特征的线索和随后出现靶子之间的信息整合，另一方面，对新事件的表征进行编码的注意模式有助于延迟对靶子的反应，不同任务引起不同的注意模式。在

〔1〕 Kahneman,D. et al. (1992). The reviewing of object files: Object-specific integration of information. *Cognitive Psychology*,24(2),175－219.

检测任务中被试倾向于为靶子创建一个新的目标存储,而在定位和辨别任务中倾向于对线索和靶子的信息进行整合(如更新由线索创建的已存在的信息)。

根据意义恢复理论,在检测任务中被试需要做的就是对突然出现的新目标进行检测和编码。因此,在该任务中,对整个事件(线索和靶子)的视觉信息的整合没有起到任何有效的作用,被试采用的注意模式就是对新的外周事件进行编码,利用任何可用信息对线索和靶子进行区分。在下一个事件开始时,线索和靶子之间的任何差异将使识别变得更容易。该理论解释了当靶子与线索在位置和频率特征上不同时,被试对靶子的反应为什么最快,而当靶子与线索在位置和频率特征上相同时,被试对靶子的反应为什么最慢情况。

在定位任务或辨别任务中,有效的成绩较少依赖于对新外周事件的编码,因为仅仅一个新的目标的呈现来决定它的位置或特性是不充分的。相反,对每一个事件特定信息的积累对任务成绩来说更为重要。换言之,在特征整合发生之后,在目标水平位置上定位任务或辨别任务才执行。因此,当线索和靶子在相关任务需求维度重复出现时,被试采用最简洁的注意模式就是对线索和靶子进行整合,并对线索创建的目标存储进行更新。依据这一注意模式,当线索和靶子在不相关任务需求维度重复呈现时,被试将更有效地完成任务,并将使这种更新原目标存储的加工过程更容易,做出更快速的反应。相反,有不同的不相关任务需求特征时,将延迟这种整合并减慢反应速度。因此,当线索和靶子有相同的相关任务需求特征时,被试的定位或辨别反应可能会加快或延迟,依赖于靶子在不相关任务需求特征上是否与线索相同。

然而,当线索与靶子在相关任务需求维度不同时,需要在最初意义恢复理论基础上,增加一个研究假设,目的是为了解释不相关任务需求维度对被试成绩的不同影响。在这种情况下,由于对线索和靶子之间显著不同的整合(在相关任务需求特征维度)可能以影响任务成绩为代价,我们假设被试采用为靶子创建一个新目标存储的注意模式。在该模式下,尽管相同的不相关任务需求特征会使创建新目标存储更困难,但是,在线索与靶子之间不同的不相关任务需求特征对靶子新目标存储的创建会变得更容易。换言之,尽管当线索与靶子之间有相同的相关任务需求特征时,会延迟对靶子的反应，但是当线索和靶子有不同的相关任务需求特征时，及有不同的不相关任务需求特征时，会更易于对靶子的反应。

因此，以线索和靶子之间在相关任务需求维度中是否有相同特征为基础，通过在定位和辨别任务中增加一个关于注意模式的附加假设，能够很好地解释不相关任务需求维度是怎样对被试成绩有显著影响的。同样，这一扩展的理论也适于解释在视觉返回抑制研究中，相关任务需求和不相关任务需求维度之间复杂的交互作用[1]。

4. 视觉障碍者认知神经机制的研究

视觉障碍的描述性定义：由于各种原因导致的视力障碍和视野缩小，难以做到视力正常人所能从事的工作、学习和其他活动（王怡，钱文，2005；盛钦，1998）。视觉障碍一般包括盲与弱视两类。另外，按全盲起始时间分类则包括先天盲、早期盲和后期盲，出生时失明者称为先天盲，致盲原因如先天性视神经萎缩、先天性眼球发育不良和先天性青光眼等；早年失明者称为早期盲，具体时间没有一致的认识，但大多限定于 2－4 岁前，而且大多文献也把先天失明者归类于早期盲；在这以后称为后期盲，如眼外伤等（Lessard et al.，1998）。

失去视觉的视觉障碍者往往伴随着行为代偿，如听觉和触觉的提高或异常敏感。脑成像等认知神经科学研究发现，视觉障碍者的视觉皮层广泛地参与了其他感知觉任务，原本暂时的神经联结由于受到新的感觉信息传入方式的持续激活而固化，建立新的神经回路，成为跨通道重组的神经基础（吴健辉，罗跃嘉，2005）。许多行为研究也证实了脑成像研究的结论。

对某一感觉通道有障碍的动物和人类研究发现：当主要输入通道发现障碍时，该障碍通道皮层中的神经元对来自其他通道的信息输入也有反应（Heil et al.，1991；Yaka et al.，2000），并且没有研究发现一个通道障碍会影响其他正常通道的功能。如对某单一通道障碍的动物来说，当其他正常的通道输入信息时，这个障碍通道对应的脑区域的激活细胞数量有增加现象或者参与活动现象（Hyvīrinen et al.，1981；Korte & Rauschecker，1993；

---

〔1〕 Pratt，J. & Castel，A. D.（2001）. Responding to feature or location：A re-examination of inhibition of return and facilitation of return. *Vision Research*，41(28)，3903－3908.

Neville,1990; Rauschecker & Korte,1993)。这种现象在人脑功能区域也被发现(Alho et al.,1993; Kujala et al.,1995; Kujala et al.,1995)。5个视觉障碍被试参与了记数音高变化的次数和忽略音高变化的实验。实验结果发现,听觉记数任务可以引发视觉皮质激活,该结果显示视觉障碍者的视觉皮质参与听觉辨别。一项PET研究发现,视觉障碍者在阅读布莱尔点字中,视觉皮质区域有恢复现象(Büchel et al.,1998; Sadato et al.,1998; Sadato et al.,1996)。fMRI研究发现视觉障碍者在对带有形状的物体触摸辨别时,枕叶(occipital lobe)有激活现象(Sadato & Hallett,1999)。这些都说明视觉皮质参与了触觉活动。

在正常人与视觉障碍者的对比实验中发现:先天盲对周围空间的注意和定位以及听觉加工的速度都比正常人的快(Neville & Bavelier,2001)。还有研究发现视觉障碍者的听觉和躯体感觉的ERP波在后脑区域比正常人大,并且视觉障碍者由听觉和躯体感觉引发的ERP波的潜伏期比正常人短(Feinsod,1973; Niemeyer & Starlinger,1981)。这些结果表明视觉障碍者的听觉记忆和听觉注意优于正常人(马艳云,2004)。

Lessard等人对早期视觉障碍者的听觉定位能力进行了测试,要求被试分别用双耳和单耳对声音来源进行定位。结果显示,在双耳条件下,视觉障碍者和正常人具有同样的声音定位能力;在单耳条件下,有一半的视觉障碍被试能够对堵塞耳侧的声音来源进行准确定位,但没有一个正常人具有这样的能力(Lessard et al.,1998)。

Lepore等人的近期研究也显示,视觉障碍者在执行非视觉任务时优于正常人。视觉障碍者执行非视觉任务显示了大脑皮层与视觉皮层之间的紧密联系,视觉皮层对听觉功能给予补偿,视觉皮层活动与个体差异是相互关联的,并且根据活动的程度应该推测这些差异。他们的实验采用单耳测验和双耳测验任务,19个被试(7个正常人、12个早期失明)在PET的监控下,通过大脑血流量的变化检测大脑活动情况。结果显示:在双耳测验任务中,所有19名被试都能正确定位声音;在单耳测验任务中,大多数正常人不能正确定位声音,只有5个视觉障碍被试能够正确定位声音,研究者还发现他们的大脑视觉皮层的血流量有增强现象,而在双耳测验任务中,正常人被试在视觉皮层中血流量有减少现象。这种减少现象与一项关于大脑皮层的前期研究结果相一致。以往研究显示:加工声音信息的颞叶突出部位抑制了加工视觉信息的枕叶突出部位的激活。这些抑制成分在视觉障碍者中可能是不存在的，目前还不清楚其原因是什么，可能是视觉障碍者不需要这样的抑制成分存在。研究者推测在视觉障碍者中可能视觉皮层没有被抑制反而借助增强非视觉感觉，来对视觉缺失作以补偿。Lepore 小组做出结论，如果先天或早期就是视觉障碍，那么他们的大脑就会发生微妙的“重组”，而对年纪较大时丧失视力的人，其大脑视觉皮层的活性则不会有出众的表现和能力，但这也不是绝对的，视觉障碍者的跨感觉通道重组以及神经可塑性研究可以提供一些新的启示。

5. 视觉障碍者跨感觉通道重组研究

大量脑成像研究证实，视觉障碍者视皮层在阅读盲文、触觉和听觉辨别等非视觉任务中有显著激活，视觉皮层原先的“视觉中枢”功能发生变化或发生跨通道重组[1][2]。同时，一些研究关注视觉障碍者使用某种感觉转换设备来进行视觉物体识别的神经机制，De Volder 等人对视觉障碍者使用超声回波定位仪时的大脑活动情况进行了 PET 扫描。该研究说明，视觉障碍者在训练使用感觉置换设备后，进一步促进了跨通道重组，即视皮层更加积极地参与了来自三维空间的听觉信息加工[3]。

值得注意的是，并不是所有的听觉和触觉任务都与视区有关联，视觉障碍者视区的激活与任务的复杂程度呈正相关，而那些简单的听觉、触觉刺激并不激活视区皮层(Cohen et al., 1997; Cohen et al., 1999; Weeks et al., 2000)。视觉障碍者在进行复杂的听觉、触觉任务时伴随着视区的激活。这样的视区激活并不是副现象，而真正参与了视觉障碍者敏锐的听觉和触觉功能，并且其神经机制除跨通道重组外，还包括听觉(Elbert et al., 2002)和躯体感觉中枢自身的扩张(Théoret et al., 2004)。

作为跨通道重组神经基础的神经可塑性是指神经系统为不断适应外界环境的变化而改变自身结构的能力，包括神经组织的正常发展和成熟、新技

---

〔1〕 Burton, H. et al. (2002). Adaptive changes in early and late blind: A fMRI study of Braille reading. *Journal of Neurophysiology*, 87(1), 589－607.

〔2〕 Leclerc, C. et al. (2000). Brain functional reorganization in early blind humans revealed by auditory event-related potentials. *Neuroreport*, 11(3), 545－550.

〔3〕 De Volder, A. G. et al. (1999). Changes in occipital cortex activity in early blind humans using a sensory substitution device. *Brain Research*, 826(1), 128－134.

能的获得、在神经系统受损以及感觉剥夺后的代偿[1]。人类大脑在对动态的感觉世界进行表征和编码过程中，自身也在不断地动态变化着，以适应环境可能发生的各种事件。已有行为研究表明，初生岁月的经历对人生的各个方面具有重要影响。同样，神经可塑性也存在这样一个关键期。在关键期内，神经系统能够根据个体的经历为各种认知行为定制适合个体需要的独特的神经回路(Knudsen，2004)。而在关键期后，只有活动能力超越先前的经历，新的神经联结才有可能建立。这也意味着并不是完全排除在关键期以后可塑性的存在。

上述研究说明，感觉信息的输入方式极大的影响了神经回路的形成。出生后，如果视皮层能够很好地接受到视觉刺激，那么正常的视觉回路就得到了建立；但是对于先天视觉障碍者来说，视皮层并没有得到视觉信息的输入，那么正常的视觉回路就无法得到建立。而原本暂时的投向视皮层的神经联结则取而代之，在丰富的触觉和听觉环境中，逐渐固化形成特有的感觉回路，并驱使视区皮层加工来自非视觉通道的信息，而实现跨通道重组。对于后天视觉障碍者来说，或者说视区作为正常视觉中枢的功能已经确立以后，如果由于外周原因而失去视觉输入，那些原本消失的暂时性投射也许得到了重新激活，来自触觉和听觉等通路的突触前活动持续地激活视区皮层的神经元，在超越先前形成正常视觉回路时的突触活动时，就形成新的包含视区的听觉和触觉加工的神经回路，当然这个过程比先天视觉障碍者要困难得多。失去视觉输入的视觉障碍者在与周围环境的交互中，逐渐形成符合自身特点的行为能力。而在其敏感的听觉和触觉背后，是中枢神经系统发生了可塑性变化，以适应视觉障碍者所特有的感觉世界。这种可塑性变化的结果是，一般认为专司视觉功能的皮层视区参与听觉和触觉等感知觉的加工过程。

（二）实验研究

通过以上的论述和总结，一方面，我们发现基于位置和基于频率的听觉返回抑制仅局限于视力正常者，在视觉障碍者中却没有相关研究，外部效度上不够宽泛。在视觉障碍被试中，听觉返回抑制是否也是一种普遍存在的抑制现象？在听觉信息加工过程中位置和频率信息之间的关系与视力正常

---

〔1〕 Bavelier，D. & Neville，H. J. (2002). Cross-modal plasticity：where and how? *Nature Reviews Neuroscience*，3(6)，443－452.

人之间有何共性和差异？这些问题有待进一步实验研究；另一方面，以往的研究对任务需求影响关系的分析也不是很清晰，带有片面性或只分析任务需求某一方面的影响，对不同任务需求中相关任务需求特征和不相关任务需求特征之间的影响关系没有明确的分析说明。

因此，本研究在综合 Pratt 与 Castel (2001)和张明(2004)的研究的基础上设计了三个实验：目的一是研究在视觉障碍者中是否存在听觉返回抑制，并对听觉信息加工过程中视力正常者和视觉障碍者基于位置和基于频率信息之间的交互作用进行研究，为听觉系统内的 what 和 where 通路之间是相互影响关系提供支持；目的二是进一步扩大前期研究的外部效度，在两类被试中检验不同任务需求对基于位置和频率信息的听觉返回抑制之间交互作用的影响；目的三是通过本研究为以往听觉返回抑制研究理论提供实验依据和理论支持。我们采用相同的实验设计不同任务需求(检测、定位和频率辨别任务)的三个实验，控制当前听觉线索与靶子的位置和频率。在检测任务中，要求被试对靶子的出现做出反应，而不考虑靶子的位置或频率；在定位任务中，要求被试对靶子的空间位置做出判断，而不考虑它的频率；在频率辨别任务中，要求被试对靶子的频率做出判断，而忽略它的空间位置。在听觉返回抑制研究中，这种实验任务的变化使我们能够检验出任务需求对位置和频率信息之间交互作用的影响。

本研究提出以下假设：(1) 在视觉障碍者中，听觉返回抑制也是一种普遍存在的抑制现象。(2) 与视力正常者相比，视觉障碍者基于位置和基于频率的听觉返回抑制之间也存在交互作用，听觉系统内的 what 和 where 通路之间是相互影响的。(3) 在两类被试中，听觉信息的位置和频率特征之间的交互作用，受不同任务需求的影响。实验 1 与视力正常者比较，考察在视觉障碍者中是否存在基于位置和基于频率的听觉返回抑制，两者之间有无交互作用，听觉系统内 what 和 where 通路之间是否存在相互影响关系(对前两项假设进行验证)。实验 2 考察在两类被试中，是否存在基于位置和基于频率听觉返回抑制的交互作用，对听觉系统内 what 和 where 通路之间是否相互影响以及相关任务需求和不相关任务需求的影响关系进行研究(对三个假设进行验证)。实验 3 考察在两类被试中，是否存在基于位置和基于频率听觉返回抑制的交互作用，对听觉系统内 what 和 where 通路之间是否相互影响以及相关任务需求和不相关任务需求的影响关系进行研究(对三个假设进行验证)。

1. 被试

实验1选取视力正常的大学本科生27名,男13名,女14名,年龄21—24岁之间,选取某大学特殊教育学院全盲大学本科生14名,男11名,女3名,年龄18—24岁。实验2选取视力正常的大学本科生27名,男13名,女14名,年龄21—24岁之间,选取某大学特殊教育学院全盲大学本科生15名,男9名,女6名,年龄18—24岁。实验3选取视力正常的大学本科生25名,男12名,女13名,年龄21—24岁之间,选取某大学特殊教育学院全盲大学本科生13名,男6名,女7名,年龄18—24岁。所有被试没有任何听力损伤,自愿参加本实验。

2. 实验仪器和材料

三个实验均在隔音室中进行,室内噪音控制在35dB以下。实验程序采用心理实验专用开发软件DMDX3编制而成,反应器材为北通手柄BTP—C022。发音器材为劳士LA—6000型木质音箱。

实验材料为550Hz和850Hz的纯音。这些频率的选择以Mondor(1998a)的研究为依据。为了消除纯音在极短时间内达到最大振幅时产生的滴答声,使用声音编辑软件(Cool Edit Pro)控制纯音振幅在开始和结束部分以线性增大或减小的方式,用5ms时间增至最大或减至最小。控制两个纯音的强度相同,均为65dB。显示器距离被试眼睛60cm。音箱放在被试头部两侧,正对两耳并与其保持在同一水平线上,左右距离为50cm。

3. 实验设计

三个实验均采用2×2×2混合实验设计,被试间变量是被试类型(视力正常者和视觉障碍者);被试内变量是靶子呈现的空间位置是否相同(相同位置和不同位置,即当靶子声音与线索音在空间上有相同位置时,两种音都出现在左侧音箱或者都出现在右侧音箱;当线索音与靶子音有不同位置时,相继呈现的线索音和靶子声音在不同的音箱发出)和线索音与靶子音的频率是否相同(相同频率与不同频率,即当相同频率时,相继呈现的线索音和靶子音的频率相同;当不同频率时,相继呈现的线索音和靶子音的频率不同)。实验1要求被试做简单检测反应,应用线索—靶子范式。实验2要求被试完成定位任务,不存在提前反应的可能,所以在实验中没有捕捉测验。实验3要求被试完成频率辨别任务。

4. 实验程序

实验 1 在安静的实验室中进行。每次测试中的刺激呈现顺序为：(1) 在计算机屏幕中央呈现一个加号作为注视点，大小为 10mm×9mm，刺激背景为黑色。(2) 1000ms 后，在其中一个音箱中随机呈现第一个线索纯音，该纯音持续的时间为 100ms。(3) 间隔 750ms 后，呈现靶子音，同样持续 100ms。要求被试一听到第二个声音，就用优势手的食指迅速按反应手柄上的指定按钮，做出简单检测反应。

本实验共有八个处理水平，每种处理水平下有 32 次测试。两个频率的纯音在左右两个音箱中出现的概率相等。在相同和不同位置或相同和不同频率的线索与靶子之间的组合概率也是完全相等的。在没有任何预期反应的情况下，指导被试尽可能快速地做出反应。如果在靶子出现前被试做出预期反应或在靶子出现后反应时间超过 2000ms，将会呈现一个反馈信息。同时，为了防止被试提前反应，在正式实验中加入 32 次空白刺激，只呈现线索音，而不呈现靶子音。如果被试做了按键反应，记为一次错误。如果错误次数超过 3 个，则该被试的成绩被删除。

两个被试内变量交叉呈现，构成四种实验条件，即相同位置和相同频率，相同位置和不同频率，不同位置和相同频率，不同位置和不同频率四种情况。四种条件随机分成两个测验组，每一组之间有 2min 的休息。所有类型的测试随机呈现。在正式实验之前有 40 次练习测试。

视力正常被试和视觉障碍被试的实验程序完全一样，但在视力正常组中要求被试在整个实验过程中一直注视屏幕中央的“+”号，而视觉障碍组要求被试头部正对显示器保持在同一水平线上，距离为 60cm。

实验 1 的正式实验共 320 次测试，每类被试各 160 次。实验 2 和实验 3 的正式实验共 256 次测试，每类被试各 128 次。实验 2 与实验 1 大致相同，唯一不同的是，要求被试对线索之后的靶子音定位，而不管声音的频率高低。对于一半被试，如果靶子音从左侧音箱中发出，则用优势手的食指按手柄上方的键，如果靶子音是从右侧音箱中发出，则用优势手的中指按手柄下方的键。而另一半被试则按键相反。

实验 3 与实验 2 大致相同，唯一不同的是，要求被试辨别靶子音的频率，而不管声音呈现在左侧还是右侧。对于一半被试，如果靶子音是高频，则用优势手的食指按手柄上方的键，如果靶子音是低频，则用优势手的中指按手柄下方的键。而另一半被试则按键相反。

5. 实验结果

实验 1

八种处理条件下的平均反应时和标准差见表 3.23 所示。由于在实验处理过程中,捕捉任务错误次数超过 3 次,反应时位于两个标准差之外和正式任务错误率高于 5%的被试数据已被删除,最后选取的所有被试数据错误率都低于 5%,所以不再对错误率做出分析。

表 3.23 不同实验条件下的平均反应时(标准差)(ms)

		视力正常组	视觉障碍组
相同位置	相同频率	291(21)	336(29)
	不同频率	265(21)	324(29)
	IOR 量	− 26**	− 12
不同位置	相同频率	265(22)	315(30)
	不同频率	258(21)	304(30)
	IOR 量	− 7	− 11*

注:(1) +代表易化,−代表抑制;(2) * 为 $p<0.05$, ** 为 $p<0.01$

对八种处理条件下的平均反应时进行方差分析,结果显示,空间位置是否相同的主效应显著,$F(1,39)=26.788$, $p=0.000$。相同位置的靶子的反应时显著慢于不同位置靶子的反应时,出现显著的基于位置的听觉返回抑制。频率是否相同的主效应显著,$F(1,39)=24.929$, $p=0.000$。相同频率的反应时显著慢于不同频率的反应时,存在显著的基于频率的听觉返回抑制。

位置和频率之间的交互作用显著,$F(1,39)=5.130$, $p=0.029$,无论当线索与靶子之间的位置相同与否,都存在显著的基于频率的听觉 IOR, $F(1,40)=26.72$, $p=0.000$(位置相同)和 $F(1,40)=8.70$, $p=0.005$(位置不同),相同频率靶子的反应时都显著慢于不同频率靶子的反应时;而无论当线索与靶子之间的频率相同与否,都存在显著的基于位置的听觉返回抑制,$F(1,40)=30.73$, $p=0.000$(频率相同)和 $F(1,40)=9.33$, $p=0.004$(频率不同),相同位置靶子的反应时都显著慢于不同位置靶子的反应时。被试的主效应不显著,$F(1,39)=1.907$, $p=0.175$。

三因素的交互作用边缘显著，$F(1,39)=3.915$，$p=0.055$。简单效应分析显示，在视力正常组被试中，当线索与靶子的位置相同时，存在显著的基于频率的听觉返回抑制，$F(1,39)=28.28$，$p=0.000$，线索与靶子在频率相同时的反应时显著慢于在频率不同时的反应时，而当位置不同时，没有出现基于频率的听觉返回抑制，$F(1,39)=3.98$，$p=0.053$；在视觉障碍组被试中，当线索与靶子的位置相同时，没有出现基于频率的听觉返回抑制，$F(1,39)=2.83$，$p=0.100$，而当位置不同时，出现了显著的基于频率的听觉返回抑制，$F(1,39)=5.03$，$p=0.031$，线索与靶子在相同频率时的反应时显著慢于不同频率时的反应时。

另外，在两类被试中，当线索与靶子的频率相同时，存在显著的基于位置的听觉返回抑制，$F(1,39)=23.04$，$p=0.000$（视力正常组），$F(1,39)=7.52$，$p=0.009$（视觉障碍组），线索与靶子在相同位置时的反应时显著慢于不同位置的反应时；当线索与靶子的频率不同时，视力正常组被试没有发现基于位置的听觉返回抑制，$F(1,39)=2.33$，$p=0.135$，而在视觉障碍组被试中却存在显著的基于位置的听觉返回抑制，$F(1,39)=10.46$，$p=0.002$，线索与靶子在相同位置时的反应时显著慢于不同位置时的反应时。

上述结果说明，在简单检测任务中，视觉障碍者被试中发现了显著的听觉返回抑制效应。三因素的交互作用分析结果显示，在视力正常组被试中，当线索与靶子的位置特征相同时，存在显著的基于频率的听觉返回抑制，当线索与靶子的频率特征相同时，存在显著的基于位置的听觉返回抑制；在视觉障碍组被试中，只有当线索与靶子的位置特征不同时，出现了显著的基于频率的听觉返回抑制。无论线索与靶子的频率特征相同与否，都会出现显著的基于位置的听觉返回抑制。

实验 2

八种处理条件下的平均反应时和标准差见表 3.24 所示。由于在实验处理过程中，捕捉任务错误次数超过 3 次，反应时位于两个标准差之外和正式任务错误率高于 5%的被试数据已被删除，最后选取的所有被试数据错误率都低于 5%，所以不再对错误率做出分析。

表 3.24 不同实验条件下的平均反应时(标准差)(ms)

		视力正常组	视觉障碍组
相同位置	相同频率	407(26)	497(34)
	不同频率	436(27)	500(36)
	IOR 量	29**	3
不同位置	相同频率	407(26)	492(35)
	不同频率	379(23)	471(31)
	IOR 量	−28**	−21*

注:(1) +代表易化,−代表抑制;(2) * p 为<0.05,** 为 p<0.01

对八种处理条件下的平均反应时进行方差分析,结果显示,空间位置是否相同的主效应显著,$F(1,40)=14.450$,$p=0.000$,相同位置靶子的反应时显著慢于不同位置靶子的反应时,出现显著的基于位置的听觉返回抑制。频率是否相同的主效应不显著,$F(1,40)=0.530$,$p=0.471$。

位置和频率之间的交互作用显著,$F(1,40)=23.690$,$p=0.000$。结果显示当线索与靶子的空间位置相同时,出现显著的基于频率的易化效应,$F(1,41)=9.070$,$p=0.004$,相同频率靶子的反应时显著快于不同频率的反应时,而当空间位置不同时,出现了显著的基于频率的听觉返回抑制,$F(1,41)=17.19$,$p=0.000$,相同频率靶子的反应时显著慢于不同频率靶子的反应时。当线索与靶子的频率相同时,没有发现基于位置的听觉返回抑制,$F(1,41)=0.510$,$p=0.479$,而当频率不同时,发现显著基于位置的听觉返回抑制,$F(1,41)=30.850$,$p=0.000$,相同位置靶子的反应时显著慢于不同位置靶子的反应时。被试的主效应不显著或边缘显著,$F(1,40)=4.005$,$p=0.052$,视力正常组被试的平均反应时稍快于视觉障碍组被试的平均反应时。

三因素的交互作用边缘显著,$F(1,40)=3.719$,$p=0.061$。简单效应分析显示,在视力正常组被试中,当线索与靶子的位置相同时,存在显著的基于频率的易化效应,$F(1,40)=13.85$,$p=0.001$,线索与靶子在频率相同时的反应时显著快于在频率不同时的反应时,而当线索与靶子的位置不同时,出现显著的基于频率的听觉返回抑制,$F(1,40)=12.16$,$p=0.001$,相同频率靶子的反应时显著慢于不同频率靶子的反应时;在视觉障碍组被试中,当线索与靶子的位置相同时,没有出现基于频率的听觉返回抑制,

$F(1,40)=0.05$，$p=0.816$，而当位置不同时，出现了显著的基于频率的听觉返回抑制，$F(1,40)=4.77$，$p=0.035$，相同频率靶子的反应时显著慢于不同频率靶子的反应时。

另外，在视力正常组被试中，当线索与靶子的频率相同时，不存在基于位置的听觉返回抑制，$F(1,40)=0.20$，$p=0.659$，当线索与靶子的频率不同时，存在显著的基于位置的听觉返回抑制，$F(1,40)=30.46$，$p=0.000$，相同位置靶子的反应时显著慢于不同位置靶子的反应时；在视觉障碍组被试中，当线索与靶子的频率相同时，不存在基于位置的听觉返回抑制，$F(1,40)=0.34$，$p=0.562$，当线索与靶子的频率不同时，存在显著的基于位置的听觉返回抑制，$F(1,40)=4.31$，$p=0.044$，相同位置靶子的反应时显著慢于不同位置靶子的反应时。

上述结果表明，在声音定位任务中，视觉障碍者被试也发现了显著的听觉返回抑制效应。三因素交互作用的分析结果说明，在两类被试中，当任务需求与某一听觉特征维度相关时，只有当相关任务需求特征不同时，才会存在显著的不相关任务需求特征的听觉返回抑制，当相关任务需求特征相同时，就会出现显著的易化效应（视力正常组）或易化效应不显著（视觉障碍组）；而在任务需求与某一特征维度不相关时，当不相关任务需求特征不同时，才会存在显著的相关任务需求特征的听觉返回抑制。这一实验结果说明了相关任务需求和不相关任务需求之间的关系以及定位任务对三个因素的影响。

实验 3

八种处理条件下的平均反应时和标准差见表 3.25 所示。由于在实验处理过程中，捕捉任务错误次数超过 3 次，反应时位于两个标准差之外和正式任务错误率高于 5% 的被试数据已被删除，最后选取的所有被试数据错误率都低于 5%，所以不再对错误率做出分析。

表 3.25 不同实验条件下的平均反应时（标准差）(ms)

		视力正常组	视觉障碍组
相同频率	相同位置	386(21)	577(29)
	不同位置	403(20)	605(27)
	IOR 量	17**	28**

续表

		视力正常组	视觉障碍组
不同频率	相同位置	381(19)	579(27)
	不同位置	372(21)	576(29)
	IOR 量	－9	－3

注:(1) ＋代表易化,－代表抑制;(2) * 为 $p<0.05$, ** 为 $p<0.01$

对八种处理条件下的平均反应时进行方差分析,结果显示:空间位置是否相同的主效应显著,$F(1,36)=6.386$, $p=0.016$,整体出现显著的基于位置的易化效应。频率是否相同的主效应显著,$F(1,36)=9.902$, $p=0.003$,相同频率靶子的反应时显著慢于不同频率靶子的反应时,出现了显著的基于频率的听觉返回抑制。

位置和频率之间的交互作用显著,$F(1,36)=12.880$, $p=0.001$。结果显示:当线索与靶子的空间位置相同时,没有出现显著的基于频率的易化或听觉返回抑制效应,$F(1,37)=0.19$, $p=0.663$,而当线索与靶子的空间位置不同时,出现了显著的基于频率的听觉返回抑制,$F(1,37)=27.13$, $p=0.000$,相同频率靶子的反应时显著慢于不同频率靶子的反应时。当线索与靶子的频率相同时,发现显著的基于位置的易化效应,$F(1,37)=19.20$, $p=0.000$,相同位置靶子的反应时显著快于不同位置靶子的反应时,而当线索与靶子的频率不同时,不存在显著基于位置的易化或听觉返回抑制效应,$F(1,37)=2.09$, $p=0.157$。被试的主效应显著,$F(1,36)=34.524$, $p=0.000$,视力正常组被试的平均反应时显著快于视觉障碍组被试的平均反应时。

三因素的交互作用不显著,$F(1,36)=0.087$, $p=0.770$。简单效应分析显示,在两类被试中,当线索与靶子的位置相同时,不存在基于频率的易化效应或听觉返回抑制,$F(1,36)=0.47$, $p=0.499$(视力正常组)和 $F(1,36)=0.04$, $p=0.841$(视觉障碍组),而当线索与靶子的位置不同时,出现显著的基于频率的听觉 IOR,$F(1,36)=17.00$, $p=0.000$(视力正常组)和 $F(1,36)=7.52$, $p=0.009$(视觉障碍组),相同频率靶子的反应时显著慢于不同频率靶子的反应时;当线索与靶子的频率相同时,存在显著的基于位置的易化效应,$F(1,36)=8.54$, $p=0.006$(视力正常组)和 $F(1,36)=11.98$, $p=0.001$(视觉障碍组),相同位置靶子的反应时显著快于不同位置靶子的反应时，而当线索与靶子的频率不同时，不存在基于位置的易化效应或听觉IOR，$F(1,36)=2.27$，$p=0.141$（视力正常组）和 $F(1,36)=0.13$，$p=0.722$（视觉障碍组）。

实验 3 的结果表明，在频率辨别任务中，视觉障碍者被试也发现了显著的听觉返回抑制效应。三因素简单效应分析说明，在两类被试中，当任务需求与某一听觉特征维度相关时，只有当相关任务需求特征相同时，会出现显著的不相关任务需求特征易化效应，而当任务需求与某一听觉特征不相关时，只有当不相关任务需求特征不同时，才会存在显著的相关任务需求特征的听觉返回抑制。这一实验结果也明确了在两类被试中相关任务需求和不相关任务需求之间的关系问题。

（三）综合讨论

三个实验一致证实，在视觉障碍被试中，听觉返回抑制也是一种普遍存在的抑制现象，为第一个研究假设提供了有力支持和实验依据。此外，在视觉障碍被试中，发现位置和频率信息之间存在显著的交互作用，说明在听觉信息加工过程中，基于位置和基于频率的听觉返回抑制之间有一些共同的运行机制，听觉系统的 what 和 where 通路之间在一定情况下是相互影响，共同起作用的。然而，交互作用的具体表现随不同任务需求而发生变化，而且不同实验任务需求对两类被试的影响也表现出相同和不同之处。

实验 1 结果说明，当任务需求与实验的所有听觉特征维度都不相关时，这些不相关的听觉特征之间在两类被试中表现有所不同。在视力正常组被试中，只有在某一听觉特征相同时，才会存在显著的另一个听觉特征维度的听觉返回抑制，而在视觉障碍组被试中，在某一听觉特征维度不同时，肯定存在显著的另一个听觉特征维度的听觉返回抑制，但在某一听觉特征相同（频率特征）时，也可能会存在显著的另一个听觉特征维度（位置特征）的听觉返回抑制。在这一点上，视力正常组被试与以往检测任务的研究结果相一致，但视觉障碍组被试却表现出与视力正常组被试稍有不同，即无论某一听觉特征相同与否，都可能出现听觉返回抑制（只有相同位置条件下仅出现返回抑制量，但不显著，其他条件都存在显著的听觉返回抑制）。这可能是由于视力正常组和视觉障碍组被试之间在认知神经机制和跨通道重组等方面的差异所致，有待做进一步的研究，探明其原因（见表 3.23）。

然而，当实验任务与某一听觉特征相关而与另一听觉特征不相关时，这种位置和频率信息之间的交互作用模式会随之而改变。考虑到在实验 2 和实验 3 中相关任务需求和不相关任务需求特征不同这一情况,在两个实验中反映出彼此相近的效应模式(见表 3.24 和 3.25)。在两类被试中,对相关任务需求特征来说,当听觉刺激的某一特定特征,无论是位置特征(实验 2)或频率特征(实验 3)与当前的任务需求相关的情况下,当线索与靶子在相关任务需求特征不同时,才可能存在显著的不相关任务需求特征听觉返回抑制(在定位任务中显著,频率辨别任务不显著),当线索与靶子在相关任务需求特征相同时,才可能存在显著的易化效应或抑制效应发生翻转(在定位任务中视觉障碍组出现了易化,但不显著);对不相关任务需求特征来说,当听觉刺激的某一特定特征,无论是频率特征(实验 2)或位置特征(实验 3)与当前的任务需求不相关的情况下,当线索与靶子在不相关任务需求特征不同时,才可能存在显著的相关任务需求特征的听觉返回抑制,而当线索与靶子在不相关任务需求特征相同时,就不存在这种抑制效应了。

这一研究结果与 Melara & Marks (1990)和 Mondor 等人(1998b)的研究相一致。结果显示,不相关任务需求特征,听觉输入的非信息维度影响被试在相关任务需求特征上的成绩,而且不相关任务需求特征无论是位置特征或是频率特征,这种影响本质上是相同的。然而,这些研究也与 Melara & Marks (1990)和 Mondor 等人(1998b)研究结果有所不同,因为不相关任务需求特征对被试成绩的影响不仅依赖于线索和靶子之间的特征是否相同,而且依赖于在线索化靶子过程中相关任务需求特征的有效性。另一方面,尽管这些作者采用靶子—靶子范式,但是在这里发现的效应模式与在听觉返回抑制研究中观察到的结果相似。在 Pratt 和 Castel (2001)的研究中说明,当非空间不相关任务需求特征(在颜色辨别任务中的方向,在方向判断任务中的颜色和在定位任务中的颜色/方向)保持一致时,如果两个连续的靶子(在靶子—靶子范式中)在不相关任务需求特征上不同时,在相关任务需求特征上才可能获得返回抑制,但如果两个连续的靶子在不相关任务需求特征上相同时,那么在相关任务需求特征上的返回抑制可能被消除或发生翻转。同样的,如果两个连续的靶子在相关任务需求特征上不同时,那么在不相关任务需求特征上才可能获得返回抑制,而如果两个连续的靶子在相关任务需求特征上相同时,那么返回抑制可能就会消除或发生翻转。

总结实验 2 和实验 3 的结果,在两类被试中,听觉选择性注意作用于基于一个位置和频率特性被整合起来的听觉客体，而不是基于某个单独的听觉特征，听觉系统的 what 和 where 通路共同影响人的听觉注意。同时，在两类被试中都发现，相关任务需求特征和不相关任务需求特征同时影响着视力正常者和视觉障碍者的听觉注意定向，即对相关任务需求特征来说，当线索与靶子在相关任务需求特征维度上不同时，才可能存在不相关任务需求特征维度上的听觉返回抑制；而当线索和靶子在相关任务需求特征维度上相同时，则不存在不相关任务需求特征维度上的听觉返回抑制，反而可能出现显著的易化效应。对不相关任务需求特征来说，当线索与靶子在不相关任务需求特征维度上不同时，才可能存在相关任务需求特征维度上的听觉返回抑制；而当线索和靶子在不相关任务需求特征维度上相同时，则没有相关任务需求特征维度上的听觉返回抑制。这个共同规律清晰地说明了相关任务需求特征和不相关任务需求特征之间对两类被试的影响关系。

另外，在实验 2 和实验 3 中，两类被试的主效应边缘显著或显著，视力正常组被试比视觉障碍被试反应时要快。这些研究结果的出现可能是由于视力正常组和视觉障碍组被试之间在认知神经机制、跨通道重组、听觉系统内的 what 和 where 通路所发挥的功能上差异以及实验设计（单耳实验还是双耳实验；被试眼睛是否被遮住）等原因所致，但这些因素并不影响本研究目的和研究假设的验证。而且值得注意的是，并不是所有的听觉和触觉任务都与视区有关，视觉障碍者视区的激活与任务的复杂程度有关（Cohen et al.，1999；Elbert et al.，2002；Weeks et al.，2000），而且本研究中的视觉障碍被试虽都是早期盲，但在致盲原因上也是有差异的，要解决这些差异问题，还有待于借助脑成像技术做深入研究。

综上所述，本研究对视觉障碍者的听觉返回抑制进行了探究，为听觉返回抑制研究中相关任务需求和不相关任务需求特征的交互作用关系和任务需求的调节机制提供了实验依据，扩大了前期研究的外部效度。结果显示，在视力正常被试和视觉障碍被试中，听觉信息的不同特征（位置或频率）不能被彼此独立地选择，并且它们的交互作用方式受任务需求的影响，因此，在线索—靶子范式中，返回抑制的模式不仅受每一个特征的影响而且也受不同任务需求的影响。在听觉信息中，对位置和频率信息的加工过程有着某些相同的认知机制，但视觉障碍者和视力正常者的认知机制上也是有差异的（检测任务）。前期研究揭示，在视觉障碍者中视觉皮层对听觉功能给予补偿，视觉皮层活动与个体差异是相互关联的，并且根据活动的程度应该可以推测这些差异(De Jong et al.,1994; Tipper et al.,1994; Vivas & Fuentes,2001)，或者说这些差异可能是由于跨通道重组和神经可塑性的原因，这有待做进一步的研究和讨论。此外，本研究结果也为听觉返回抑制研究的意义补偿理论提供了实验依据和理论支持。

参考文献

Abrams, R. A. & Dobkin, R. S. (1994). The gap effect and inhibition of return: Interactive effects on eye movement latencies. *Experimental Brain Research*, 98(3), 483—487.

Alho, K., Kujala, T., Paavilainen, P. et al. (1993). Auditory processing in visual brain areas of the early blind: Evidence from event-related potentials. *Electroencephalography and Clinical neurophysiology*, 86(6), 418—427.

Alwatban, A. Z., Ludman, C. N., Mason, S. M. et al. (2002). A method for the direct electrical stimulation of the auditory system in deaf subjects: A functional magnetic resonance imaging study. *Journal of Magnetic Resonance Imaging*, 16(1), 6—12.

Anderson, E. J., Mannan, S. K., Rees, G. et al. (2010). Overlapping functional anatomy for working memory and visual search. *Experimental Brain Research*, 200(1), 91—107.

Andrés, P., Parmentier, F. B. R. & Escera, C. (2006). The effect of age on involuntary capture of attention by irrelevant sounds: A test of the frontal hypothesis of aging. *Neuropsychologia*, 44(12), 2564—2568.

Anourova, I., Nikouline, V. V., Ilmoniemi, R. J. et al. (2001). Evidence for dissociation of spatial and nonspatial auditory information processing. *Neuroimage*, 14(6), 1268—1277.

Arman, A. C., Chung, S. T. L. & Tjan, B. S. (2006). Neural correlates of letter crowding in the periphery. *Journal of Vision*, 6(6), 804.

Awh, E., Vogel, E. K. & Oh, S-H. (2006). Interactions between attention and working memory. *Neuroscience*, 139(1), 201—208.

Awh, E., Jonides, J. & Reuter-Lorenz, P. A. (1998). Rehearsal in spatial working memory. *Journal of Experimental Psychology: Human Perception and Performance*, 24(3), 780—790.

Awh, E., Jonides, J. Smith, E. E. et al. (1999). Rehearsal in spatial working memory: Evidence from neuroimaging. *Psychological Science*, 10(5), 433—437.

Baddeley, A. (2003). Working memory: Looking back and looking forward. *Nature Reviews Neuroscience*, 4(10), 829—839.

Baddeley, A. (1992). Working memory. *Science*, 255(5044), 556—559.

Baddeley, A. (2000). The episodic buffer: A new component of working memory? *Trends in Cognitive Sciences*, 4(11), 417—423.

Baddeley, A. D. (2002). Is working memory still working? *European psychologist*, 7(2), 85—97.

Baddeley, A. & Hitch, G. (1974). Working memory. In G. H Bower (Ed.), The psychology of learning and motivation, Vol 8. London: Academic Press.

Balderston, N. L. & Helmstetter, F. J. (2010). Conditioning with masked stimuli affects the timecourse of skin conductance responses. *Behavioral Neuroscience*, 124(4), 478—489.

Bar, M. & Biederman, I. (1998). Subliminal visual priming. *Psychological Science*, 9(6), 464—468.

Bavelier, D., Tomann, A., Hutton, C. et al. (2000). Visual attention to the periphery is enhanced in congenitally deaf individuals. *The Journal of Neuroscience*, 20(17), 1—6.

Bavelier, D., Brozinsky, C., Tomann, A. et al. (2001). Impact of early deafness and early exposure to sign language on the cerebral organization for motion processing. *The Journal of Neuroscience*, 21(22), 8931—8942.

Bavelier, D. & Neville, H. J. (2002). Cross-modal plasticity: Where and how? *Nature Reviews Neuroscience*, 3(6), 443—452.

Baylis, G. C. & Driver, J. (1993). Visual attention and objects: Evidence for hierarchical coding of location. *Journal of Experimental Psychology:*

Human Perception and Performance, 19(3), 451—470.

Beer, A. L. & R der, B. (2004). Unimodal and crossmodal effects of endogenous attention to visual and auditory motion. *Cognitive, Affective and Behavioral Neuroscience*, 4(2), 230—240.

Belke, E., Humphreys, G. W., Watson, D. G. et al. (2008). Top-down effects of semantic knowledge in visual search are modulated by cognitive but not perceptual load. *Perception and Psychophysics*, 70(8), 1444—1458.

Belopolsky, A. V., Zwaan, L., Theeuwes, J. et al. (2007). The size of an attentional window modulates attentional capture by color singletons. *Psychonomic Bulletin & Review*, 14(5), 934—938.

Bennett, J. D., Lleras, Alejandro, Oriet, Chris. et al. (2007). A negative compatibility effect in priming of emotional faces. *Psychonomic Bulletin & Review*, 14(5), 908—912.

Berger, A., Henik, A. & Rafal, R. (2005). Competition between endogenous and exogenous orienting of visual attention. *Journal of Experimental Psychology: General*, 134(2), 207—221.

Berlucchi, G. (2006). Inhibition of return: A phenomenon in search of a mechanism and a better name. *Cognitive Neuropsychology*, 23(7), 1065—1074.

Berman, N. E. J. (1991). Alterations of visual cortical connections in cats following early removal of retinal input. *Developmental Brain Research*, 63(1), 163—180.

Bertelson, P. (1967). The time course of prepration. *The Quarterly Journal of Experimental Psychology*, 19(3), 272—279.

Berti, S., Roeber, U. & Schröger, E. (2004). Bottom-up influences on working memory: Behavioral and electrophysiological distraction varies with distractor strength. *Experimental Psychology*, 51(4), 249—257.

Berti, S. & Schröger, E. (2001). A comparison of auditory and visual distraction effects: Behavioral and event-related indices. *Cognitive Brain Research*, 10(3), 265—273.

Berti, S. & Schröger, E. (2003). Working memory controls involuntary attention switching: Evidence from an auditory distraction paradigm. *European Journal of Neuroscience*, 17(5), 1119—1122.

Berti, S. (2008). Cognitive control after distraction: Event-related brain potentials (ERPs) dissociate between different processes of attentional allocation. *Psychophysiology*, 45(4), 608—620.

Bettger, J. G., Emmorey, K., McCullough, S. H. et al. (1997). Enhanced facial discrimination: Effects of experience with American Sign Language. *Journal of Deaf Studies and Deaf Education*, 2, 223—233.

Bex, Peter J. & Dakin, Steven C. (2005). Spatial interference among moving targets. *Vision Research*, 45(11), 1385—1398.

Bi, T., Cai, P. Zhou, T. et al. (2009). The effect of crowding on orientation-selective adaptation in human early visual cortex. *Journal of Vision*, 9(11).

Blake, R., Tadin, D., Sobel, K. V. et al. (2006). Strength of early visual adaptation depends on visual awareness. *Proceedings of the National Academy of Sciences of the United States of America*, 103(12), 4783—4788.

Boll, S. & Berti, S. (2009). Distraction of task-relevant information processing by irrelevant changes in auditory, visual, and bimodal stimulus features: A behavioral and event-related potential study. *Psychophysiology*, 46(3), 645—654.

Bolognini, N., Frassinetti, F., Serino, A. et al. (2005). "Acoustical vision" of below threshold stimuli: Interaction among spatially converging audiovisual inputs. *Experimental Brain Research*, 160(3), 273—282.

Botta, F., Santangelo, V., Raffone, A. et al. (2010). Exogenous and endogenous spatial attention effects on visuospatial working memory. *Quarterly Journal of Experimental Psychology*, 63(8), 1590—1602.

Botta, F., Santangelo, V., Raffone, A. et al. (2011). Multisensory integration affects visuo-spatial working memory. *Journal of Experimental Psychology: Human Perception and Performance*, 37(4), 1099—1109.

Bouma, H. (1970). Interaction effects in parafoveal letter recognition. *Nature*, 226, 177—178.

Boy, F., Husain, M. & Sumner, P. (2010). Unconscious inhibition separates two forms of cognitive control. *Proceedings of the National Academy of Sciences*, 107(24), 11134—11139.

Boy, F. & Sumner, P. (2010). Tight coupling between positive and reversed priming in the masked prime paradigm. *Journal of Experimental Psychology: Human Perception and Performance*, 36(4), 892—905.

Bross, M. (1979). Residual sensory capacities of the deaf: A signal detection analysis of a visual discrimination task. *Perceptual and Motor Skills*, 48(1), 187—194.

Buchel, C., Price, C., Frackowiak, R. S. et al. (1998). Different activation patterns in the visual cortex of late and congenitally blind subjects. *Brain*, 121(3), 409—419.

Buckolz, E. & Rodgers, R. (1980). The influence of catch trial frequency on simple reaction time. *Acta Psychologica*, 44(2), 191—200.

Bulakowski, P. F., Post, R. B. & Whitney, D. (2009). Visuomotor crowding: The resolution of grasping in cluttered scenes. *Frontiers in Behavioral Neuroscience*, 3, 1—7.

Bundesen, C. (1990). A theory of visual attention. *Psychological review*, 97(4), 523—547.

Burton, H., Snyder, A. Z., Conturo, T. E. et al. (2002). Adaptive changes in early and late blind: A fMRI study of Braille reading. *Journal of Neurophysiology*, 87(1), 589—607.

Campbell, A. (2006). Sex differences in direct aggression: What are the psychological mediators? *Aggression and Violent Behavior*, 11(3), 237—264.

Carlisle, N. B. & Woodman, G. F. (2011a). Automatic and strategic effects in the guidance of attention by working memory representations. *Acta Psychologica*, 137(2), 217—225.

Carlisle, N. B. & Woodman, G. F. (2011b). When memory is not enough: Electrophysiological evidence for goal-dependent use of working memory representations in Guiding visual attention. *Journal of Cognitive Neuroscience*, 23(10), 2650—2664.

Castel, A. D., Pratt, J. & Craik, F. I. M. (2003). The role of spatial working memory in inhibition of return: Evidence from divided attention tasks. *Perception & Psychophysics*, 65(6), 970—981.

Chakravarthi, R. & Cavanagh, P. (2009). Recovery of a crowded object by masking the flankers: Determining the locus of feature integration. *Journal of Vision*, 9(10), 1—9.

Chelazzi, L. Pratt, Duncan, J., Miller, E. K. et al. (1998). Responses of neurons in inferior temporal cortex during memory-guided visual search. *Journal of Neurophysiology*, 80(6), 2918—2940.

Chelazzi, L., Miller, E. K., Duncan, J. et al. (1993). A neural basis for visual search in inferior temporal cortex. *Nature*, 363(6427), 345—347.

Chelazzi, L., Miller, E. K., Duncan, J. et al. (2001). Responses of neurons in macaque area V4 during memory-guided visual search. *Cerebral Cortex*, 11(8), 761—772.

Chen, Q., Wei, P. & Zhou, X. (2006). Distinct neural correlates for resolving stroop conflict at inhibited and noninhibited locations in inhibition of return. *Journal of Cognitive Neuroscience*, 18(11), 1937—1946.

Chen, Q., Zhang, M. & Zhou, X. (2006). Effects of spatial distribution of attention during inhibition of return (IOR) on flanker interference in hearing and congenitally deaf people. *Brain Research*, 1109(1), 117—127.

Chica, A. B., Lupiáez, J. & Bartolomeo, P. (2006). Dissociating inhibition of return from endogenous orienting of spatial attention: Evidence from detection and discrimination tasks. *Cognitive Neuropsychology*, 23(7), 1015—1034.

Chica, A. B., Taylor, T. L. Lupiáez, J. et al. (2010). Two mechanisms underlying inhibition of return. *Experimental Brain Research*, 201(1), 25—35.

Chugani, H. T., Müller, R. & Chugani, D. C. (1996). Functional brain reorganization in children. *Brain and Development*, 18(5), 347—356.

Chung, S. T. L., Levi, D. M. & Legge, G. E. (2001). Spatial-frequency and contrast properties of crowding. *Vision Research*, 41(14), 1833—1850.

Chung, S. T. L., Li, R. W. & Levi, D. M. (2007). Crowding between first- and second-order letter stimuli in normal foveal and peripheral vision. *Journal of Vision*, 7(2), 1—13.

Chung, S. T. L., Li, R. W. & Levi, D. M. (2008). Crowding between first- and second-order letters in amblyopia. *Vision Research*, 48(6), 788—798.

Cohen, L. G., Celnik, P., Pascual-Leone, A. et al. (1997). Functional relevance of cross-modal plasticity in blind humans. *Nature*, 389(6647), 180—183.

Cohen, L. G., Weeks, R. A., Sadato, N. et al. (1999). Period of susceptibility for cross-modal plasticity in the blind. *Annals of Neurology*, 45(4), 451—460.

Colmenero, J. M., Catena, A., Fuentes, L. J. et al. (2004). Mechanisms of visuospatial orienting in deafness. *European Journal of Cognitive Psychology*, 16(6), 791—805.

Correa, A., Lupiáez, J. & Tudela, P. (2005). Attentional preparation based on temporal expectancy modulates processing at the perceptual level. *Psychonomic Bulletin and Review*, 12(2), 328—334.

Cowan, N. (2001). The magical number 4 in short-term memory: A reconsideration of mental storage capacity. *Behavioral and Brain Sciences*, 24(1), 87—114.

Cowan, N. (1995). *Attention and Memory*. London: Oxford University Press.

Cowan, N., Winkler, I., Teder, W. et al. (1993). Memory prerequisites of mismatch negativity in the auditory event-related potential (ERP). *Journal of Experimental Psychology: Learning, Memory, and Cognition*, 19(4), 909—921.

Danziger, S. & Kingstone, A. (1999). Unmasking the inhibition of return phenomenon. *Perception & Psychophysics*, 61(6), 1024—1037.

Davis, R. & Green, F. A. (1969). Intersensory differences in the effect of warning signals on reaction time. *Acta Psychologica*, 30(C), 155—167.

Dayan, P. & Solomon, J. A. (2010). Selective bayes: Attentional load and crowding. *Vision Research*, 50(22), 2248—2260.

De Fockert, J. W., Rees, G., Frith, C. D. et al. (2001). The role of working memory in visual selective attention. *Science*, 291(5509), 1803—1806.

De Jong, R., Liang, C. & Lauber, E. (1994). Conditional and unconditional automaticity: A dual-process model of effects of spatial stimulus-response correspondence. *Journal of Experimental Psychology: Human Perception and Performance*, 20(4), 731—750.

De Volder, A. G., Catalan-Ahumada, M., Robert, A. et al. (1999). Changes in occipital cortex activity in early blind humans using a sensory substitution device. *Brain Research*, 826(1), 128—134.

Dehaene, S., Naccache, L., Le ClecH, G. et al. (1998). Imaging unconscious semantic priming. *Nature*, 395(6702), 597—600.

Dehay, C., Kennedy, H. & Bullier, J. (1988). Characterization of transient cortical projections from auditory, somatosensory, and motor cortices to visual areas 17, 18, and 19 in the kitten. *Journal of Comparative Neurology*, 272(1), 68—89.

Desimone, R. & Duncan, J. (1995). Neural mechanisms of selective visual attention. *Annual Review of Neuroscience*, 18, 193—222.

Dodd, M. D., Castel, A. D. & Pratt, J. (2003). Inhibition of return with rapid serial shifts of attention: Implications for memory and visual search. *Perception & psychophysics*, 65(7), 1126—1135.

Dodd, M. D. & Pratt, J. (2007). Rapid onset and long-term inhibition of return in the multiple cuing paradigm. *Psychological research*, 71, 576—582.

Dombrowe, I., Olivers, C. N. L. & Donk, M. (2010). The time course of working memory effects on visual attention. *Visual Cognition*, 18(8), 1089—1112.

Downing, P. E. (2000). Interactions between visual working memory and selective attention. *Psychological Science*, 11(6), 467—473.

Downing, P. E, & Dodds, C. M. (2004). Competition in visual working memory for control of search. *Visual Cognition*, 11 (6), 689—703.

Driver, J. & Spence, C. (1998a). Attention and the crossmodal construction of space. *Trends in Cognitive Sciences*, 2(7), 254—262.

Driver, J. & Spence, C. (1998b). Crossmodal attention. *Current Opinion in Neurobiology*, 8(2), 245—253.

Driver, J. & Spence, C. (1998). Cross-modal links in spatial attention. *Philosophical Transactions of the Royal Society of London. Series B: Biological Sciences*, 353(1373), 1319—1331.

Duncan, J. (1998). Converging levels of analysis the cognitive neuroscience of visual attention. *Philosophical Transactions of the Royal Society B: Biological Sciences*, 353(1373), 1307—1317.

Duncan, J. & Humphreys, G. W. (1989). Visual search and stimulus similarity. *Psychological Review*, 96(3), 433—458.

Duncan, J., Martens, S. & Ward, R. (1997). Restricted attentional capacity within but not between sensory modalities. *Nature*, 387(6635), 808—810.

Egly, R., Driver, J. & Rafal, R. D. (1994). Shifting visual attention between objects and locations: Evidence from normal and parietal lesion subjects. *Journal of Experimental Psychology: General*, 123(2), 161—177.

Eimer, M. & Schröger, E. (1998). ERP effects of intermodal attention and cross-modal links in spatial attention. *Psychophysiology*, 35(3), 313—327.

Eimer, M., van Velzen, J. & Driver, J. (2004). ERP evidence for cross-modal audiovisual effects of endogenous spatial attention within hemifields. *Journal of Cognitive Neuroscience*,16(2),272—288.

Eimer,M. & Schlaghecken,F. (1998). Effects of masked stimuli on motor activation: Behavioral and electrophysiological evidence. *Journal of Experimental Psychology: Human Perception and Performance*, 24 (6),1737—1747.

Elbert,T. ,Pantev,C. ,Wienbruch,C. et al. (1995). Increased cortical representation of the fingers of the left hand in string players. *Science*, 270(5234),305—307.

Elbert,T. ,Sterr,A. ,Rockstroh,B. et al. (2002). Expansion of the tonotopic area in the auditory cortex of the blind. *The Journal of Neuroscience*,22(22),9941—9944.

Emmorey,K. ,Allen,J. S. ,Bruss,J. et al. (2003). A morphometric analysis of auditory brain regions in congenitally deaf adults. *Proceedings of the National Academy of Sciences*,100(17),10049—10054.

Emmorey,K. , Klima, E. & Hickok, G. (1998). Mental rotation within linguistic and non-linguistic domains in users of American sign language. *Cognition*,68(3),221—246.

Emmorey,K. ,Kosslyn,S. M. & Bellugi,U. (1993). Visual imagery and visual-spatial language: Enhanced imagery abilities in deaf and hearing ASL signers. *Cognition*,46(2),139—181.

Enns,J. T. & Di Lollo,V. (2000). What's new in visual masking? *Trends in Cognitive Sciences*,4(9),345—352.

Escera,C. ,Alho,K. ,Winkler,I. et al. (1998). Neural mechanisms of involuntary attention to acoustic novelty and change. *Journal of Cognitive Neuroscience*,10(5),590—604.

Escera,C. ,Yago,E. & Alho,K. (2002). Electrical responses reveal the temporal dynamics of brain events during involuntary attention switching. *European Journal of Neuroscience*,14(5),877—883.

Faivre,N. & Kouider,S. (2011). Multi-feature objects elicit nonconscious priming despite crowding. *Journal of Vision*,11(3),1—10.

Fang,F. & He,S. (2008). Crowding alters the spatial distribution of attention modulation in human primary visual cortex. *Journal of Vision*, 8 (9), 1—9.

Farah, M. J., Wong, A. B., Monheit, M. A. et al. (1989). Parietal lobe mechanisms of spatial attention: Modality-specific or supramodal? *Neuropsychologia*, 27(4), 461—470.

Farzin, F. R., Susan, M. & Whitney, D. (2009). Holistic crowding of Mooney faces. *Journal of Vision*, 9(6), 1—15.

Feinsod, M. (1973). Somatosensory evoked responses: Latency differences in blind and sighted persons. *Brain Research*, 60 (1), 219—223.

Feldman, J. A. (1985). Four frames suffice: A provisional model of vision and space. *Behavioral and Brain Sciences*, 8(2), 265—289.

Finney, E. M., Fine, I. & Dobkins, K. R. (2001). Visual stimuli activate auditory cortex in the deaf. *Nature Neuroscience*, 4(12), 1171—1173.

Flom, M. C. Heath, G G, & Takahashi, E. (1963). Contour interaction and visual resolution: Contralateral effects. *Science*, 142 (3594), 979—980.

Folk, C. L. & Remington, R. W. (2008). Bottom-up priming of top-down attentional control settings. *Visual Cognition*, 16(2—3), 215—231.

Folk, C. L., Remington, R. W. & Johnston, J. C. (1992). Involuntary covert orienting is contingent on attentional control settings. *Journal of Experimental Psychology: Human Perception and Performance*, 18 (4), 1030—1044.

Francis, L. & Milliken, B. (2003). Inhibition of return for the length of a line? *Perception & Psychophysics*, 65(8), 1208—1221.

Frassinetti, F., Bolognini, N. & L davas, E. (2002). Enhancement of visual perception by crossmodal visuo-auditory interaction. *Experimental Brain Research*, 147(3), 332—343.

Friedman, D., Cycowicz, Y. M. & Gaeta, H. (2001). The novelty P3: An event-related brain potential (ERP) sign of the brain's evaluation of novelty. *Neuroscience & Biobehavioral Reviews*, 25(4), 355—373.

Fuentes, L. J., Vivas, A. B. & Humphreys, G. W. (1999). Inhibitory tagging of stimulus properties in inhibition of return: Effects on semantic priming and flanker interference. *Quarterly Journal of Experimental Psychology Section A: Human Experimental Psychology*, 52(1), 149—164.

Fuentes, L. J. (1999). Inhibitory tagging of stimulus properties in inhibition of return: Effects on semantic priming and flanker interference. *The Quarterly Journal of Experimental Psychology: Section A*, 52(1), 149—164.

Gale, A. G. & Johnson, F. (1984). Saccades directed at previously attended locations in space. Paper presented at the European Conference on Eye Movements (2nd: 1983: Nottingham, England): Theoretical and applied aspects of eye movement research: Selected /edited proceedings of the Second European Conference on Eye Movements, Nottingham, England, 19—23 September, 1983.

Gherri, E. & Eimer, M. (2011). Active listening impairs visual perception and selectivity: An ERP study of auditory dual-task costs on visual attention. *Journal of Cognitive Neuroscience*, 23(4), 832—844.

Gibson, B. S. & Egeth, H. (1994). Inhibition of return to object-based and environment-based locations. *Perception & Psychophysics*, 55(3), 323—339.

Gilchrist, I. D. & Harvey, M. (2000). Re-fixation frequency and memory mechanisms in visual search. *Current Biology*, 10(19), 1209—1212.

Goodhew, S. C., Visser, T. A. W., Lipp, O. V. et al. (2011). Implicit semantic perception in object substitution masking. *Cognition*, 118(1), 130—134.

Grafman, J. (2000). Conceptualizing functional neuroplasticity. *Journal of Communication Disorders*, 33(4), 345—356.

Gray, R., Mohebbi, R. & Tan, H. Z. (2009). The spatial resolution of crossmodal attention: Implications for the design of multimodal interfaces. *ACM Transactions on Applied Perception*, 6(1), 4—14.

Grecucci, A., Soto, D., Rumiati, R. I. et al. (2010). The interrelations between verbal working memory and visual selection of emotional faces. *Journal of Cognitive Neuroscience*, 22(6), 1189—1200.

Greenwood, J. A., Bex, P. J. & Dakin, S. C. (2009). Positional averaging explains crowding with letter-like stimuli. *Proceedings of the National Academy of Sciences*, 106(31), 13130—13135.

Greenwood, J. A., Bex, P. J. & Dakin, S. C. (2010). Crowding changes appearance. *Current Biology*, 20(6), 496—501.

Grison, S., Paul, M. A., Kessler, K. et al. (2005). Inhibition of object identity in inhibition of return: Implications for encoding and retrieving inhibitory processes. *Psychonomic Bulletin and Review*, 12(3), 553—558.

Hackley, S. A. (2009). The speeding of voluntary reaction by a warning signal: Presidential Address, 2006. *Psychophysiology*, 46(2), 225—233.

Han, S. W. & Kim, M. (2007). Do the contents of working memory capture attention? Yes, but it's under control. *Journal of Vision*, 7(9), 682—682.

Han, S. W. & Kim, M. (2009). Do the contents of working memory capture attention? Yes, but cognitive control matters. *Journal of Experimental Psychology: Human Perception and Performance*, 35(5), 1292—1302.

Hanna, A. & Remington, R. (1996). The representation of color and form in long-term memory. *Memory and Cognition*, 24(3), 322—330.

Harvey, N. (1980). Non-informative effects of stimuli functioning as cues. *The Quarterly Journal of Experimental Psychology*, 32(3), 413—425.

Heemskerk, J., DiNardo, S. & Kostriken, R. (1996). Attentional resolution and the locus of visual awareness. *Nature*, 383(6598), 334—337.

Heil, P., Bronchti, G., Wollberg, Z. et al. (1991). Invasion of visual cortex by the auditory system in the naturally blind mole rat. *Neuroreport*, 2(12), 735—738.

Hickey, C., Di Lollo, V. & McDonald, J. J. (2009). Electrophysiological indices of target and distractor processing in visual search. *Journal of Cognitive Neuroscience*,21(4),760—775.

Hillyard,S. A.,Simpson,G. V.,Woods,D. L. et al. (1984). Event-related brain potentials and selective attention to different modalities. *Cortical Integration*,395—414.

Ho,C. & Spence,C. (2005). Assessing the effectiveness of various auditory cues in capturing a driver's visual attention. *Journal of Experimental Psychology: Applied*,11(3),157—174.

Ho,C.,Tan,H. Z. & Spence,C. (2005). Using spatial vibrotactile cues to direct visual attention in driving scenes. *Transportation Research Part F: Traffic Psychology and Behaviour*,8(6),397—412.

Holcomb,P. J. & Grainger,J. (2007). Exploring the temporal dynamics of visual word recognition in the masked repetition priming paradigm using event-related potentials. *Brain Research*,1180,39—58.

Holcomb,P. J.,Reder,L.,Misra,M. et al. (2005). The effects of prime visibility on ERP measures of masked priming. *Cognitive Brain Research*, 24(1),155—172.

Hommel,B.,Müsseler,J.,Aschersleben,G. et al. (2001). The theory of event coding (TEC): A framework for perception and action planning. *Behavioral and Brain Sciences*,24(05),849—878.

Hongoh,Y.,Kita,S. & Soeta,Y. (2008). Separation between sound and light enhances audio-visual prior entry effect. *IEICE Transactions on Information and Systems*,*E91-D*(6),1641—1648.

Hooge,I. T.,Over,E. A.,van Wezel,R. J. et al. (2005). Inhibition of return is not a foraging facilitator in saccadic search and free viewing. *Vision research*, 45(14),1901—1908.

Houtkamp,R. & Roelfsema,P. R. (2006). The effect of items in working memory on the deployment of attention and the eyes during visual search. *Journal of Experimental Psychology: Human Perception and Performance*,32(2),423—442.

Houtkamp,R.,Spekreijse,H. & Roelfsema,P. R. (2002). Items in working memory do not automatically attract attention in visual search. *Journal of Vision*, 2(7).

Hu, Y., Xu, Z. & Hitch, G. J. (2011). Strategic and automatic effects of visual working memory on attention in visual search. *Visual Cognition*, 19(6), 799—816.

Huber, D. E. (2008). Immediate priming and cognitive aftereffects. *Journal of Experimental Psychology: General*, 137(2), 324—347.

Huber, D. E. & O'Reilly, R. C. (2003). Persistence and accommodation in short-term priming and other perceptual paradigms: Temporal segregation through synaptic depression. *Cognitive Science*, 27 (3), 403—430.

Huckauf, A. & Heller, D. (2002). What various kinds of errors tell us about lateral masking effects. *Visual Cognition*, 9(7), 889—910.

Huckauf, A., Knops, A., Nuerk, H. et al. (2008). Semantic processing of crowded stimuli? *Psychological Research*, 72(6), 648—656.

Huckauf, A. & Nazir, T. A. (2007). How odgcrnwi becomes crowding: Stimulus-specific learning reduces crowding. *Journal of Vision*, 7 (2), 1—12.

Hughes, R. W., Vachon, F. & Jones, D. M. (2005). Auditory attentional capture during serial recall: Violations at encoding of an algorithm-based neural model? *Journal of Experimental Psychology: Learning Memory and Cognition*, 31(4), 736—749.

Hunt, A. R. & Kingstone, A. (2003). Inhibition of return: Dissociating attentional and oculomotor components. *Journal of Experimental Psychology: Human Perception and Performance*, 29(5), 1068—1074.

Huttenlocher, P. R. & Dabholkar, A. S. (1997). Regional differences in synaptogenesis in human cerebral cortex. *Journal of comparative Neurology*, 387(2), 167—178.

Hyvärinen, J., Carlson, S. & Hyvärinen, L. (1981). Early visual deprivation alters modality of neuronal responses in area 19 of monkey cortex. *Neuroscience Letters*, 26(3), 239—243.

Innocenti, G. M. & Clarke, S. (1984). Bilateral transitory projection to visual areas from auditory cortex in kittens. *Developmental Brain Research*, 14(1), 143—148.

Intriligator, J. & Cavanagh, P. (2001). The spatial resolution of visual attention. *Cognitive Psychology*, 43(3), 171—216.

Ivanoff, J. & Klein, R. M. (2001). The presence of a nonresponding effector increases inhibition of return. *Psychonomic Bulletin and Review*, 8(2), 307—314.

Ivanoff, J. & Klein, R. M. (2003). Orienting of attention without awareness is affected by measurement-induced attentional control settings. *Journal of Vision*, 3(1), 32—40.

Jankowiak, S. & Berti, S. (2007). Behavioral and event-related potential distraction effects with regularly occurring auditory deviants. *Psychophysiology*, 44(1), 79—85.

Jaśkowski, P. (2007). The effect of nonmasking distractors on the priming of motor responses. *Journal of Experimental Psychology: Human Perception and Performance*, 33(2), 456—468.

Jaśkowski, P. (2008). The negative compatibility effect with nonmasking flankers: A case for mask-triggered inhibition hypothesis. *Consciousness and Cognition*, 17(3), 765—777.

Jaśkowski, P. & Przekoracka-Krawczyk, A. (2005). On the role of mask structure in subliminal priming. *Acta Neurobiologiae Experimentalis*, 65(4), 409—417.

Jha, A. P. (2002). Tracking the time-course of attentional involvement in spatial working memory: An event-related potential investigation. *Cognitive Brain Research*, 15(1), 61—69.

Jiang, Y. (2002). Mind's eye in the deaf. *Trends in Cognitive Sciences*, 6(2), 67.

Jonides, J. (1981). Voluntary versus automatic control over the mind's eye's movement. *Attention and Performance IX*, 9, 187—203.

Jordan, H. & Tipper, S. P. (1999). Spread of inhibition across an object's surface. *British Journal of Psychology*, 90(4), 495—507.

Juttner, M. & Wolf, W. (1992). Occurrence of human express saccades depends on stimulus uncertainty and stimulus sequence. *Experimental Brain Research*, 89(3), 678—681.

Keetels, M. & Vroomen, J. (2011). Sound affects the speed of visual processing. *Journal of Experimental Psychology: Human Perception and Performance*, 37(3), 699—708.

Kelly, D. P., Kelly, B. J., Jones, M. L. et al. (1993). Attention deficits in children and adolescents with hearing loss: A survey. *Archives of Pediatrics & Adolescent Medicine*, 147(7), 737—741.

Kiefer, M. & Martens, U. (2010). Attentional sensitization of unconscious cognition: Task sets modulate subsequent masked semantic priming. *Journal of Experimental Psychology: General*, 139(3), 464—489.

Kiesel, A., Berner, M. P. & Kunde, W. (2008). Negative congruency effects: A test of the inhibition account. *Consciousness and Cognition*, 17(1), 1—21.

Kilgard, M. P., Pandya, P. K., Vazquez, J. et al. (2001). Sensory input directs spatial and temporal plasticity in primary auditory cortex. *Journal of Neurophysiology*, 86(1), 326—338.

Kim, C. & Blake, R. (2005). Psychophysical magic: Rendering the visible invisible. *Trends in Cognitive Sciences*, 9(8), 381—388.

Kimura, M. Katayama, J. & Murohashi, H. (2008). Underlying mechanisms of the P3a task-difficulty effect. *Psychophysiology*, 45(5), 731—741.

Kingstone, A. & Pratt, J. (1999). Inhibition of return is composed of attentional and oculomotor processes. *Perception & Psychophysics*, 61(6), 1046—1054.

Klapp, S. T. (2005). Two versions of the negative compatibility effect: Comment on Lleras and Enns (2004) Journal of Experimental Psychology: General, 134(3), 431—435.

Klauer, K. Christoph & Dittrich, K. (2010). From sunshine to double arrows: An evaluation window account of negative compatibility effects. *Journal of Experimental Psychology: General*, 139(3), 490—519.

Klein, R. (1988). Inhibitory tagging system facilitates visual search. *Nature*, 334(6181), 430—431.

Klein, R. M. (2004). Orienting and inhibition of return. The *Cognitive Neurosciences* (3re ed.), 545—559.

Klein, R. M., Castel, A. D. & Pratt, J. (2006). The effects of memory load on the time course of inhibition of return. *Psychonomic Bulletin and Review*, 13 (2), 294—299.

Klein, R. M. & MacInnes, W. J. (1999). Inhibition of return is a foraging facilitator in visual search. *Psychological Science*, 10(4), 346—352.

Klein, R. M. (2000). Inhibition of return. *Trends in Cognitive Sciences*, 4(4), 138—147.

Klein, R. M., Munoz, D. P., Dorris, M. C. et al. (2001). Inhibition of return in monkey and man. *Advances in Psychology*, 133, 27—47.

Klein, R. M. & Taylor, T. L. (1994). Categories of cognitive inhibition with reference to attention. *Inhibitory Processes in Attention, Memory, and Language*, Academic Press, 113—150.

Klein, R. M., Brennan, M. & Gilani, A. (1987). Covert cross-modality orienting of attention in space. Paper presented at the annual meeting of the Psychonomic Society, Seattle.

Knudsen, E. I. (2004). Sensitive periods in the development of the brain and behavior. *Journal of Cognitive Neuroscience*, 16(8), 1412—1425.

Koelewijn, T., Bronkhorst, A. & Theeuwes, J. (2009). Competition between auditory and visual spatial cues during visual task performance. *Experimental Brain Research*, 195(4), 593—602.

Koelewijn, T., Bronkhorst, A. & Theeuwes, J. (2009). Auditory and visual capture during focused visual attention. *Journal of Experimental Psychology: Human Perception and Performance*, 35(5), 1303—1315.

Kok, A. (2001). On the utility of P3 amplitude as a measure of processing capacity. *Psychophysiology*, 38(3), 557—577.

Kooi, F. L., Toet, A., Tripathy, S. P. et al. (1994). The effect of similarity and duration on spatial interaction in peripheral vision. *Spatial Vision*, 8(2), 255—279.

Korte, M. & Rauschecker, J. P. (1993). Auditory spatial tuning of cortical neurons is sharpened in cats with early blindness. *Journal of Neurophysiology*, 70(4), 1717—1721.

Kujala, T., Alho, K., Huotilainen, M. et al. (1997). Electrophysiological evidence for cross-modal plasticity in humans with early-and late-onset blindness. *Psychophysiology*, 34(2), 213—216.

Kujala, T., Alho, K., Kekoni, J. et al. (1995). Auditory and somatosensory event-related brain potentials in early blind humans. *Experimental Brain Research*, 104(3), 519—526.

Kujala, T., Alho, K. & Naatenen, R. (2000). Cross-modal reorganization of human cortical functions. *Trends in Neurosciences*, 23(3), 115—120.

Kujala, T., Huotilainen, M., Sinkkonen, J. et al. (1995). Visual cortex activation in blind humans during sound discrimination. *Neuroscience Letters*, 183(1), 143—146.

Kumar, S., Soto, D. & Humphreys, G. W. (2009). Electrophysiological evidence for attentional guidance by the contents of working memory. *European Journal of Neuroscience*, 30(2), 307—317.

Lau, E. F., Phillips, C. & Poeppel, D. (2008). A cortical network for semantics: (de) constructing the N400. *Nature Reviews Neuroscience*, 9(12), 920—933.

Lavie, N. & De Fockert, J. W. (2005). The role of working memory in attentional capture. *Psychonomic Bulletin and Review*, 12 (4), 669—674.

Lavie, N., Hirst, A., De Fockert, J. W. et al. (2004). Load theory of selective attention and cognitive control. *Journal of Experimental Psychology: General*, 133(3), 339—354.

Lavie, N. (2000). Selective attention and cognitive control: Dissociating attentional functions through different types of load. *Attention and*

Performance XVIII, 175—194.

Lavie, N. (2005). Distracted and confused: Selective attention underload. *Trends in Cognitive Sciences*, 9(2), 75—82.

Law, M. B., Pratt, J. & Abrams, R. A. (1995). Color-based inhibition of return. *Perception & Psychophysics*, 57(3), 402—408.

Leclerc, C., Saint-Amour, D., Lavoie, M. E. et al. (2000). Brain functional reorganization in early blind humans revealed by auditory event-related potentials. *Neuroreport*, 11(3), 545—550.

Lee, H. & Kim, M. S. (2002). Activity and familiarity of memory contents influence spatial attention. *Perception*, 31, 95.

Lee, H., Legge, G. E. & Ortiz, A. (2003). Is word recognition different in central and peripheral vision? *Vision Research*, 43(26), 2837—2846.

Lessard, N., Pare, M., Lepore, F. et al. (1998). Early-blind human subjects localize sound sources better than sighted subjects. *Nature*, 395 (6699), 278—280.

Levänen, S., Jousmaki, V. & Hari, R. (1998). Vibration-induced auditory-cortex activation in a congenitally deaf adult. *Current Biology*, 8(15), 869—872.

Levänen, S. & Hamdorf, D. (2001). Feeling vibrations: Enhanced tactile sensitivity in congenitally deaf humans. *Neuroscience Letters*, 301(1), 75—77.

Levi, D. M. (2008). Crowding—An essential bottleneck for object recognition: A mini-review. *Vision Research*, 48(5), 635—654.

Levi, D. M. & Carney, T. (2009). Crowding in peripheral vision: Why bigger is better. *Current Biology*, 19(23), 1988—1993.

Levi, D. M., Hariharan, S. & Klein, S. A. (2002). Suppressive and facilitatory spatial interactions in peripheral vision: Peripheral crowding is neither size invariant nor simple contrast masking. *Journal of Vision*, 2(2), 167—177.

Li, C. S. & Lin, S. C. (2002). A perceptual level mechanism of the inhibition of return in oculomotor planning. *Cognitive Brain research*, 14 (2), 269—276.

Liotti, M., Ryder, K. & Woldorff, M. G. (1998). Auditory attention in the congenitally blind: Where, when and what gets reorganized? *Neuroreport*, 9 (6), 1007—1012.

List, A. & Robertson, L. C. (2007). Inhibition of return and object-based attentional selection. *Journal of Experimental Psychology: Human Perception and Performance*, 33(6), 1322—1334.

Livne, T. & Sagi, D. (2007). Configuration influence on crowding. *Journal of Vision*, 7(2), 1—12.

Livne, T. & Sagi, D. (2010). How do flankers' relations affect crowding? *Journal of Vision*, 10(3), 1—14.

Ljungberg, J. K., Parmentier, F. B., Leiva, A. et al. (2012). The informational constraints of behavioral distraction by unexpected sounds: The role of event information. *Journal of Experimental Psychology: Learning Memory and Cognition*, 38(5), 1461—1468.

Lleras, A. & Enns, J. T. (2004). Negative compatibility or object updating? A cautionary tale of mask-dependent priming. *Journal of Experimental Psychology: General*, 133(4), 475—493.

Lleras, A. & Enns, J. T. (2005). Updating a cautionary tale of masked priming: Reply to Klapp (2005). *Journal of Experimental Psychology: General*, 134(3), 436—440.

Lleras, A. & Enns, J. T. (2006). How much like a target can a mask be? Geometric, spatial, and temporal similarity in priming: A reply to Schlaghecken and Eimer (2006) *Journal of Experimental Psychology: General*, 135(3), 495—500.

Logan, G. D. (1978). Attention in character-classification tasks: Evidence for the automaticity of component stages. *Journal of Experimental Psychology: General*, 107(1), 32—63.

Los, S. A. & Van Den Heuvel, C. E. (2001). Intentional and unintentional contributions to nonspecific preparation during reaction time foreperiods. *Journal of Experimental Psychology: Human Perception and Performance*, 27(2), 370—386.

Louie, E. G., Bressler, D. W. & Whitney, D. (2007). Holistic crowding: Selective interference between configural representations of faces in crowded scenes. *Journal of Vision*, 7(2), 1—11.

Luck, S. J. & Hillyard, S. A. (1994). Spatial filtering during visual search: Evidence from human electrophysiology. *Journal of Experimental Psychology: Human Perception and Performance*, 20 (5), 1000—1014.

Luck, S. J. & Hillyard, S. A. (1995). The role of attention in feature detection and conjunction discrimination: An electrophysiological analysis. *International Journal of Neuroscience*, 80(1—4), 281—297.

Luck, S. J. & Vogel, E. K. (1997). The capacity of visual working memory for features and conjunctions. *Nature*, 390(6657), 279—284.

Luck, S. J., Vogel, E. K. & Shapiro, K. L. (1996). Word meanings can be accessed but not reported during the attentional blink. *Nature*, 383 (6601), 616—618.

Lupiáñez, J., Ruz, M., Funes, M. J. et al. (2007). The manifestation of attentional capture: Facilitation or IOR depending on task demands. *Psychological Research*, 71(1), 77—91.

Lupiáñez, J., Milan, E. G., Tornay, F. J. et al. (1997). Does IOR occur in discrimination tasks? Yes, it does, but later. *Perception & Psychophysics*, 59 (8), 1241—1254.

Lupiáñez, J. & Milliken, B. (1999). Inhibition of return and the attentional set for integrating versus differentiating information. *The Journal of General Psychology*, 126(4), 392—418.

Lupiáñez, J., Milliken, B., Solano, C. et al. (2001). On the strategic modulation of the time course of facilitation and inhibition of return. *The Quarterly Journal of Experimental Psychology: Section A*, 54 (3), 753—773.

Lv, J. Y., Wang, T., Qiu, Feng. et al. (2010). The electrophysiological effect of working memory load on involuntary attention in an auditory-visual distraction paradigm: An ERP study. *Experimental Brain Re-*

search, 205(1), 81—86.

Müller, H. J., Geyer, T., Zehetleitner, M. et al. (2009). Attentional capture by salient color singleton distractors is modulated by top-down dimensional set. *Journal of Experimental Psychology: Human Perception and Performance*, 35(1), 1—16.

Müller, H. J. & Von Mhlenen, A. (1996). Attentional tracking and inhibition of return in dynamic displays. *Perception & Psychophysics*, 58(2), 224—249.

Macaluso, E., George, N., Dolan, R. et al. (2004). Spatial and temporal factors during processing of audiovisual speech: A PET study. *Neuroimage*, 21(2), 725—732.

Macaluso, E., Frith, C. D. & Driver, J. (2000). Modulation of human visual cortex by crossmodal spatial attention. *Science*, 289(5482), 1206—1208.

Mannan, S. K., Kennard, C., Potter, D. et al. (2010). Early oculomotor capture by new onsets driven by the contents of working memory. *Vision Research*, 50(16), 1590—1597.

Martelli, M., Majaj, N. J. & Pelli, D. G. (2005). Are faces processed like words? A diagnostic test for recognition by parts. *Journal of Vision*, 5(1), 58—70.

Martens, U., Ansorge, U. & Kiefer, M. (2011). Controlling the unconscious attentional task sets modulate subliminal semantic and visuomotor processes differentially. *Psychological Science*, 22(2), 282—291.

Mayer, J. S., Bittner, R. A., Nikoli, D. et al. (2007). Common neural substrates for visual working memory and attention. *Neuroimage*, 36(2), 441—453.

Maylor, E. A. & Hockey, R. (1985). Inhibitory component of externally controlled covert orienting in visual space. *Journal of Experimental Psychology: Human Perception and Performance*, 11(6), 777—787.

Maylor, E. A. (1985). Facilitatory and inhibitory components of orienting in visual space. *Journal of Experimental Psychology: Human*

Perception and Performance, 11(6), 777—787.

Mazza, V., Turatto, M., Rossi, M. & Umilt, C. (2007). How automatic are audiovisual links in exogenous spatial attention? *Neuropsychologia*, 45(3), 514—522.

McCormick, P. A. (1997). Orienting attention without awareness. *Journal of Experimental Psychology: Human Perception and Performance*, 23(1), 168—180.

McDonald, J. J., Ward, L. M. & Kiehl, K. A. (1999). An event-related brain potential study of inhibition of return. *Perception & Psychophysics*, 61(7), 1411—1423.

Meirovithz, E., Ayzenshtat, I., Bonneh, Y. S. et al. (2010). Population response to contextual influences in the primary visual cortex. *Cerebral Cortex*, 20(6), 1293—1304.

Melara, R. D. & Marks, E. (1990). Perceptual primacy of dimensions: Support for a model of dimensional interaction. *Journal of Experimental Psychology: Human Perception and Performance*, 16(2), 398—414.

Mele, S., Savazzi, S., Marzi, C. A. et al. (2008). Reaction time inhibition from subliminal cues: Is it related to inhibition of return? *Neuropsychologia*, 46(3), 810—819.

Miller, J. (1988). Discrete and continuous models of human information processing: Theoretical distinctions and empirical results. *Acta Psychologica*, 67(3), 191—257.

Milliken, B., Tipper, S. P., Houghton, G. et al. (2000). Attending, ignoring, and repetition: On the relation between negative priming and inhibition of return. *Perception & Psychophysics*, 62(6), 1280—1296.

Mondor, T. A. & Amirault, K. J. (1998). Effect of same- and different-modality spatial cues on auditory and visual target identification. *Journal of Experimental Psychology: Human Perception and Performance*, 24(3), 745—755.

Mondor, T. A. (1999). Predictability of the cue-target relation and the time-course of auditory inhibition of return. *Perception & Psychophysics*, 61(8), 1501—1509.

Mondor, T. A. & Amirault, K. J. (1998). Effect of same- and different-modality spatial cues on auditory and visual target identification. *Journal of Experimental Psychology: Human Perception and Performance*, 24(3), 745—755.

Mondor, T. A. & Breau, L. M. (1999). Facultative and inhibitory effects of location and frequency cues: Evidence of a modulation in perceptual sensitivity. *Perception & Psychophysics*, 61(3), 438—444.

Mondor, T. A., Breau, L. M. & Milliken, B. (1998). Inhibitory processes in auditory selective attention: Evidence of location-based and frequency-based inhibition of return. *Perception & Psychophysics*, 60(2), 296—302.

Mondor, T. A. & Lacey, T. E. (2001). Facilitative and inhibitory effects of cuing sound duration, intensity, and timbre. *Perception & Psychophysics*, 63(4), 726—736.

Mondor, T. A., Zatorre, R. J. & Terrio, N. A. (1998). Constraints on the selection of auditory information. *Journal of Experimental Psychology: Human Perception and Performance*, 24(1), 66.

Moore, C. M. & Lleras, A. (2005). On the role of object representations in substitution masking. *Journal of Experimental Psychology: Human Perception and Performance*, 31(6), 1171.

Mulckhuyse, M., Talsma, D. & Theeuwes, J. (2007). Grabbing attention without knowing: Automatic capture of attention by subliminal spatial cues. *Visual Cognition*, 15(7), 779—788.

Muller-Gass, A. & Schröger, E. (2007). Perceptual and cognitive task difficulty has differential effects on auditory distraction. *Brain Research*, 1136(1), 169—177.

Näätänen, R. (1972). Time uncertainty and occurence uncertainty of the stimulus in a simple reaction time task. *Acta Psychologica*, 36(6), 492—503.

Näätänen, R. (1990). The role of attention in auditory information processing as revealed by event-related potentials and other brain measures of cognitive function. *Behavioral and Brain Sciences*, 13(2), 201—288.

Näätänen, R. & Winkler, I. (1999). The concept of auditory stimulus representation in cognitive neuroscience. *Psychological Bulletin*, 125(6), 826—859.

Näätänen, R. (1970). The diminishing time-uncertainty with the lapse of time after the warning signal in reaction-time experiments with varying fore-periods. *Acta Psychologica*, 34, 399—419.

Naccache, L. & Dehaene, S. (2001). Unconscious semantic priming extends to novel unseen stimuli. *Cognition*, 80(3), 215—229.

Neri, P. & Levi, D. M. (2006). Spatial resolution for feature binding is impaired in peripheral and amblyopic vision. *Journal of Neurophysiology*, 96(1), 142—153.

Neville, H. J. (1990). Intermodal competition and compensation in development. *Annals of the New York Academy of Sciences*, 608(1), 71—91.

Neville, H. J. & Bavelier, D. (2001). Effects of auditory and visual deprivation on human brain development. *Clinical Neuroscience Research*, 1(4), 248—257.

Neville, H. J. & Lawson, D. (1987). Attention to central and peripheral visual space in a movement detection task: An event-related potential and behavioral study. II. Congenitally deaf adults. *Brain Research*, 405(2), 268—283.

Neville, H. J., Mills, D. L. & Lawson, D. S. (1992). Fractionating language: Different neural subsystems with different sensitive periods. *Cerebral Cortex*, 2(3), 244—258.

Neville, H. J., Schmidt, A. & Kutas, M. (1983). Altered visual-evoked potentials in congenitally deaf adults. *Brain Research*, 266(1), 127—132.

Newsome, W. T., Wurtz, R. H., Dursteler, M. R. et al. (1985). Deficits in visual motion processing following ibotenic acid lesions of the middle temporal visual area of the macaque monkey. *The Journal of Neuroscience*, 5(3), 825—840.

Niemeyer, W. & Starlinger, I. (1981). Do the blind hear better? Investigations on auditory processing in congenital or early acquired blindness II. Central functions. *International Journal of Audiology*, 20(6), 510—515.

Niemi, P. & Näätänen, R. (1981). Foreperiod and simple reaction time. *Psychological Bulletin*, 89(1), 133.

Oh, S. H. & Kim, M. S. (2003). The guidance effect of working memory load on visual search. *Journal of Vision*, 3(9), 629.

Olivers, C. N. L., Meijer, F. & Theeuwes, J. (2006). Feature-based memory-driven attentional capture: Visual working memory content affects visual attention. *Journal of Experimental Psychology: Human Perception and Performance*, 32(5), 1243—1265.

Olivers, C. N. L., Peters, J., Houtkamp, R. et al. (2011). Different states in visual working memory: When it guides attention and when it does not. *Trends in Cognitive Sciences*, 15(7), 327—334.

Olivers, C. N. L. (2008). Interactions between visual working memory and visual attention. *Frontiers in Bioscience*, 13(3), 1182—1191.

Olivers, C. N. L. (2009). What drives memory-driven attentional capture? The effects of memory type, display type, and search type. *Journal of Experimental Psychology: Human Perception and Performance*, 35(5), 1275—1291.

Põder, E. (2006). Crowding, feature integration, and two kinds of "attention". *Journal of Vision*, 6(2), 163—169.

Põder, E. (2007). Effect of colour pop-out on the recognition of letters in crowding conditions. *Psychological Research*, 71(6), 641—645.

Põder, E. (2008). Crowding with detection and coarse discrimination of simple visual features. *Journal of Vision*, 8(4), 1—6.

Põder, E. & Wagemans, J. (2007). Crowding with conjunctions of simple features. *Journal of Vision*, 7(2), 1—12.

Pallas, S. L., Littman, T. & Moore, D. R. (1999). Cross-modal reorganization of callosal connectivity without altering thalamocortical projections. *Proceedings of the National Academy of Sciences*, 96 (15), 8751—8756.

Pan, Y. & Soto, D. (2010). The modulation of perceptual selection by working memory is dependent on the focus of spatial attention. *Vision Research*, 50(15), 1437—1444.

Parasnis, I. & Samar, V. J. (1985). Parafoveal attention in congenitally deaf and hearing young adults. *Brain and Cognition*, 4(3), 313—327.

Parasnis, I., Samar, V. J. & Berent, G. P. (2003). Deaf adults without attention deficit hyperactivity disorder display reduced perceptual sen-si-tivity and elevated impulsivity on the Test of Variables of Attention (TOVA). *Journal of Speech, Language and Hearing Research*, 46(5), 1166—1183.

Park, S., Kim, M. & Chun, M. M. (2007). Concurrent working memory load can facilitate selective attention: Evidence for specialized load. *Journal of Experimental Psychology: Human Perception and Performance*, 33(5), 1062—1075.

Parkes, L., Lund, J., Angelucci, A. et al. (2001). Compulsory averaging of crowded orientation signals in human vision. *Nature Neuroscience*, 4(7), 739—744.

Parmentier, F. B. R. (2008). Towards a cognitive model of distraction by auditory novelty: The role of involuntary attention capture and semantic processing. *Cognition*, 109(3), 345—362.

Parmentier, F. B. R. & Andrés, P. (2009). The involuntary capture of attention by sound: Novelty and postnovelty distraction in young and older adults. *Experimental Psychology*, 57(1), 68—76.

Parmentier, F. B. R., Elsley, J. V. & Ljungberg, J. K. (2010). Behavioral distraction by auditory novelty is not only about novelty: The role of the distracter's informational value. *Cognition*, 115(3), 504—511.

Parmentier, F. B. R., Ljungberg, J. K., Elsley, J. V. et al. (2011). A behavioral study of distraction by vibrotactile novelty. *Journal of Experimental Psychology: Human Perception and Performance*, 37(4),

1134—1139.

Parmentier, F. B. R., Elsley, J. V, Andrés, P. et al. (2011). Why are auditory novels distracting? Contrasting the roles of novelty, violation of expectation and stimulus change. *Cognition*, 119(3), 374—380.

Paul, M. A. & Tipper, S. P. (2003). Object-based representations facilitate memory for inhibitory processes. *Experimental Brain Research*, 148(3), 283—289.

Pelli, D. G. (2008). Crowding: A cortical constraint on object recognition. *Current Opinion in Neurobiology*, 18(4), 445—451.

Pelli, D. G., Palomares, Melanie & Majaj, Najib J. (2004). Crowding is unlike ordinary masking: Distinguishing feature integration from detection. *Journal of Vision*, 4(12), 1136—1169.

Pelli, D. G. & Tillman, K. A. (2008). The uncrowded window of object recognition. *Nature Neuroscience*, 11(10), 1129—1135.

Pelli, D. G., Tillman, K. A., Freeman, J. et al. (2007). Crowding and eccentricity determine reading rate. *Journal of vision*, 7(2), 1—36.

Penhune, V. B., Cismaru, R., Dorsaint-Pierre, R. et al. (2003). The morphometry of auditory cortex in the congenitally deaf measured using MRI. *Neuroimage*, 20(2), 1215—1225.

Peters, J. C., Goebel, R. & Roelfsema, P. R. (2009). Remembered but unused: The accessory items in working memory that do not guide attention. *Journal of Cognitive Neuroscience*, 21(6), 1081—1091.

Phillips, S. & Takeda, Y. (2009). An EEG/ERP study of efficient versus inefficient visual search. Paper presented at the Proceedings of the 31st Annual Conference of the Cognitive Science Society, Amsterdam, The Netherlands.

Poizner, H. & Tallal, P. (1987). Temporal processing in deaf signers. *Brain and Language*, 30(1), 52—62.

Ponton, C. W., Vasama, J., Tremblay, K. et al. (2001). Plasticity in the adult human central auditory system: Evidence from late-onset profound unilateral deafness. *Hearing Research*, 154(1), 32—44.

Popple, A. V. & Levi, D. M. (2005). The perception of spatial order at a glance. *Vision Research*, 45(9), 1085—1090.

Posner, M. I. & Cohen, Y. (1984). Components of visual orienting. *Attention and Performance X: Control of Language Processes*, 32, 531—556.

Posner, M. I. Rafal, R. D., Choate, L. S. & Vaughan, J. (1985). Inhibition of return: Neural basis and function. *Cognitive Neuropsychology*, 2(3), 211—228.

Posner, M. I. Snyder, C. R. & Davidson, B. J. (1980). Attention and the detection of signals. *Journal of Experimental Psychology: General*, 109(2), 160—174.

Postle, B. R. (2005). Delay-period activity in the prefrontal cortex: One function is sensory gating. *Journal of Cognitive Neuroscience*, 17(11), 1679—1690.

Postle, B. R. (2006). Working memory as an emergent property of the mind and brain. *Neuroscience*, 139(1), 23—38.

Postle, B. R. Awh, E, Jonides, J, Smith, E E., & DEsposito, M. (2004). The where and how of attention-based rehearsal in spatial working memory. *Cognitive Brain Research*, 20(2), 194—205.

Pratt, J. & Abrams, R. A. (1995). Inhibition of return to successively cued spatial locations. *Journal of Experimental Psychology: Human Perception and Performance*, 21(6), 1343—1353.

Pratt. J. & Abrams, R. A. (1999). Inhibition of return in discrimination tasks. *Journal of Experimental Psychology: Human Perception and Performance*, 25(1), 229—242.

Pratt, J. & Abrams, R. A. (1995). Inhibition of return to successively cued spatial locations. *Journal of Experimental Psychology: Human Perception and Performance*, 21(6), 1343—1353.

Pratt, J. & Castel, A. D. (2001). Responding to feature or location: a re-examination of inhibition of return and facilitation of return. *Vision Research*, 41(28), 3903—3908.

Pratt, J. & Fischer, M. H. (2002). Examining the role of the fixation cue in inhibition of return. *Canadian Journal of Experimental Psychology/Revue canadienne de psychologie expérimentale*, 56(4), 294—302.

Pratt, J., O'Donnell, C. & Morgan, A. (2000). The role of the fixation location in inhibition of return. *Canadian Journal of Experimental Psychology/Revue canadienne de psychologie expérimentale*, 54(3), 186—195.

Prime, D. J., McDonald, J. J., Green, J. et al. (2008). When cross-modal spatial attention fails. *Canadian Journal of Experimental Psychology/Revue canadienne de psychologie expérimentale*, 62(3), 192—197.

Prime, D. J. & Ward, L. M. (2002). Auditory frequency-based inhibition differs from spatial IOR. *Perception & Psychophysics*, 64(5), 771—784.

Prime, D. J. & Ward, L. M. (2004). Inhibition of return from stimulus to response. *Psychological Science*, 15(4), 272—276.

Prime, D. J. & Ward, L. M. (2006). Cortical expressions of inhibition of return. *Brain Research*, 1072(1), 161—174.

Proksch, J. & Bavelier, D. (2002). Changes in the spatial distribution of visual attention after early deafness. *Journal of Cognitive Neuroscience*, 14(5), 687—701.

Pylyshyn, Z. (2004). Some puzzling findings in multiple object tracking: I. Tracking without keeping track of object identities. *Visual Cognition*, 11(7), 801—822.

Rafal, R. D., Calabresi, P. A., Brennan, C. W. et al. (1989). Saccade preparation inhibits reorienting to recently attended locations. *Journal of Experimental Psychology: Human Perception and Performance*, 15(4), 673—685.

Rafal, R., Henik, A. & Smith, J. (1991). Extrageniculate contributions to reflex visual orienting in normal humans: A temporal hemifield advantage. *Journal of Cognitive Neuroscience*, 3(4), 322—328.

Rakic, P., Ang, Eugenius S. & Breunigb, J. (2004). Setting the stage for cognition: Genesis of the primate cerebral cortex. *The Cognitive Neurosciences III*, 33.

Rauschecker, J. P. & Korte, M. (1993). Auditory compensation for early blindness in cat cerebral cortex. *The Journal of Neuroscience*, 13(10), 4538—4548.

Reuter-Lorenz, P. A., Jha, A. P. & Rosenquist, J. N. (1996). What is inhibited in inhibition of return. *Journal of Experimental Psychology: Human Perception and Performance*, 22(2), 367—378.

Reuter-Lorenz, P. A. & Rosenquist, J. N. (1996). Auditory cues and inhibition of return: The importance of oculomotor activation. *Experimental Brain Research*, 112(1), 119—126.

Reynolds, H. N. (1993). Effects of foveal stimulation on peripheral visual processing and laterality in deaf and hearing subjects. *The American Journal of Psychology*, 106(4), 523—540.

Riggio, L., Patteri, I. & Umilta, C. (2004). Location and shape in inhibition of return. *Psychological Research*, 68(1), 41—54.

Robertson, L. C. (2003). *Space, Objects, Minds and Brains*: Psychology Press.

Roediger, H. L. (1990). Implicit memory: Retention without remembering. *American Psychologist*, 45(9), 1043—1056.

Rothbart, M. K., Posner, M. I. & Rosicky, J. (1994). Orienting in normal and pathological development. *Development and Psychopathology*, 6, 635.

Rotshtein, P., Soto, D., Grecucci, A. et al. (2011). The role of the pulvinar in resolving competition between memory and visual selection: A functional connectivity study. *Neuropsychologia*, 49(6), 1544—1552.

Ruhnau, P., Wetzel, N., Widmann, A. et al. (2010). The modulation of auditory novelty processing by working memory load in school age children and adults: A combined behavioral and event-related potential study. *BMC Neuroscience*, 11(1), 126—140.

Sörqvist, P., Néstl, A. & Halin, N. (2012). Working memory capacity modulates habituation rate: Evidence from a cross-modal auditory distraction paradigm. *Psychonomic Bulletin and Review*, 19(2), 245—250.

Sabri, M. L. Einat, Waldron, E. J., Medler, D. A. et al. (2006). Attentional modulation in the detection of irrelevant deviance: A simultaneous ERP/fMRI study. *Journal of Cognitive Neuroscience*, 18(5), 689—700.

Sadato, N. & Hallett, M. (1999). fMRI occipital activation by tactile stimulation in a blind man. *Neurology*, 52(2), 423.

Sadato, N., Pascual-Leone, A. Grafman, J. et al. (1998). Neural networks for Braille reading by the blind. *Brain*, 121(7), 1213—1229.

Sadato, N., Pascual-Leone, A., Grafman, J. et al. (1996). Activation of the primary visual cortex by Braille reading in blind subjects. *Nature*, 380(6574), 526—528.

Sanders, A. F. (1990). Issues and trends in the debate on discrete vs. continuous processing of information. *Acta Psychologica*, 74(2), 123—167.

SanMiguel, I., Corral, M. J. & Escera, C. (2008). When loading working memory reduces distraction: Behavioral and electrophysiological evidence from an auditory-visual distraction paradigm. *Journal of Cognitive Neuroscience*, 20(7), 1131—1145.

SanMiguel, I., Morgan, H. M., Klein, C. et al. (2010). On the functional significance of Novelty-P3: Facilitation by unexpected novel sounds. *Biological Psychology*, 83(2), 143—152.

SanMiguel, I., Corral, M. & Escera, C. (2008). When loading working memory reduces distraction: Behavioral and electrophysiological evidence from an auditory-visual distraction paradigm. *Journal of Cognitive Neuroscience*, 20(7), 1131—1145.

SanMiguel, I., Linden, D. & Escera, C. (2010). Attention capture by novel sounds: Distraction versus facilitation. *European Journal of Cognitive Psychology*, 22(4), 481—515.

Santangelo, V., Fagioli, S. & Macaluso, E. (2010). The costs of monitoring simultaneously two sensory modalities decrease when dividing attention in space. *NeuroImage*,49(3),2717—2727.

Santangelo,V. & Spence,C. (2008). Is the exogenous orienting of spatial attention truly automatic? Evidence from unimodal and multisensory studies. *Consciousness and Cognition*,17(3),989—1015.

Sawaki,R. & Katayama,J. (2007). Difficulty of discrimination modulates attentional capture for deviant information. *Psychophysiology*, 44 (3), 374—382.

Sawaki,R. & Luck,S. J. (2011). Active suppression of distractors that match the contents of visual working memory. *Visual Cognition*, 19(7),956—972.

Scheffler,K. ,Bilecen,D. ,Schmid,N. et al. (1998). Auditory cortical responses in hearing subjects and unilateral deaf patients as detected by functional magnetic resonance imaging. *Cerebral Cortex*,8(2),156—163.

Schendel,K. L. ,Robertson,L. C. & Treisman,A. (2001). Objects and their locations in exogenous cuing. *Perception and Psychophysics*,63 (4),577—594.

Schirillo,J. A. (2011). Cross-modal detection using various temporal and spatial configurations. *Attention, Perception, and Psychophysics*, 73 (1),237—246.

Schlaghecken,F. ,Blagrove,E. & Maylor,E. A. (2007). Incidental learning of SR contingencies in the masked prime task. *Journal of Experimental Psychology: Human Perception and Performance*,33(5),1177—1188.

Schlaghecken,F. Blagrove,E, & Maylor,E A. (2008). No difference between conscious and nonconscious visuomotor control: Evidence from perceptual learning in the masked prime task. *Consciousness and Cognition*,17(1),84—93.

Schlaghecken,F. & Eimer,M. (2002). Motor activation with and without inhibition: Evidence for a threshold mechanism in motor control. *Perception & Psychophysics*,64(1),148—162.

Schlaghecken,F. & Eimer,M. (2006). Active masks and active inhibition: A comment on Lleras and Enns (2004) and on Verleger,

Jaskowski, Aydemir, van der Lubbe, and Groen (2004) Journal of Experimental Psychology: General, 135(3), 484—494.

Schmidt, B. K., Vogel, E. K., Woodman, G. F. et al. (2002). Voluntary and automatic attentional control of visual working memory. *Perception and Psychophysics*, 64(5), 754—763.

Schmidt, W. C. (1996a). Inhibition of return is not detected using illusory line motion. *Perception & Psychophysics*, 58(6), 883—898.

Schmidt, W. C. (1996b). Inhibition of return'without visual input. *Neuropsychologia*, 34(10), 943—952.

Schmitt, M., Postma, A. & De Haan, E. (2000). Interactions between exogenous auditory and visual spatial attention. *Quarterly Journal of Experimental Psychology Section A: Human Experimental Psychology*, 53(1), 105—130.

Schmitt, M., Postma, A. & De Haan, E. H. F. (2001). Cross-modal exogenous attention and distance effects in vision and hearing. *European Journal of Cognitive Psychology*, 13(3), 343—368.

Schröger, E. & Wolff, C. (1998). Behavioral and electrophysiological effects of task-irrelevant sound change: A new distraction paradigm. *Cognitive Brain Research*, 7(1), 71—87.

Scott, J. J. & Gray, R. (2008). A comparison of tactile, visual, and auditory warnings for rear-end collision prevention in simulated driving. *Human Factors*, 50(2), 264—275.

Snyder, J. J. & Kingstone, A. (2000). Inhibition of return and visual search: How many separate loci are inhibited? *Perception & Psychophysics*, 62(3), 452—458.

Snyder, J. & Kingstone, A. (2007). Inhibition of return at multiple locations and its impact on visual search. *Visual Cognition*, 15, 238—256.

Soto, D., Heinke, D., Humphreys, G. W. et al. (2005). Early, involuntary top-down guidance of attention from working memory. *Journal of Experimental Psychology: Human Perception and Performance*, 31(2), 248—261.

Soto, D. & Humphreys, G. W. (2009). Automatic selection of irrelevant object features through working memory evidence for top-down attentional capture. *Experimental Psychology*, 56(3), 165−172.

Soto, D., Humphreys, G. W. & Heinke, D. (2006). Working memory can guide pop-out search. *Vision Research*, 46(6−7), 1010−1018.

Soto, D., Humphreys, G. W. & Rotshtein, P. (2007). Dissociating the neural mechanisms of memory-based guidance of visual selection. *Proceedings of the National Academy of Sciences of the United States of America*, 104(43), 17186−17191.

Soto, D., Mok, A. Y. F., McRobbie, D. et al. (2011). Biasing visual selection: Functional neuroimaging of the interplay between spatial cueing and feature memory guidance. *Neuropsychologia*, 49(6), 1537−1543.

Soto, D., Wriglesworth, A., Bahrami-Balani, A. et al. (2010). Working memory enhances visual perception: Evidence from signal detection analysis. *Journal of Experimental Psychology: Learning Memory and Cognition*, 36(2), 441−456.

Spence, C. & Driver, J. (1998). Inhibition of return following an auditory cue The role of central reorienting events. *Experimental Brain Research*, 118(3), 352−360.

Spence, C. & Driver, J. (1997). Audiovisual links in exogenous covert spatial orienting. *Perception & Psychophysics*, 59(1), 1−22.

Spence, C. & Driver, J. (2000). Attracting attention to the illusory location of a sound: Reflexive crossmodal orienting and ventriloquism. *NeuroReport*, 11(9), 2057−2061.

Spence, C. & Ho, C. (2008). Multisensory interface design for drivers: Past, present and future. *Ergonomics*, 51(1), 65−70.

Spence, C. J. & Driver, J. (1994). Covert spatial orienting in audition: Exogenous and endogenous mechanisms. *Journal of Experimental Psychology: Human Perception and Performance*, 20(3), 555−574.

Spence, C. (2010). Crossmodal spatial attention. *Annals of the New York Academy of Sciences*, 1191(1), 182−200.

Spence, C. & Driver, J. (1996). Audiovisual links in endogenous covert spatial attention. *Journal of Experimental Psychology: Human Perception and Performance*, 22(4), 1005—1030.

Spence, C. & Driver, J. (1997). On measuring selective attention to an expected sensory modality. *Perception & Psychophysics*, 59(3), 389—403.

Spence, C. & Driver, J. (1998). Auditory and audiovisual inhibition of return. *Perception & Psychophysics*, 60(1), 125—139.

Spence, C. J. & Driver, J. (1994). Covert spatial orienting in audition: Exogenous and endogenous mechanisms. *Journal of Experimental Psychology: Human Perception and Performance*, 20(3), 555—574.

Spence, C. & McDonald, J. (2004). The cross-modal consequences of the exogenous spatial orienting of attention. *The Handbook of Multisensory Processes*, 3—25.

Spence, C., McDonald, J. & Driver, J. (2004). Exogenous spatial cuing studies of human crossmodal attention and multisensory integration. *Crossmodal Space and Crossmodal Attention*, 277—320.

Sternberg, S. (1969). The discovery of processing stages: Extensions of Donders' method. *Acta Psychologica*, 30, 276—315.

Stigchel, S., van der Belopolsky, A. V., Peters, J. C. et al. (2009). The limits of top-down control of visual attention. *Acta Psychologica*, 132(3), 201—212.

Stivalet, P., Moreno, Y., Richard, J. et al. (1998). Differences in visual search tasks between congenitally deaf and normally hearing adults. *Cognitive Brain Research*, 6(3), 227—232.

Strasburger, H. (2004). Unfocused spatial attention underlies the crowding effect in indirect form vision. Paper presented at the PERCEPTION.

Strasburger, H., Harvey, L. O. & Rentschler, I. (1991). Contrast thresholds for identification of numeric characters in direct and eccentric view. *Perception & Psychophysics*, 49(6), 495—508.

Sumner, P. (2008). Mask-induced priming and the negative compatibility effect. *Experimental Psychology*, 55(2), 133—141.

Sumner, P., Nachev, P., Vora, N. et al. (2004). Distinct cortical and collicular mechanisms of inhibition of return revealed with S cone stimuli. *Current Biology*, 14(24), 2259—2263.

Sun, G. J., Chung, S. T. L. & Tjan, B. S. (2010). Ideal observer analysis of crowding and the reduction of crowding through learning. *Journal of vision*, 10(5), 1—14.

Sur, M., Pallas, S. L. & Roe, A. W. (1990). Cross-modal plasticity in cortical development: Differentiation and specification of sensory neocortex. *Trends in Neurosciences*, 13(6), 227—233.

Szelag, E., Kolodziejczyk, I., Kanabus, M. et al. (2004). Deficits of non-verbal auditory perception in postlingually deaf humans using cochlear implants. *Neuroscience Letters*, 355(1), 49—52.

Talsma, D., Doty, T. J., Strowd, R. et al. (2006). Attentional capacity for processing concurrent stimuli is larger across sensory modalities than within a modality. *Psychophysiology*, 43(6), 541—549.

Tanaka, Y. & Shimojo, S. (1996). Location vs feature: Reaction time reveals dissociation between two visual functions. *Vision Research*, 36(14), 2125—2140.

Tassinari, G., Aglioti, S., Chelazzi, L. et al. (1987). Distribution in the visual field of the costs of voluntarily allocated attention and of the inhibitory after-effects of covert orienting. *Neuropsychologia*, 25(1), 55—71.

Tassinari, G. & Berlucchi, G. (1995). Covert orienting to non-informative cues: Reaction time studies. *Behavioural Brain Research*, 71(1), 101—112.

Tassinari, G., Campara, D., Benedetti, C. et al. (2002). The contribution of general and specific motor inhibitory sets to the so-called auditory inhibition of return. *Experimental Brain Research*, 146(4), 523—530.

Taylor, T. L. & Donnelly, M. P. W. (2002). Inhibition of return for target discriminations: The effect of repeating discriminated and irrelevant stimulus dimensions. *Perception & Psychophysics*, 64(2), 292—317.

Taylor, T. L. & Klein, R. M. (1998). On the causes and effects of inhibition of return. *Psychonomic Bulletin & Review*, 5(4), 625—643.

Telling, A. L., Kumar, S., Meyer, A. S. et al. (2010). Electrophysiological evidence of semantic interference in visual search. *Journal of Cognitive Neuroscience*, 22(10), 2212—2225.

Théoret, H., Merabet, L. & Pascual-Leone, A. (2004). Behavioral and neuroplastic changes in the blind: Evidence for functionally relevant cross-modal interactions. *Journal of Physiology-Paris*, 98(1), 221—233.

Theeuwes, J. (1991). Exogenous and endogenous control of attention: The effect of visual onsets and offsets. *Perception & Psychophysics*, 49(1), 83—90.

Theeuwes, J. (1994a). Endogenous and exogenous control of visual selection. *Perception*, 23(4), 429—440.

Theeuwes, J. (1994b). Stimulus-driven capture and attentional set: Selective search for color and visual abrupt onsets. *Journal of Experimental Psychology: Human Perception and Performance*, 20(4), 799—806.

Theeuwes, J. (2010). Top-down and bottom-up control of visual selection. *Acta Psychologica*, 135(2), 77—99.

Theeuwes, J., Belopolsky, A. & Olivers, C. N. L. (2009). Interactions between working memory, attention and eye movements. *Acta Psychologica*, 132(2), 106—114.

Theeuwes, J., Stefan van der S. & Christian, N. L. O. (2006). Spatial working memory and inhibition of return. *Psychonomic bulletin & review*, 13(14), 608—613.

Tipper, S. P., Driver, J. & Weaver, B. (1991). Object-centred inhibition of return of visual attention. *Quarterly Journal of Experimental Psychology Section A: Human Experimental Psychology*, 43(2), 289—298.

Tipper, S. P., Grison, S. & Kessler, K. (2003). Long-term inhibition of return of attention. *Psychological Science*, 14(1), 19—25.

Tipper, S. P., Weaver, B., Jerreat, L. M. et al. (1994). Object-based and environment-based inhibition of return of visual attention. *Journal of*

Experimental Psychology: Human Perception and Performance, 20(3), 478—499.

Tipper, S. P., Driver, J. & Weaver, B. (1991). Short report: Object-centred inhibition of return of visual attention. *The Quarterly Journal of Experimental Psychology*, 43(2), 289—298.

Tipples, J. (2002). Eye gaze is not unique: Automatic orienting in response to uninformative arrows. *Psychonomic Bulletin & Review*, 9(2), 314—318.

Toet, A. & Levi, D. M. (1992). The two-dimensional shape of spatial interaction zones in the parafovea. *Vision Research*, 32(7), 1349—1357.

Treisman, A. & Gormican, S. (1988). Feature analysis in early vision: Evidence from search asymmetries. *Psychological Review*, 95(1), 15—48.

Tripathy, S. P. & Cavanagh, P. (2002). The extent of crowding in peripheral vision does not scale with target size. *Vision Research*, 42(20), 2357—2369.

Turatto, M., Benso, F., Galfano, G. et al. (2002). Nonspatial attentional shifts between audition and vision. *Journal of Experimental Psychology: Human Perception and Performance*, 28(3), 628—639.

Van den, B., Ronald, R., Jos B. T. M. et al. (2010). A neurophysiologically plausible population code model for feature integration explains visual crowding. *PLoS Computational Biology*, 6(1), e1000646.

Van der Burg, Erik Olivers, C. N. L., Bronkhorst, A. W. et al. (2008). Audiovisual events capture attention: Evidence from temporal order judgments. *Journal of Vision*, 8(5), 1—10.

Van der Lubbe, R. H. J. & Postma, A. (2005). Interruption from irrelevant auditory and visual onsets even when attention is in a focused state. *Experimental Brain Research*, 164(4), 464—471.

Van Mourik, R., Oosterlaan, J., Heslenfeld, D. J. et al. (2007). When distraction is not distracting: A behavioral and ERP study on distraction in ADHD. *Clinical Neurophysiology*, 118(8), 1855—1865.

Varakin, D. A. (2006). Visual working memory and attentional guidance. Vanderbilt University.

Vecera, S. P. (1994). Grouped locations and object-based attention: Comment on Egly, Driver, and Rafal (1994). *Journal of Experimental Psychology: General*, 123(3), 316—320.

Vecera, S. P. (2002). Dissociating what'and how in visual form agnosia: A computational investigation. *Neuropsychologia*, 40(2), 187—204.

Vivas, A. B. & Fuentes, L. J. (2001). Stroop interference is affected in inhibition of return. *Psychonomic Bulletin & Review*, 8(2), 315—323.

Vivas, A. B., Fuentes, L. J., Estevez, A. F. et al. (2007). Inhibitory tagging in inhibition of return: Evidence from flanker interference with multiple distractor features. *Psychonomic Bulletin & Review*, 14(2), 320—326.

Ward, L. M. (1994). Supramodal and modality-specific mechanisms for stimulus-driven shifts of auditory and visual attention. *Canadian Journal of Experimental Psychology*, 48(2), 242—259.

Ward, L. M. (1994). Supramodal and modality-specific mechanisms for stimulus-driven shifts of auditory and visual attention. *Canadian Journal of Experimental Psychology/Revue canadienne de psychologie exp rimentale*, 48(2), 242—259.

Weaver, B., Lupiéez, J. & Watson, F. L. (1998). The effects of practice on object-based, location-based, and static-display inhibition of return. *Perception & Psychophysics*, 60(6), 993—1003.

Weeks, R., Horwitz, B., Aziz-Sultan, A. et al. (2000). A positron emission tomographic study of auditory localization in the congenitally blind. *The Journal of Neuroscience*, 20(7), 2664—2672.

West, R. (1999). Visual distraction, working memory, and aging. *Memory and Cognition*, 27(6), 1064—1072.

Wetzel, N. W. A. & Schröger, E. (2011). Attentional capture and distraction-uninformative novel sounds capture attention but do not necessarily impair performance. Paper presented at the Poster presented at International Conference on Cognitive Neuroscience XI (ICON). Palma de Mallorca, Spain.

Wheeler, M. E. & Treisman, A. M. (2002). Binding in short-term visual memory. *Journal of Experimental Psychology: General*, 131(1), 48—64.

Wickens, C. D. (2002). Multiple resources and performance prediction. *Theoretical Issues in Ergonomics Science*, 3(2), 159—177.

Wiesel, T. N. & Hubel, D. H. (1965). Comparison of the effects of unilateral and bilateral eye closure on cortical unit responses in kittens. *Journal of Neurophysiology*, 28(6), 1029—1040.

Wiesel, T. N. & Hubel, D. H. (1963). Single-cell responses in striate cortex of kittens deprived of vision in one eye. *Journal of Neurophysiology*, 26(6), 1003—1017.

Winkler, I. (2007). Interpreting the mismatch negativity. *Journal of Psychophysiology*, 21(3), 147—163.

Wolford, G., Marchak, F. & Hughes, H. (1988). Practice effects in backward masking. *Journal of Experimental Psychology: Human Perception and Performance*, 14(1), 101—112.

Woodman, G. F. (2010). A brief introduction to the use of event-related potentials in studies of perception and attention. *Attention, Perception, and Psychophysics*, 72(8), 2031—2046.

Woodman, G. F. & Luck, S. J. (2003). Serial deployment of attention during visual search. *Journal of Experimental Psychology: Human Perception and Performance*, 29(1), 121—138.

Woodman, G. F. & Luck, S. J. (2004). Visual search is slowed when visuospatial working memory is occupied. *Psychonomic Bulletin and Review*, 11(2), 269—274.

Woodman, G. F., Vogel, E. K. & Luck, S. J. (2001). Visual search remains efficient when visual working memory is full. *Psychological Science*, 12(3), 219—224.

Woodman, G. F. & Luck, S. J. (2007). Do the contents of visual working memory automatically influence attentional selection during visual search? *Journal of Experimental Psychology: Human Perception and Performance*, 33(2), 363—377.

Wright, R. D. & Richard, C. M. (1999). The effect of practice on location cueing and visual search. *Canadian Journal of Experimental Psychology*, 53(3), 257－261.

Wright, R. D. & Richard, C. M. (2000). Location cue validity affects inhibition of return of visual processing. *Vision Research*, 40(17), 119－126.

Yaka, R., Yinon, U., Rosner, M. et al. (2000). Pathological and experimentally induced blindness induces auditory activity in the cat primary visual cortex. *Experimental Brain Research*, 131(1), 144－148.

Yantis, S. & Johnson, D. N. (1990). Mechanisms of attentional priority. *Journal of Experimental Psychology: Human Perception and Performance*, 16(4), 812－825.

Zhang, B., Zhang, J. X., Kong, L. et al. (2010). Guidance of visual attention from working memory contents depends on stimulus attributes. *Neuroscience Letters*, 486(3), 202－206.

Zhang, M. & Zhang, Y. (2007). Semantic processing is affected in inhibition of return: Evidence from an event-related potentials study. *NeuroReport*, 18(3), 267－271.

Zhang, Y. & Zhang, M. (2011). Spatial working memory load impairs manual but not saccadic inhibition of return. *Vision research*, 51, 147－153.

Zhang, Y., Zhou, X. & Zhang, M. (2012). Temporary inhibitory tagging at previously attended locations: Evidence from event-related potentials. *Psychophysiology*, 49, 1191－1199.

白学军,尹莎莎,杨海波,等. (2011). 视觉工作记忆内容对自上而下注意控制的影响,一项 ERP 研究. 心理学报, 43(10), 1103－1113.

付世敏,陈霖. (1999). 对"物体内注意转移"优势效应之机制的进一步检验. 心理学报, 2(003).

陈彩琦,刘志华,金志成. (2003). 特征捆绑机制的理论模型. 心理科学进展, 11(6), 616－622.

陈彩琦. (2004). 视觉选择性注意与工作记忆的交互关系——认知行为与 ERP 的研究. 华南师范大学,博士研究生学位论文.

陈素芬,王甦.(2002).辨别作业难度对返回抑制时间进程的影响.心理科学,25(2),140－144.

陈素芬,周建中.(2002).重复线索化和靶子注意定向对返回抑制的影响.心理学报,34(6),561－566.

邓晓红,张德玄,黄诗雪,等.(2010).阈上和阈下不同情绪线索对返回抑制的影响.心理学报,42(3),325－333.

丁锦红,王丽燕,郭春彦.(2004).时－空整合影响图形识别的眼动研究.心理科学,27(2),477－479.

郝芳,傅小兰.(2006).视觉标记:一种优先选择机制.心理科学进展,14(1),7－11.

胡艳梅,张明,徐展,等.(2013).客体工作记忆对注意的导向作用:抑制动机的影响.心理学报,45(002),127－138.

贾武力.(2004).空间注意的资源分配对基于客体返回抑制的影响.东北师范大学,硕士研究生学位论文.

金志成,陈骐.(2003).一般性注意资源限制对返回抑制的影响.心理学报,35(2),163－171.

李毕琴,王爱君,胡艳梅,等.(2013).视觉工作记忆负载对听觉偏差干扰效应的调控:来自不同外周提示线索的证据.心理学报,45(3),263－275.

李毕琴,张明.(2012a).事件提示和时间提示对新异干扰的影响——来自听视跨通道和听通道的证据.心理科学进展,20(6),815－824.

李毕琴,张明.(2012b).跨感觉通道任务中刺激驱动注意捕获的不对称性.心理科学进展,20(011),1749－1754.

李海静.(2008).客体工作记忆对静态范式中基于客体返回抑制的影响.东北师范大学,硕士研究生学位论文.

李宏汀,李伟,王平飞.(2011).彩色背景下的颜色突显研究.应用心理学,17(1),62－69.

刘晓平,王兆新,陈湘川,等.(2003).视觉工作记忆中的子系统.心理学报,35(5),598－603.

刘幸娟.(2007).听觉障碍人群基于空间返回抑制的研究.东北师范大学,硕士研究生学位论文.

马艳云.(2004).视听觉障碍儿童的认知能力.中国特殊教育,1,59－61.

潘毅.(2010).基于工作记忆内容的视觉注意.心理科学进展,18(2),210－219.

彭春花.(2011).拥挤效应的认知神经机制研究.东北师范大学,博士研究生学位论文.

彭春花,张明.(2011).拥挤效应的特征加工机制.心理科学进展,19(6),814－824.

唐晓雨,王凌云,张明.(2012).掩蔽线索引发的注意定向——易化和抑制.应用心理学,18(3),204－212.

唐晓雨.(2012).掩蔽线索引发的返回抑制及其机制研究.东北师范大学,硕士研究生学位论文.

王均,王玉改,王甦.(2000).任务难度对于返回抑制出现时间的影响.心理科学,23(3),319－323.

王玉改.(1999).任务难度对基于位置返回抑制时间进程的影响.心理科学,22(3),205－208.

吴健辉,罗跃嘉.(2005).盲人的跨感觉通道重组.心理科学进展,13(4),406－412.

吴景龙,张帆,吕玥,等.(2009).视触觉跨通道注意的脑机理认知研究.科技导报,11,68 70.

禤宇明,傅小兰.(2005).视觉工作记忆中的特征捆绑.心理科学进展,13(4),421－427.

王佳莹,张明.(2012).负相容效应理论与研究.心理科学,35(006),1353－1357.

王佳莹,张明.(2013).负相容效应中启动项与目标项关系对阈下信息加工的影响.应用心理学,19(1),17－25.

翁伟生,王澄澄,孙秀伟,等.(2010).视觉信息加工中的拥挤效应模型.中国斜视与小儿眼科杂志,18(1).

杨晶晶.(2005).听力正常和听觉障碍者基于客体返回抑制的研究.东北师范大学,硕士研究生学位论文.

张明,王爱君.(2012).视觉搜索中基于工作记忆内容的注意捕获与抑制.心理科学进展,20(012),1899－1907.

张明,王爱君,李毕琴.(2013).颜色背景下基于工作记忆内容的注意捕获.心理科学,36(6),1307－1311.

张明,狄胜德.(2007).视觉客体工作记忆中图形特征存储与捆绑时程.心理科学,30(5),1073－1076.

张明,张阳.(2006a).中央线索化对动态范式中基于客体的返回抑制的影响.应用心理学,12(2),114－120.

张明,张阳.(2006b).动态范式中基于客体的返回抑制——是客体抑制还是空间抑制的动态更新?心理学报,38(6),798－804.

张明,张阳.(2007).工作记忆与选择性注意的交互关系.心理科学进展,15(1),8－15.

张明,张阳,付佳.(2007).工作记忆对动态范式中基于客体的返回抑制的影响.心理学报,39(1),35－42.

张明,陈彩琦,张阳.(2005).返回抑制对工作记忆储存和目标维持的影响.心理科学,28(2),281－284.

张明,陈骐.(2002).注意定势及时间不确定性对基于空间的返回抑制的影响.应用心理学,8(3),15－21.

张明,陈骐.(2003).听觉障碍人群的皮层可塑性.中国特殊教育(004),43－48.

张明,陈骐.(2004).注意定势对基于空间位置的返回抑制的影响.心理科学,27(2),287－290.

张明,陈骐.(2005).听觉障碍人群的注意加工机制.中国特殊教育,8,11－14.

张珊珊.(2007).跨视听通道的返回抑制研究.东北师范大学,硕士研究生学位论文.

赵晨,张侃,杨华海.(2001).内源性注意与外源性注意的跨通道比较.心理学报,33(3),219－224.

赵晨,杨华海.(1999).跨通道的内源性选择注意.心理学报,31(2),148－153.

周仁来,杨莹.(2004).阈上与阈下知觉启动之间的差异:来自 Stroop 效应的证据.心理科学,27(3),567－570.

周建中.(2003).返回抑制研究的新进展.心理科学,26(2),326－329.

后 记

William James 在他的《心理学原理》中曾写道："每个人都知道注意是什么，它是心理接受信息的过程。它是以一种清晰和生动的形式从同时呈现的几个物体或思维序列中选择一个对象的过程。意识集中与专注是注意的核心。这意味着舍掉某些东西以便更有效地处理另外一些，意味着一种真正地与混沌迷惑、眼花缭乱、注意无法集中的状态相对立的条件。"在我看来 James 的这段话不仅道出了注意的精髓，也提示我作为一名心理学研究者应该保有一颗"取舍"之心，在多彩的心理学领域，透过混沌迷惑，安心在我所钟爱的角落探究、发现。有趣的是，我所专注探讨的选择性注意，正与"取舍"有关。

这本书是我们近年来有关选择性注意研究工作的总结，回顾了在过去十余年中我们开展的一点工作和得到的一些发现。我由衷的希望这些总结与回顾可以为后续的选择性注意研究提供一些参考，同时也希望这种阶段性的总结可以帮助我和我的学生反思和梳理过往研究中存在的问题，激励我们继续前行，探知有关人类注意的未知世界。

本书得到了"教育部人文社科重点研究基地重大招标课题"的资助。在此我要特别感谢我国著名心理学家，已故天津师范大学沈德立教授为课题申报提供的悉心指导；感谢北京大学朱滢教授欣然接受为本书撰写序言，并提出中肯的建议；感谢天津师范大学白学军教授为课题的顺利开展提供的指导与建议；感谢苏州大学副校长田晓明教授在本书出版过程中给予的关怀与帮助。

我指导的研究生陈骐、张阳、李毕琴、王爱君、付佳、刘幸娟、彭春花、胡艳梅、狄胜德、王凌云、唐晓雨、李海静、商应美、王佳莹、杨晶晶和张珊珊等参与了本书涉及的实验研究工作，李毕琴、王爱君、方颖、于长宇和张天阳同学参与了书稿的后期整理工作，在此向他们致以由衷的谢意。

尽管我花费了很多时间和精力在此书稿中，但书中纰缪在所难免，还望读者诸君不吝指教与匡正。

张　明

二零一四年春于苏州独墅湖

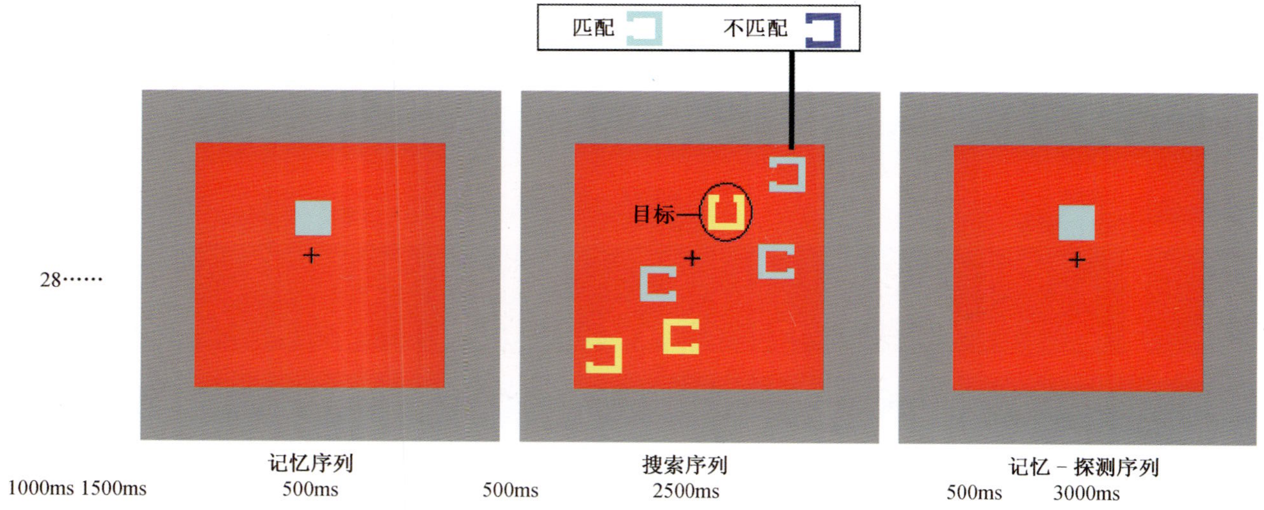

彩图 1　实验 1 的实验流程图(见 P21)

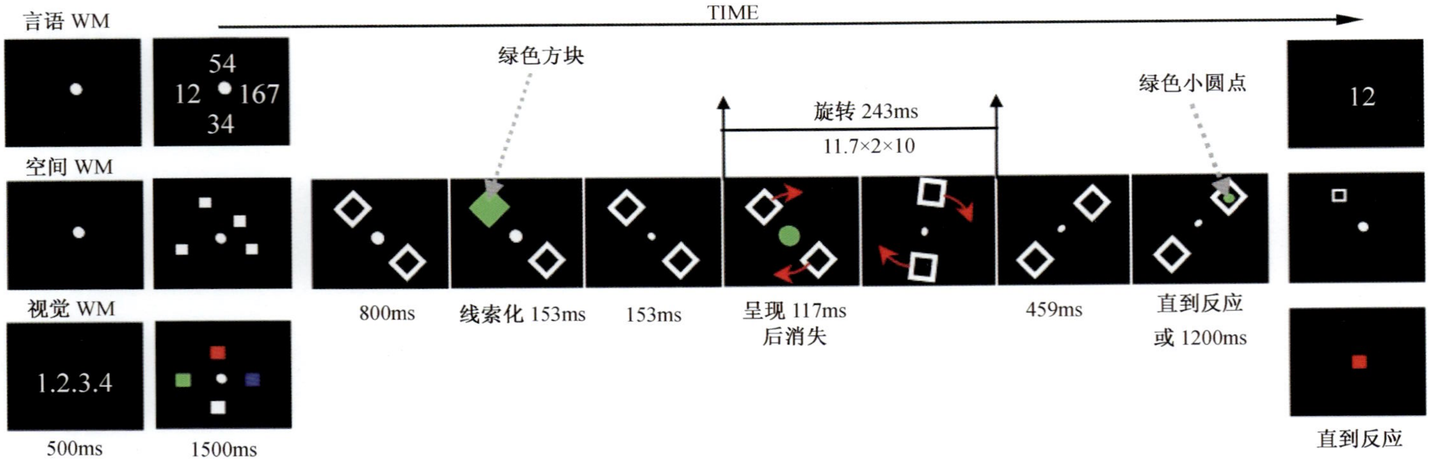

彩图 2　张明等(2007)研究中所用的实验流程(见 P54)

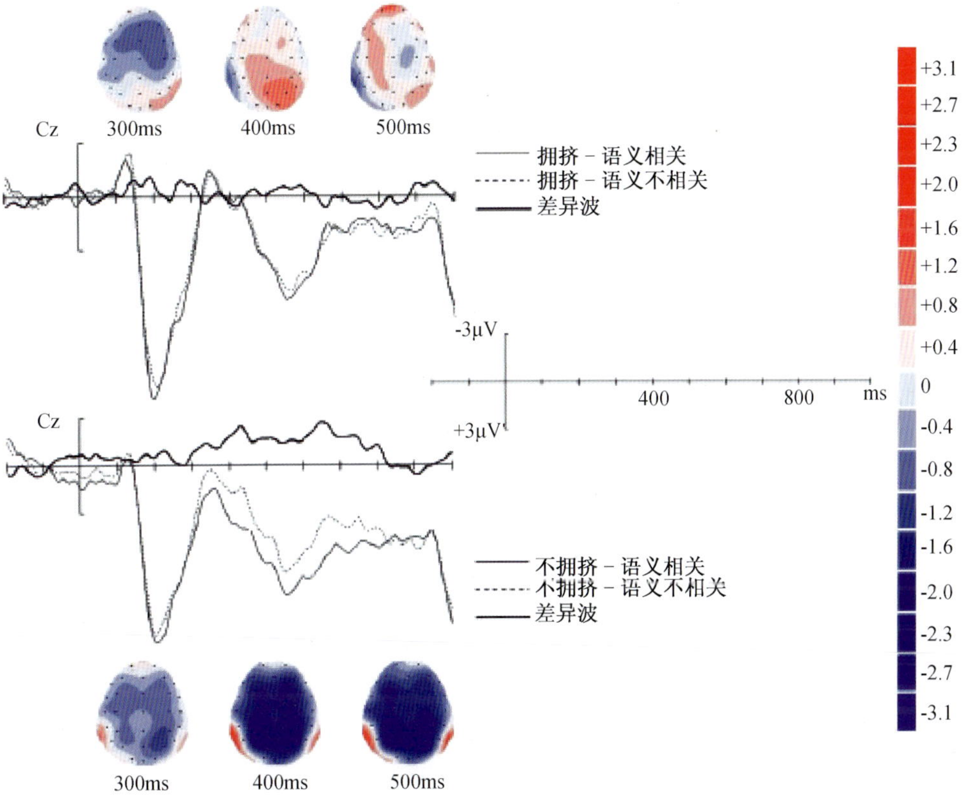

彩图 3　拥挤和非拥挤条件下 Cz 电极点原始波和差异波[上图为拥挤条件下语义相关和无关试次在 Cz 点上的 ERP 总平均波幅及 N400 差异波(语义不相关-语义相关试次),与语义相关试次相比,语义不相关试次未诱发显著的 N400 成分;下图为非拥挤条件下语义相关和无关试次在 Cz 点上的 ERP 总平均波幅及 N400 差异波,语义不相关试次在 300—500ms 处诱发了较大的 N400 成分](见 P118)

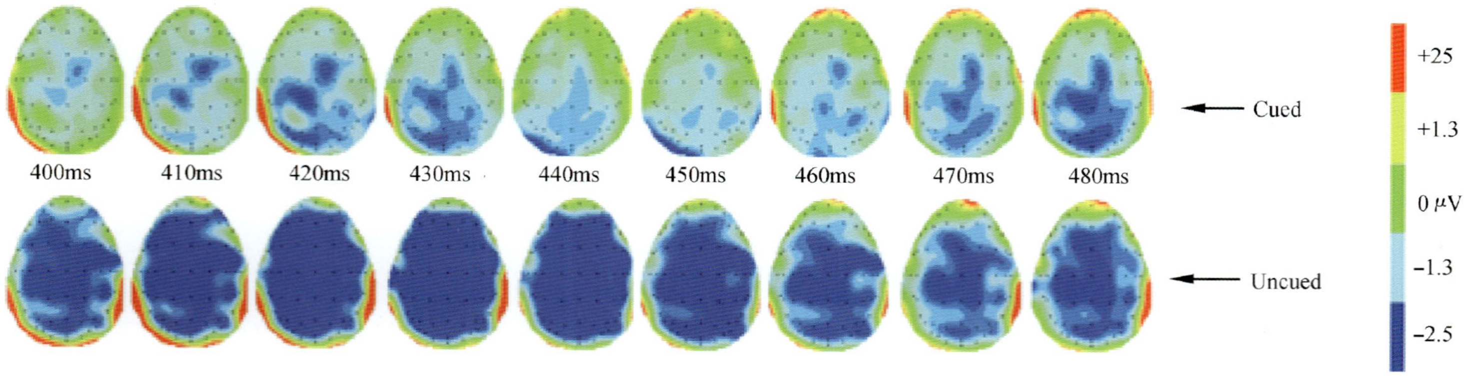

彩图 4　线索化和非线索化条件下差异波(冲突刺激减去中性刺激)2D 形图(见 P158)